中国石油大学(北京)学术专著系列

超临界 CO_2 压裂基础

王海柱 李根生 田守嶒 王 斌 郑 永 等 编著

科学出版社

北京

内 容 简 介

超临界CO_2压裂是近年来迅速发展的一种非常规油气储层改造增产新方法。全书共九章，系统总结了作者及其研究团队在超临界CO_2压裂基础理论研究方面的最新成果，覆盖了超临界CO_2压裂技术中喷射压裂井筒流动与控制、射流破岩与孔内增压、压裂起裂机理、支撑剂输送和现场应用实例等内容，以图表、数据等形式，生动地阐述了超临界CO_2压裂技术各个环节相关的基础理论。

本书可供从事储层压裂改造，碳捕集、利用与封存及其他石油工程领域相关专业的高等院校师生、科研人员和工程技术人员参考。

图书在版编目(CIP)数据

超临界CO_2压裂基础 / 王海柱等编著. —北京：科学出版社，2024.3

ISBN 978-7-03-077981-6

Ⅰ.①超… Ⅱ.①王… Ⅲ.①超临界-二氧化碳-气体压裂-研究 Ⅳ.①TE357.3

中国国家版本馆CIP数据核字(2024)第019004号

责任编辑：万群霞　崔元春 / 责任校对：王萌萌
责任印制：师艳茹 / 封面设计：无极书装

科 学 出 版 社 出版
北京东黄城根北街 16 号
邮政编码：100717
http://www.sciencep.com

北京建宏印刷有限公司印刷
科学出版社发行　各地新华书店经销
*
2024 年 3 月第 一 版　开本：720×1000 1/16
2024 年 10 月第二次印刷　印张：18 3/4
字数：375 000

定价：240.00 元
(如有印装质量问题，我社负责调换)

丛 书 序

科技立则民族立，科技强则国家强。党的十九届五中全会提出了坚持创新在我国现代化建设全局中的核心地位，把科技自立自强作为国家发展的战略支撑。高校作为国家创新体系的重要组成部分，是基础研究的主力军和重大科技突破的生力军，肩负着科技报国、科技强国的历史使命。

中国石油大学(北京)作为高水平行业领军研究型大学，自成立起就坚持把科技创新作为学校发展的不竭动力，把服务国家战略需求作为最高追求。无论是建校之初为国找油、向科学进军的壮志豪情，还是师生在一次次石油会战中献智献力、艰辛探索的不懈奋斗；无论是跋涉大漠、戈壁、荒原，还是走向海外，挺进深海、深地，学校科技工作的每一个足印，都彰显着"国之所需，校之所重"的价值追求，一批能源领域国家重大工程和国之重器上都有我校的贡献。

当前，世界正经历百年未有之大变局，新一轮科技革命和产业变革蓬勃兴起，"双碳"目标下我国经济社会发展全面绿色转型，能源行业正朝着清洁化、低碳化、智能化、电气化等方向发展升级。面对新的战略机遇，作为深耕能源领域的行业特色型高校，中国石油大学(北京)必须牢记"国之大者"，精准对接国家战略目标和任务。一方面要"强优"，坚定不移地开展石油天然气关键核心技术攻坚，立足油气、做强油气；另一方面要"拓新"，在学科交叉、人才培养和科技创新等方面巩固提升、深化改革、战略突破，全力打造能源领域重要人才中心和创新高地。

为弘扬科学精神，积淀学术财富，学校专门建立学术专著出版基金，出版了一批学术价值高、富有创新性和先进性的学术著作，充分展现了学校科技工作者在相关领域前沿科学研究中的成就和水平，彰显了学校服务国家重大战略的实绩与贡献，在学术传承、学术交流和学术传播上发挥了重要作用。

科技成果需要传承，科技事业需要赓续。在奋进能源领域特色鲜明、世界一流研究型大学的新征程中，我们谋划出版新一批学术专著，期待我校广大专家学者继续坚持"四个面向"，坚决扛起保障国家能源资源安全、服务建设科技强国的时代使命，努力把科研成果写在祖国大地上，为国家实现高水平科技自立自强，端稳能源的"饭碗"做出更大贡献，奋力谱写科技报国新篇章！

中国石油大学（北京）校长

2021 年 11 月 1 日

前　言

我国页岩油气、煤层气等非常规油气资源储量丰富，大力推进非常规油气高效开发对于缓解我国能源供需矛盾、保障国家能源安全意义重大。但非常规油气储层孔隙度和渗透率较低，必须进行储层改造才能实现商业化开发。近年来水力压裂技术取得了长足进步，大大加快了非常规油气开发进程，同时也面临着一系列挑战，如水资源消耗大、储层污染、返排液难处理等。超临界 CO_2 流体黏度低、扩散系数高、表面张力接近零，具有许多独特的物理和化学性质，自 20 世纪初被引入钻完井工程中后，表现出了诸多优势。超临界 CO_2 压裂易使储层形成复杂裂缝网络，同时不会引起储层黏土膨胀，储层压裂改造效果好；此外，CO_2 吸附性强，能够在置换吸附态的甲烷分子，提高产量和采收率的同时，实现 CO_2 永久封存。因此，超临界 CO_2 压裂技术被认为是一种具有广阔应用前景的新型无水压裂技术。

在我国 CO_2 排放日益增加、主要油气产区水资源短缺的背景下，研究团队率先提出超临界 CO_2 压裂增产新方法，并在国家重点基础研究发展计划（简称 973 计划）、国家自然科学基金重点国际（地区）合作研究项目、国家自然科学基金国际（地区）合作研究与交流项目、国家自然科学基金优秀青年科学基金项目、国家自然科学基金面上项目、国家自然科学基金青年科学基金项目（2014CB239203, 51210006, 41961144026, 51922107, 51874318, 51304226）等的资助下，历经十余年持续研究，坚持"创新原理—参数设计—矿场试验—推广应用"的研究思路，形成了非常规油气储层改造与增产特色技术，取得了非常规油气绿色"无水"增产技术的突破，在超临界 CO_2 流体特性与射流基础、超临界 CO_2 喷射压裂基础等方面取得了较系统的理论研究成果。本书是在沈忠厚院士和李根生院士的指导下，对十几年来研究工作的成果总结，希望能对从事这一领域的科研工作者有所启示。

全书共九章：第一章介绍了超临界 CO_2 流体的物理性质及密度、黏度、导热系数等参数的计算方法；第二章介绍了超临界 CO_2 喷射压裂井筒流动与控制；第三章通过数值模拟和室内试验的研究方法，阐述了超临界 CO_2 射流及破岩特性；第四章采用理论分析、数值模拟与室内试验相结合的研究方法，介绍了超临界 CO_2 磨料射流特性；第五章研究了超临界 CO_2 喷射压裂孔内增压机理，分析了关键参数对孔内增压和环空封隔效果的影响规律；第六章通过研究超临界 CO_2 与储层岩石相互作用机制等阐述了超临界 CO_2 压裂起裂机理；第七章阐述了超临界 CO_2 压裂过程中水平环空超临界 CO_2 携砂运移特性和规律；第八章研究了平直和复杂裂缝内携砂机理及规律；第九章以陕西延长石油(集团)有限责任公司(简称延长石油)一口试验井为例对超临界 CO_2 压裂技术的现场施工工艺进行了介绍，并针对存在的问题给出了相应的解决对策。

本书第一章由王海柱撰写，第二章由王海柱和李小江撰写，第三章由田守嶒和贺振国撰写，第四章由王海柱和贺振国撰写，第五章由李根生和程宇雄撰写，第六章由王斌和杨兵撰写，第七章由王海柱和陆群撰写，第八章由王海柱和郑永撰写，第九章由王海柱撰写。全书由李根生院士统筹指导，王海柱统稿。

衷心感谢科学技术部和国家自然科学基金委员会对研究工作项目的资助，感谢延长石油等企业在现场试验过程中给予的大力支持。团队成员田港华、谢平、刘铭盛、孙廉贺、周倩倩等博士和硕士研究生对本书做了文字编排工作，在此一并表示感谢。

由于作者水平有限，书中难免存在不足之处，还请同行专家和广大读者批评指正。

作　者
2023 年 6 月

目　录

第一章 超临界 CO_2 流体物理性质及参数计算

第一节 CO_2 的热物理性质

一、CO_2 的基本物理性质

二氧化碳（carbon dioxide），化学式为 CO_2，广泛存在于自然界中，俗称碳酸气，又名碳酸酐，通常状况下是一种无色、无臭、无味、能溶于水的气体，溶解度为 0.144g/100g 水（25℃），其水溶液略呈酸性。CO_2 比空气重，在标准状况下密度为 1.977g/L，约是空气的 1.5 倍。CO_2 无毒，但不能供给动物呼吸，是一种窒息性气体，同时也不能燃烧，易被液化，在大气中含量为 0.03%～0.04%（体积分数），但随着工业化发展大气中 CO_2 的含量不断增高。CO_2 的有关物理性质见表 1.1[1,2]。

表 1.1 CO_2 的物理性质

项目	数值
相对分子质量 M	44.01
密度（标准状况）ρ/(g/L)	1.977
摩尔体积（标准状况）V/(L/mol)	22.4
绝热系数 K	1.295
三相点	温度 T_{tr}=−56.56℃，压力 p_{tr}=0.52MPa
沸点 T_b/℃	−78.5
固态密度 ρ_s（100kPa，−78.5℃）/(kg/m³)	1562
气态密度 ρ_g（标准状况）/(kg/m³)	1.977
液态密度 ρ_l（饱和状态，−37℃）/(kg/m³)	1101
临界温度 T_c/℃	31.1
临界压力 p_c/MPa	7.38
临界密度 ρ_c/(kg/m³)	448
临界状态下的压缩系数 A_c	0.315
临界状态下的偏差系数 Z_c	0.274
临界状态下的偏差因子 ω_c	0.225

项目	数值
临界状态下的流体黏度 μ_c/(mPa·s)	0.404
标准状态下的流体黏度 μ/(mPa·s)	0.138
标准状态下的定压比热容 c_p/[kJ/(kg·K)]	0.85
标准状态下的定容比热容 c_V/[kJ/(kg·K)]	0.661

二、CO_2 的相态

　　CO_2 分子是直线形的，属于非极性分子，可溶于极性较强的溶剂中，也可溶于脂溶性物质中。其偶极矩为零，在 CO_2 分子中 C 以 sp 杂化轨道与 O 形成 σ 键。C 和 O 剩下的 $2p_y$ 和 $2p_z$ 轨道及其上的电子再形成两个互相垂直的三中心四电子离域π键。其碳氧双键键长为 116pm，比羰基中的碳氧双键短[2]。CO_2 有气态、液态、固态、超临界态四种相态（图 1.1）[3]。

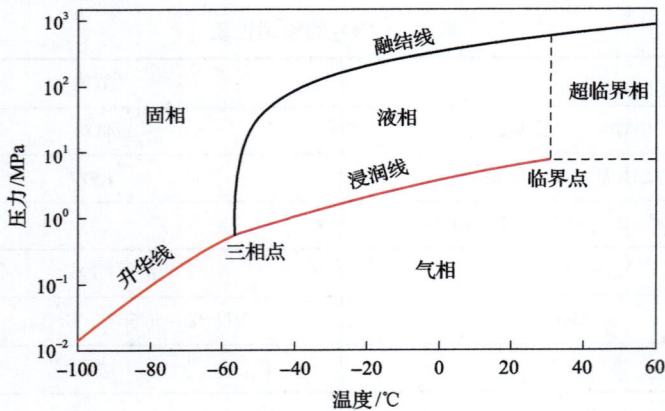

图 1.1　CO_2 相态图

　　如图 1.1 所示，CO_2 的三相点为−56.56℃，0.52MPa，即固相、液相、气相三相共存的点，温度或压力的微小变化都会使其转变为另一种相态；CO_2 的临界点为 31.1℃，7.38MPa，即 CO_2 的温度和压力同时大于临界点温度和压力时达到超临界状态，有时也称其为物质的第四态。事实上，无论是三相点还是临界点，在理论上都是不存在的，上述所给出的值都是经过无数次试验测出的近似值。

　　CO_2 在常温下（31.1℃以下）能被压缩成液体，常压下能被冷凝成固体（干冰），在 1.01325×10^5Pa，−78.5℃时可直接升华为气体。在密闭容器中的 CO_2，其液相密度将随温度的升高而降低，而气相密度则随温度的升高而增大。

在临界温度下，流体分子会逸出液面形成气体，即发生汽化过程。CO_2 在某一稳定的气体压力和温度下，也会出现气相和液相共存的现象，气相与液相达到平衡状态，形成饱和蒸气，其相应的压力为饱和蒸气压。饱和蒸气压曲线（图 1.2）为温度高于三相点并低于临界点时 CO_2 气液两相分隔的临界线，当温度小于临界温度时，饱和蒸气压高于对应温度下的压力时流体为气相，饱和蒸气压低于对应温度下的压力时流体为液相[4]。

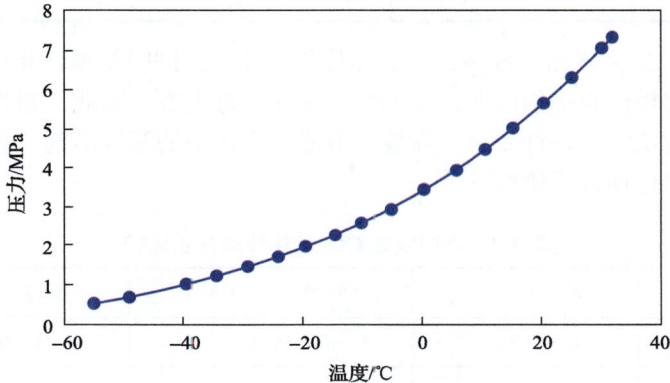

图 1.2　CO_2 的饱和蒸气压曲线

三、超临界 CO_2 流体特性

将 CO_2 气体加温和加压至临界点以上（$T_c > 31.1℃$，$p_c > 7.38MPa$）时称为超临界 CO_2 流体，它的密度较大，而且伴随着压力的增加而增大，它既有气体的部分性质，也有液体的部分性质。其与液态 CO_2 相比有几个不同特点：液态 CO_2 具有表面张力，而超临界 CO_2 没有表面张力；液态 CO_2 温度低于临界温度时有气液界面存在，而超临界 CO_2 流体则没有（图 1.3）[5]；此外，液态 CO_2 与超临界 CO_2 的折射率和压缩率也不一样。表 1.2 比较了超临界 CO_2 流体、气体、液体的性质[4]。

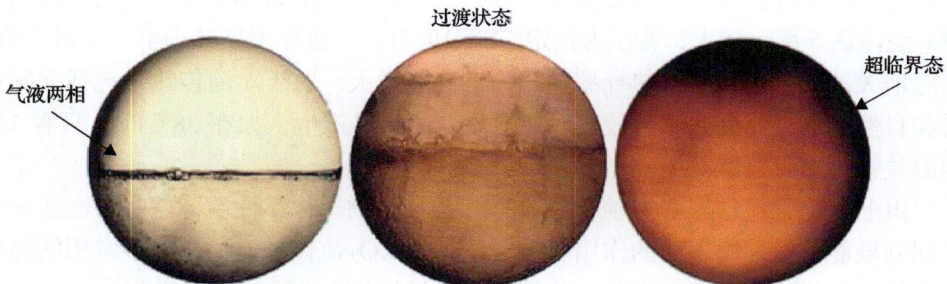

图 1.3　CO_2 相态变化过程

表 1.2　超临界 CO_2 流体、气体及液体性质比较

性质	气体	超临界流体		液体
	$1.01×10^5$Pa, 15~30℃	T_c, p_c	T_c, $4p_c$	15~30℃
密度/(g/cm³)	$(0.6~2)×10^{-3}$	0.2~0.5	0.4~0.9	0.6~1.6
黏度/(mPa·s)	$(1~3)×10^{-2}$	$(1~3)×10^{-2}$	$(3~9)×10^{-2}$	$(10~1000)×10^{-2}$
扩散系数/(cm²/s)	$(5~200)×10^{-2}$	$0.7×10^{-3}$	$0.2×10^{-3}$	$(0.0004~0.003)×10^{-2}$

　　超临界 CO_2 流体黏度较小，传质和传热性能好，同时扩散性和可压缩性也较好，容易溶解极性较小的溶质，且不燃不爆、无毒无害。因此，超临界 CO_2 流体在化工领域被认为是一种安全、高效、节能和无污染的萃取溶剂。表 1.3 列出了不同状态流体传递性质比较[1]。

表 1.3　不同状态 CO_2 流体传递性质比较

流体类别	黏度*/(mPa·s)	热导率*/[W/(m·K)]	扩散系数/(cm²/s)
气体	$(1~3)×10^{-2}$	$(5~30)×10^{-3}$	$(5~200)×10^{-2}$
超临界流体	$(2~10)×10^{-2}$	$(30~70)×10^{-3}$	$(0.01~1)×10^{-2}$
液体	$(10~1000)×10^{-2}$	$(7~250)×10^{-3}$	$(0.0004~0.003)×10^{-2}$

*热导率又称为导热系数。

　　超临界 CO_2 的溶解性能与它的密度密切相关，一般密度越大其溶解能力越强。温度和压力决定了超临界 CO_2 的密度，超临界 CO_2 的密度与温度和压力的关系为典型的非线性关系，其密度随压力的升高而增大，随温度的升高而减小。当流体处于临界点附近时，密度随压力和温度的变化十分敏感，微小的压力或温度变化导致密度急剧变化。可以说，密度是超临界流体最重要的性质之一。

　　此外，超临界 CO_2 流体具有较强的自扩散能力，比液体的自扩散能力高 100 倍以上，因此比液体的传质性能好，并具有良好的平衡力和渗透力。同时超临界 CO_2 流体热导率也较大，若压力恒定，随温度升高，热导率先减小至一个最小值，然后增大；若温度恒定，热导率随压力升高而增大。对于对流传热，包括强制对流和自然对流，温度和压力较高时，自然对流容易产生，如在 38℃时，只需 3℃ 的温差就可引起自然对流。

　　由上可知，超临界 CO_2 流体具有许多独特的物理化学性质，这些特性使它在不同领域能够发挥出不同的作用。除了超临界 CO_2 流体外，还有很多常用的超临界流体，如甲烷、乙烷、甲醇、乙醇等，它们的临界性质列于表 1.4[1]。

表 1.4 常用的超临界流体临界性质

物质	沸点/℃	临界温度 T_c /℃	临界压力 p_c /MPa	临界密度 ρ_c /(g/cm³)
二氧化碳	−78.5	31.1	7.38	0.4480
甲烷	−164.0	−83.0	4.60	0.1600
乙烷	−88.0	32.4	4.89	0.2030
甲醇	64.7	240.5	7.99	0.2720
乙醇	78.2	243.4	6.38	0.2760
乙烯	−103.7	9.5	5.07	0.2000
丙烷	−44.5	97.0	4.26	0.2200
正戊烷	36.5	196.6	3.37	0.2320
氨	−33.4	132.3	11.28	0.2400
水	100.0	374.2	22.00	0.3440

第二节 超临界 CO_2 流体密度特性

理想气体又称"完全气体"（perfect gas），是理论上假想的一种把实际气体性质加以简化的气体。人们把假想的、在任何情况下都严格遵守气体三定律的气体称为理想气体。但一切实际气体并不严格遵循这些定律，只有在温度较高，压强不大时，偏离才不显著。理想气体状态方程就是基于气体三定律得出的，因此具有一定的局限性[6]。

在超临界 CO_2 压裂过程中，油管或套管内的压力一般维持在几十兆帕，在如此高的压力下，采用理想状态方程计算出的超临界 CO_2 密度误差非常大，因此必须使用真实气体状态方程。同时，由于超临界 CO_2 流体对井筒压力和温度非常敏感，且温度和压力变化范围也较大，需要精确计算超临界 CO_2 流体的密度，这样才能精确控制井底压力，达到高效压裂的目的。

彭-罗宾森（Peng-Robinson）方程是 1976 年提出的一个新的两常数方程，简称 P-R 气体状态方程，其公式简单、计算方便，得到了广泛应用[6]。1994 年，Span 和 Wagner 提出了一个专门针对 CO_2 气体的状态方程——Span-Wagner 气体状态方程，简称 S-W 气体状态方程，采用亥姆霍兹自由能计算气体状态参数，其适用范围较宽，能从 CO_2 三相点计算到 1100K, 800MPa，但是由于其控制方程较多，影响因素较为复杂，计算也很复杂，应用较少。经过对比研究发现，S-W 气体状态方程的密度计算误差可控制在 0.03%～0.05%，计算精度较高[7,8]。

一、P-R 气体状态方程

气体的非理想性可以用压缩因子 Z 表示：

$$Z = \frac{pV}{RT} \tag{1.1}$$

式中，V 为摩尔体积，L/mol；p 为绝对压力，Pa；T 为绝对温度，K；R 为通用气体常数，取 8.3145J/(mol·K)。

对于理想气体，Z=1.0；对于实际气体，除了在高对比温度和高对比压力下，其他情况下 Z 通常小于 1.0。

压缩因子(Z)常以如下形式与对比温度 T_r 和对比压力 p_r 相关联：

$$Z = f(T_r, p_r) \tag{1.2}$$

式中，$T_r = T/T_c$；$p_r = p/p_c$。

对于实际气体的密度，求出压缩因子 Z 便可得到，一般情况下通过三次方状态方程来计算，P-R 气体状态方程便是最具代表性的一个三次方状态方程，其表达形式为[6]

$$p = \frac{RT}{V-b} - \frac{a}{V^2 + ubV + \omega b^2} \tag{1.3}$$

此方程可转化成一个等价形式：

$$Z^3 - (1 + B^* - uB^*)Z^2 + (A^* + \omega B^{*2} - uB^* - uB^{*2})Z - A^*B^* - \omega B^{*2} - \omega B^{*3} = 0 \tag{1.4}$$

式中，$A^* = \dfrac{ap}{R^2T^2}$；$B^* = \dfrac{bp}{RT}$；$u = 2$；$\omega = -1$；$a = \dfrac{0.45724R^2T_c^2}{p_c}\left[1 + f(\omega)(1 - T_r^{1/2})\right]^2$；$b = \dfrac{0.07780RT_c}{p_c}$；$f(\omega) = 0.37464 + 1.54226\omega - 0.26992\omega^2$。

由式(1.4)便可求出不同状态下 CO$_2$ 的摩尔体积 V，再由式(1.5)可以求出 CO$_2$ 的密度。

$$\rho = \frac{M}{V} = \frac{44.01}{V} \tag{1.5}$$

式中，ρ 为 CO$_2$ 的密度，g/cm^3；M 为 CO$_2$ 气体的摩尔质量，取 44.01g/mol。

为了进行误差分析，本小节选取了具有试验数据的点进行计算，表 1.5 列出了压力范围在 0.1~10MPa(低压)、不同温度下 P-R 气体状态方程的计算密度与试验密度及误差；表 1.6 列出了 10MPa 以上（中、高压）、不同温度下 P-R 气体状态方程的计算密度与试验密度及误差。

表 1.5　不同压力(低压)、温度条件下 CO_2 的密度(P-R 气体状态方程)

温度/K	压力/MPa	计算密度/(kg/m³)	试验密度[9]/(kg/m³)	误差/%
300	0.1	1.7740	1.7738	0.01
	0.4	7.2144	7.2024	0.17
	0.7	12.8430	12.8070	0.28
	1.0	18.6740	18.5860	0.47
	4.0	93.8160	92.2270	1.72
	7.0	623.8000	—	—
	10.0	759.6430	—	—
320	0.1	1.6615	1.6613	0.01
	0.4	6.7361	6.7261	0.15
	0.7	11.9500	11.9200	0.25
	1.0	17.3180	17.2460	0.42
	4.0	81.8120	80.3850	1.78
	7.0	183.8490	178.5000	3.00
	10.0	423.4410	431.8600	−1.95
340	0.1	1.5626	1.5616	0.06
	0.4	6.3195	6.3109	0.14
	0.7	11.1840	11.5200	−2.92
	1.0	16.1600	16.1030	0.35
	4.0	73.3910	72.3540	1.43
	7.0	150.4040	146.8800	2.40
	10.0	262.0050	260.7600	0.48
360	0.1	1.4748	1.4748	0.00
	0.4	5.9532	5.9459	0.12
	0.7	10.5140	10.4910	0.22
	1.0	15.1610	15.1080	0.35
	4.0	66.9760	66.2080	1.16
	7.0	131.0440	128.7700	1.77
	10.0	211.2880	209.7200	0.75
380	0.1	1.3965	1.3958	0.05
	0.4	5.6282	5.6222	0.11
	0.7	9.9240	9.9090	0.15
	1.0	14.2860	14.2510	0.25
	4.0	61.8440	61.2630	0.95
	7.0	117.6100	116.1000	1.30
	10.0	182.6400	191.1100	−4.43

续表

温度/K	压力/MPa	计算密度/(kg/m³)	试验密度[9]/(kg/m³)	误差/%
400	0.1	1.3261	1.3257	0.03
	0.4	5.3377	5.3332	0.08
	0.7	9.3997	9.3844	0.16
	1.0	13.5130	13.4810	0.24
	4.0	57.6020	57.1670	0.76
	7.0	107.4400	106.3200	1.05
	10.0	163.1500	161.8300	0.82

注：“一”表示无数据。

表 1.6　不同压力（中、高压）、温度条件下 CO$_2$ 的密度（P-R 气体状态方程）

温度/K	压力/MPa	计算密度/(kg/m³)	试验密度[10]/(kg/m³)	误差/%
313.15	12.0	665.8500	718.4000	−7.31
	11.4	642.3700	699.3000	−8.14
	15.2	751.6300	791.2000	−5.00
	24.5	824.5200	879.5000	−6.25
323.15	13.0	584.8300	636.8000	−8.16
	13.8	616.9100	671.0000	−8.06
	19.1	747.6900	772.4000	−3.20
	20.9	776.8500	794.3000	−2.20
333.15	12.5	444.3000	475.0000	−6.46
	15.0	561.1100	607.0000	−7.56
	20.0	693.9700	725.0000	−4.28

　　从以上两个 CO$_2$ 密度表格中可以看出，P-R 气体状态方程在 0.1～10.0MPa 范围内，对 CO$_2$ 密度的计算误差最大为−4.43%（380K，10.0MPa），其他均控制在误差绝对值不大于 3.00%，即在低密度时其计算结果较为准确。但当压力大于 10 MPa 时，利用 P-R 气体状态方程计算得到的密度值的误差绝对值大多大于 5%，即在高密度时其计算精度较差，不能满足超临界 CO$_2$ 压裂精确压力控制计算要求。

二、S-W 气体状态方程

　　S-W 气体状态方程[7]是采用亥姆霍兹自由能来计算气体的状态，据文献[8]报道温度和压力高达 500K、30MPa 时，密度误差能够控制在 0.03%～0.05%，比 P-R 气体状态方程的精度有较大提高。

　　亥姆霍兹自由能 A 可以由两个相对独立的变量密度 ρ 和温度 T 来表示，无量

纲亥姆霍兹自由能 $\Phi = A(\rho,T)/(RT)$，它可以分为两部分，一部分是 Φ^{o}——理想状态部分，简称为理想部分；另一部分是 Φ^{r}——残余状态部分，简称残余部分。无量纲亥姆霍兹自由能如式(1.6)所示：

$$\Phi(\delta,T_{\mathrm{r}}) = \Phi^{\mathrm{o}}(\delta,T_{\mathrm{r}}) + \Phi^{\mathrm{r}}(\delta,T_{\mathrm{r}}) \tag{1.6}$$

式中，Φ 为无量纲亥姆霍兹自由能；Φ^{o} 为理想部分无量纲亥姆霍兹自由能；Φ^{r} 为残余部分无量纲亥姆霍兹自由能；δ 为对比密度，$\delta = \rho/\rho_{\mathrm{c}}$（$\rho_{\mathrm{c}}$ 表示临界状态下的气体密度），无量纲；T_{r} 为对比温度，$T_{\mathrm{r}} = T/T_{\mathrm{c}}$，无量纲。

对式(1.6)进行回归，得到理想部分和残余部分无量纲亥姆霍兹自由能。

理想部分无量纲亥姆霍兹自由能表达式为

$$\Phi^{\mathrm{o}}(\delta,\tau) = \ln\delta + a_1^{\mathrm{o}} + a_2^{\mathrm{o}} + a_3^{\mathrm{o}}\ln\tau + \sum_{i=4}^{8} a_i^{\mathrm{o}}\ln(1-\mathrm{e}^{-\tau\theta_i^{\mathrm{o}}}) \tag{1.7}$$

式中，$a_1^{\mathrm{o}}, a_2^{\mathrm{o}}, a_3^{\mathrm{o}}, \cdots, a_i^{\mathrm{o}}$ 为非解析系数，无量纲；θ_i^{o} 也为非解析系数，无量纲；i 为自然整数，无量纲。

残余部分无量纲亥姆霍兹自由能表达式为

$$\begin{aligned}\Phi^{\mathrm{r}} = &\sum_{i=1}^{7} n_i\delta d^i\tau^{t_i} + \sum_{i=8}^{34} n_i\delta d^i\tau^{t_i}\mathrm{e}^{-\delta^{c_i}} \\ &+ \sum_{i=35}^{39} n_i\delta d^i\tau^{t_i}\mathrm{e}^{-a_i(\delta-\varepsilon_i)^2-\beta_i(\tau-\gamma_i)^2} \\ &+ \sum_{i=40}^{42} n_i\Delta^{b_i}\delta\mathrm{e}^{-c_i(\delta-1)^2-D_i(\tau-1)^2}\end{aligned} \tag{1.8}$$

式中，$n_i, d^i, t_i, c_i, D_i, \gamma_i, \varepsilon_i, b_i, \beta_i$ 为非解析系数，无量纲；

$$\Delta = \left\{(1-\tau) + A_i\left[(\delta-1)^2\right]^{1/(2\beta_i)}\right\}^2 + B_i\left[(\delta-1)^2\right]^{a_i}$$

式中，A_i, B_i 为非解析系数，无量纲。

由式(1.6)～式(1.8)可以推出压缩因子表达式：

$$Z = \frac{p(\delta,\tau)}{\rho RT} = 1 + \delta\Phi_\delta^{\mathrm{r}} \tag{1.9}$$

式中，$p(\delta,\tau)$ 为与 δ,τ 相关的压力函数，Pa；

$$\Phi_\delta^r = \sum_{i=1}^{7} n_i d^i \delta^{d^i-1} \tau^{t_i} + \sum_{i=8}^{34} n_i e^{-\delta^{c_i}} \left[\delta^{d^i-1} \tau^{t_i} (d^i - c_i \delta^{c_i}) \right]$$

$$+ \sum_{i=35}^{39} n_i \delta^{d^i} \tau^{t_i} e^{-a_i(\delta-\varepsilon_i)^2 - \beta_i(\tau-\gamma_i)^2} \left[\frac{d^i}{\delta} - 2a_i(\delta-\varepsilon_i) \right] \quad (1.10)$$

$$+ \sum_{i=40}^{42} n_i \left[\Delta^{b_i} \left(\psi + \delta \frac{\partial \psi}{\partial \delta} \right) + \frac{\partial \Delta^{b_i}}{\partial \delta} \delta \psi \right]$$

$$\psi = e^{-c_i(\delta-1)^2 - D_i(\tau-1)^2}$$

式(1.7)～式(1.10)中各系数值见参考文献[7]。

求出不同状态下的 CO$_2$ 压缩因子后，便可由方程 $pv=nZRT$ 求得摩尔体积 V，再由 $\rho = \dfrac{44.01}{V}$ 求得密度。

利用 Visual Basic(简称 VB)语言编制了计算程序,计算出了部分状态下的 CO$_2$ 密度，为了进行误差分析，选取了具有试验数据的点进行计算，表 1.7 列出了压力范围在 0.1～10.0MPa(低压)、不同温度下 S-W 气体状态方程的计算密度与试验密度及误差；表 1.8 列出了 10MPa 以上(中、高压)、不同温度下 S-W 气体状态方程的计算密度与试验密度及误差。

表 1.7　不同压力(低压)、温度条件下 CO$_2$ 的密度(S-W 气体状态方程)

温度/K	压力/MPa	计算密度/(kg/m³)	试验密度[9]/(kg/m³)	误差/%
300	0.1	1.7732	1.7738	−0.03
	0.4	7.1994	7.2024	−0.04
	0.7	12.7968	12.8070	−0.08
	1.0	18.5800	18.5860	−0.03
	4.0	91.9600	92.2270	−0.29
	7.0	707.1980	—	—
	10.0	802.0500	—	—
320	0.1	1.6611	1.6613	−0.01
	0.4	6.7230	6.7261	−0.05
	0.7	11.9120	11.9200	−0.07
	1.0	17.2300	17.2460	−0.09
	4.0	80.3100	80.3850	−0.09
	7.0	178.6800	178.5000	0.10
	10.0	432.9900	431.8600	0.26

续表

温度/K	压力/MPa	计算密度/(kg/m³)	试验密度[9]/(kg/m³)	误差/%
340	0.1	1.5618	1.5616	0.01
	0.4	6.3090	6.3109	−0.03
	0.7	11.1390	11.1520	−0.12
	1.0	16.0900	16.1030	−0.08
	4.0	72.2300	72.3540	−0.17
	7.0	146.9200	146.8800	0.03
	10.0	258.3100	260.7600	−0.94
360	0.1	1.4748	1.4748	0.00
	0.4	5.9532	5.9459	0.12
	0.7	10.5140	10.4910	0.22
	1.0	15.1610	15.1080	0.35
	4.0	66.9760	66.2080	1.16
	7.0	131.0440	128.7700	1.77
	10.0	211.2880	209.7200	0.75
380	0.1	1.3965	1.3958	0.05
	0.4	5.6282	5.6222	0.11
	0.7	9.9240	9.9090	0.15
	1.0	14.2860	14.2510	0.25
	4.0	61.8440	61.2630	0.95
	7.0	117.6100	116.1000	1.30
	10.0	182.6400	181.1100	0.84
400	0.1	1.3230	1.3257	−0.20
	0.4	5.3320	5.3332	−0.02
	0.7	9.3790	9.3844	−0.06
	1.0	13.4810	13.4810	0.00
	4.0	57.0800	57.1670	−0.15
	7.0	106.1600	106.3200	−0.15
	10.0	161.4470	161.8300	−0.24

表 1.8　不同压力(中、高压)、温度条件下 CO_2 的密度(S-W 气体状态方程)

温度/K	压力/MPa	计算密度/(kg/m³)	试验密度[10]/(kg/m³)	误差/%
313.15	12.0	717.4800	718.4000	−0.13
	11.4	698.4100	699.3000	−0.13

续表

温度/K	压力/MPa	计算密度/(kg/m³)	试验密度[10]/(kg/m³)	误差/%
313.15	15.2	783.3000	791.2000	−1.00
	24.5	876.2400	879.5000	−0.37
323.15	13.0	635.6800	636.8000	−0.18
	13.8	665.4800	671.0000	−0.82
	19.1	772.9200	772.4000	0.07
	20.9	794.7500	794.3000	0.06
333.15	12.5	470.6100	475.0000	−0.92
	15.0	603.5700	607.0000	−0.57
	20.0	723.4900	725.0000	−0.21

　　表 1.7 和表 1.8 中的 CO_2 密度计算结果显示，无论在高压还是低压条件下，CO_2 密度计算误差绝对值绝大多数能控制在 1% 以内，具有较高的计算精度，完全能够满足超临界 CO_2 压裂精确压力控制计算要求。为此，给出了 CO_2 密度与压力和温度关系曲线(图 1.4，图 1.5)。

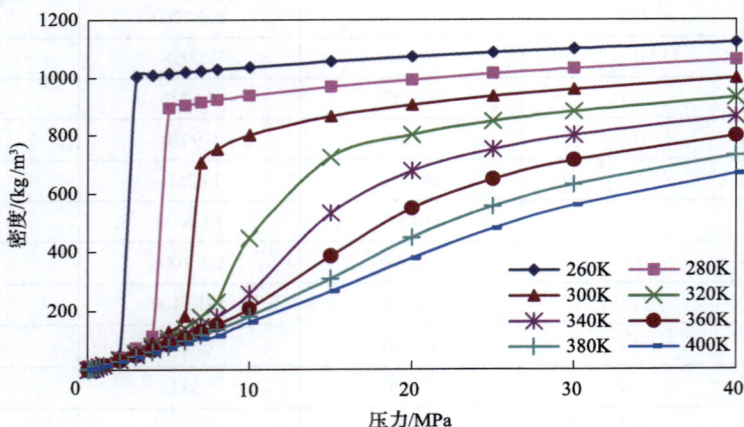

图 1.4　CO_2 密度-压力等温图

　　图 1.4 显示，在临界温度以下压缩 CO_2 气体，CO_2 由气态变为液态，密度突然增大，出现了 260K，280K，300K 三条曲线密度不连续变化的现象;而 320～400K 五条曲线则是连续变化，没有出现跳跃点。其原因在于在大于临界温度条件下，不断压缩 CO_2 气体，其密度不断增大，CO_2 从气态向超临界态过渡时，其密度变化是连续的。

　　图 1.5 显示，在相同压力下，随着温度升高，CO_2 密度都在减小，1MPa、2MPa 两条等压线变化不大，它们始终处于气体状态;4MPa 等压线在 260K 的低温条件

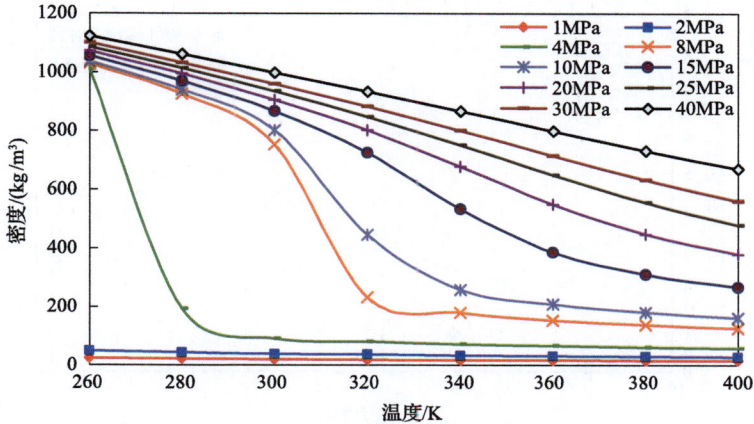

图 1.5　CO_2 密度-温度等压图

下处于液态，随温度升高，CO_2 从液态变为气态，密度突然降低；8～40MPa 等压线均是从液态向超临界态过渡，且压力越高其密度变化越小。

三、误差分析

为了对比 P-R 和 S-W 两个气体状态方程的计算精度，选取了几组具有代表性的计算数据进行比较，并绘制成图（图 1.6，图 1.7）。

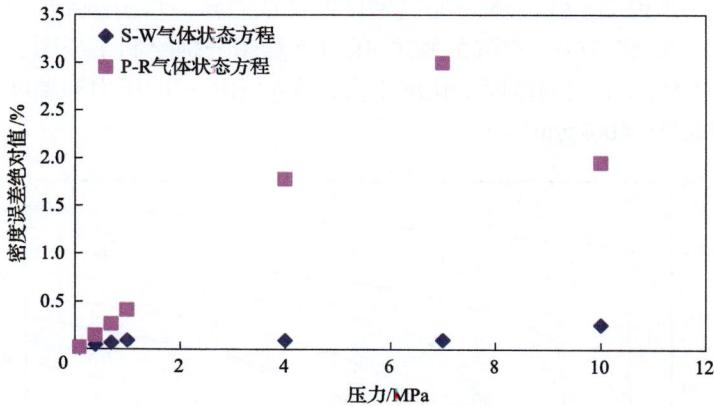

图 1.6　320K、低压条件下密度误差绝对值与压力关系

图 1.6 显示，在低压条件下，无论采用哪个方程计算 CO_2 密度其误差绝对值都没有超过 5%，即在低压条件下均具有较高的计算精度，但采用 S-W 气体状态方程计算出来的结果不超过 0.3%，其计算精度远远高于 P-R 气体状态方程。

图 1.7 显示，P-R 气体状态方程计算误差绝对值较大，均在 5%以上，有的甚至超过 8%，而 S-W 气体状态方程的计算误差绝对值相对较小，最大不超过 2%。

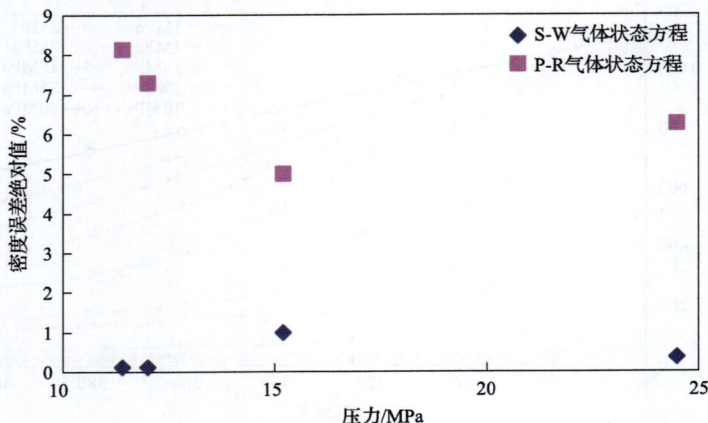

图 1.7　313.15K、高压条件下密度误差绝对值与压力关系

从图 1.6 和图 1.7 对比来看，两个状态方程在低压区（低密度区）计算误差均较小，能满足工程计算要求；但是在高压区（高密度区），S-W 气体状态方程的计算精度远高于 P-R 气体状态方程，因此本小节在计算超临界 CO_2 压裂井筒流体密度时采用 S-W 气体状态方程。

四、CO_2、N_2、空气密度对比

为了进一步说明 CO_2 与 N_2、空气密度的特征差异，明晰超临界 CO_2 流体的特性，将 CO_2、N_2 和 CO_2、空气的密度-压力等温图分别绘制了插图，如图 1.8 和图 1.9 所示，N_2 和空气的密度变化均不大，在插图所示的压力和温度范围内其密度变化范围在 $0\sim400kg/m^3$。

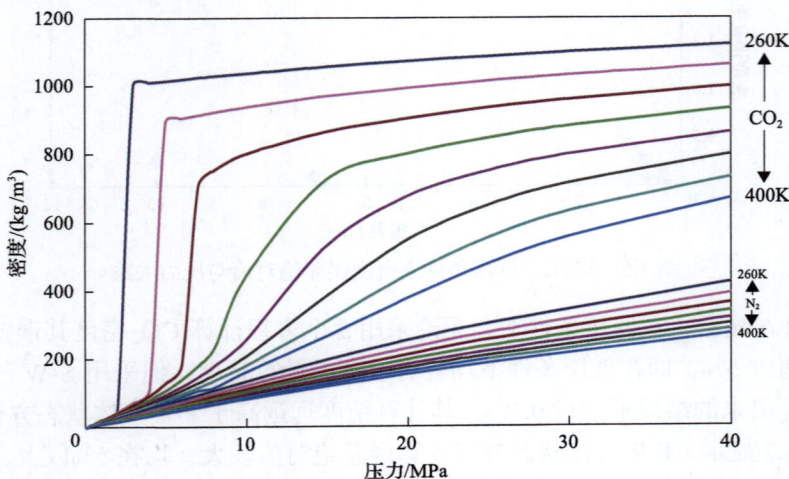

图 1.8　CO_2、N_2 密度-压力等温图

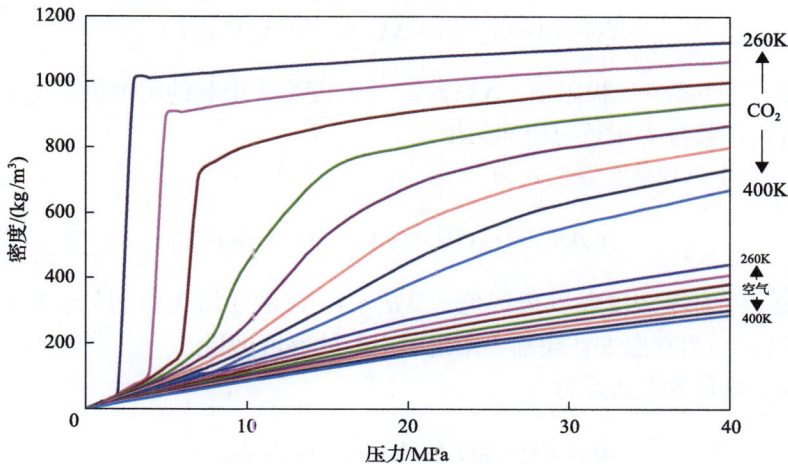

图 1.9　CO_2、空气密度-压力等温图

第三节　超临界 CO_2 黏度与导热系数特性

若对流体的任意一个部分施加一个剪切应力，流体就会移动并在其中形成一个在剪切应力施加点具有最大速度的速度梯度。任意一点处单位面积上的剪切应力除以速度梯度所得的比率则被定义为该介质的黏度。导热系数则代表该物质的导热性能，导热系数大的物质为热的良导体，导热系数小的物质为热的不良导体。黏度和导热系数是影响物质传热传质性能最重要的两个因素。由上可知，黏度是流体内摩擦阻力的一个量度，黏度力图阻止流体运动中的任何动力变化，它是产生井筒摩擦阻力的主要原因，导热系数则对井筒的温度分布有着直接影响，因此钻完井过程中，只有准确计算流体黏度和导热系数，才能准确预测井筒温度和压力分布。

Reid 和 Prausnitz[6]的黏度和导热系数估算方法被认为是精度较高的方法，在低压(0~4MPa)情况下其计算误差的绝对值能控制在 5%以内，应用较多。但当压力超过 10MPa 时，无论是黏度还是导热系数的计算误差的绝对值均较大，在 30~70MPa 压力条件下它们的误差的绝对值高达 60%，完全不能满足计算要求。因此，经过大量计算对比发现，Vesovic 等[11]、Fenghour 等[12]推导的黏度和导热系数的计算方法精度较高，在中低压条件下其计算误差的绝对值不超过 3.6%，在高压条件下其计算误差的绝对值也能控制在 5%以内，因此本小节选择了 Fenghour 等的计算方法。

Vesovic 等[11]、Fenghour 等[12]认为，黏度和导热系数可分为独立的三部分计算，如式(1.11)所示：

$$X(\rho,T) = X_0(T) + \Delta X(\rho,T) + \Delta_c X(\rho,T) \tag{1.11}$$

式中，$X_0(T)$ 为零密度极限值；$\Delta X(\rho,T)$ 为密度增大引起的附加值；$\Delta_c X(\rho,T)$ 为压力和温度在超临界附近时引起的增量。

由此得出 CO_2 黏度表达式为

$$\mu(\rho,T) = \mu_0(T) + \Delta\mu(\rho,T) + \Delta_c\mu(\rho,T) \tag{1.12}$$

式中，$\mu_0(T)$ 为零密度黏度极限值；$\Delta\mu(\rho,T)$ 为密度增大引起的黏度附加值；$\Delta_c\mu(\rho,T)$ 为压力和温度在超临界附近时引起的黏度增量。

CO_2 导热系数表达式为

$$\lambda(\rho,T) = \lambda_0(T) + \Delta\lambda(\rho,T) + \Delta_c\lambda(\rho,T) \tag{1.13}$$

式中，$\lambda_0(T)$ 为零密度导热系数极限值；$\Delta\lambda(\rho,T)$ 为密度增大引起的导热系数附加值；$\Delta_c\lambda(\rho,T)$ 为压力和温度在超临界附近时引起的导热系数增量。

一、CO_2 黏度求解及误差分析

由 CO_2 的黏度表达式 [式(1.12)] 可知，要求出 CO_2 的黏度，必须分别求出 $\mu_0(T)$、$\Delta\mu(\rho,T)$、$\Delta_c\mu(\rho,T)$。

$$\mu_0(T) = \frac{1.00697 T^{1/2}}{\mathscr{R}_\eta^*(T^*)} \tag{1.14}$$

式中，$\mathscr{R}_\eta^*(T^*) = \exp\left[\sum_{i=0}^{4} a_i(\ln T^*)^i\right]$，其中 $T^* = \dfrac{T}{251.196}$，a_i 为计算系数，无量纲，其值见参考文献[12]。

$$\Delta\mu(\rho,T) = d_{11}\rho + d_{21}\rho^2 + \frac{d_{64}\rho^6}{T^{*3}} + d_{81}\rho^8 + \frac{d_{82}\rho^8}{T^*} \tag{1.15}$$

式中，d_{11}，d_{21}，d_{64}，d_{81}，d_{82} 为计算系数，无量纲，其值见参考文献[12]。

$$\Delta_c\mu(\rho,T) = \sum_{i=1}^{4} e_i\rho^i \tag{1.16}$$

式中，e_i 为计算系数。

一般情况下 $\Delta_c\mu(\rho,T)$ 对黏度的影响非常小，低于 1%，因此在工程计算中可以忽略。

通过编程利用式(1.14)～式(1.16)求出不同状态下的 CO_2 黏度值，并列于表 1.9 中。

表 1.9　不同温度、压力条件下 CO_2 黏度值

温度/K	压力/MPa	计算值/($\mu Pa \cdot s$)	试验值[9]/($\mu Pa \cdot s$)	误差/%
303.15	0.1	15.17	15.10	0.46
	2.0	15.43	15.78	−2.22
	5.0	17.78	18.23	−2.47
	7.0	21.42	22.39	−4.33
	10.0	66.07	64.05	3.15
	15.0	79.65	80.42	−0.96
	20.0	89.17	90.39	−1.35
	40.0	117.10	117.22	−0.10
	70.0	149.87	147.53	1.59
333.15	0.1	16.61	16.50	0.67
	2.0	16.83	17.29	−2.66
	5.0	17.70	18.36	−3.59
	7.0	19.98	20.72	−3.57
	10.0	27.82	29.21	−4.76
	15.0	45.88	47.35	−3.10
	20.0	59.82	58.81	1.72
	40.0	89.07	90.72	−1.82
	70.0	118.80	120.30	−1.25
373.15	0.1	18.48	18.25	1.26
	2.0	18.65	18.54	0.59
	5.0	19.27	19.48	−1.08
	7.0	19.99	20.35	−1.77
	10.0	21.79	22.28	−2.20
	15.0	27.74	28.19	−1.60
	20.0	37.03	37.48	−1.20
	40.0	65.82	67.17	−2.01
	70.0	92.49	95.48	−3.13

表 1.9 显示，无论是低压还是高压，无论是低温还是高温，Fenghour 等[12]的 CO_2 黏度计算方程精度均较高，计算值大部分偏小，但其误差绝对值都能控制在 5%以内，完全能够满足工程计算要求。

二、CO_2 导热系数求解及误差分析

CO_2 导热系数求解与 CO_2 黏度求解类似，需先求出导热系数表达式[式(1.13)]中等式右侧三个分量，即 $\lambda_0(T)$、$\Delta\lambda(\rho,T)$、$\Delta_c\lambda(\rho,T)$。

$$\lambda_0(T) = \frac{0.475598T^{1/2}(1+r^2)}{\mathcal{R}_\lambda^*(T^*)} \tag{1.17}$$

式中，$r = \left(\frac{2c_{\text{int}}}{5k_S}\right)^{1/2}$，其中 $\frac{c_{\text{int}}}{k_S} = 1.0 + \exp(-183.5/T)\sum_{i=1}^{5} c_j(T/100)^{2-i}$，$c_j$ 为计算系数，k_S 为气体等熵指数，无量纲；$\mathcal{R}_\lambda^*(T^*) = \sum_{i=0}^{7} \frac{b_j}{T^{*i}}$；$b_j$ 为计算系数，无量纲；计算系数的值见参考文献[12]。

$$\Delta\lambda(\rho,T) = \sum_{i=1}^{4} d_i\rho^i \tag{1.18}$$

式中，d_i 为计算系数，无量纲，其值见参考文献[12]。

$$\frac{\Delta_c\lambda(\rho,T)}{\rho c_p} = \frac{R_a k_S T}{6\pi\bar{\eta}\xi}(\tilde{\Omega}-\tilde{\Omega}_0) \tag{1.19}$$

式中，$\bar{\eta}$、ξ、$\tilde{\Omega}$、$\tilde{\Omega}_0$、$\tilde{q}_D$ 为中间变量；R_a 为随机振幅；c_V 为定容比热容，$J/(kg\cdot K)$；c_p 为定压比热容，$J/(kg\cdot K)$；其中，

$$\tilde{\Omega} = \frac{2}{\pi}\left[\left(\frac{c_p-c_V}{c_p}\right)\arctan(\tilde{q}_D\xi) + \frac{c_V}{c_p}\tilde{q}_D\xi\right]$$

$$\tilde{\Omega}_0 = \frac{2}{\pi}\left\{1 - \exp\left[-\frac{1}{(\tilde{q}_D\xi)^{-1} + \frac{1}{3}(\tilde{q}_D\xi\rho_c/\rho)^2}\right]\right\}$$

通过编程利用式(1.17)~式(1.20)求出不同状态下 CO_2 的导热系数值(表1.10)。具体求解方法见参考文献[11]。

表1.10结果显示，在低压状态下，导热系数的误差为正值，随着压力升高，导热系数的误差变为负值，整体上其误差绝对值控制在4%以内，计算精度较高，能够满足工程计算要求。

表 1.10 不同温度、压力条件下 CO_2 导热系数值

温度/K	压力/MPa	计算导热系数/[mW/(m·K)]	试验导热系数[9]/[mW/(m·K)]	误差/%
333.15	0.1	19.50	19.27	1.19
	0.5	19.97	19.43	2.78
	1.0	19.89	19.72	0.86
	5.0	22.74	23.42	−2.90
	7.0	26.85	27.27	−1.54
	10.0	39.93	41.47	−3.71
	15.0	65.87	68.48	−3.81
	20.0	79.71	82.67	−3.58
353.15	0.1	21.18	20.92	1.24
	0.5	21.37	21.13	1.14
	1.0	21.59	21.37	1.03
	5.0	24.08	24.16	−0.33
	7.0	26.14	26.54	−1.51
	10.0	32.14	33.09	−2.87
	15.0	50.72	52.61	−3.59
	20.0	64.54	65.83	−1.96
373.15	0.1	22.87	22.59	1.24
	0.5	23.02	22.76	1.14
	1.0	23.25	23.01	1.04
	5.0	25.48	25.45	0.12
	7.0	26.96	27.15	−0.70
	10.0	30.91	31.22	−0.99
	15.0	41.82	42.29	−1.11
	20.0	54.33	55.65	−2.37

三、CO_2、N_2、空气黏度对比

压裂液的黏度对于携砂至关重要，一般黏度越大越有利于支撑剂携带，但是高黏度同时也带来另外一个问题，即管路循环压耗增大。图 1.10、图 1.11 分别为 CO_2 和 N_2、CO_2 和空气的黏度-压力等温图。从图 1.10 和图 1.11 中可以看出，N_2 和空气的黏度曲线走势几乎相同，而且对温度和压力的变化也不敏感。而 CO_2 气体随着压力的升高，无论是液态还是超临界态，其黏度变化均非常明显，尤其是从气态变为液态时黏度出现突变（图 1.10）。当温度高于临界温度时，随着压力的升高，CO_2 由气态转变为超临界态，其黏度也逐渐增大且连续变化，其大小介于气态和液态之间。

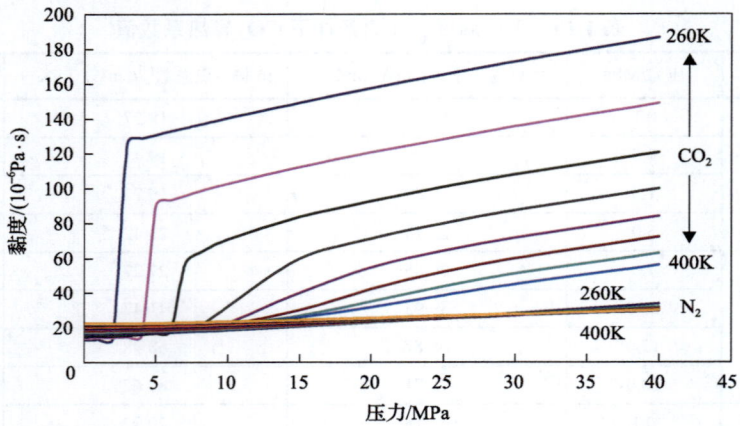

图 1.10　CO$_2$、N$_2$ 黏度-压力等温图

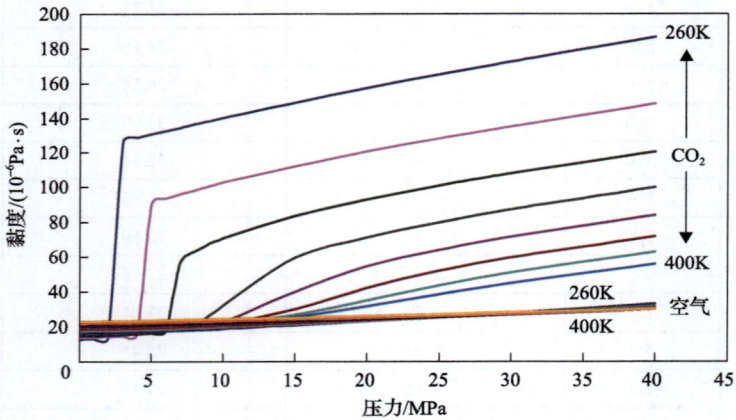

图 1.11　CO$_2$、空气黏度-压力等温图

　　由 CO$_2$ 的密度和黏度特性可知，超临界 CO$_2$ 流体黏度比 N$_2$ 和空气黏度大，且密度更大，更有利于携砂。但与常规压裂液相比，其黏度又小得多，在较小的流速下便可达到紊流状态，有利于携砂，且其低黏特性也能够降低循环压耗，从而降低对地面设备和井下工具的压力要求。

第四节　超临界 CO$_2$ 流体其他物理性质

　　超临界 CO$_2$ 的密度对外界温度和压力的变化非常敏感，且其密度的微小变化又会引起超临界 CO$_2$ 其他热物理性质参数的变化，且这些参数在井筒温度和压力范围内变化较大。因此，在计算超临界 CO$_2$ 压裂过程中的井筒温度、压力分布时，除了需要 CO$_2$ 的密度、黏度、导热系数等重要参数外，还需要计算 CO$_2$ 定压比热容、定容比热容、焦耳-汤姆孙系数等，而不能将其视为定值。

一、CO_2 定压比热容

CO_2 气体的定压比热容运用 Span 和 Wagner 推导的采用亥姆霍兹自由能计算气体状态参数的方法[7]来求解，其计算精度高达 0.5%。

CO_2 定压比热容表达式为

$$c_p(\delta, \tau) = R\left[-\tau^2\left(\Phi_{\tau^2}^{\mathrm{o}} + \Phi_{\tau^2}^{\mathrm{r}}\right) + \frac{\left(1 + \delta\Phi_{\delta}^{\mathrm{r}} - \delta\tau\Phi_{\delta\tau}^{\mathrm{r}}\right)^2}{1 + 2\delta\Phi_{\delta}^{\mathrm{r}} + \delta^2\Phi_{\delta^2}^{\mathrm{r}}} \right] \tag{1.20}$$

式中，

$$\Phi_{\tau^2}^{\mathrm{o}} = -a_3^{\mathrm{o}} / \tau^2 - \sum_{i=4}^{8} a_i^{\mathrm{o}}(\theta_i^{\mathrm{o}})^2 \mathrm{e}^{-\theta_i^{\mathrm{o}}\tau}(1 - \mathrm{e}^{-\theta_i^{\mathrm{o}}\tau})^{-2} \tag{1.21}$$

$$
\begin{aligned}
\Phi_{\tau^2}^{\mathrm{r}} =& \sum_{i=1}^{7} n_i t_i(t_i - 1)\delta^{d_i}\tau^{t_i - 2} + \sum_{i=8}^{34} n_i t_i(t_i - 1)\delta^{d_i}\tau^{t_i - 2}\mathrm{e}^{-\delta^{c_i}} \\
&+ \sum_{i=35}^{39} n_i \delta^{d_i}\tau^{t_i}\mathrm{e}^{-a_i(\delta - \varepsilon_i)^2 - \beta_i(\tau - \gamma_i)^2}\left\{\left[\frac{t_i}{\tau} - 2\beta_i(\tau - \gamma_i)\right]^2 - \frac{t_i}{\tau^2} - 2\beta_i\right\} \\
&+ \sum_{i=40}^{42} n_i \delta\left(\frac{\partial^2 \Delta^{b_i}}{\partial \tau^2}\psi + 2\frac{\partial \Delta^{b_i}}{\partial \tau}\frac{\partial \psi}{\partial \tau} + \Delta^{b_i}\frac{\partial^2 \psi}{\partial \tau^2}\right)
\end{aligned} \tag{1.22}
$$

$$
\begin{aligned}
\Phi_{\delta}^{\mathrm{r}} =& \sum_{i=1}^{7} n_i d^i \delta^{d_i - 1}\tau^{t_i} + \sum_{i=8}^{34} n_i \mathrm{e}^{-\delta^{c_i}}\left[\delta^{d_i - 1}\tau^{t_i}\left(d_i - c_i\delta^{c_i}\right)\right] \\
&+ \sum_{i=35}^{39} n_i \delta^{d_i}\tau^{t_i}\mathrm{e}^{-a_i(\delta - \varepsilon_i)^2 - \beta_i(\tau - \gamma_i)^2}\left[\frac{d^i}{\delta} - 2a_i(\delta - \varepsilon_i)\right] \\
&+ \sum_{i=40}^{42} n_i\left[\Delta^{b_i}\left(\psi + \delta\frac{\partial \psi}{\partial \delta}\right) + \frac{\partial \Delta^{b_i}}{\partial \delta}\delta\psi\right]
\end{aligned}
$$

$$
\begin{aligned}
\Phi_{\delta\tau}^{\mathrm{r}} =& \sum_{i=1}^{7} n_i d^i t_i \delta^{d_i - 1}\tau^{t_i - 1} + \sum_{i=8}^{34} n_i \mathrm{e}^{-\delta^i}\delta^{d_i - 1}t_i\tau^{t_i - 1}\left(d^i - c_i\delta^{c_i}\right) \\
&+ \sum_{i=35}^{39} n_i \delta^{d_i}\tau^{t_i}\mathrm{e}^{-a_i(\delta - \varepsilon_i)^2 - \beta_i(\tau - \gamma_i)^2}\left[\frac{d^i}{\delta} - 2a_i(\delta - \varepsilon_i)\right]\left[\frac{t_i}{\tau} - 2\beta_i(\tau - \gamma_i)\right] \\
&+ \sum_{i=40}^{42} n_i\left[\Delta^{b_i}\left(\frac{\partial \psi}{\partial \tau} + \delta\frac{\partial^2 \psi}{\partial \delta\partial \tau}\right) + \delta\frac{\partial \Delta^{b_i}}{\partial \delta}\frac{\partial \psi}{\partial \tau} + \frac{\partial \Delta^{b_i}}{\partial \tau}\left(\psi + \delta\frac{\partial \psi}{\partial \delta}\right) + \frac{\partial^2 \Delta^{b_i}}{\partial \delta\partial \tau}\delta\psi\right]
\end{aligned}
$$

$$\tag{1.23}$$

$$\Phi_{\delta^2}^{\mathrm{r}} = \sum_{i=1}^{7} n_i d^i \left(d^i - 1\right) \delta^{d^i - 2} \tau^{t_i} + \sum_{i=8}^{34} n_i \mathrm{e}^{-\delta^{c_i}} \left\{ \delta^{d^i - 2} \tau^{t_i} \left[\left(d^i - c_i \delta^{c_i}\right)\left(d^i - 1 - c_i \delta^{c_i}\right) - c_i^2 \delta^{c_i} \right] \right\}$$

$$+ \sum_{i=35}^{39} n_i \tau^{t_i} \mathrm{e}^{-a_i(\delta - \varepsilon_i)^2 - \beta_i(\tau - \gamma_i)^2} \left[4\alpha_i^2 \delta^{d^i} \left(\delta - \varepsilon_i\right)^2 - 2a_i \delta^{d^i} \right]$$

$$+ \sum_{i=35}^{39} n_i \tau^{t_i} \mathrm{e}^{-a_i(\delta - \varepsilon_i)^2 - \beta_i(\tau - \gamma_i)^2} \left[d^i \left(d^i - 1\right) \delta^{d^i - 2} - 4 d^i a_i \delta^{d^i - 1} \left(\delta - \varepsilon_i\right) \right]$$

$$+ \sum_{i=40}^{42} n_i \left[\Delta^{b_i} \left(2 \frac{\partial \psi}{\partial \delta} + \delta \frac{\partial^2 \psi}{\partial \delta^2} \right) + 2 \frac{\partial \Delta^{b_i}}{\partial \delta} \left(\psi + \delta \frac{\partial \psi}{\partial \delta} \right) + \frac{\partial^2 \Delta^{b_i}}{\partial \delta^2} \delta \psi \right] \tag{1.24}$$

以上各式求解过程及参数见参考文献[7]。

利用 VB 编程计算出不同状态下 CO_2 的定压比热容，并绘制了图 1.12。从图 1.12 中可以看出，CO_2 的定压比热容在临界压力附近出现了峰值，之后随着压力的逐渐增大，定压比热容逐渐减小，当压力升高到 40MPa 左右时，无论温度多大其定压比热容值几乎相等。

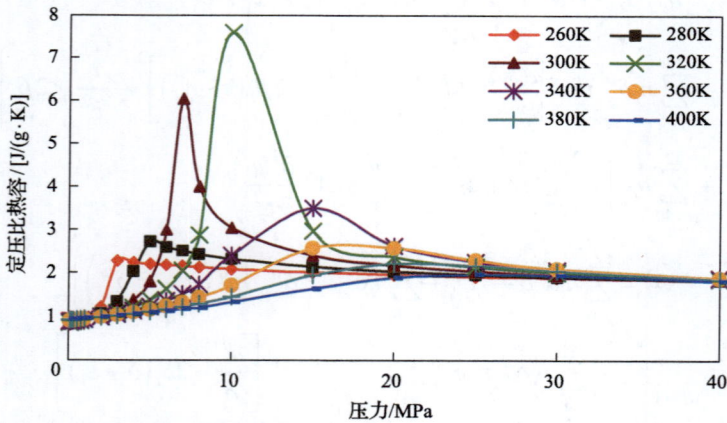

图 1.12　CO_2 的定压比热容与温度和压力关系曲线

二、CO_2 定容比热容

CO_2 的定容比热容求解方法与定压比热容类似，也是运用 Span 和 Wagner 推导的采用亥姆霍兹自由能计算气体状态参数的方法来求解。CO_2 定容比热容表达式为

$$c_V(\delta, \tau) = -\tau^2 \left(\Phi_{\tau^2}^{\mathrm{o}} + \Phi_{\tau^2}^{\mathrm{r}} \right) R \tag{1.25}$$

式中，$\Phi_{\tau^2}^{\mathrm{o}}$，$\Phi_{\tau^2}^{\mathrm{r}}$ 为无量纲亥姆霍兹自由能。

采用式(1.26)编程计算了 CO_2 的定容比热容,并绘制成了图 1.13。由图 1.13 可知, CO_2 的定容比热容先增大,在临界压力附近出现峰值后逐渐减小,之后趋于平稳。

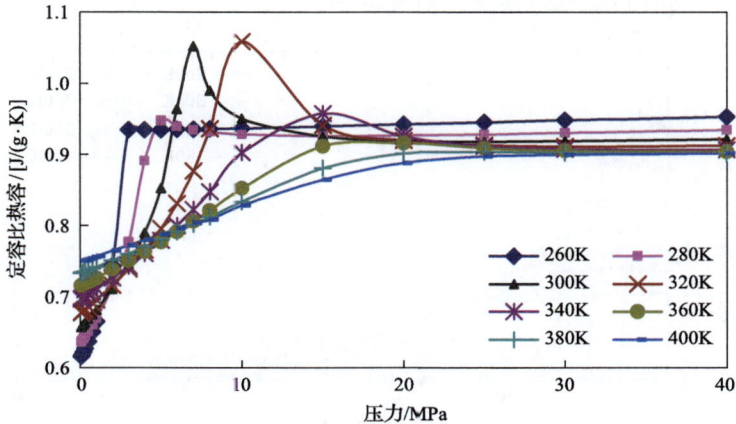

图 1.13　CO_2 的定容比热容与温度和压力关系曲线

三、CO_2 焦耳-汤姆孙系数

气体在管道中流动时,由于局部阻力,如遇到缩颈和调节阀时,其压力会显著下降,这种现象叫作节流。在工程上气体经过阀门等流阻元件时,由于流速大、时间短,来不及与外界进行热交换,一般将其近似作为绝热过程来处理,称为绝热节流。气体节流前后的温度一般会发生变化,这种温度变化被叫作焦耳-汤姆孙效应(简称焦-汤效应)。大多数实际气体在节流过程中都有冷却效应,即通过节流元件后温度降低,只有少数气体在室温下节流后温度升高,这种温度变化叫作负焦耳-汤姆孙效应。

在超临界 CO_2 喷射压裂过程中,一般通过高压超临界 CO_2 射流来提高射孔速度, CO_2 射流通过钻头喷嘴时,喷嘴上下游压差会达到十几甚至几十兆帕,一般压差越大,焦-汤效应产生的温差越大,为了准确预测井筒温度压力分布,必须对焦耳-汤姆孙系数(J)进行精确计算。本小节运用 Span 和 Wagner[7]推导的采用亥姆霍兹自由能计算气体状态参数的方法来求解,其表达式如式(1.26)所示:

$$J(\delta,\tau) = R\rho \frac{-\left(\delta\Phi_\delta^{r} + \delta^2\Phi_{\delta^2}^{r} + \delta\tau\Phi_{\delta\tau}^{r}\right)}{\left(1 + \delta\Phi_\delta^{r} - \delta\tau\Phi_{\delta\tau}^{r}\right)^2 - \tau^2\left(\Phi_{\tau^2}^{o} + \Phi_{\tau^2}^{r}\right)\left(1 + 2\delta\Phi_\delta^{r} + \delta^2\Phi_{\delta^2}^{r}\right)} \tag{1.26}$$

式中, Φ_δ^{r} , $\Phi_{\delta^2}^{r}$, $\Phi_{\delta\tau}^{r}$ 为无量纲亥姆霍兹自由能; R 为气体常数。

根据式(1.27)编程计算出不同状态下 CO₂ 的焦耳-汤姆孙系数，并绘制了插图(图 1.14)。图 1.14 中显示，随着压力逐渐升高，焦耳-汤姆孙系数首先平稳变化，或是增大或是减小，但变化幅度很小，之后在临界点附近开始急剧降低，随后降幅逐渐减小，同时温度越高其变化幅度越小。

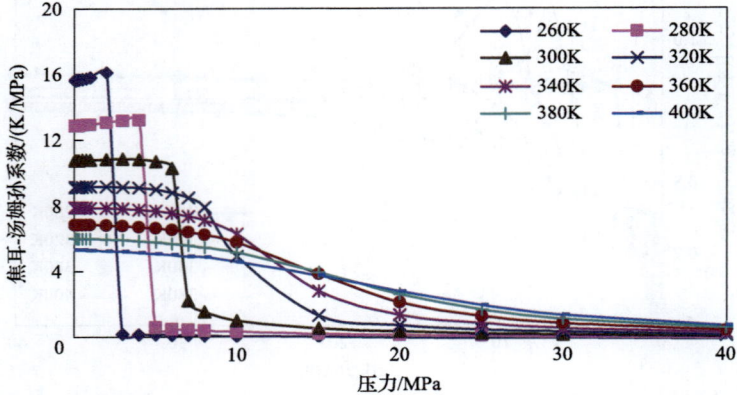

图 1.14　CO₂ 焦耳-汤姆孙系数与温度和压力关系

参 考 文 献

[1] 韩布兴, 等. 超临界流体科学与技术. 北京: 中国石化出版社, 2005.

[2] 彭英利, 马承愚. 超临界流体技术应用手册. 北京: 化学工业出版社, 2005.

[3] Gupta A P, Gupta A, Langlinais J. Feasibility of supercritical carbon dioxide as a drilling fluid for deep underbalanced drilling operation. SPE Annual Technical Conference and Exhibition, Dallas, 2005.

[4] 廖传华, 黄振仁. 超临界 CO₂ 流体萃取技术: 工艺开发及其应用. 北京: 化学工业出版社, 2004.

[5] Gupta A. Feasibility of supercritical carbon dioxide as a drilling fluid for deep underbalanced drilling operations. Baton Rouge: Louisiana State University, 2006.

[6] 里德 R C, 普劳斯尼茨 J M, 波林 B E. 气体和液体性质. 李芝芬, 杨怡生, 译. 北京: 石油工业出版社, 1994.

[7] Span R, Wagner W. A new equation of state for carbon dioxide covering the fluid region from the triple-point temperature to 1100K at pressures up to 800MPa. Journal of Physical & Chemical Reference Data, 1996, 25(6): 1509-1596.

[8] Span R. Multiparameter Equations of State: An Accurate Source of Thermodynamic Property Data. Berlin: Springer-Verlag Press, 2000: 15-56.

[9] 刘光启, 马连湘, 刘杰. 化学化工物性数据手册(无机卷). 北京: 化学工业出版社, 2002.

[10] 肖杨, 吴元欣, 王存文, 等. 超临界 CO₂ 中聚碳酸酯的合成 II: 超临界 CO₂ 密度的计算. 天然气化工(C1 化学与化工), 2008, 33(1):75-78.

[11] Vesovic V, Wakeham W, Olchowy G, et al. The transport properties of carbon dioxide. Journal of Physical and Chemical Reference Data, 1990, 19(3): 763-808.

[12] Fenghour A, Wakeham W A, Vesovic V. The viscosity of carbon dioxide. Journal of Physical and Chemical Reference Data, 1998, 27(1): 31-44.

第二章　超临界 CO_2 喷射压裂井筒流动与控制

超临界 CO_2 压裂是一种可高效开发致密油气、页岩油气等非常规油气藏的新型无水压裂技术。在超临界 CO_2 压裂过程中，超临界 CO_2 流体的物理性质参数与井筒内温度压力条件互相影响，且影响因素众多。只有准确预测超临界 CO_2 压裂井筒中流体的温度和压力分布，掌握超临界 CO_2 流体井筒相态的变化规律和控制方法，才能保证超临界 CO_2 压裂作业正常进行，达到压开目标储层、实现油气压裂增产的目的。

本章采用理论分析和数值模拟相结合的方法，模拟计算液态-超临界 CO_2 在圆管中的流动摩阻压降，研究压力和温度对 CO_2 流动摩阻的影响规律，分析比较 CO_2 与清水流动摩阻的差异性及其原因；在超临界 CO_2 管流摩阻特性分析的基础之上，建立考虑热量源汇的 CO_2 压裂井筒流动与传热解析模型，并实现模型在井深和径向方向的双向耦合数值求解，进行井筒传热机理分析，研究工程参数对井筒流动和传热的影响规律，形成超临界 CO_2 压裂井筒流动控制方法。

第一节　CO_2 管流摩阻特性

液态或超临界 CO_2 具有较强的压缩性，其物理性质参数对压力和温度的变化非常敏感，传统的摩阻系数-雷诺数经验关系能否适用于 CO_2 流体，是准确预测 CO_2 管流摩阻的关键。考虑到开展油田尺度的大管径摩阻试验的困难程度，本节利用流体力学方法建立 CO_2 管流模型，采用有限体积法对模型进行求解，计算得到 CO_2 圆管流动摩阻压降，通过与传统经验公式进行对比，优选适合 CO_2 管流摩阻压降的计算公式。此外还研究压力和温度对 CO_2 流动摩阻压降的影响规律，分析比较 CO_2 与清水流动摩阻压降的差异性及其原因，并给出 CO_2 压裂减阻建议。

一、管流模型建立

考虑在 CO_2 压裂过程中，由于 CO_2 黏度低、压裂排量高，CO_2 在井筒中的流动一般为湍流(或称紊流)，本节模型只考虑 CO_2 湍流流动，而不研究层流或过渡流。

(一)几何模型

如图 2.1 所示,模型采用一段细长的圆柱体区域来模拟 CO_2 流体在圆管中的流动。一方面，为了不受入口边界的影响得到充分发展的湍流流动，模拟的圆管区域需足够长，一般须大于入口段长度；但另一方面，增加模拟区域的长度又会大大增加数值模拟的计算量。因此，基于上述两方面的考虑，本章根据模拟管径的不同，相应选择 5m、8m 和 10m 作为模拟圆管的长度。模拟管径范围的选择涵盖了油田上压裂施工经常使用的连续油管、油管和套管的尺寸（25.4～222.4mm）。结合压裂时常用的排量范围，选择模拟雷诺数的范围为 $10^5 \sim 10^8$。设置入口为压力或流量边界条件，出口为压力边界条件，圆管壁设置为无滑移的壁面边界条件。

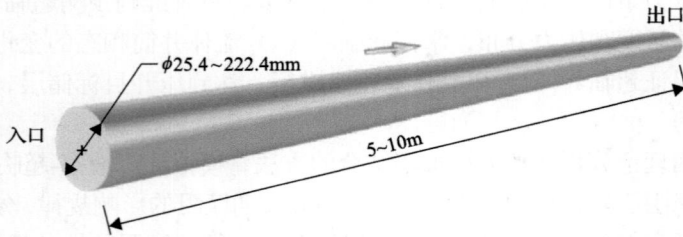

图 2.1　CO_2 圆管流动几何模型

（二）数学模型

对于三维空间里的可压缩稳态流动，采用爱因斯坦标记（Einstein notation），连续性方程可表示为

$$\frac{\partial(\rho u_i)}{\partial x_i} + \frac{\partial(\rho u_j)}{\partial x_j} + \frac{\partial(\rho u_k)}{\partial x_k} = 0 \tag{2.1}$$

式中，ρ 为流体密度，kg/m^3；u_i, u_j, u_k 分别为 x, y, z 方向的速度，m/s；x_i, x_j, x_k 分别为 x, y, z 方向的位移，m。

连续性方程描述流体微团的质量守恒，与流体速度有关。流体微团的运动用纳维-斯托克斯（Navier-Stokes，简称 N-S）方程来描述，其与流体微团的速度和压力有关，稳态流动的 N-S 方程可表示为

$$\frac{\partial(\rho u_i u_j)}{\partial x_j} = -\frac{\partial p}{\partial x_i} + \frac{\partial \boldsymbol{\tau}_{ij}}{\partial x_j} + \rho g_i + F_i \tag{2.2}$$

式中，p 为压力，Pa；g_i 为重力加速度，m/s^2；F_i 为微元体上的体力，N/m^3；$\boldsymbol{\tau}_{ij}$ 为偏应力张量。

一般来讲，如果直接对上述 N-S 方程进行求解（或直接数值模拟，简称 DNS），则必须使用极其小的网格才能描述高雷诺数流场中微米尺度的涡（图 2.2），普通计算机难以满足 DNS 对内存空间和计算速度的要求。因此，本章采用时均化的 N-S

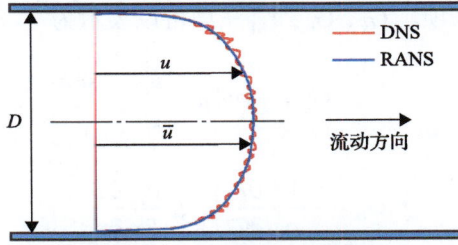

图 2.2　圆管中湍流流动示意图

u-DNS 方法计算的速度；$\bar{u}$-RANS 方法计算的雷诺平均速度

方程[1,2]（简称 RANS），将瞬态的脉动量通过特定的模型在时均化的方程中体现出来，RANS 方程可表示为

$$\frac{\partial(\rho u_i u_j)}{\partial x_j} = -\frac{\partial p}{\partial x_i} + \frac{\partial}{\partial x_j}\left[\mu\left(\frac{\partial u_i}{\partial x_j} + \frac{\partial u_j}{\partial x_i} - \frac{2}{3}\frac{\partial u_k}{\partial x_k}\delta_{ij}\right)\right] + \frac{\partial}{\partial x_j}(-\rho \bar{u}_i' \bar{u}_j') + \rho g_i + F_i \quad (2.3)$$

式中，μ 为动力黏度，Pa·s；$-\rho \bar{u}_i' \bar{u}_j'$ 为雷诺应力；δ_{ij} 为克罗内克符号（Kronecker symbol）。在 RANS 方程中引入雷诺应力项可以将瞬态的脉动量进行平均化处理，但同时也会引入新的变量，因而需要额外的方程来封闭 RANS 方程。工程上一种常用的方法是不直接处理雷诺应力项，而是使用湍动黏度来表示雷诺应力：

$$-\rho \bar{u}_i' \bar{u}_j' = \mu_{\mathrm{T}}\left(\frac{\partial u_i}{\partial x_j} + \frac{\partial u_j}{\partial x_i}\right) - \frac{2}{3}\left(\rho k + \mu_{\mathrm{T}}\frac{\partial u_k}{\partial x_k}\right)\delta_{ij} \quad (2.4)$$

$$\mu_{\mathrm{T}} = \rho C_\mu \frac{k^2}{\varepsilon} \quad (2.5)$$

式中，k 为湍动能；C_μ 为与湍流模型相关的经验常数；ε 为湍流耗散率，J/(kg·s)。因而必须引入与湍动能 k 和湍流耗散率 ε 相关的方程来求解这两个参数。本节采用适合管道内流动的可实现（realizable）k-ε 湍流模型：

$$\frac{\partial(\rho k u_j)}{\partial x_j} = \frac{\partial}{\partial x_j}\left[\left(\mu + \frac{\mu_T}{\sigma_k}\right)\frac{\partial k}{\partial x_j}\right] + G_k + G_b - \rho\varepsilon - Y_{\mathrm{M}} \quad (2.6)$$

$$\frac{\partial(\rho k u_j)}{\partial x_j} = \frac{\partial}{\partial x_j}\left[\left(\mu + \frac{\mu_T}{\sigma_\varepsilon}\right)\frac{\partial \varepsilon}{\partial x_j}\right] + \rho C_1 S\varepsilon + C_{\varepsilon 1}C_{\varepsilon 3}\frac{\varepsilon}{k}G_b - C_{\varepsilon 2}\rho\frac{\varepsilon^2}{k + \sqrt{v\varepsilon}} \quad (2.7)$$

式中，σ_k 为 z 方向的正应力，Pa；σ_ε，$C_{\varepsilon 1}$，$C_{\varepsilon 2}$ 均为常数；C_1，S，$C_{\varepsilon 3}$ 为模型参数；v 为运动黏度，m²/s；G_k，G_b 分别为由速度梯度和浮力产生的湍动能项；Y_{M}

为可压缩流中脉动扩张项。G_k，G_b，Y_M 三项可以表示为

$$G_k = -\rho \overline{u_i' u_j'} \frac{\partial u_i}{\partial x_i} \tag{2.8}$$

$$G_b = -\frac{1}{\rho} \left(\frac{\partial \rho}{\partial T} \right)_p g_i \frac{\mu_T}{Pr} \frac{\partial T}{\partial x_i} \tag{2.9}$$

$$Y_M = 2\rho\varepsilon \frac{k}{a^2} \tag{2.10}$$

式中，Pr 为湍动普朗特(Prandtl)数；T 为温度，K；a 为声速，m/s。

能量方程的表达式为

$$\frac{\partial}{\partial x_i} [u_i(\rho E + p)] = \frac{\partial}{\partial x_j} \left(k_{\text{eff}} \frac{\partial T}{\partial x_j} + u_i \tau_{ij} \right) + Q \tag{2.11}$$

式中，E 为流体微团的总能量，J/kg；Q 为流体微团内的热量源项，W/m^3；k_{eff} 为有效热导率，可以表示为

$$k_{\text{eff}} = \lambda + \frac{c_p \mu_T}{Pr} \tag{2.12}$$

式中，λ 为导热系数，W/(m·K)。

本节采用标准壁面函数来处理流体在近壁面处的流动：

$$\frac{u_p u^*}{\tau_w / \rho} = \frac{1}{k_v} \ln \left(E_c \frac{\rho y_p u^*}{\mu} \right) - \frac{1}{k_v} \ln \left(1 + \frac{\rho e u^*}{\mu} \right) \tag{2.13}$$

式中，$u^* = C_\mu^{1/4} k^{1/2}$，为平均速度，m/s；$u_p$ 为流体微团在近壁面网格节点处的速度，m/s；τ_w 为壁面剪切力，Pa；k_v 为 von Kármán 常数；E_c 为经验常数；y_p 为近壁面网格节点到壁面的距离，m；e 为绝对粗糙度，m。

在 CO_2 压裂过程中，无论是在井筒还是在裂缝中，由于流动摩阻压降及其与地层之间的传热，CO_2 的温压会发生显著变化，即使 CO_2 处于液态或者超临界态，其物理性质参数仍对压力和温度的变化非常敏感，如图 2.3 所示。因此，必须采用精确的 CO_2 物理性质模型进行 CO_2 热力学性质和输运性质的计算。本章使用的 CO_2 密度、定压比热容、动力黏度和导热系数等物理性质参数计算模型详见第一章。

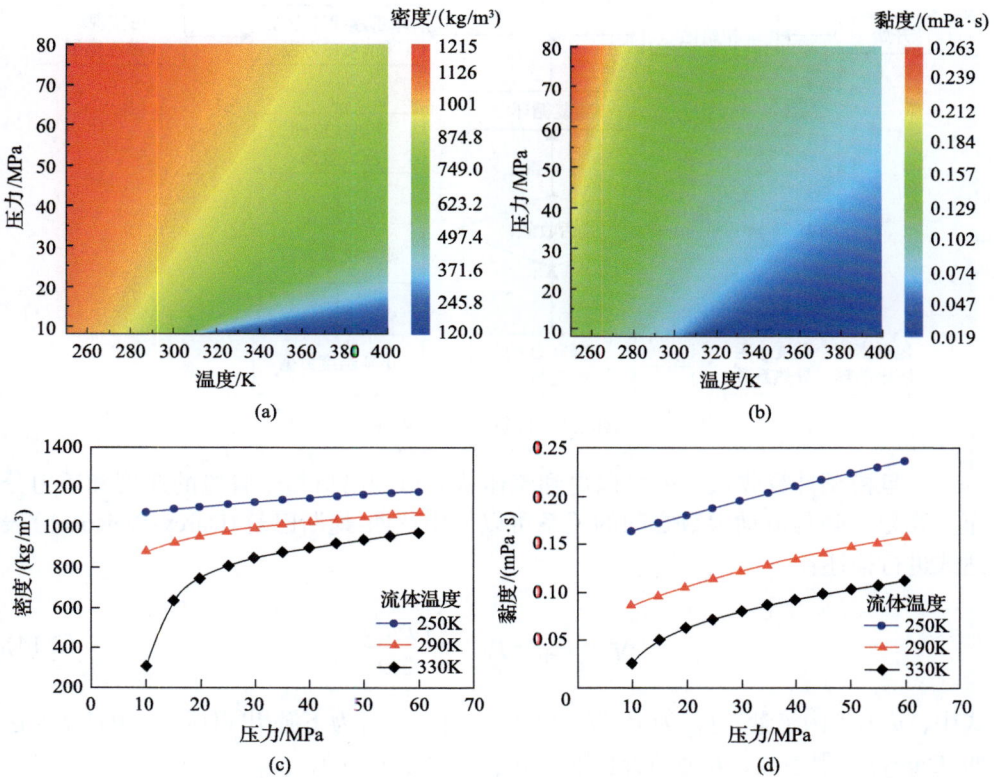

图 2.3　CO₂ 密度和黏度随压力和温度的变化规律

二、模型求解与验证

（一）模型求解

控制方程的非线性较强，无法得到模型的解析解。因此，本章基于有限体积的思想，采用 SIMPLE 压力修正的方法对模型的求解域采用六面体网格进行离散求解。如图 2.4 所示，模型初始化之后，首先联立求解连续性方程和 RANS 方程，得到速度场和压力场，如前所述，这里使用可实现 k-ε 湍流方程来封闭 RANS 方程，其次求解能量方程得到温度场。为了提高计算精度，采用二阶迎风格式对 RANS 方程和能量方程进行离散，但考虑模型的收敛性和稳定性，采用一阶迎风格式对湍流方程进行离散。在每一次判别收敛性之前，需使用新计算得到的压力场和温度场利用建立的 CO₂ 物理性质模型更新 CO₂ 流体在每个网格节点的物理性质参数。所有算例都须进行 1500 次迭代，并满足以下两个收敛性条件：①最后一步迭代与上一步迭代的误差值小于 10^{-5}；②入口与出口的质量流量相对误差的绝对值小于 0.1‰。

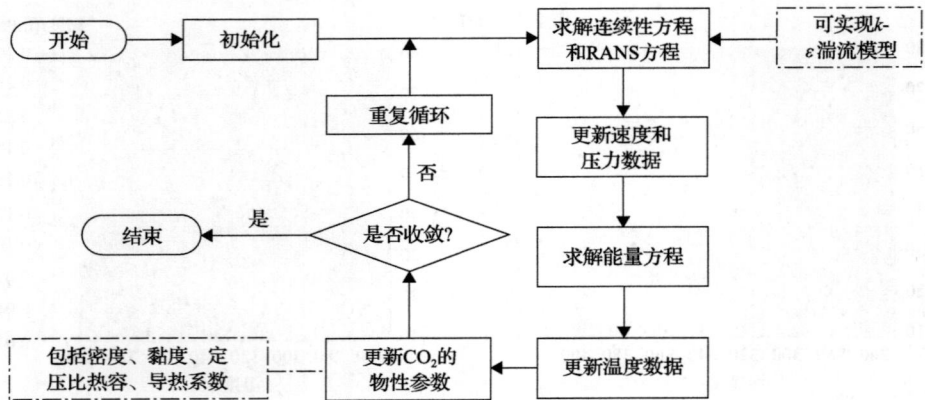

图 2.4　计算求解流程图

一旦模型计算收敛，就可以得到流体从入口到出口整个管段的速度和压力分布。摩阻压降与流动参数之间的关系可以使用达西-魏斯巴赫（Darcy-Weisbach）表达式进行描述：

$$\Delta p = p_{up} - p_{dn} = \frac{f \rho u^2 L}{2D} \tag{2.14}$$

式中，u 为管内流速；p_{up} 为上游/入口压力，Pa；p_{dn} 为下游/出口压力，Pa；f 为达西（Darcy）摩阻系数；L 为圆管长度，m；D 为圆管直径，m。

对式（2.14）进行变换，可以得到 Darcy 摩阻系数的表达式：

$$f = \frac{2D(p_{up} - p_{dn})}{\rho u^2 L} \tag{2.15}$$

注意本节中使用的摩阻系数为 Darcy 摩阻系数，不同于化工领域常用的范宁（Fanning）摩阻系数，在数值上后者为前者的四分之一。

（二）模型验证

由于目前缺少 CO_2 在大尺寸油套管中的摩阻数据，以下分别采用小尺寸圆管压耗的试验数据[3]和经验公式对本节模型进行验证。

根据文献[3]中的试验条件，采用 3 组压力和温度组合进行 CO_2 管流模拟，与试验数据进行对比验证，如图 2.5 所示。图 2.5 中所示压力为入口压力，圆管温度保持恒定。由图 2.5 可知，数值模拟结果与试验数据吻合度较好，绝大部分数据点的相对误差小于 4%。在低雷诺数条件下，相对误差达到最大值，约为 7%；而在高雷诺数下，3 组数据点逐渐趋于一致，并与试验数据高度重合。这是因为本节所用的湍流模型更适用于描述高雷诺数流动，虽然针对低雷诺数流动可以采用低雷诺数湍流模型，但考虑到油田压裂使用的排量和管径，CO_2 流体都处于高雷诺数流动区域，因而本章只采用管流数值模型中介绍的模型进行高雷诺数（$Re > 10^5$）流动的模拟。

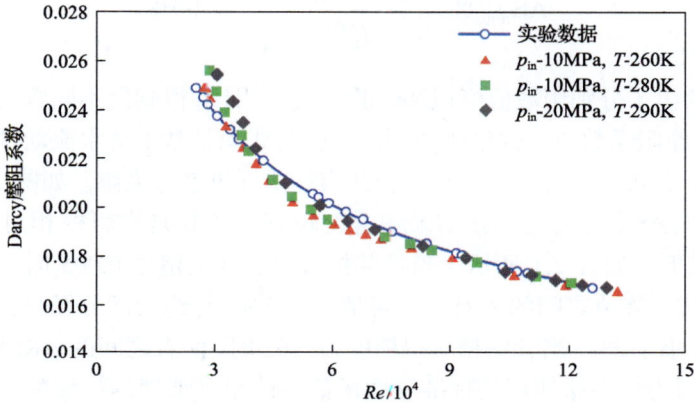

图 2.5　CO_2 管流数值模拟与试验对比

　　针对高雷诺数流动区域的验证，本章采用清水作为流动介质，通过模拟计算清水的摩阻压降与经验公式进行对比，从而验证模型在模拟高雷诺数流动方面的适应性和准确性。清水的物理性质参数均设为恒定，不随温度和压力变化，因此只需求解连续性方程和 RANS 方程，无需求解能量方程，除此之外，参数设置及模型求解均与本节第一部分相同。

　　本节主要采用 3 个参数对数值模拟结果与经验公式计算值之间的误差进行评价，分别为平均相对误差（ARE%）、平均相对误差绝对值（AARE%）和最大相对误差绝对值（AE_{max}%）。

　　平均相对误差是预测数据偏差的一种度量方法。平均相对误差为 0 意味着模拟数据等概率随机分布在计算值周围，其表达式为

$$\text{ARE}\% = \frac{100}{N} \sum_{i=1}^{N} \left(\frac{f_i^{\text{corr}} - f_i^{\text{sim}}}{f_i^{\text{corr}}} \right) \times 100\% \tag{2.16}$$

式中，N 为数据点的总数；f_i^{corr} 为经验公式计算得到的 Darcy 摩阻系数；f_i^{sim} 为数值模拟得到的 Darcy 摩阻系数。

　　平均相对误差绝对值也称为平均绝对百分比误差，是预测数据精度的一种度量方法，其定义为

$$\text{AARE}\% = \frac{100}{N} \sum_{i=1}^{N} \left| \frac{f_i^{\text{corr}} - f_i^{\text{sim}}}{f_i^{\text{corr}}} \right| \times 100\% \tag{2.17}$$

最大相对误差绝对值是相对误差绝对值的最大值，其代表预测数据的最大偏差，定义如下：

$$AE_{max}\% = \left| \frac{f_i^{corr} - f_i^{sim}}{f_i^{corr}} \right|_{max} \times 100\% \tag{2.18}$$

图 2.6 给出了分别用数值模拟和经验公式[4-10]计算得到的不同管壁粗糙度条件下的 Darcy 摩阻系数值。这里所使用的经验公式均是基于清水流动摩阻试验数据发展而来的，并被工业界广泛使用，公式表达式详见参考文献。如图 2.6 所示，数值模拟结果与经验公式的计算结果吻合度较好，尤其是在管壁相对粗糙度小于 0.005 的情况下。如表 2.1 所示，当管壁相对粗糙度不超过 0.005 时，数值模拟结果与经验公式计算值之间的 ARE%绝对值小于 3%，与绝大部分经验公式计算值之间的 AE_{max}%小于 5%。当管壁相对粗糙度为 0.05 时，两者之间的 ARE%达到了 6% 以上，这是因为模型所使用的标准壁面函数不能很好地处理粗糙度较高的情况。通常，油田压裂所使用的油管或套管均处于良好状态，管壁相对粗糙度一般小于 0.005，只有当管柱发生腐蚀、结垢或结蜡等情况时，管壁相对粗糙度才会大于 0.005。

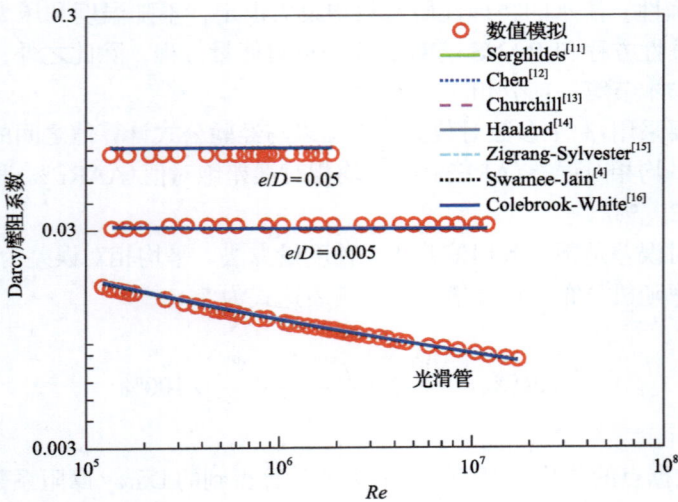

图 2.6　清水管流数值模拟与经验公式对比
e/D-相对粗糙度

综上所述，通过将数值模拟结果与试验数据和经验公式计算值进行对比，可以认为模型能够较为精确地预测油套管尺度充分发展的湍流摩阻压降，进而可以开展 CO_2 管流特性和摩阻压降规律研究。

表 2.1　清水数值模拟和经验公式计算结果之间的相对误差

管壁相对粗糙度	经验公式	ARE%/%	AARE%/%	AE_{max}%/%
0（光滑管）	Serghides[11]	1.70	1.86	4.51
	Chen[12]	1.73	1.90	4.60
	Churchill[13]	1.58	1.61	3.90
	Haaland[14]	1.36	1.43	3.64
	Zigrang-Sylvester[15]	2.65	2.67	5.45
	Swamee-Jain[4]	1.53	1.57	3.83
	Colebrook-White[16]	1.70	1.86	4.52
0.005	Serghides[11]	−2.60	2.88	3.95
	Chen[12]	−2.63	2.92	4.00
	Churchill[13]	−2.43	2.86	3.97
	Haaland[14]	−2.45	2.73	3.75
	Zigrang-Sylvester[15]	−2.60	2.88	3.95
	Swamee-Jain[4]	−2.38	2.83	3.92
	Colebrook-White[16]	−2.60	2.88	3.95
0.05	Serghides[11]	6.29	6.29	6.68
	Chen[12]	6.22	6.22	6.61
	Churchill[13]	6.31	6.31	6.84
	Haaland[14]	6.49	6.49	6.88
	Zigrang-Sylvester[15]	6.29	6.29	6.68
	Swamee-Jain[4]	6.37	6.37	6.90
	Colebrook-White[16]	6.29	6.29	6.68

三、CO_2 管流摩阻计算

CO_2 进入圆管之后，经过充分发展，剖面流速不再随流动方向发生改变。图 2.7 展示了圆管中充分发展的 CO_2 湍流剖面的流速云图和曲线图。图 2.7 中 CO_2 湍流流速剖面比层流的抛物线剖面更为饱满，同时在近壁面薄层中，由于分子黏性力的主导作用，速度近似呈线性变化，速度梯度较大；而在管流的中心区域，速度变化较缓，梯度很小，这也与清水的湍流特征一致。

（一）与经验公式对比

与清水不同，CO_2 的密度和黏度等物理性质参数对温度和压力的变化非常敏感[17]，因此为了得到针对 CO_2 的 Darcy 摩阻系数与雷诺数的普适关系，采用不同的温度和压力组合进行 CO_2 管流数值模拟。所选用的压力范围为 8～80MPa，温度范围为 250～400K，基本可以涵盖液态或超临界 CO_2 压裂、注采及地质埋存等施工时的压力和温度范围。如图 2.8 所示，与清水相似，CO_2 流动摩阻数值模拟结果

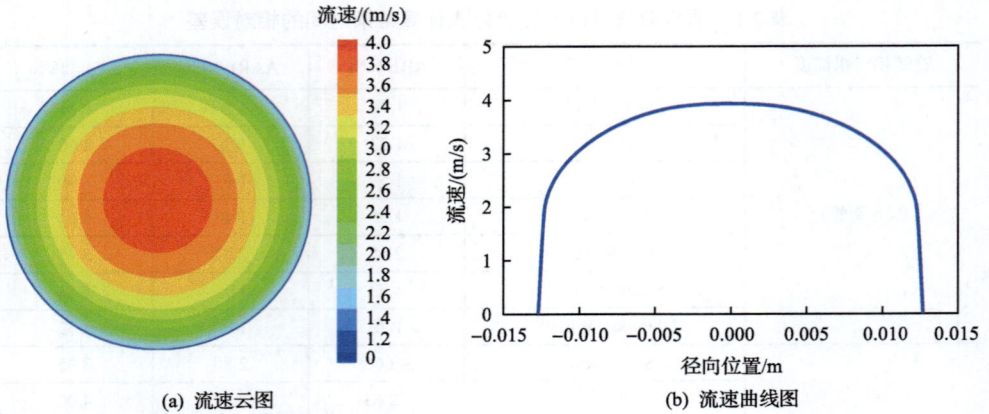

图 2.7　CO$_2$ 湍流速度剖面

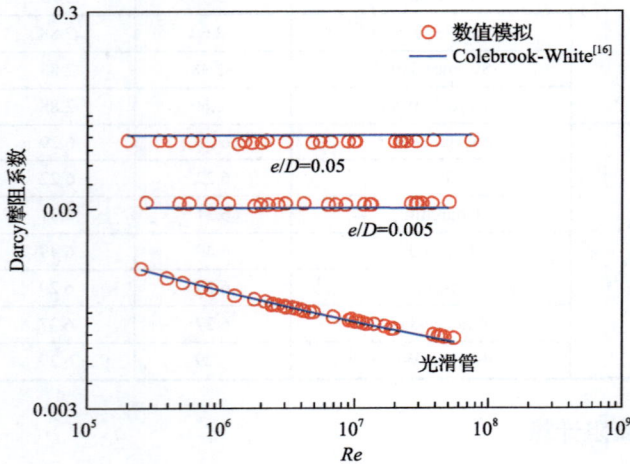

图 2.8　CO$_2$ 管流数值模拟与经验公式对比

与常规经验公式的计算值吻合度较好(由于经验公式之间重合度较高,这里仅给出 Colebrook-White 公式[16]的计算对比图)。结果表明,尽管 CO$_2$ 物理性质参数对温度和压力的变化非常敏感,但液态或超临界态 CO$_2$ 的流动摩阻仍然遵循传统的 Darcy-Weisbach 方程。相比清水的数值模拟结果,CO$_2$ 的模拟数据略有波动,整体误差水平也略高于清水的模拟结果。当相对粗糙度不超过 0.005 时,平均相对误差绝对值小于 4.5%,最大相对误差绝对值略大于 6%;而当相对粗糙度为 0.05 时,平均相对误差绝对值大于 7%,最大相对误差绝对值超过了 9%(表 2.2)。在高管壁粗糙度条件下,模拟结果与经验公式产生较大偏差,一方面可能是由于本章模型不能较好地处理高粗糙度下的湍流流动,另一方面也可能是因为传统经验公式并不能很好地预测 CO$_2$ 在高粗糙度圆管中的流动摩阻压降。所幸如前所述,管壁相对粗糙度大于 0.005，尤其是接近 0.05 的情况在油田压裂等施工现场并不常见。因此，基于清水流动摩阻发展而来的用于计算摩阻系数的传统经验公式可以很好地预测 CO_2 湍流摩阻压降。本章推荐使用经典的 Colebrook-White 公式进行液态或超临界态 CO_2 湍流摩阻压降计算，但在油田现场，为方便计算，也可以使用 Haaland[14]、Swamee-Jain[4] 等显式公式对液态或超临界态 CO_2 湍流摩阻压降进行计算。在预测 CO_2 低雷诺数流动摩阻压降时，可以使用 Churchill 公式[13]进行计算，但本节并未对 CO_2 低雷诺数的流动摩阻压降进行数值计算和验证。

表 2.2　CO_2 数值模拟和经验公式计算结果之间的相对误差

管壁相对粗糙度	经验公式	ARE%/%	AARE%/%	AE_{max}%/%
光滑管 (管壁相对粗糙度为 0)	Serghides[11]	−0.30	1.52	4.76
	Chen[12]	−0.30	1.55	4.83
	Churchill[13]	0.03	1.22	3.49
	Haaland[14]	−0.17	1.18	3.66
	Zigrang-Sylvester[15]	0.63	1.69	3.90
	Swamee-Jain[4]	−0.02	1.21	3.52
	Colebrook-White[16]	−0.29	1.53	4.76
0.005	Serghides[11]	−4.29	4.29	6.41
	Chen[12]	−4.33	4.33	6.47
	Churchill[13]	−4.24	4.24	6.46
	Haaland[14]	−4.10	4.10	6.20
	Zigrang-Sylvester[15]	−4.29	4.29	6.41
	Swamee-Jain[4]	−4.18	4.18	6.40
	Colebrook-White[16]	−4.29	4.29	6.41
0.05	Serghides[11]	7.59	7.59	9.75
	Chen[12]	7.52	7.52	9.67
	Churchill[13]	7.56	7.56	9.72
	Haaland[14]	7.78	7.78	9.93
	Zigrang-Sylvester[15]	7.59	7.59	9.75
	Swamee-Jain[4]	7.62	7.62	9.78
	Colebrook-White[16]	7.59	7.59	9.75

（二）温压对摩阻的影响

压力和温度的变化会导致 CO_2 的物理性质参数发生变化，密度和黏度等物理性质参数的变化会直接影响到 CO_2 的流动摩阻压降，因此有必要研究压力和温度对 CO_2 流动摩阻压降的影响规律。

图 2.9 给出了恒定质量流量条件下温度和压力对 CO$_2$ 流动的雷诺数、Darcy 摩阻系数和摩阻压降的影响规律。算例的计算参数为质量流量 Q_m=50kg/s，D=76mm，e=0.045mm，L=10m。如图 2.9(a) 所示，雷诺数随着压力的增加而降低，随着温度的升高而升高。在恒定质量流量条件下，密度和速度对雷诺数的影响相互抵消，因而黏度的变化主导了雷诺数的变化。如图 2.9(b) 所示，Darcy 摩阻系数随着压力的增加而缓慢升高，随着温度的升高而缓慢降低。如图 2.9(c) 所示，摩阻压降随温压的变化规律大致与雷诺数一致，与其所不同的是，由于摩阻系数的变化幅度很小，密度的变化主导了摩阻压降的变化。由图 2.9 可知，相比压力，温度对 CO$_2$ 的摩阻压降具有更为显著的影响，这种影响在低压条件下更为突出。例如，当压力为 10MPa，CO$_2$ 的温度由 250K 提升到 330K 时，摩阻压降升高了将近 3 倍。

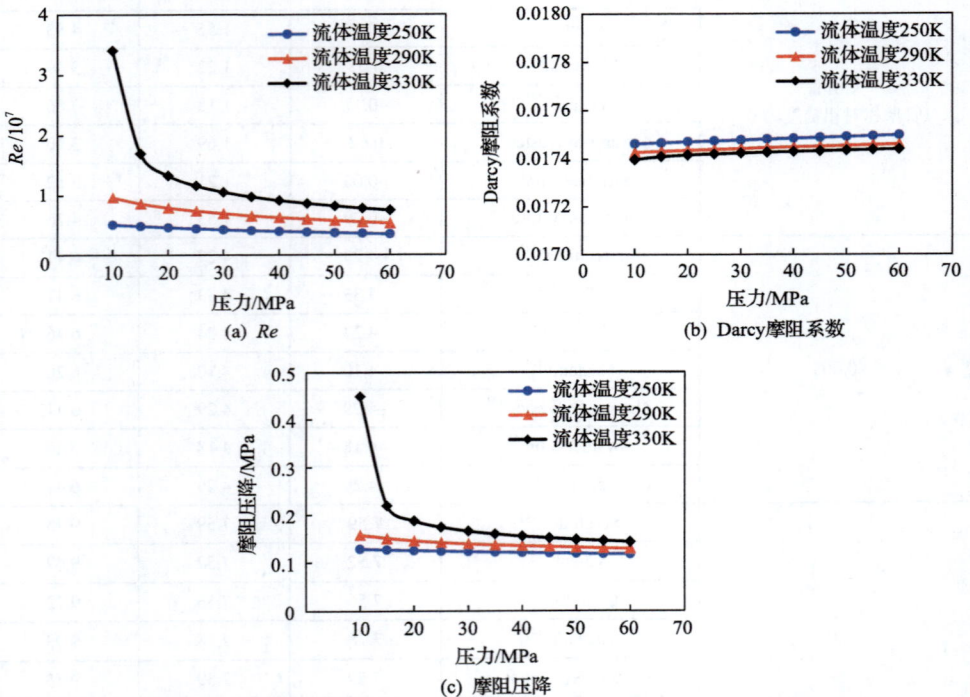

图 2.9　温度和压力对雷诺数、Darcy 摩阻系数和摩阻压降的影响规律（恒定质量流量）

图 2.10 给出了恒定体积流量条件下温度和压力对 CO$_2$ 流动的雷诺数、Darcy 摩阻系数和摩阻压降的影响规律。算例的计算参数为体积流量 Q_v=4m^3/min，D=76mm，e=0.045mm，L=10m。如图 2.10(a) 所示，类似地，雷诺数随着压力的增加而降低，随着温度的升高而升高。但与质量流量条件下的变化规律不同，体积流量恒定时，速度保持不变，因而密度和黏度共同影响雷诺数的变化，但绝大部分情况下黏度仍是主导因素，当密度和黏度的影响作用相当时，则会出现诸如

温度为 330K 时的一小段不单调变化规律。恒定体积流量条件下，压力和温度对摩阻系数的影响基本可以忽略不计。压力和温度对摩阻压降的影响规律与对雷诺数的影响规律相反，这是因为：体积流量恒定，流速恒定，摩阻系数近似不变，密度成为影响摩阻压降的唯一因素，且与摩阻压降呈正相关，这一点也可以通过对比图 2.3 中的压力-密度曲线得到印证。同样，在低压和高温条件下，压力和温度对摩阻压降的影响最为显著。

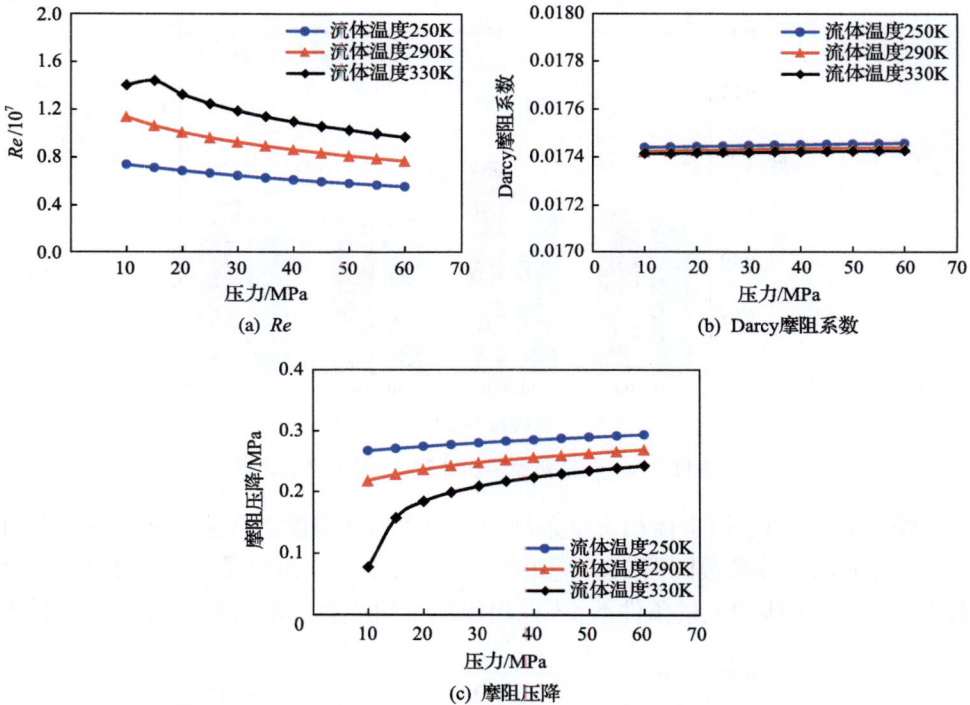

图 2.10　温度和压力对雷诺数、Darcy 摩阻系数和摩阻压降的影响规律(恒定体积流量)

　　综上所述，无论是在恒定质量流量还是恒定体积流量条件下，压力和温度对 CO_2 流动参数的影响主要是通过其对密度和黏度的影响来体现。如前所述，大部分情况下黏度主导雷诺数的变化，进而也会主导摩阻系数的变化。考虑高雷诺数下摩阻系数随温度和压力的变化极其微小，因而摩阻压降主要取决于密度的变化。在油田压裂现场，一旦确定给定流量条件下的摩阻压降，温度和压力对摩阻系数的影响就可以通过计算密度来进行大致估算。但 CO_2 井筒摩阻压降的精确计算还需要考虑全井段的压力和温度变化，详见第二节。

　　(三) CO_2 与清水管流摩阻压降对比

　　为了研究对比清水和 CO_2 管流摩阻压降的差异，分别计算了不同压力和温度

组合下的清水和 CO_2 摩阻压降, 算例的计算参数同图 2.9。虽然计算考虑了压力和温度对清水密度和黏度的影响, 但由图 2.11 可知, 不同温压条件下清水的摩阻压降差异很小, 这也说明了在压裂工况中水的压缩性很小, 可以认为是不可压缩流体。对于 CO_2 流体, 在不同的温压条件下, 其与清水的摩阻压降存在一定差异, 在低压高温条件下 (20MPa, 330K), 这种差异更为显著。若假设井筒长度为 1000m, 则在此条件下, 粗略估算 CO_2 的流动摩阻压降比清水高 5MPa 左右。

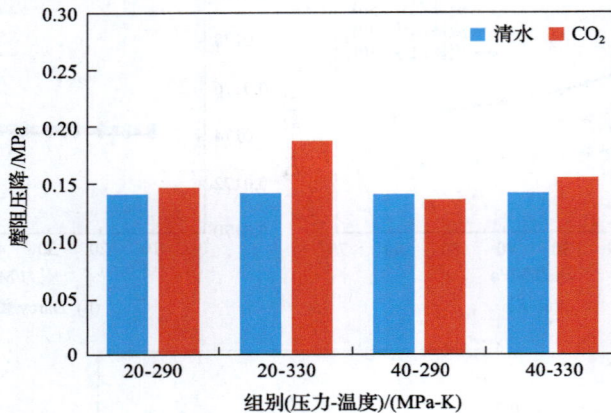

图 2.11　CO_2 与清水摩阻压降对比 (恒定质量流量)

　　图 2.12 给出了恒定体积流量条件下不同压力和温度组合清水和 CO_2 的摩阻压降, 算例的计算参数同图 2.10。如图 2.12 所示, 相比恒定质量流量条件下的摩阻压降, 在恒定体积流量条件下, 不同温压组合的清水摩阻压降虽然有微小差异,

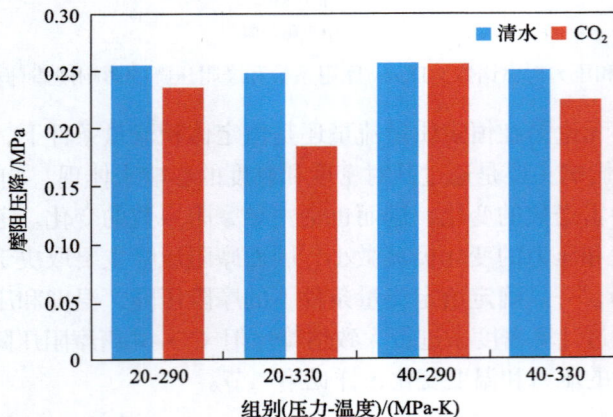

图 2.12　CO_2 与清水摩阻压降对比 (恒定体积流量)

但基本可以忽略不计。而清水与 CO_2 流动摩阻压降的差异显著增大，在低压高温条件下，若假设井筒长度为 1000m，粗略估算 CO_2 的流动摩阻压降比清水低 7MPa 左右。因而在压裂现场如果忽略压力和温度对 CO_2 流动摩阻压降的影响，在预测 CO_2 流动摩阻压降时会导致较大的计算误差。

可以发现，在恒定体积流量条件下，图 2.12 中 CO_2 的流动摩阻压降均小于清水的流动摩阻压降。尽管在相同条件下，CO_2 因极低的黏度会表现出比清水更高的雷诺数，但是在粗糙管中，充分发展湍流的摩阻系数基本上不随雷诺数发生变化（图 2.13）。将体积流量代入 Darcy-Weisbach 公式：

$$\Delta p = p_{up} - p_{dn} = \frac{f \rho Q_v^2 L}{2 A_p D} \tag{2.19}$$

式中，p_{up} 为上游/入口压力，Pa；p_{dn} 为下游/出口压力，Pa；Q_v 为体积流量，m^3/s；A_p 为圆管内横截面积，m^2。由此可以看出，在定体积流量下，流动摩阻压降与流体密度呈正相关，图 2.12 中 CO_2 流动摩阻压降小是因为在图中温压条件下，CO_2 密度小于水的密度。当压力升高或温度降低，CO_2 密度升高，其流动摩阻压降就会接近并超过清水的流动摩阻压降。同样，对于恒定质量流量，有如下关系：

$$\Delta p = p_{up} - p_{dn} = \frac{f Q_m^2 L}{2 \rho A_p D} \tag{2.20}$$

式中，Q_m 为质量流量，kg/s。由式（2.20）可知，在定质量流量下，流动摩阻压降与流体密度呈负相关，流体密度越大，流动摩阻压降越低。但在油田现场，CO_2 压裂往往具有比水力压裂更高的摩阻压降，这并不是因为 CO_2 的密度总是比常规压裂液的密度高（恒定体积流量）或低（恒定质量流量），而是因为常规水力压裂的压裂液如滑溜水压裂液，往往需要加入降阻剂（friction reducer）。据相关资料报道，降阻剂最高可降低约 60%的流动摩阻压降[11,18]。对于 CO_2 压裂，现阶段一般注入纯净的液态或超临界 CO_2 而不添加任何添加剂。在这种情况下，为降低摩阻压降和井口的注入压力，CO_2 压裂更适用于管径尺寸较大的油管或套管压裂。而在管径较小的油管或连续管中压裂时，为了提高压裂排量，需研发与之配伍的降阻剂以降低 CO_2 的流动摩阻压降。通常聚合物降阻剂[7]被广泛用于包含 CO_2 泡沫压裂液在内的水基压裂液，针对 CO_2 的降阻剂鲜有报道，亟须进行开发研究。如图 2.13 所示，如果压裂现场条件允许，也可以选择使用内壁更加光滑的油管作为压裂管柱，通过降低管壁粗糙度来大大降低流动摩阻压降。

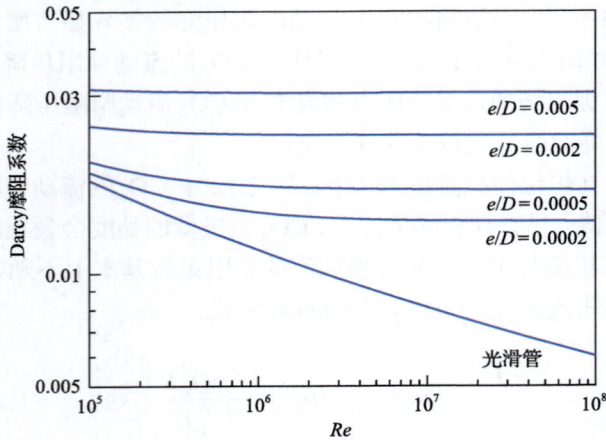

图 2.13 Darcy 摩阻系数随雷诺数变化规律

第二节 CO_2 井筒流动与传热数学模型

在第一节 CO_2 管流摩阻特性分析的基础之上，本节推导建立考虑热量源汇的 CO_2 压裂井筒流动与传热解析模型。模型采用压力和温度及油管—环空—地层的迭代计算，以实现井深和径向方向的双向耦合数值求解。

一、井筒流动与传热数学模型建立

(一) 模型假设

液态或超临界 CO_2 在压裂过程中，通过地面的压裂泵车将纯净的 CO_2 泵入油管，典型井身结构如图 2.14 所示。随着井深的增加，在地温梯度作用下，油管中的 CO_2 流体温度逐渐升高，若其温度达到临界温度(一般在压裂过程中，全井筒的压力均在临界压力之上)，则成为超临界 CO_2，否则为液态 CO_2。为了简化模型，本节作以下假设。

(1) 井筒内为稳态传热，地层为非稳态传热。

(2) 油管外传热仅考虑径向传热。

(3) 忽略辐射传热和相变潜热。

(4) 油管、套管与井眼同心。

(5) 井眼规则，水泥胶结质量良好，无气窜。

(6) 考虑前置液压裂过程井筒中为 CO_2 单一组分流动。

(二) 压降模型

以井筒中的流体为研究对象，任意截取一段微元体，针对一维稳态流动，质

量守恒方程和动量方程分别为

$$\frac{\mathrm{d}}{\mathrm{d}z}(\rho u) = 0 \tag{2.21}$$

$$\frac{\mathrm{d}}{\mathrm{d}z}(\rho u^2) = -\frac{\mathrm{d}p}{\mathrm{d}z} + \rho g \sin\theta - \frac{\tau_{\mathrm{w}}\pi d}{A_{\mathrm{p}}} \tag{2.22}$$

式中，z 为井深，m；u 为流速，m/s；g 为重力加速度，$\mathrm{m/s^2}$；θ 为井斜角，(°)；ρ 为 CO_2 流体密度，$\mathrm{kg/m^3}$；τ_{w} 为井壁(油管壁)处剪切应力，Pa；d 为油管内径，m；A_{p} 为圆管内横截面积，$\mathrm{m^2}$。

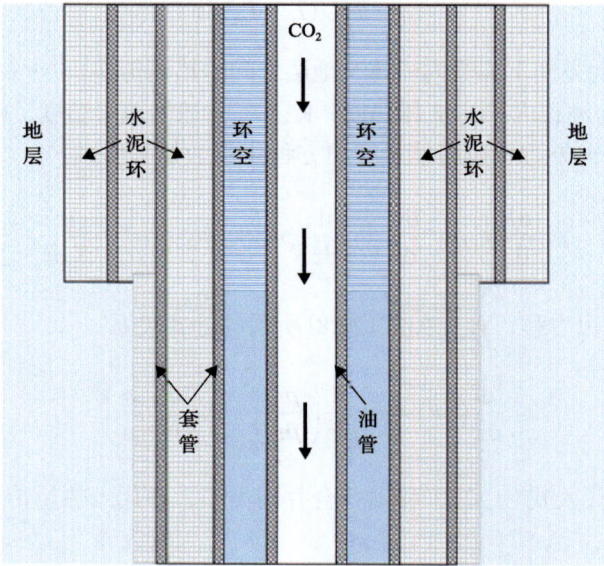

图 2.14 井身结构图

井壁(油管壁)处剪切应力的表达式为[8]

$$\tau_{\mathrm{w}} = \frac{f\rho u^2}{8} \tag{2.23}$$

将质量守恒方程代入动量方程，并对剪切应力进行代换，可得到 CO_2 流体在井筒中向下流动的压降方程：

$$\frac{\mathrm{d}p}{\mathrm{d}z} = \rho g\sin\theta - \rho u\frac{\mathrm{d}u}{\mathrm{d}z} - f\frac{\rho u^2}{2d} \tag{2.24}$$

式中，f 为达西摩阻系数，由第一节可知，可通过传统的摩阻系数-雷诺数经验关系式求得。

(三) 传热模型

针对开放系统，考虑稳态流动的能量守恒方程：

$$\frac{d}{dz}\left[\rho u\left(E_{in}+\frac{1}{2}u^2\right)\right]=-\frac{d}{dz}(pu)+\rho ug\sin\theta-\frac{q}{A_p dz} \tag{2.25}$$

式中，E_{in} 为单位质量 CO_2 流体的内能，J/kg。

井筒与地层之间的热量传递可以用热量传递方程[9]表征：

$$q=\pi dU(T_t-T_{ei})dz \tag{2.26}$$

式中，q 为在径向方向上油管内流体与地层之间的热量传递，J/s；U 为总传热系数，W/(m²·K)；T_t 为油管内 CO_2 流体温度，K；T_{ei} 为原始地层温度，K。

结合质量守恒方程，可将能量守恒方程化简为如下形式：

$$\rho u\frac{dE}{dz}+\rho u^2\frac{du}{dz}=-\frac{d}{dz}(pu)+\rho ug\sin\theta-\frac{q}{A_p dz} \tag{2.27}$$

根据质量守恒方程，存在如式(2.28)所示的等式关系：

$$\frac{d}{dz}(pu)=\rho u\frac{d}{dz}\left(\frac{pu}{\rho u}\right)=\rho u\frac{d}{dz}\left(\frac{p}{\rho}\right) \tag{2.28}$$

将式(2.28)代入式(2.27)，移项并合并同类项，并代入热量传递方程：

$$\frac{d}{dz}\left(E+\frac{p}{\rho}\right)=g\sin\theta-u\frac{du}{dz}-\frac{U\pi d}{Q_m}(T_t-T_{ei}) \tag{2.29}$$

式中，U 为总传热系数[18]，由换热系数、导热系数及无因次函数 $f(t)$ 组成，其表达式可查阅参考文献[18]，$f(t)$ 为地层非稳态传热的无因次温度函数[10]，该函数是由拉普拉斯变换求解傅里叶导热定律得来，表示在地层温度作用下井壁处温度随时间的变化关系，可用于表征地层非稳态传热过程，而不必对时间域进行离散计算，其具体表达式可查阅参考文献[18]。

考虑比焓定义和比焓梯度方程[19]：

$$h=E+\frac{p}{\rho} \tag{2.30}$$

$$\frac{\mathrm{d}h}{\mathrm{d}z} = c_p \frac{\mathrm{d}T_t}{\mathrm{d}z} - \eta c_p \frac{\mathrm{d}p}{\mathrm{d}z} \tag{2.31}$$

式中，h 为 CO_2 流体的比焓，m^2/s^2；c_p 为流体定压比热容，J/(kg·K)；η 为焦耳–汤姆孙系数，K/Pa。

将式(2.30)和式(2.31)代入式(2.29)，可得

$$c_p \frac{\mathrm{d}T_t}{\mathrm{d}z} - \eta c_p \frac{\mathrm{d}p}{\mathrm{d}z} = g\sin\theta - u\frac{\mathrm{d}u}{\mathrm{d}z} - \frac{U\pi d}{Q_m}(T_t - T_{ei}) \tag{2.32}$$

结合压降方程(2.24)，对重力项和加速度项进行代换，最后移项可得 CO_2 流体在井筒中向下流动的传热方程：

$$\frac{\mathrm{d}T_t}{\mathrm{d}z} + \frac{U\pi d}{Q_m c_p}T_t = \frac{U\pi d}{Q_m c_p}T_{ei} + \frac{\mathrm{d}p_{fr}}{c_p \rho \mathrm{d}z} + \frac{1}{c_p \rho}\frac{\mathrm{d}p}{\mathrm{d}z} + \eta\frac{\mathrm{d}p}{\mathrm{d}z} \tag{2.33}$$

式中，$\mathrm{d}p_{fr} = \dfrac{f\rho u^2}{2d}\mathrm{d}z$，为 CO_2 流体摩阻压降，Pa。

传热方程中的后三项 $\dfrac{\mathrm{d}p_{fr}}{c_p \rho \mathrm{d}z}$，$\dfrac{1}{c_p \rho}\dfrac{\mathrm{d}p}{\mathrm{d}z}$，$\eta\dfrac{\mathrm{d}p}{\mathrm{d}z}$ 为井筒中的热量源汇项，分别为流体摩擦生热项、气体膨胀(或压缩)做功产生的热量项和绝热膨胀过程中焦–汤效应产生的热量项。三种热源项对井筒传热特性的影响规律将在第三节进行详细讨论。

(四)模型双向耦合求解

CO_2 的物理性质参数对温度和压力的变化非常敏感，进行温度或压力某一元素的求解时，必须同时考虑另一元素的变化对物理性质参数的影响，因此为提高计算精度，模型首次采用双向耦合求解：在井深方向上，将物理性质模型、压降模型和传热模型三者进行耦合迭代求解；在井筒径向方向上，为了精确求解传热模型的关键参数——总传热系数，须同时耦合油管—环空—地层，以计算不同管壁的内外温度，并将其同井筒内温度和压力一同迭代求解。

考虑 CO_2 物理性质参数沿井深方向存在显著差异，因此基于有限差分法(FDM)的思想，将井筒沿井深方向划分成 N 个计算单元，以井口为起点，根据压降模型以及井筒温度分布，在井深方向从上到下依次进行各计算单元压力分布计算；根据传热模型以及井筒压力分布，在井深方向从上到下依次计算各计算单元的温度分布；同时在计算流体温度时，还须在井筒径向方向上耦合油套管壁温度等求解总传热系数；重复在井深和径向方向的耦合迭代计算，直至相邻两次计算值小于设定误差为止。具体求解流程如图 2.15 所示。

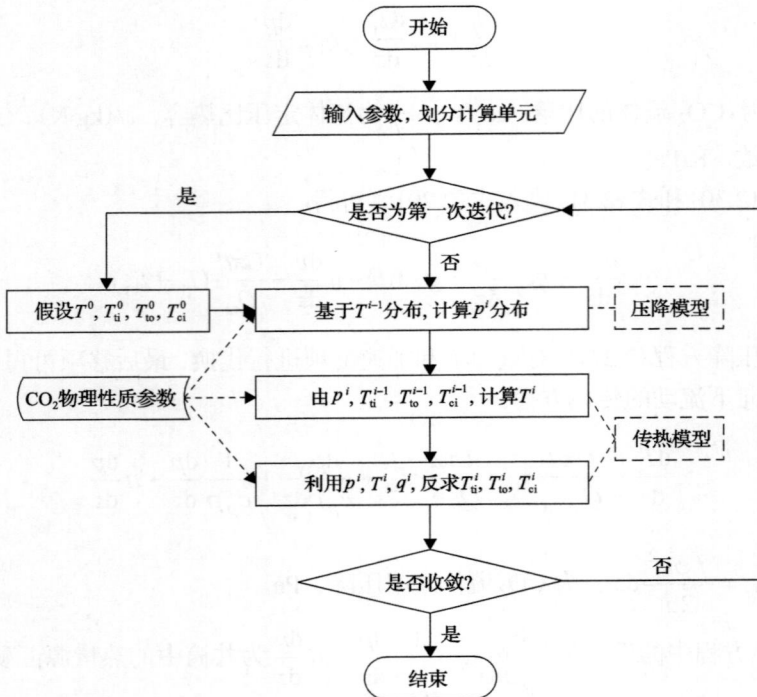

图 2.15　计算流程图

图中字母上标表示迭代次数；下标 ti、to 和 ci 分别表示油管内壁、油管外壁和套管内壁

二、模型对比与验证

本节将所推导的井筒流动与传热数学模型与经典模型进行对比，验证了模型推导的正确性，计算结果与现场实测数据等吻合较好。

(一)模型对比

相比压降模型，传热模型涉及参数较多，模型更为复杂，因此本部分主要进行传热模型的对比分析。

Ramey[18]最早提出并发展了基于非严格能量守恒的井筒传热经典模型，但模型不考虑相变、摩擦及气体膨胀等效应产生的热量，因而是一种无源汇的、简化的能量守恒模型。

如图 2.16 所示，模型以长度 dz 的井筒单元为计算单元，根据井深方向与径向方向热量传递守恒的原则，给出了井筒热量平衡方程：

$$q_t(z) - q_t(z + dz) = -q_{tf} \tag{2.34}$$

式中，$q_t(z)$ 为单位时间内在井深方向流入计算单元的热量，J/s；$q_t(z + dz)$ 为单位时间内在井深方向流出计算单元的热量，J/s；q_{tf} 为单位时间内在径向方向井筒内流体与地层之间的热量传递，J/s。

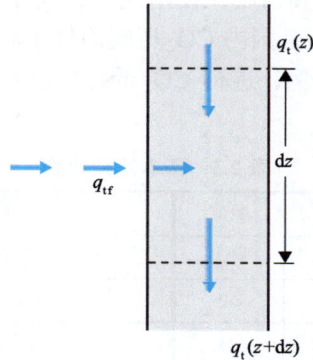

图 2.16 热量传递示意图

基于井筒热量平衡方程 (2.34) 推导可得井筒流动的传热模型，见式 (2.35)。模型推导过程详见文献 [10] 和 [18]，读者亦可参照第二节第一部分中的传热模型进行类似推导，此处不再赘述。

$$\frac{\mathrm{d}T_t}{\mathrm{d}z} + \frac{U\pi d}{Q_m c_p} T = \frac{U\pi d}{Q_m c_p} T_{ei} \tag{2.35}$$

对比式 (2.33) 和式 (2.35) 可以发现，Ramey 等的模型没有考虑摩擦和气体膨胀与做功等产生的热量，因而缺少摩擦生热项、焦-汤效应项及气体膨胀做功项等热量源汇项。为此，类比电流做功生热 ($P=UI$)，将摩擦生热源项加入 Ramey 等的模型中，热量平衡方程变为[20]

$$q_{fr} = \Delta p_{fr} Q_v \tag{2.36}$$

式中，q_{fr} 为单位时间内计算单元内流体与管壁等摩擦而产生的热量，J/s；Δp_{fr} 为计算单元的摩阻压降，Pa；Q_v 为体积流量，m^3/s。

同样，简单推导可得考虑摩擦生热的井筒传热模型：

$$\frac{\mathrm{d}T_t}{\mathrm{d}z} + \frac{U\pi d}{Q_m c_p} T_t = \frac{U\pi d}{Q_m c_p} T_{ei} + \frac{\mathrm{d}p_{fr}}{c_p \rho \mathrm{d}z} \tag{2.37}$$

通过类似方法，气体做功项 $\frac{1}{c_p \rho} \frac{\mathrm{d}p}{\mathrm{d}z}$ 和焦-汤效应项 $\eta \frac{\mathrm{d}p}{\mathrm{d}z}$ 亦可添加到 Ramey 等的热量平衡方程，最终可以得到与式 (2.33) 完全相同的方程。不同的推导方法得到了相同的结果，从而说明了第二节第一部分模型推导过程的准确性。

(二) 模型验证

为了验证模型的可靠性和精度，使用现场数据和商业软件计算结果（文献[21]的模拟结果）对模型进行验证。国内 CO_2 压裂尚处于起步阶段，现场数据较少，首先以一口 CO_2 注入井[22,23]为例，进行 CO_2 低排量注入条件下的模型验证，该井的基本参数如表 2.3 所示。

表 2.3　基本计算参数

参数	数值	参数	数值
井深/m	3100	注入排量/(t/d)	55.4
油管内径/mm	62	注入压力/MPa	24.5
油管外径/mm	73	注入温度/K	253.15
套管内径/mm	124.37	注入时间/h	13
套管外径/mm	137	水泥返高/m	2074
井筒直径/mm	215.9	油套管导热系数/[W/(m·K)]	44.7
地表温度/K	288.15	水泥环导热系数/[W/(m·K)]	0.52
地温梯度/(K/m)	0.03	完井液密度/(kg/m³)	1000
地层密度/(kg/m³)	2600	完井液比热容/[J/(kg·K)]	4186.8
地层比热容/[J/(kg·K)]	837	完井液导热系数/[W/(m·K)]	0.6
地层导热系数/[W/(m·K)]	2.09	完井液黏度/(mPa·s)	0.6

基于表 2.3 的现场数据，采用本章模型计算得到的井筒压力与温度剖面如图 2.17 中实线所示，现场实测的井底压力与温度数据以圆圈表示。

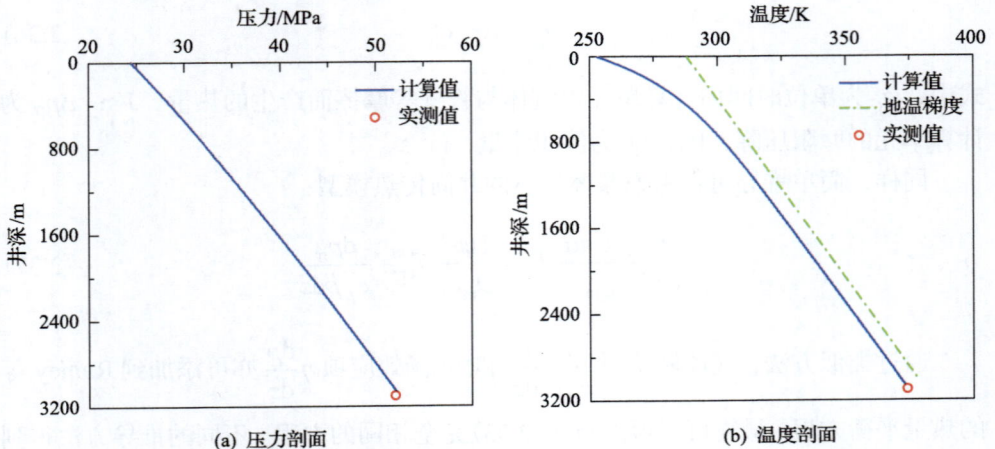

(a) 压力剖面　　　　　　　(b) 温度剖面

图 2.17　注 CO_2 提高采收率井井筒压力和温度剖面

由图 2.17（a）可知，在注入压力 24.5MPa、注入排量 55.4t/d 条件下，井筒内 CO_2 的流动摩阻压降很小，井筒内 CO_2 流体压力随井深近似呈线性增加，并在井底达到了最大值 52.46MPa，与实测值 52.02MPa 的相对误差为 0.85%。

由图 2.17（b）可知，在 CO_2 注入温度 253.15K 条件下，随着井深的增加，井筒油管内 CO_2 温度也逐渐增加，且从井口开始，温度的增速逐渐变缓，直至井深 1000m 以后，温度增速基本保持不变，与地温梯度相当。这是因为 CO_2 注入排量较小，在井口附近，流体温度与地层温度差异较大，所以两者之间的热量交换大；随着井深的增加，温差逐渐降低，直至达到热量交换平衡状态。计算井底温度为 374.53K，与实测温度 374K 的相对误差为 0.14%（若温度单位为摄氏度，则相对误差为 0.52%）。

根据 Ruan 等[21]得到的 ANSYS Fluent 模拟结果对模型进行全井段井筒压力和温度的对比验证（图 2.18）。根据文献[21]，Fluent 采用可实现 k-ε 湍流模型，使用 P-R 气体状态方程计算 CO_2 密度，使用 NIST 数据库中的导热系数和黏度数据，Fluent 和模型的计算结果如图 2.18 所示。由图 2.18 可知，由于管径较大，压力近似呈线性增加，计算压力值与 Fluent 模拟结果基本完全吻合。与模拟结果相比，随着井深的增加，计算温度值的非线性也逐渐增强。相应地，在上部浅井段两者吻合较好，但随着井深的增加两者差异逐渐增大，在井底温度相差接近 5K。计算温度高于模拟值主要是由于井筒热量源汇项的存在，这部分将在第三节进一步讨论。

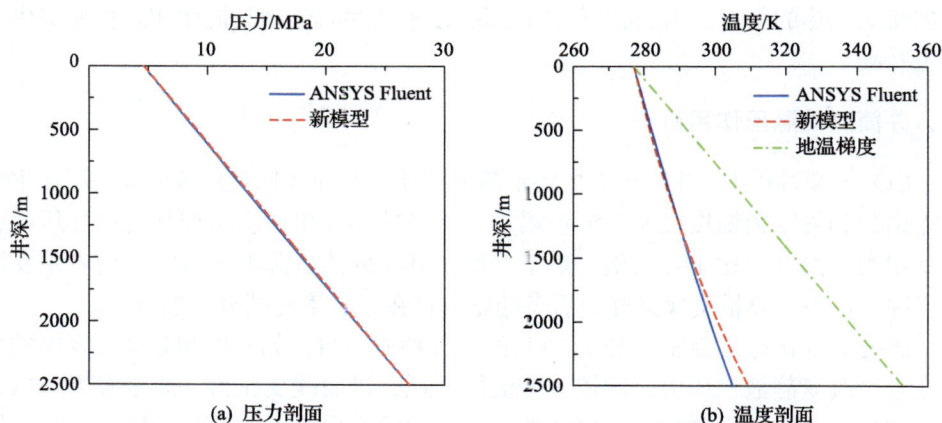

图 2.18　CO_2 埋存井全井段井筒压力和温度剖面

最后选取国外一口液态 CO_2 压裂井[24]进行验证。在压裂过程中由于排量较大，摩擦生热项对井筒温度具有更为显著的影响（详见第三节热量源汇项对流动传热的影响）。由于实际压裂工况的复杂性和多变性，实测温压值随时间振荡变化剧烈，如图 2.19 所示，计算压力值与实测值吻合度较好，计算温度值虽然略低于实际温度，但与实测温度十分接近。

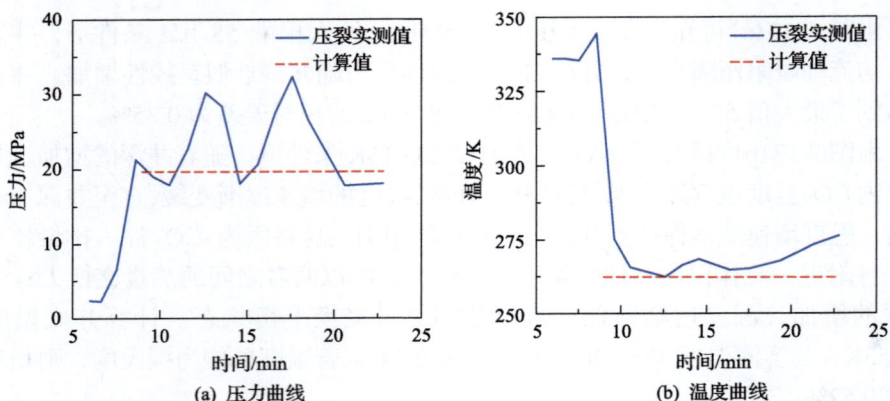

图 2.19　液态 CO_2 压裂井井底压力和温度曲线

综上所述，对于不同的 CO_2 注入工况，模型计算得到的井筒或井底温压值与实测值和模拟值吻合度均较好，且井筒流动规律符合实际工况条件下的温压场变化规律。由此，可认为模型精确度较高，能满足工程计算需求。

第三节　井筒流动传热机理

本节深入分析了井筒内的温度、压力、井筒热阻及热量源汇项等对 CO_2 在井筒内流动传热的影响，为超临界 CO_2 压裂技术的井筒流动与流体相态控制提供了理论基础。

一、井筒流动温压作用机制

CO_2 压裂过程中，井筒压力主要由静液柱压力和流动压耗组成。流动压耗主要受雷诺数和管壁粗糙度控制，流量增加、管径减小及粗糙度增加都会增加压耗，降低压力；温度变化主要与地层热量交换和井筒内热量源汇项有关，前者主要取决于井筒热阻与热量交换强度，后者的影响将在本节第三部分详细讨论。

温度的变化通常会显著改变 CO_2 的物理性质参数，如密度和黏度，密度的变化会直接改变静液柱压力，间接改变流体压耗，进而改变压力。通常温度降低，密度增加，井筒压力增加，反之亦然；而压力的变化也会改变物理性质参数，但在高压（>20MPa）条件下的影响不如温度显著，物理性质参数的改变主要影响 CO_2 对流换热作用，这种影响非常复杂，所幸 CO_2 的强制对流换热对井筒温度影响较小（详见本节第四部分），因而压力的改变对于温度的影响也不大（详见本节第四部分）。

二、井筒热阻的影响

在 CO_2 压裂过程中，井筒热阻主要包括油管内的 CO_2 流体、油管壁、环空流体、套管壁及水泥环等的热阻，对于复杂结构井，还需考虑多层套管和水泥的影响。不同的井筒热阻表现出的传热机制也不同：在固体材料中以热传导为主，如油管壁、套管壁和水泥环；在流体中以对流换热为主，包括油管流体的强制对流换热和环空流体的自然对流换热。对于已经完成固井和完井等施工的油气井，在压裂设计中，只有前三项井筒热阻(CO_2流体、油管壁、环空流体)可以进行设计，因而本节仅研究前三项井筒热阻对 CO_2 在井筒内流动传热的影响。

图 2.20 为不同径向位置的井筒温度剖面，如图 2.20(a)所示，油管内 CO_2 流体

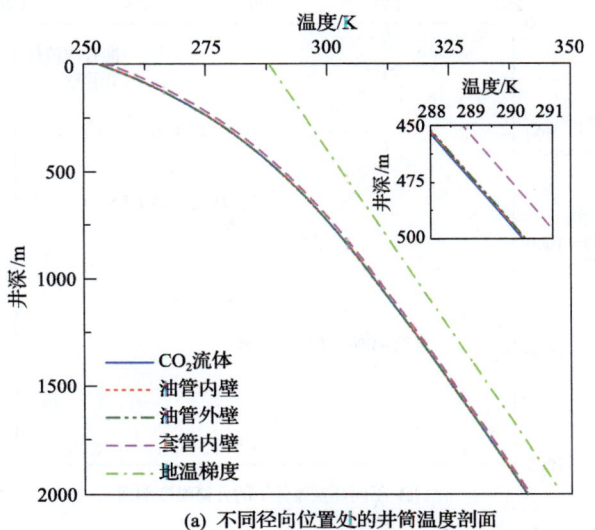

(a) 不同径向位置处的井筒温度剖面

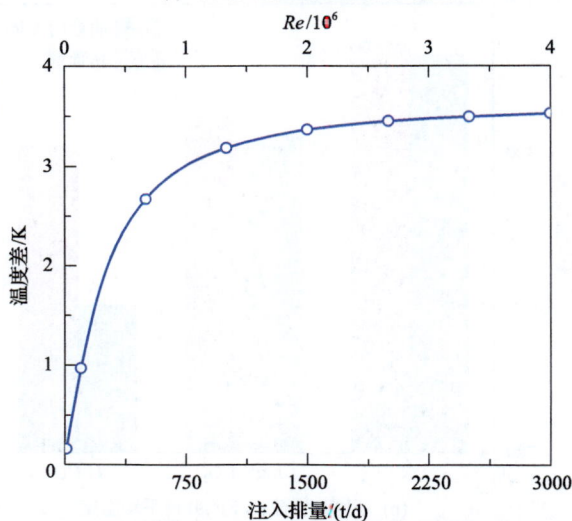

(b) 油管流体与套管内壁温度差随注入排量的变化规律

图 2.20　井筒热阻对井筒传热的影响

与油管内外壁温度相差很小，但与套管内壁温度存在一定的差距。上述现象表明油管热阻远小于环空流体热阻，在计算井筒温压场时应充分考虑环空流体对井筒传热的影响，尤其是在注入排量较大的工况下。如图 2.20（b）所示，增大排量，能显著提高 CO_2 与套管内壁的温度差异，但在较高注入排量下，温度差基本不再显著增加。

　　进一步研究环空中充满不同流体时对井筒传热的影响。如图 2.21 所示，环空

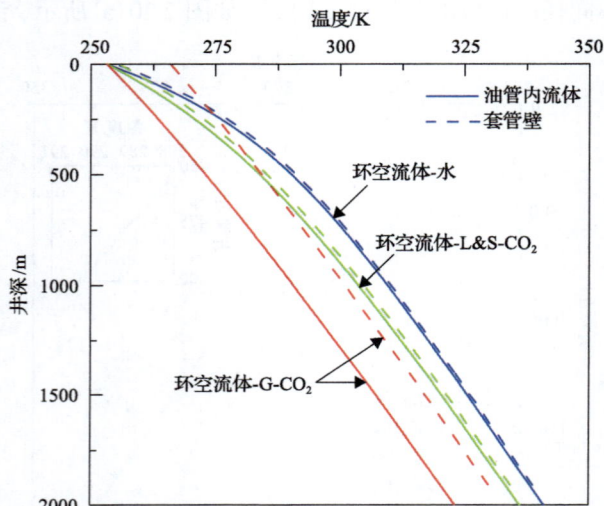

(a) 不同环空流体下的井筒温度剖面

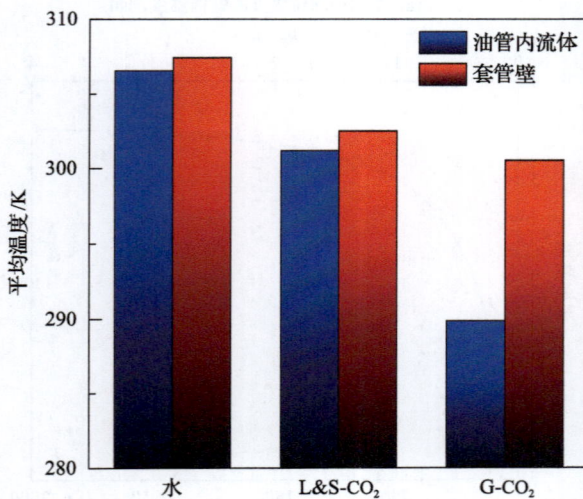

(b) 不同环空流体下的井筒平均温度

图 2.21　环空对流换热作用对井筒传热影响
G-气态；L&S-液态或超临界态

中充满水时，环空的自然对流换热系数高，传热作用最强，有利于井筒内流体与地层岩石的热量传递，因而油管和环空内的温度相近，均接近于地层温度；当环空中充满气态 CO_2 时，自然对流换热系数低，传热作用最弱，环空的隔热效果最好，油管内流体温度显著低于地层温度。通过计算可知，当环空中充满液体时，油套管的平均温度较高，且差异很小（<2K）；而当环空中充满气体时，套管壁的平均温度仍然较高，但由于气体良好的隔热性能，油套管温度差异显著增大（>10K）。

综上所述，环空流体的对流换热作用对井筒传热影响最大，不同流体或同一种流体的不同状态对井筒传热的影响也不同。一般而言，液体有利于地层与油管内流体的热量传递，而气体则会阻碍热量传递，因此可以通过使用不同的环空流体达到控制井筒温度的目的。

三、热量源汇项的影响

与 Ramey 等的经典传热模型的对比分析可知，Ramey 等的模型未考虑摩擦生热、气体膨胀或压缩做功以及焦-汤效应等热量源汇项。因此，本节重点考察在 CO_2 低注入排量压裂（试压或注 CO_2 提高采收率等工况）和高排量压裂两种工况下，各种热量源汇项对井筒流动和传热特性的影响。

图 2.22 为低注入排量 CO_2 注入过程中的井筒压力和温度剖面，其中注入排量为 100t/d，即 $0.063m^3/min$（$Re=1.33×10^5$）。由图 2.22 可知，热量源汇项对井筒压力基本无影响，但对井筒温度有一定的影响。摩擦生热对井筒传热贡献很小，图中蓝线与红线基本重合；焦-汤效应的影响也较弱；相比之下，气体做功对井筒传热贡献较大，考虑气体做功的温度高于不考虑气体做功的温度，两者温度差异在井底达到最大，在本算例中为 2.78K，相对误差为 0.83%（摄氏度误差为 4.52%）。

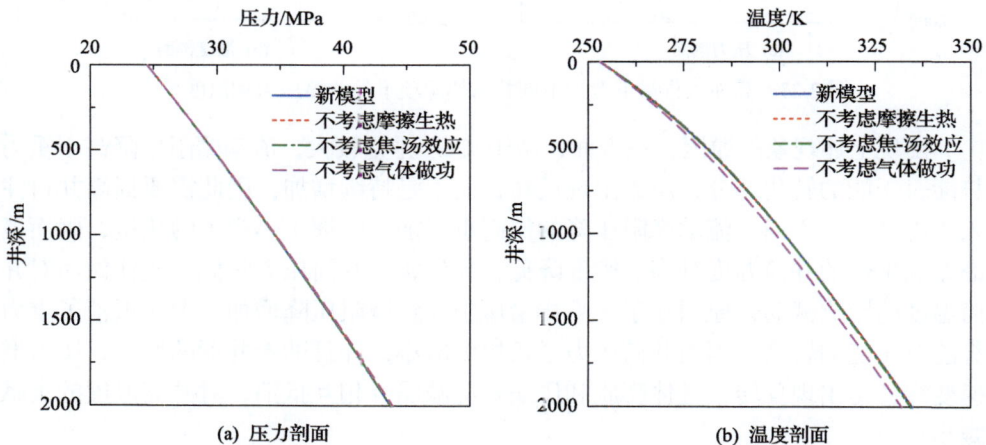

(a) 压力剖面　　　　　　　　(b) 温度剖面

图 2.22　低注入排量下考虑不同井筒热源项下的井筒压力和温度剖面

一方面，由于 CO_2 注入排量较小，摩阻压降较低，摩擦生热对井筒温度影响很小。另一方面，由上到下，井筒压力逐渐增加，对气体的压缩效应逐渐增强，因而外界对气体做功，转化为气体内能，温度上升；并且随着井深的增加，CO_2 流体温度逐渐升高，接近地层温度，导致流体密度降低，可压缩性增强。因此，考虑和不考虑气体做功两种情况的温差逐渐增大，在井底达到最高值。

图 2.23 为高注入排量 CO_2 压裂过程中的井筒压力和温度剖面，其中注入排量为 2500 t/d，即 $1.57m^3/min$（$Re=3.32\times10^6$）。由图 2.23 可知，在 CO_2 高注入排量压裂施工过程中，井筒温压呈现与 CO_2 低注入排量注入完全不同的规律。随着井深的增加，压力先增加后降低，摩擦生热对井筒压力的影响最大，气体做功次之，焦-汤效应最小。井筒温度显著低于原始地层温度，摩擦生热对井筒温度的影响也显著强于其他因素，考虑摩擦生热的情况和不考虑摩擦生热相比，井底温度相差8.58K，相对误差为 3.15%；相比 CO_2 低注入排量的注入过程，气体做功的影响反而减小；同样，焦-汤效应影响最弱，基本可以忽略不计。

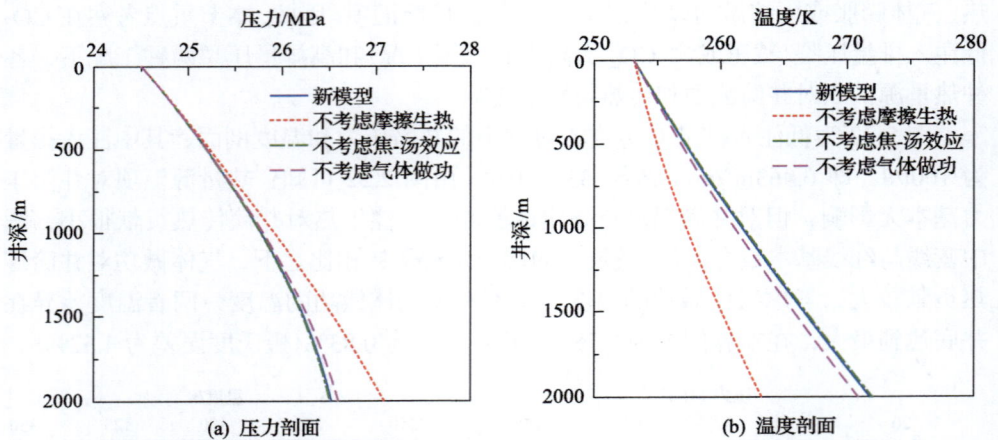

图 2.23　高注入排量下考虑不同井筒热源项下的井筒压力和温度剖面

出现上述现象的原因：一方面，由于 CO_2 排量较大，流动摩阻压降高于重力势能对压能的转化部分，压力出现反转，而不是持续增加，因此需要提高井口注入压力；另一方面，流动摩阻压降的提高也增加了摩擦生热产生的热量，因而考虑摩擦生热的井筒温度升高、密度降低，导致实际井筒压力降低。气体做功对井筒温度的影响减弱，原因在于：高排量压裂导致摩阻压降增加，大大抵消了重力势能对压能的转换，因而井筒压力增长幅度减小，并且随着井深的增加，压力增速变缓甚至出现反转，气体膨胀和压缩效应减弱并相互抵消，对井筒温度的贡献减小。

为进一步研究排量对井筒温压分布的影响规律，绘制了井底温压随注入排量的变化曲线。如图 2.24 所示，虽然热量源汇项对井底压力的影响较小，各曲线重合度较高，但仍可观察到低注入排量下不考虑气体做功曲线及高注入排量下不考虑摩擦生热的曲线与其他曲线的分异。随着注入排量的增加，气体膨胀或压缩做功对井筒温度的贡献先增大后减小；摩擦生热对井筒温度的贡献则持续增加，并在注入排量为 1890t/d 时超过气体做功，成为主控因素；焦-汤效应在研究排量范围内对井筒温度贡献最小，最大温差仅为 1.7K。值得注意的是，当注入排量高于 395t/d 时，井底温度开始低于临界温度，CO_2 在井底由超临界态转变为液态。

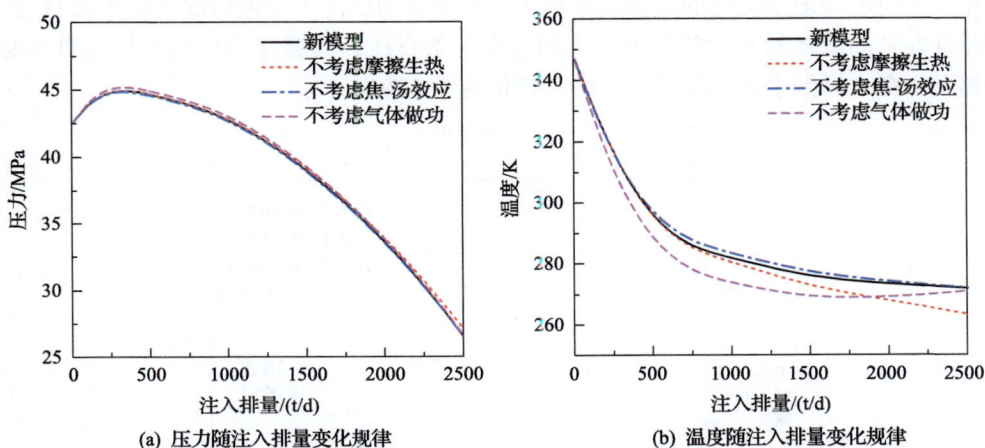

(a) 压力随注入排量变化规律　　　　　　(b) 温度随注入排量变化规律

图 2.24　考虑/不考虑井筒热源项的井底压力和温度随注入排量的变化规律

通过以上分析可知，不同注入排量下，气体膨胀或压缩做功对井筒流动和传热的影响较大，在工程计算中不能忽略；高排量 CO_2 压裂过程中，摩擦生热效应显著增强，不能忽略其对井筒流动和传热的影响，这也与郭建春等[25]的研究结论一致。绝大多数情况下，焦-汤效应对井筒流动和传热的影响较小，在工程上可根据计算需求选择性忽略。在现场实际计算时，根据不同工况，忽略影响较小的热量源汇项，在保证计算精度的同时，减少计算量。

四、CO_2 井筒流动与传热关键参数影响规律

影响井筒流动和传热的工程因素和地质因素很多，对于一口特定的 CO_2 注入压裂井，通常其地质因素和大部分工程因素已经确定，无法改变，只有流量、注入压力、注入温度和时间等参数可以进行设计和控制。因此，本小节研究了质量流量、注入压力、注入温度和注入时间等工程参数对井筒流动和传热的影响规律。

(一) 质量流量的影响

一般而言，增大注入排量可以显著降低整个井筒的压力和温度水平(注意，在

低注入排量下可以提高井筒的压力水平，即图 2.24 压力曲线的凸起部分），这是因为增大注入排量可以增加摩阻压降并加强流体与井筒之间的传热。研究发现，不同注入排量下，温度分布曲线的凹凸性发生变化（图 2.25）。在注入排量较小的情况下，随着井深的增加，温度呈现一种"凸"增长，即温度的增长速度逐渐降低，且存在一个深度值，在该深度以下，温度增长速度基本不变，与地温梯度一致，地层与井筒传热达到一种平衡状态；在注入排量较大的情况下，随着井深的增加，温度呈现一种"凹"增长，即温度的增长速度逐渐增加，因而随着井深的增加，井筒内温度与地层温度的差异越来越大，很难达到低注入排量情况下的平衡状态。并且在"凸"增长和"凹"增长之间存在一条直线，其温度增长速率与地温梯度相当，在本算例中该直线对应的注入排量约为 300t/d。

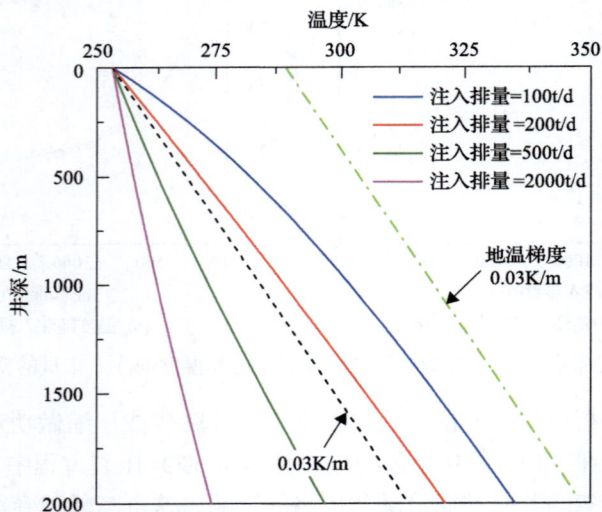

图 2.25　不同注入排量下的井筒温度剖面

上述温度剖面曲线的凹凸性主要是由不同的井筒传热主导因素引起的。低注入排量下，地层主导井筒传热，因而流体温度逐渐接近地层温度，并达到一种热平衡状态；高注入排量下，油管流体即 CO_2 主导传热，因而油管流体和地层之间的温度差异逐渐增大。

(二)注入压力的影响

模拟不同注入压力条件下井底压力和温度的变化规律（图 2.26）。显然，增大注入压力可以提高井筒的整体压力水平，进而提高井底压力，如图 2.26(a)所示，且井底压力与注入压力近似呈线性增加；但在不同注入排量下，增大注入压力并不会显著改变井底温度，虽然井底温度与注入压力也近似呈线性增加，但压力增加 25MPa，温度提高不足 2K，如图 2.26(b)所示，基本可以忽略不计。如第一部分井筒流动温压作用机制所述，在高压条件下，压力改变对 CO_2 物理性质参数的影响并不如温度显著，因而注入压力的改变对井底温度的影响很小，从而在工程上可以忽略注入压力对井底温度的影响。

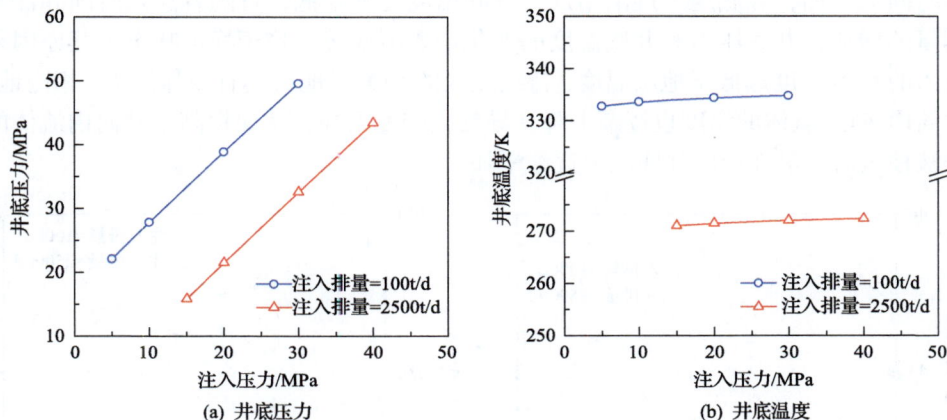

(a) 井底压力　　　　　　　　　　　　(b) 井底温度

图 2.26　井底压力和井底温度随注入压力的变化规律

(三) 注入温度的影响

模拟不同井口注入温度条件下的井底压力和井底温度变化规律(图 2.27)。结果表明，随着注入温度的增加，井底压力近似线性降低，井底温度呈线性增加，并且在低注入排量下，注入温度对井底温压基本无影响，而在高注入排量下，井底温压则会随注入温度发生显著变化。这是因为在低注入排量下地层主导井筒传热，随着井深的增加，流体与地层之间的传热逐渐趋于平衡状态，因而提高注入温度只能提高上部浅井段的井筒温度，而无法显著提高下部深井段温度。

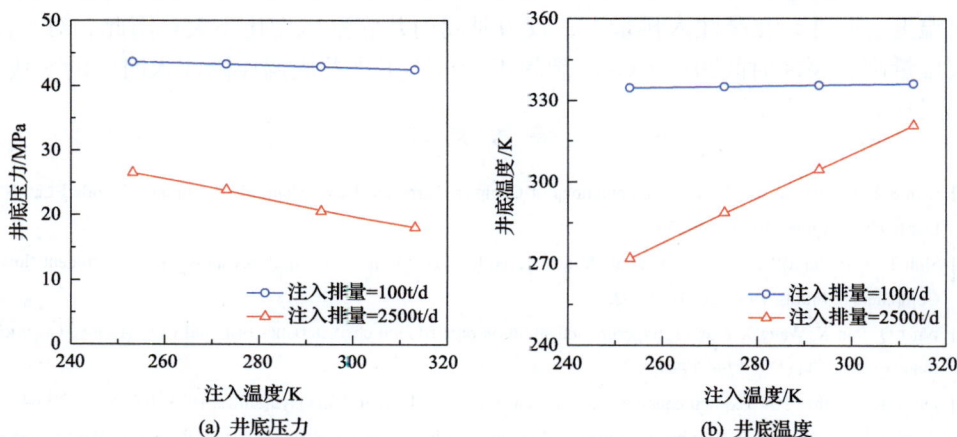

(a) 井底压力　　　　　　　　　　　　(b) 井底温度

图 2.27　井底压力和井底温度随注入温度的变化规律

（四）注入时间的影响

图 2.28 给出了井底压力和井底温度随注入时间的变化规律，发现随着 CO_2 注入时间的增加，井底压力逐渐增加，井底温度逐渐降低，且随着注入时间和注入排量的增加，井底压力和井底温度的变化均逐渐变缓、趋于稳定状态。其原因是注入的 CO_2 温度远低于地层温度，持续注入的 CO_2 对地层具有冷却作用，相应地，井筒内 CO_2 流体的温度也逐渐下降，导致其密度增加，从而提高了井筒内流体的静液柱压力，最终造成井底压力逐渐增加。

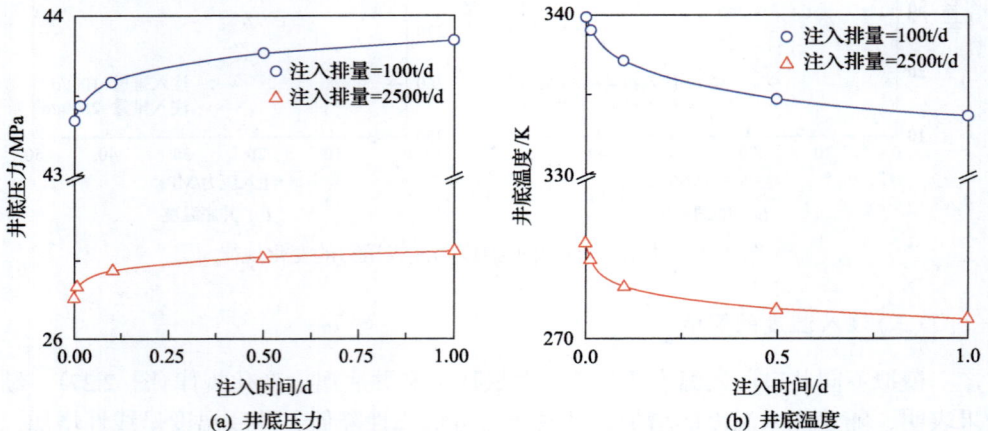

(a) 井底压力	(b) 井底温度

图 2.28 井底压力和井底温度随注入时间的变化规律

不同注入排量下，井底初始温度不同且均低于地层原始温度，其原因在于模型假设 CO_2 初始时刻即到达井底，CO_2 从井口流动到井底会与地层发生较大的热量交换，相比 CO_2 的注入温度，其在井底的温度会显著提高，接近但无法达到地层温度。此外，在高注入排量下，较短时间内井底温压变化不大。因此，对于注入排量高、泵注时间短的 CO_2 压裂施工，可不考虑井底温压随注入时间的变化。

参 考 文 献

[1] Kim S E, Choudhury D, Patel B. Computations of Complex Turbulent Flows Using the Commercial Code FLUENT. Dordrecht: Springer, 1999: 259-276.

[2] Shih T H, William W L, Shabbir A, et al. A new k-ε eddy viscosity model for high reynolds number turbulent flows. Computers & Fluids, 1995, 24(3): 227-238.

[3] Wu J Q, Sun X, Wang X Z, et al. Experimental study on pipe friction characteristics of liquid CO_2. Applied Chemical Industry, 2015, 44(10): 1796-1798.

[4] Jain A K, Swamee P K. Explicit equations for pipeflow problems. Journal of the Hydraulics, 1973, 102(5): 657-664.

[5] Kaufman P B, Penny G S, Paktinat J. Critical evaluation of additives used in shale slickwater fracs. Fort Worth: Society of Petroleum Engineers, 2008.

[6] Chung H C, Hu T, Ye X A, et al. A friction reducer: self-cleaning to enhance conductivity for hydraulic fracturing. Society of Petroleum Engineers, Amsterdam, 2014.

[7] Harris P C, Heath S J. Friction reducers for fluids comprising carbon dioxide and methods of using friction reducers in fluids comprising carbon dioxide: U. S. 7117943. 2006-10-10.

[8] Wylie E B, Streeter V L, Suo L S. Fluid Transients in Systems. Englewood Cliffs: Prentice Hall, 1993.

[9] Hasan A R, Kabir C S. Wellbore heat-transfer modeling and applications. Journal of Petroleum Science and Engineering, 2012, 86: 127-136.

[10] Kabir C S, Hasan A R, Kouba G E, et al. Determining circulating fluid temperature in drilling, workover, and well control operations. SPE Drilling & Completion, 1996, 11 (2): 74-79.

[11] Serghides T K. Estimate friction factor accurately. Chemical Engineering, 1984, 91 (5): 63, 64.

[12] Chen N H. An explicit equation for friction factor in pipe. Industrial & Engineering Chemistry, 1979, 18 (3): 296, 297.

[13] Churchill S W. Friction-factor equation spans all fluid-flow regimes. Chemical Engineering, 1977, 84 (24): 91, 92.

[14] Haaland S E. Simple and explicit formulas for the friction factor in turbulent pipe flow. Journal of Fluids Engineering, 1983, 105 (1): 89, 90.

[15] Sylvester N D, Zigrang D J. Explicit approximations to the solution of Colebrook's friction factor equation. AICHE Journal, 1982, 28 (3): 514, 515.

[16] White C M, Colebrook C F. Experiments with fluid friction in roughened pipes. Proceedings of the Royal Society of London. Series A, Mathematical and Physical Sciences, 1937, 161 (906): 367-381.

[17] Roland S, Wagner W. A new equation of state for carbon dioxide covering the fluid region from the triple-point temperature to 1100K at pressures up to 800MPa. Journal of Physical and Chemical Reference Data, 1996, 25 (6): 1509-1596.

[18] Ramey H J Jr. Wellbore heat transmission. Journal of Petroleum Technology, 1962, 14 (4): 427-435.

[19] Hasan A R, Kabir C S. A mechanistic model for computing fluid temperature profiles in gas-lift wells. SPE Production & Facilities, 1996, 11 (3): 179-185.

[20] Petersen J, Knut S B, Knut L. Computing the danger of hydrate formation using a modified dynamic kick simulator. Amsterdam: Society of Petroleum Engineers, 2001.

[21] Ruan B L, Xu R N, Wei L L, et al. Flow and thermal modeling of CO_2 in injection well during geological sequestration. International Journal of Greenhouse Gas Control, 2013, 19: 271-280.

[22] 窦亮彬, 李根生, 沈忠厚, 等. 注 CO_2 井筒温度压力预测模型及影响因素研究. 石油钻探技术, 2013, 41 (1): 76-81.

[23] 张勇, 唐人选. CO_2 井筒压力温度的分布. 海洋石油, 2007, 27 (2): 59-64.

[24] Campbell S M, Fairchild N R. Liquid CO_2 and sand stimulations in the Lewis Shale, San Juan Basin, New Mexico: A case study. Denver: Society of Petroleum Engineers, 2000.

[25] 郭建春, 曾冀, 张然, 等. 井筒注 CO_2 双重非稳态耦合模型. 石油学报, 2015, 36 (8): 976-982.

第三章　超临界 CO_2 射流及破岩特性

超临界 CO_2 喷射压裂方法需要利用超临界 CO_2 射流射开套管和地层岩石，形成射孔孔道[1]。因此，超临界 CO_2 射流的破岩能力对此工艺的实施十分关键。目前，超临界 CO_2 喷射压裂方法刚刚起步，尚有许多基础性问题有待研究，如不同喷嘴条件下超临界 CO_2 射流冲击的三维流场特性尚不明确，以及超临界 CO_2 射流冲击破岩效果的影响因素分析不足。以上问题均阻碍了超临界 CO_2 喷射压裂技术的进一步发展，亟须深入探索。因此，本章根据射流喷嘴的工作原理，对射流喷嘴结构参数进行设计并建立射流冲击模型，以水射流动力学、计算流体力学（CFD）及有限元理论为基础，开展超临界 CO_2 射流特性数值模拟研究，分析不同射流流体参数和射流环境参数下的流场分布规律，以期为超临界 CO_2 喷射压裂提供理论基础。

第一节　超临界 CO_2 射流特性

目前，国内外试验研究均已证实超临界 CO_2 射流具有较强的破岩能力，其破岩门限压力显著低于水射流[2-4]，但其原因尚不明确。同时，高速射流对岩石的冲击作用是其破岩的重要作用之一[5,6]，然而超临界 CO_2 射流对岩石的冲击压力如何，各个关键参数对超临界 CO_2 射流的冲击压力有何影响都不得而知。为此，本节在建立超临界 CO_2 射流冲击模型的基础上，利用计算流体力学方法模拟了井底围压条件下超临界 CO_2 射流冲击的三维流场，对比超临界 CO_2 射流和水射流的冲击效果，并进一步研究喷嘴压降等 5 个关键参数对超临界 CO_2 射流冲击压力的影响规律，揭示超临界 CO_2 射流冲击压力的参数影响规律，为超临界 CO_2 喷射压裂提供理论指导。

一、射流冲击模型建立

射流喷嘴内部空间为锥形，包括收缩段和直线段。在超临界 CO_2 射流过程中，超临界 CO_2 流体经射流喷嘴进入射流冲击区。为研究超临界 CO_2 射流特性，首先根据射流喷嘴的工作原理，对射流喷嘴进行设计并建立射流冲击模型。

（一）几何模型

建立了超临界 CO_2 非自由淹没射流冲击流场的三维几何模型（图 3.1），该模型由锥形喷嘴的内部空间（包括收缩段和直线段）和射流冲击区域两部分组成。在超临界 CO_2 射流过程中，超临界 CO_2 流体经喷嘴进入射流冲击区域，然后冲击在右端壁面上，最终流出流场。因此，将喷嘴入口设为压力入口边界，其压力值为喷嘴入口压力；将流场的出口设为压力出口边界，其压力值为环境围压；其他边界都设为壁面边界[7]。在划分体网格时，网格单元采用混合网格，即以四面体单元为主，在适当位置采用六面体、锥形、楔形单元；采用局部网格划分法，在压力梯度较大的喷嘴直线段及喷嘴出口处加密网格[8]。

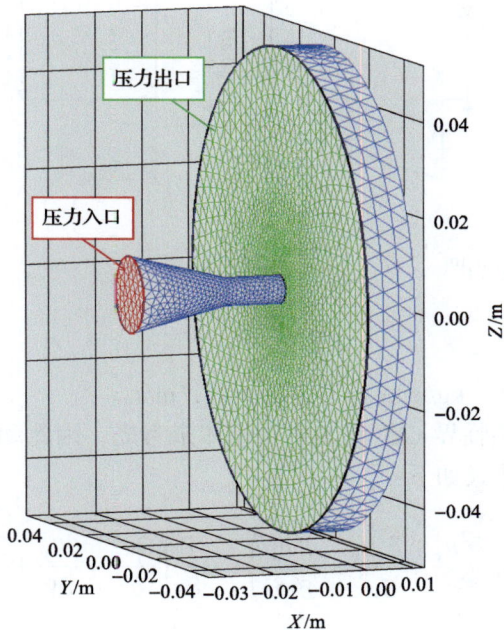

图 3.1　流场几何模型

　　如图 3.2 所示，为了研究喷嘴直径（D）和喷距（L）对射流冲击压力的影响规律，喷嘴直径和喷距都设为独立变量，喷嘴入口的半径设为 $1.5D$，喷嘴收缩段和直线段的长度分别为 $3D$ 和 $2D$。为了避免流场边界对射流冲击区的影响，将右侧冲击壁面的半径设为一个较大的值（50mm）。

　　（二）控制方程

　　超临界 CO_2 射流过程涉及传热和压缩性流体，因此除了求解质量方程和动量方程以外，还须求解能量方程[7]。超临界 CO_2 射流是超临界 CO_2 流体的高速流动过程，因此模拟时可忽略重力的影响。由于模拟的是定常流动，各控制方程中的瞬时项都等于零，简化后的控制方程表达式如下。

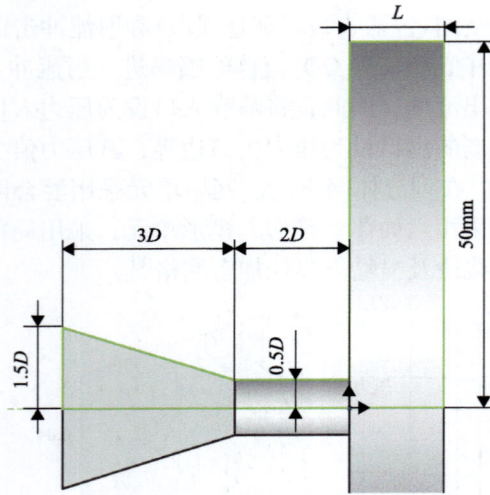

图 3.2　模型尺寸

质量方程表达式为[9]

$$\text{div}\,(\rho \boldsymbol{u}) = 0 \tag{3.1}$$

式中，ρ 为流体密度，kg/m^3；$\boldsymbol{u}$ 为速度矢量，m/s。

现有模型都将超临界 CO_2 作为牛顿流体来考虑，因此动量方程采用 N-S 方程[10]，简化后的表达式如下：

$$-\frac{\partial p}{\partial x} + \mu\left(\frac{\partial^2 u_x}{\partial x^2} + \frac{\partial^2 u_x}{\partial y^2} + \frac{\partial^2 u_x}{\partial z^2}\right) + \mu\frac{\partial}{\partial x}\left(\frac{\partial u_x}{\partial x} + \frac{\partial u_y}{\partial y} + \frac{\partial u_z}{\partial z}\right) = 0 \tag{3.2}$$

$$-\frac{\partial p}{\partial y} + \mu\left(\frac{\partial^2 u_y}{\partial x^2} + \frac{\partial^2 u_y}{\partial y^2} + \frac{\partial^2 u_y}{\partial z^2}\right) + \mu\frac{\partial}{\partial y}\left(\frac{\partial u_x}{\partial x} + \frac{\partial u_y}{\partial y} + \frac{\partial u_z}{\partial z}\right) = 0 \tag{3.3}$$

$$-\frac{\partial p}{\partial z} + \mu\left(\frac{\partial^2 u_z}{\partial x^2} + \frac{\partial^2 u_z}{\partial y^2} + \frac{\partial^2 u_z}{\partial z^2}\right) + \mu\frac{\partial}{\partial z}\left(\frac{\partial u_x}{\partial x} + \frac{\partial u_y}{\partial y} + \frac{\partial u_z}{\partial z}\right) = 0 \tag{3.4}$$

式中，p 为流体微元体上的压力，Pa；μ 为黏度，$Pa·s$；u_x，u_y，u_z 为速度矢量 $\boldsymbol{u}$ 的分量，m/s。

能量方程表达式为[7]

$$\text{div}(\rho \boldsymbol{u} T) = \text{div}\left(\frac{k'}{c_p}\,\text{grad}\,T\right) + S_{\mathrm{T}} \tag{3.5}$$

式中, T 为温度, K; k' 为流体的传热系数, W/(m·K); c_p 为定压比热容, J/(kg·K); S_T 为黏性耗散项, K·s^2/m^2。

CO_2 物理性质参数计算模型详见第一章。

(三)求解流程

图 3.3 是该模型的计算流程图。如图 3.3 所示,每次进入计算循环以后,求解器将首先联立求解质量方程和动量方程,其次再依次求解能量方程和湍流方程(标准 k-ε 模型)。在每次循环结束之前,求解器会根据之前求得的每个节点上的压力值和温度值更新该节点的物理性质参数(密度、定压比热容、黏度和导热系数)。这种将超临界 CO_2 物理性质参数与压力场、温度场进行耦合计算的方法,可用于模拟超临界 CO_2 射流流场[11-13]。

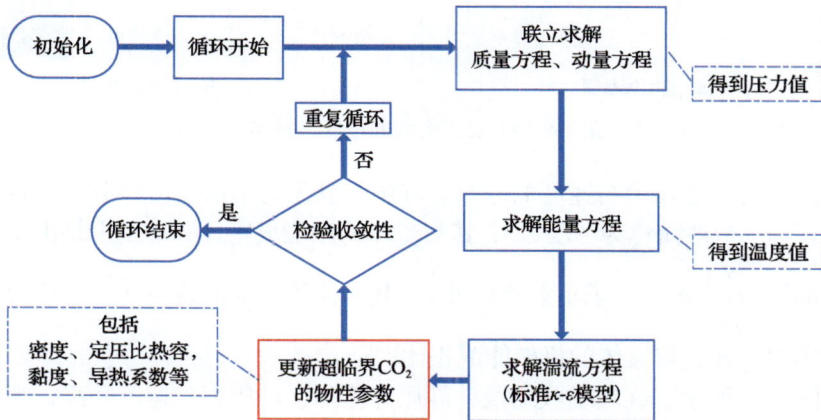

图 3.3 计算流程

二、超临界 CO_2 射流冲击流场特性

利用上一小节建立的计算流体力学模型,模拟了超临界 CO_2 射流的流场特性,设定参数时参考了超临界 CO_2 射流破岩试验文献中的参数范围(本节将喷距保持在 1~3 倍的喷嘴直径)[3],即喷嘴压降为 25MPa、喷嘴直径为 6mm、喷距为 10mm、围压为 30MPa、流体温度为 340K。如图 3.4 所示,当超临界 CO_2 流体经过喷嘴收缩段时,流体压力减小,速度迅速提高,形成超临界 CO_2 射流;经过喷嘴直线段以后,高速射流冲击到右侧壁面上,致使壁面压力明显高于围压(30MPa),两者的差值即为冲击压力。另外,冲击压力在射流中轴线上最高(9.3MPa),越向两边越小,直至降为零(壁面压力等于围压)。

为了揭示超临界 CO_2 射流冲击过程中的能量转化过程,研究了射流轴线上静

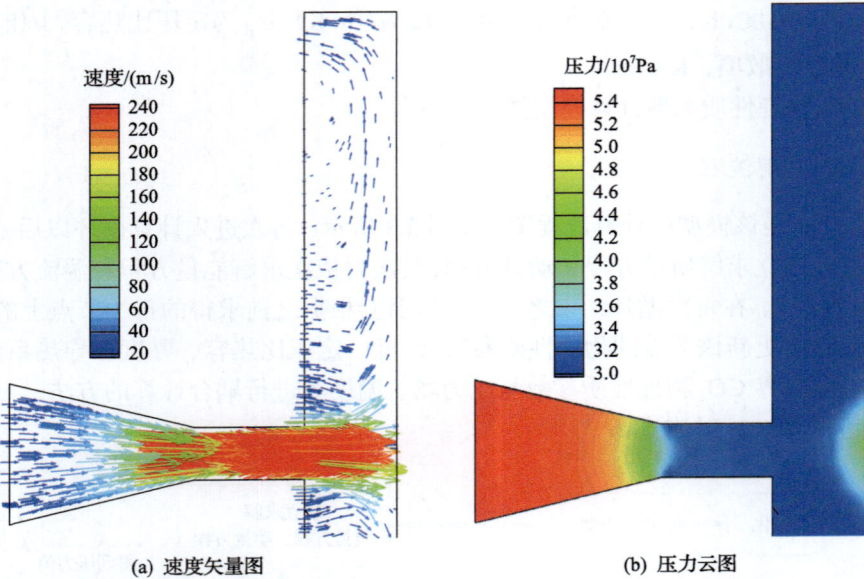

(a) 速度矢量图　　　　　　　(b) 压力云图

图 3.4　超临界 CO_2 射流剖面的速度矢量图与压力云图

压力、动压力、总压力与速度的分布。其中，静压力是由于流体分子不规则运动产生的压力，一般简称为"压力"，其与流体的压能成正比；动压力是由于流体流动产生的压力$\left(\frac{1}{2}\rho v^2，v\text{ 表示射流速度}\right)$，其与流体的动能成正比；总压力是静压力与动压力之和，与流体的机械能成正比[13]。

如图 3.5 所示，在喷嘴收缩段，静压力下降，动压力与速度升高，表明流体压能转化为动能；在喷嘴直线段，动压力和速度基本不变，而静压力小幅度降低，表明压能与动能之间无明显转化，静压力的降低主要是因为流动摩阻；在射流冲击区，高速射流的动压力和速度迅速降低，而静压力则上升，表明高速射流的动能转化为压能，对壁面产生了明显的冲击压力。

如图 3.5 所示，在整个流动过程中，总压力曲线持续下降，在射流冲击区下降最快，表明流体机械能一直在发生损耗，而在射流冲击区损耗得最剧烈。

为了对比超临界 CO_2 射流和水射流的冲击效果，在相同的参数条件下模拟了两者的流场。由于水的物理性质参数受温度和压力的影响极小，在水射流流场的模拟中忽略其物理性质参数变化，采用温度为 340K、压力为 40MPa 条件下的值，即密度为 996.3kg/m³、黏度为 0.432mPa·s、导热系数为 0.68W/(m·K)、定压比热容为 4110J/(kg·K)。图 3.6 对比了在 3 种不同喷嘴压降条件下超临界 CO_2 射流与水射流在壁面径向上的压力分布。如图 3.6 所示，在 3 种不同喷嘴压降条件下，超临界 CO_2 射流的壁面压力均高于水射流，如当喷嘴压降为 30MPa 时，超临界

CO_2 射流的最大冲击压力为 18.1MPa，比相同条件下水射流的最大冲击压力高 2.0MPa。可见，在相同条件下，超临界 CO_2 射流具有比水射流更强的射流冲击效果。

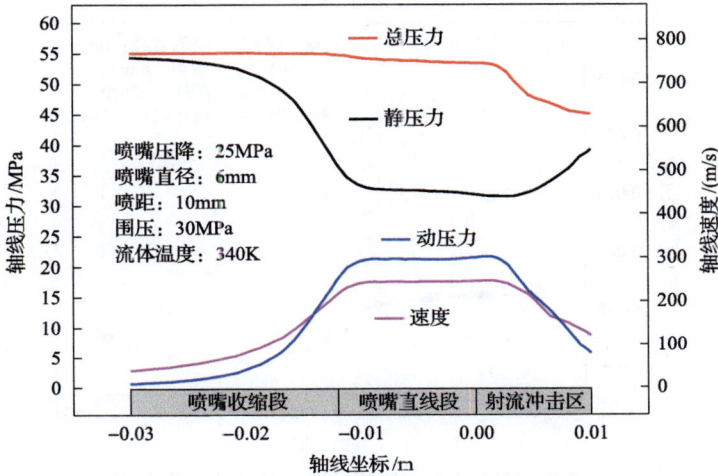

图 3.5　超临界 CO_2 射流轴线上的压力与速度分布

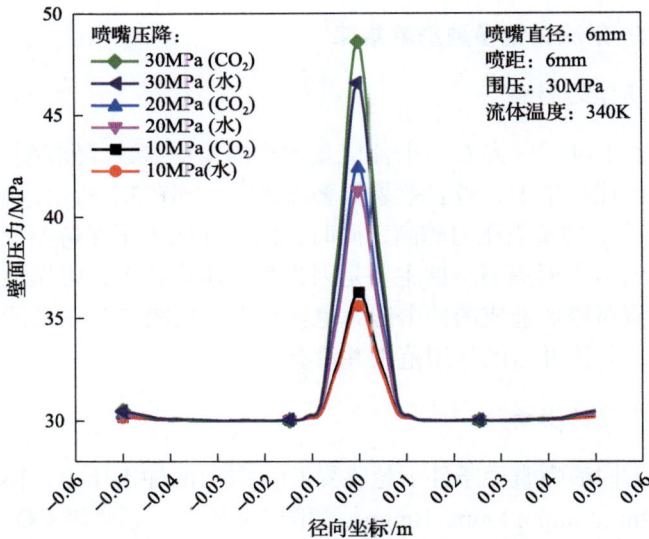

图 3.6　超临界 CO_2 射流与水射流在壁面径向上的压力分布

在相同模拟条件下，射流冲击压力的强弱取决于机械能损失的多少，机械能损失越少，冲击压力越大，而流体黏性是流体发生机械能损失的根源[10]。图 3.7 是 3 种喷嘴压降条件下超临界 CO_2 射流轴线上的流体黏度分布，由图可见，超临界 CO_2 的黏度范围为 0.050~0.074mPa·s，仅为水的 11.6%~17.1%。由于超临界

CO_2 的黏度远小于水，超临界 CO_2 射流在流动过程中的机械能损失更少，从而使超临界 CO_2 射流的冲击压力比水射流更强。可见，超临界 CO_2 流体和水射流冲击压力的强弱主要受到两者黏度的影响。

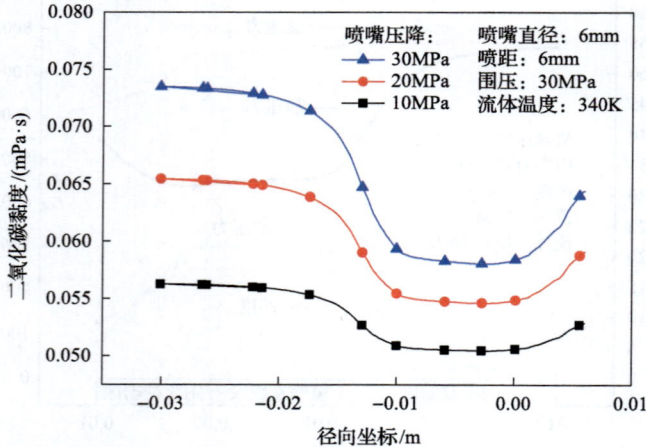

图 3.7　超临界 CO_2 射流轴线上的流体黏度分布

三、超临界 CO_2 射流关键参数影响规律

(一)喷嘴压降的影响

喷嘴压降是表征超临界 CO_2 射流能量大小的重要参数，随着喷嘴压降的升高，参与破岩的射流能量增加，破岩效果显著提高[3]。如图 3.8 所示，喷嘴压降越大，超临界 CO_2 射流下的壁面压力越高，同时，由于井底围压保持不变，冲击压力也随着喷嘴压降的增大而提高。这主要是因为喷嘴压降越大，由压能转化成的射流动能越大，射流对壁面造成的冲击压力也就越大。从图 3.8 中还能看出，随着喷嘴压降的增加，射流冲击的作用范围并没有明显变化。

(二)喷嘴直径的影响

为了得到不同喷嘴直径条件下超临界 CO_2 射流的冲击压力，模拟时喷嘴直径分别取 2mm, 4mm, 6mm, 8mm, 10mm。如图 3.9 所示，超临界 CO_2 射流的冲击范围和冲击压力都随着喷嘴直径的增大而增大。这主要是因为喷嘴直径越大，高速射流的横截面积越大，射流冲击范围也就越大；同时由于喷嘴压降不变，喷嘴直径越大，高速射流受到喷嘴壁的阻滞效应的影响相对越小，从而在壁面上产生的冲击压力也就越高。因此，如果现场设备条件允许，应适当增大喷嘴压降和喷嘴直径，以提高超临界 CO_2 射流的冲击压力及其作用范围，从而提升破岩效果。

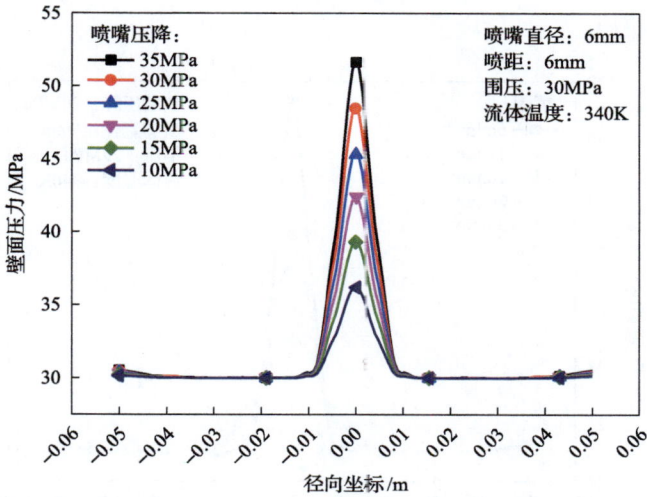

图 3.8　不同喷嘴压降下超临界 CO_2 射流在壁面径向上的压力分布

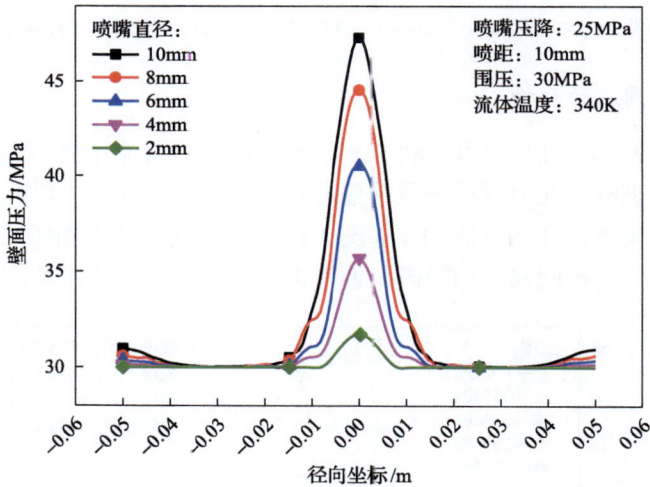

图 3.9　不同喷嘴直径下超临界 CO_2 射流在壁面径向上的压力分布

(三)喷距的影响

　　喷距是影响射流破岩效果的重要参数之一，喷距的合理调节是有效利用射流能量的前提。如图 3.10 所示，随着喷距的增大，超临界 CO_2 射流的冲击压力在降低，但冲击范围却在扩大。这表明：当喷距过小时，超临界 CO_2 射流发展不充分，在壁面上的冲击范围较小；而当喷距过大时，射流能量的损耗较大，冲击压力大幅降低。因此，只有合理选择喷距，超临界 CO_2 射流才能同时获得较理想的冲击压力和冲击范围，从而实现较好的破岩效果，该结论也被超临界 CO_2 射流破岩的试验结果所验证[3]。

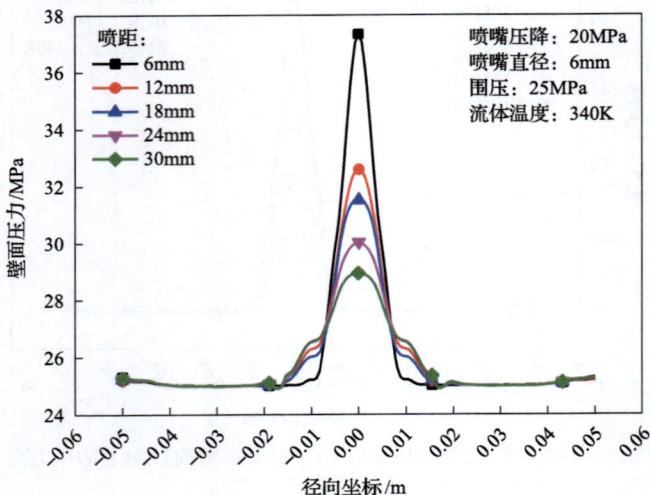

图 3.10　不同喷距下超临界 CO_2 射流在壁面径向上的压力分布

(四) 井底围压的影响

利用超临界 CO_2 流体在井下进行射流破岩时，射流流场会不可避免地受到井下井底围压的影响。在喷嘴压降及其他参数都不变的条件下，研究了井底围压对超临界 CO_2 射流冲击压力的影响。如图 3.11 所示，随着井底围压的提高，壁面上的压力水平发生了相同幅度的提高，但冲击压力的强度和作用范围都没有受到井

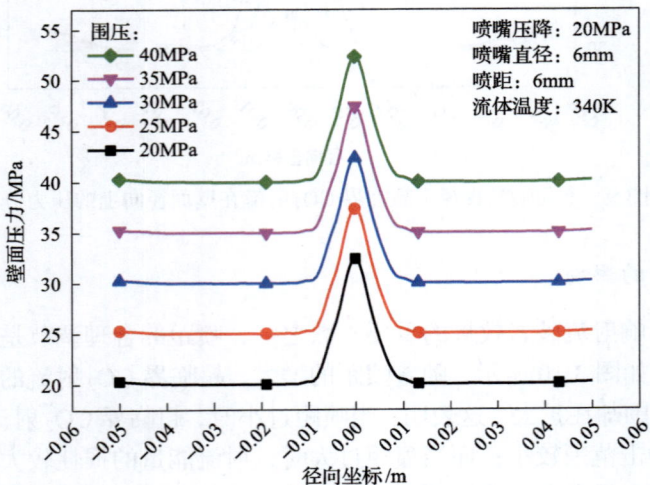

图 3.11　不同井底围压下超临界 CO_2 射流在壁面径向上的压力分布

底围压变化的明显影响。这是因为井底围压决定了整个流场的压力水平，但对射流动能却没有产生直接影响，从而也不会影响冲击压力的强度和范围。

(五)流体温度的影响

超临界 CO_2 的温度会影响其物理性质参数，从而对其射流流场产生影响[14]，因此本节模拟了不同流体温度下超临界 CO_2 射流在壁面径向上的压力分布。如图 3.12 所示，当温度从 310K 升高到 430K 时，超临界 CO_2 射流的冲击范围几乎不变，而冲击压力也仅仅下降了很小的幅度(0.87MPa)。可见，超临界 CO_2 流体温度对其射流冲击压力的强度和范围的影响较小，在工程应用中可以忽略。

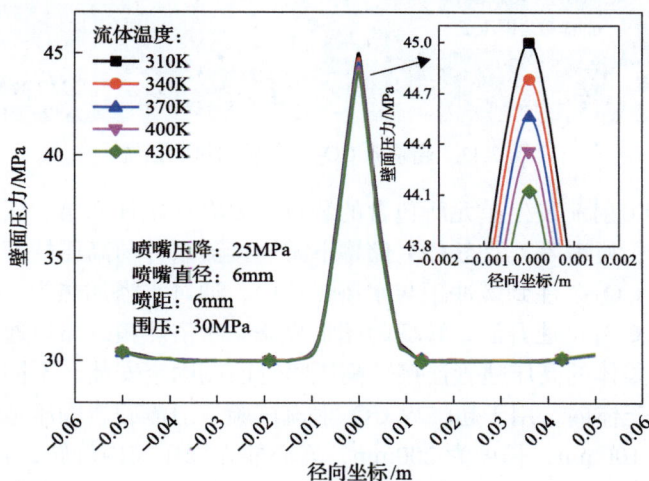

图 3.12　不同流体温度下超临界 CO_2 射流在壁面径向上的压力分布

第二节　超临界 CO_2 射流破岩特性试验

一、射流破岩试验装置

超临界 CO_2 射流破岩试验采用的装置是中国石油大学(北京)高压水射流钻井与完井试验室于 2011 年自主研发的"超临界 CO_2 喷射破岩试验系统"。该试验系统主要由液态 CO_2 储存单元、超临界 CO_2 射流发生单元、净化除杂单元、控制单元、管线与仪表及相关配件等组成，如图 3.13 所示。其最高喷射压力 100MPa，模拟井下最高温度 100℃，模拟井下最高压力 60MPa。该系统采用相似原理进行设计加工，体积小且模拟测量精度高。

液态 CO_2 源、制冷机组、水浴冷箱、高压换热管、冷却液、控温装置等组成液态 CO_2 储存单元。气态与超临界态 CO_2 流体具有较强的可压缩性，同时三柱塞泵只能泵送不可压缩或低压缩流体，因此，需要在 CO_2 进入高压泵之前先将其转变为液态。为此，设计了水浴降温装置来冷却 CO_2 流体，得到温度为 $0\sim5$℃、压力为 $4\sim7$MPa 的液态 CO_2，同时将其储存在水浴冷箱下游的两个储罐中。

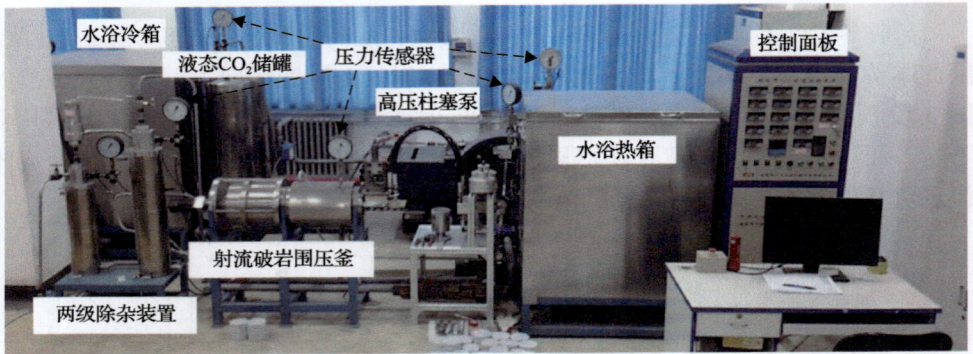

图 3.13　超临界 CO_2 喷射破岩试验系统

超临界 CO_2 射流发生单元所包含的装置主要有高压柱塞泵、缓冲罐、水浴热箱、高压软管、喷嘴等。液态 CO_2 储罐下游连接流量计与高压柱塞泵，通过高压柱塞泵将液态 CO_2 泵注到缓冲罐与水浴热箱中，通过水浴加热为 CO_2 流体加热，使泵注的液态 CO_2 迅速升温，转变为超临界态。水浴热箱的出口通过高压软管与射流破岩围压釜体的高压喷管连接。高压喷管前端固定安装有不同类型的射流喷嘴并延伸进入釜体内，用于超临界 CO_2 射流试验。射流破岩围压釜体内的试验岩心最大直径为 100mm，长度为 200mm，岩心能在围压筒内旋转，且喷嘴可更换，喷射距离可在 $0\sim60$mm 内任意调节，偏心距最大可达 100%。图 3.14 为超临界 CO_2 喷射破岩试验系统流程图。

试验流程如下。

(1)首先开启制冷设备，使系统温度降到 $0\sim4$℃(为防止冷却水结冰，可在冷却水中加入一定量的乙二醇或其他防冻剂)，以满足进入该系统的 CO_2 气体液化的需求。

(2)打开 CO_2 气瓶上的阀门，在气瓶自有压力(一般为 $4\sim5$MPa)下，使 CO_2 自动流入制冷设备，经热交换后温度降至 $0\sim5$℃，在 $4\sim5$MPa 压力条件下被液化并充入液态 CO_2 储罐，待储罐中充满液体后，关闭 CO_2 气瓶阀门。

(3)开启加热装置电源，在仪表控制台上调整好所需温度，为水浴热箱流体加热。

(4)将岩心装入射流破岩围压釜中，并调整好喷距，检查各接头处的密封性，准备试验。

(5)打开旋塞阀，开启高压柱塞泵，通过控制面板调节流量、喷射压力、井底

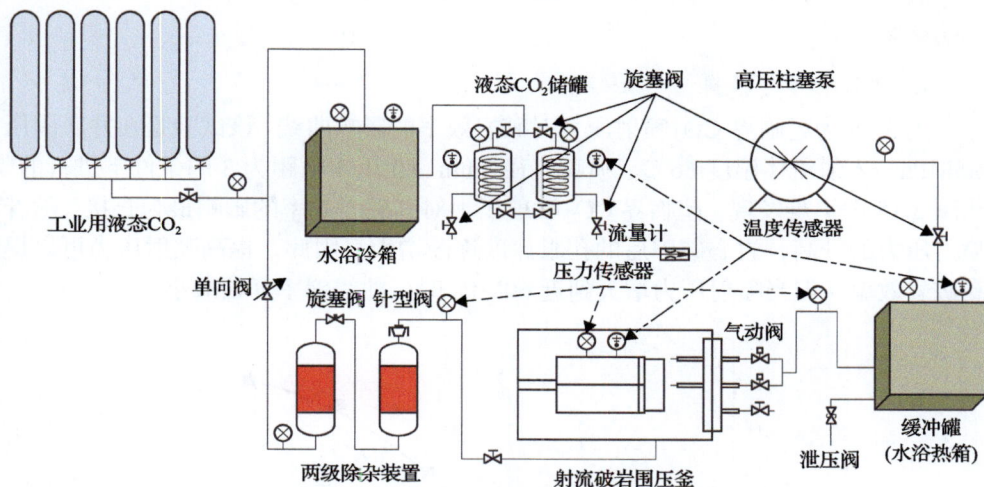

图 3.14　超临界 CO_2 喷射破岩试验系统流程图

围压等参数至目标值，并设定射流破岩时间。

(6)稳定喷射破岩一定时间后，关闭射流破岩围压釜两端阀门，取出岩心并测量各参数指标，试验完成。

二、人造岩心破岩试验

为了揭示超临界态 CO_2 喷射破岩特性与规律，弄清超临界 CO_2 喷射破岩过程中入射流体温度、井底围压、喷射压力、无因次喷距、岩心转速等因素对破岩效率的影响，特设计如下试验方案(表 3.1)。

表 3.1　人造岩心设计试验方案参数表

序号	喷射压力/MPa	入射流体温度/℃	岩心转速/(r/min)	无因次喷距	井底围压/MPa
1	15, 25, 35, 45, 55, 65	66	0	3	6.5
2	54	40, 50, 60, 70, 80	0	3	5.7
3	49.5	47.8	15, 25, 35, 45, 55	3	5.5
4	45、30	45	0	1, 2, 3, 4, 5, 6	6
5	40、50	50	0	3	5.5, 8.5, 10, 13, 16

其中序号 1 为喷射压力对超临界 CO_2 喷射破岩效率的影响试验方案；序号 2 为入射流体温度对超临界 CO_2 喷射破岩效率的影响试验方案；序号 3 为岩心转速对超临界 CO_2 喷射破岩效率的影响试验方案；序号 4 为无因次喷距对超临界 CO_2 喷射破岩效率的影响试验方案；序号 5 为井底围压对超临界 CO_2 喷射破岩效率的

影响试验方案。

1. 喷射压力的影响

图 3.15 为超临界 CO_2 喷射压力对破岩效率的影响曲线。该试验是在井底围压 6.5MPa、入射流体温度 66℃、喷嘴直径 1mm、无因次喷距为 3 的条件下进行的。从图 3.15 中不难发现，超临界 CO_2 喷射压力对其破岩效率的影响最为直接，随着喷射压力的升高，岩心破碎后的孔眼深度逐渐增大。因此，提高喷射压力可以提高破岩效率，但当喷射压力增大到近 60MPa 时，曲线斜率开始减小。

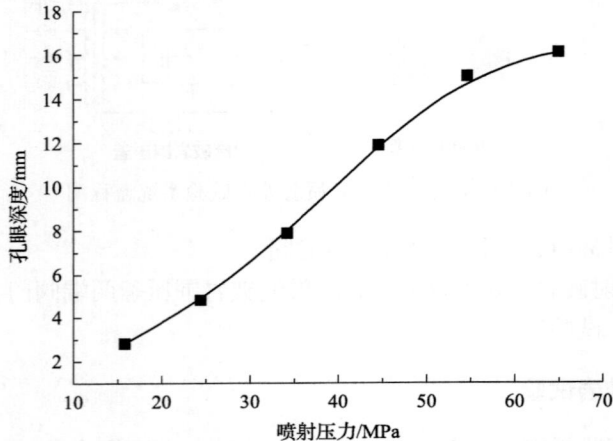

图 3.15　人造岩心超临界 CO_2 喷射压力与岩心孔眼深度关系曲线

2. 入射流体温度的影响

本试验在喷射压力 54MPa、井底围压 5.7MPa、喷嘴直径 1mm、无因次喷距为 3 的条件下进行。图 3.16 中曲线显示，随着超临界 CO_2 入射流体温度的升高，岩石破碎后孔眼深度逐渐增大，二者呈现出二次曲线关系，也就是随着入射流体温度的提高，超临界 CO_2 喷射破岩效率的提升幅度逐渐增大。其主要原因是随着入射流体温度的升高，超临界 CO_2 流体的黏度逐渐降低，低黏度超临界 CO_2 射流等速核更长，作用距离更大。另外，超临界 CO_2 黏度越低，其扩散能力越强，射流能量更容易向岩石裂隙深部传递。

3. 岩心转速的影响

本试验在喷射压力 49.5MPa、井底围压 5.5MPa、入射流体温度 47.8℃、喷嘴直径 1mm、无因次喷距为 3 的条件下进行。图 3.17 中曲线显示，随着岩心转速的增大，超临界 CO_2 射流在岩心破碎的沟槽宽度逐渐减小，而沟槽深度基本没变(图 3.18)。从试验后产生的岩屑看，转速慢的岩心产生的岩屑体积较大，转速快的岩心产生的岩屑体积较小。其原因是，岩心转速慢，超临界 CO_2 射流在岩心

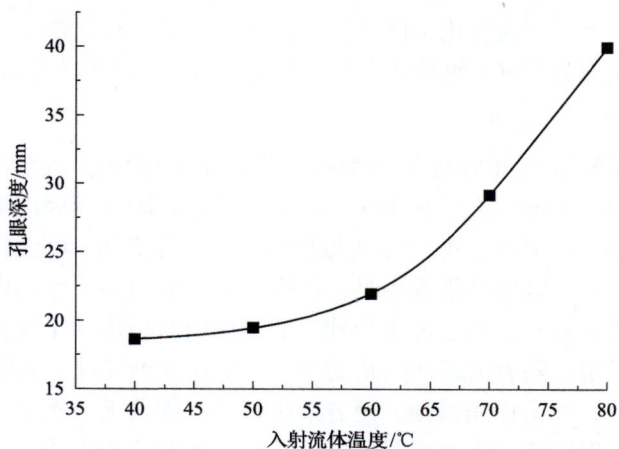

图 3.16 人造岩心超临界 CO_2 入射流体温度与孔眼深度关系曲线

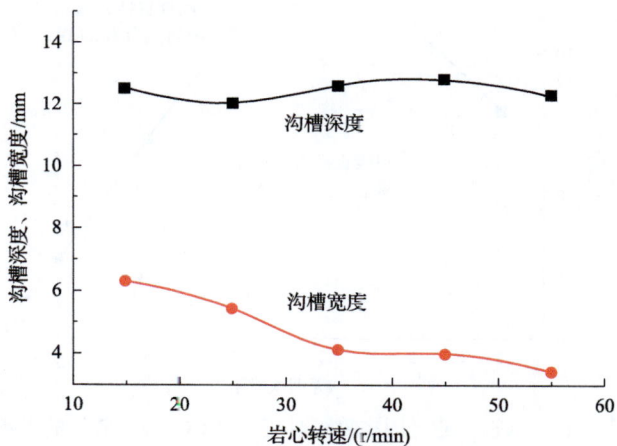

图 3.17 岩心转速与超临界 CO_2 喷射破岩效率关系曲线

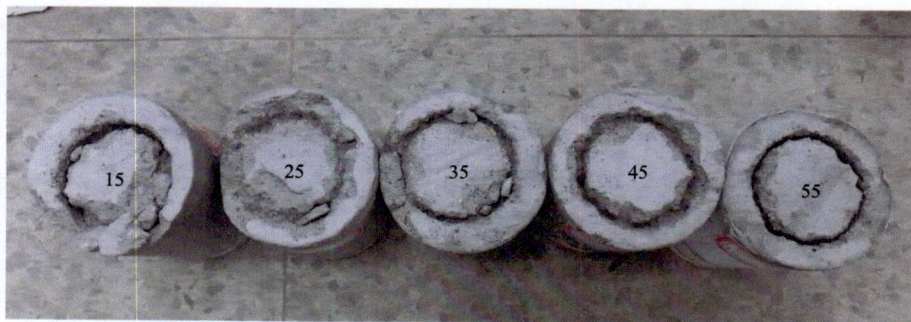

图 3.18 岩心转速对超临界 CO_2 喷射破岩效率影响实物图

15～55 为转速，r/min

表面得到充分发展，射流作用范围更宽，提高岩心转速后，超临界 CO$_2$ 射流在岩心表面未来得及充分发展，便移动到下一点进行喷射，因此产生的射流沟槽较窄。

4. 无因次喷距的影响

本试验在喷射压力 30MPa 和 45MPa、井底围压 6MPa、入射流体温度 45℃、喷嘴直径 1mm 和 1.5mm 条件下进行。图 3.19 显示，随着无因次喷距的增大，岩心孔眼深度先增大后减小，基本呈现抛物线关系，最优无因次喷距出现在 2～3 倍喷嘴直径处。在无因次喷距较小时，超临界 CO$_2$ 射流在小空间内难以得到充分发展，射流冲击面较小，射流冲击岩样后的返回流对射流的干扰作用较强，耗散了一定的射流能量；随着无因次喷距的增大，射流逐渐发展，无因次喷距为 3 时射流发展最充分，冲击作用最强，破岩效果最佳；随着无因次喷距增大，射流作用面积也增大，但射流冲击力减弱，岩石的冲击破碎效率降低。

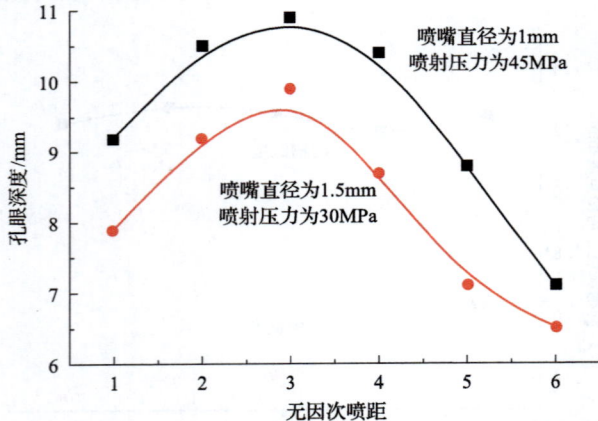

图 3.19　人造岩心无因次喷距对超临界 CO$_2$ 破岩效果的影响

5. 井底围压的影响

本试验在喷射压力 40MPa 和 50MPa、入射流体温度 50℃、喷嘴直径 1mm、无因次喷距 3 条件下进行。图 3.20 显示，随着模拟井底围压的增大，超临界 CO$_2$ 射流在岩心上产生的孔眼深度逐渐减小。其原因是，随着井底围压的增大，超临界 CO$_2$ 流体黏度增加，射流等速核长度减小，也就是射流有效作用距离减小；同时超临界 CO$_2$ 流体黏度增大后，不利于射流压力向岩石裂隙深部传递，导致破岩效率较低。

三、天然岩心破岩试验

为了揭示超临界 CO$_2$ 射流对天然岩心的破岩特性与规律，弄清超临界 CO$_2$ 喷射破岩过程中入射流体温度、喷射压力、喷嘴直径、无因次喷距、喷射时间等因素对破岩效率的影响，特设计如下试验方案（表 3.2）。

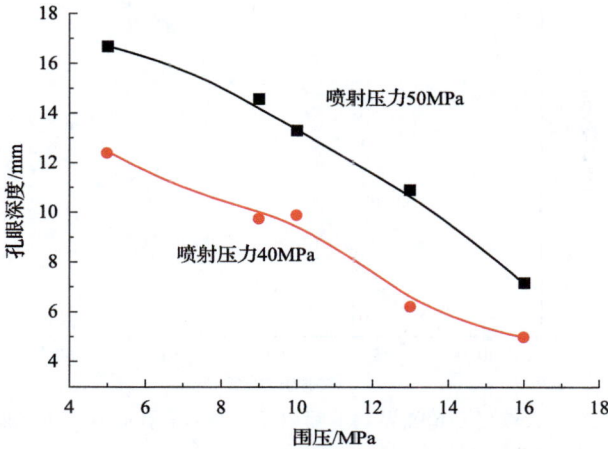

图 3.20　井底围压对超临界 CC_2 喷射破岩效果的影响

表 3.2　天然岩心设计试验方案参数表

序号	喷射压力/MPa	入射流体温度/℃	喷嘴直径/mm	无因次喷距	喷射时间/s
1	40, 45, 50, 55, 60, 65	60	1	2	120
2	50, 55	40, 50, 60, 70, 80, 90	1	2	120
3	55	60	0.8, 0.9, 1, 1.1	1.2	120
4	50	60	0.8, 1	1, 2, 2.5, 3, 4, 5	120
5	48, 54	60	1	2	60, 120, 180, 240

其中序号 1 为喷射压力对超临界 CO_2 喷射破岩效率的影响试验方案；序号 2 为入射流体温度对超临界 CO_2 喷射破岩效率的影响试验方案；序号 3 为喷嘴直径对超临界 CO_2 喷射破岩效率的影响试验方案；序号 4 为无因次喷距对超临界 CO_2 喷射破岩效率的影响试验方案；序号 5 为喷射时间对超临界 CO_2 喷射破岩效率的影响试验方案。

1. 喷射压力的影响

图 3.21 为超临界 CO_2 喷射压力对破岩效率的影响曲线，该试验在井底围压 5.5～6.2MPa、入射流体温度 60℃、喷嘴直径 1mm、无因次喷距 2 条件下进行。从图 3.21 中不难发现，超临界 CO_2 喷射压力对其破岩效率的影响最为直接，随着喷射压力的升高，岩心破碎后的孔眼深度逐渐增大。因此，提高喷射压力可以提高破岩效率；但当喷射压力增大到近 60MPa 时，虽破岩孔深仍在增加，但增长速度放缓。

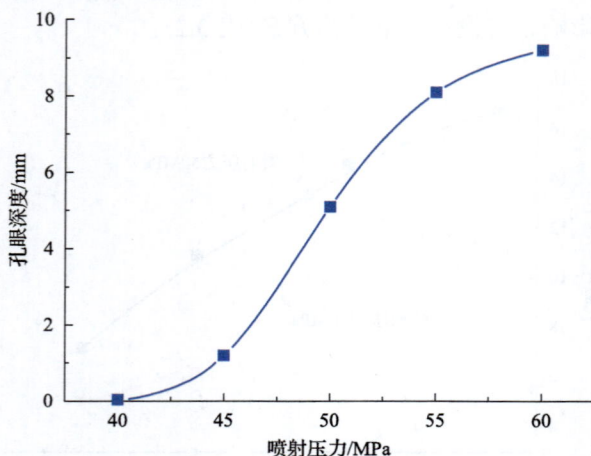

图 3.21　天然岩心超临界 CO_2 喷射压力与岩心孔眼深度关系曲线

2. 入射流体温度的影响

本试验在喷射压力 50MPa 与 55MPa、井底围压 5.7~6.2MPa、喷嘴直径 1mm、无因次喷距 2、设定缓冲罐温度 40~90℃条件下进行。图 3.22 中的曲线显示，随着超临界 CO_2 入射流体温度的升高，岩石破碎后孔眼深度逐渐增大，且在 50~80℃破碎深度随温度升高而增长的趋势明显，在 90℃条件下，破碎效果骤降，也就是在一定范围内，随着入射流体温度的提高，超临界 CO_2 喷射破岩效率的提升幅度逐渐增大。其主要原因是，随着入射流体温度的升高，超临界 CO_2 流体的黏度逐渐降低，低黏度超临界 CO_2 射流等速核更长，作用距离更大；另外，超临界 CO_2 黏度越低，其扩散能力越强，射流能量更容易向岩石裂隙深部传递。但当其入射流体温度达到一定程度时，超临界 CO_2 的密度较低，射流冲击力显著降低，影响

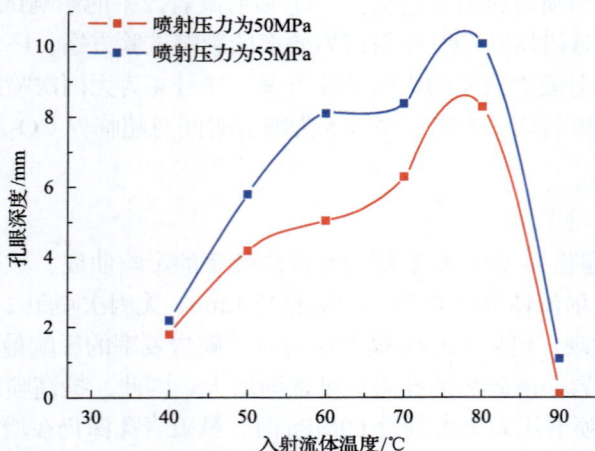

图 3.22　天然岩心超临界 CO_2 入射流体温度与孔眼深度关系曲线

了破岩效果。

3. 喷嘴直径的影响

本试验在喷射压力 55MPa、井底围压 5.6～6.1MPa、入射流体温度 60℃、无因次喷距 1, 2 条件下进行。图 3.23 中曲线显示，随着喷嘴直径的增大，破碎孔眼直径呈不断增大趋势，且增大斜率变化较小，而随着喷嘴直径的增大，破碎孔眼深度则呈现先增后减的趋势。其原因是，随喷嘴直径增大，射流出口截面积增大，射流对岩石壁面的冲击作用不断增强、冲击区域也不断扩大，但喷嘴直径到达某一定值后，由于射流与所处环境流体的摩擦阻力，作用在岩石壁面上的轴向冲击作用开始减小，但冲击区域仍在增大，在能满足射流能量需求的情况下，冲击破碎效果应呈现深度逐渐变浅、面积逐渐增大的趋势。

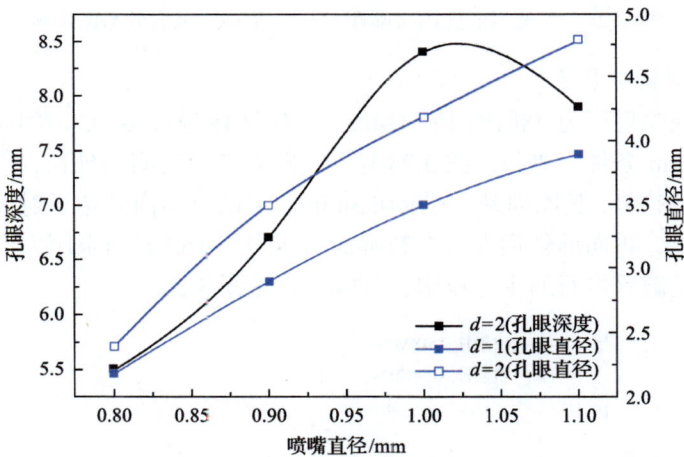

图 3.23　天然岩心喷嘴直径与超临界 CO_2 喷射破岩效果关系曲线

d-无因次喷距

4. 无因次喷距的影响

本试验在喷射压力 50MPa、井底围压 6.1MPa、入射流体温度 60℃、喷嘴直径 0.8mm 与 1mm 条件下进行。图 3.24 显示，随着无因次喷距的增大，岩心孔眼深度先增大后减小，大致呈现抛物线关系，最优喷距出现在 2～3 倍喷嘴直径范围内。在无因次喷距较小时，超临界 CO_2 射流在小空间内难以得到充分发展，射流冲击面较小，射流冲击岩样后的返回流对射流能量消耗作用大；随着无因次喷距的增大，射流逐渐发展，并在 2～3 倍喷嘴直径下射流发展最充分，冲击作用最强，破岩效果最佳；随着喷嘴直径的继续增大，虽然射流冲击面积继续扩大，但射流冲击力减弱，对岩石的冲击破碎效果逐渐降低。

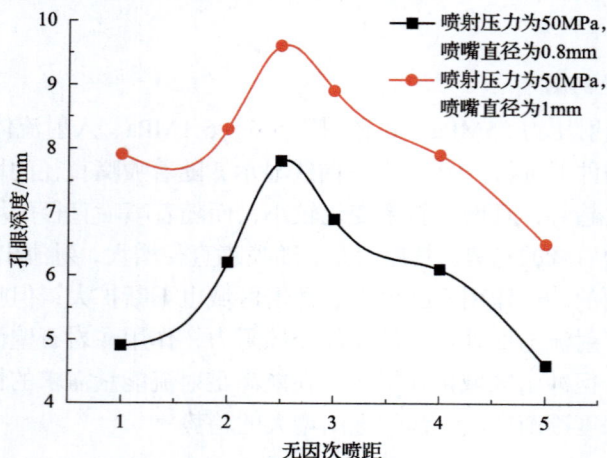

图 3.24　天然岩心无因次喷距对超临界 CO$_2$ 破岩效果的影响

5. 喷射时间的影响

本试验在喷射压力 48MPa 和 54MPa、入射流体温度 60℃、喷嘴直径 1mm、喷射距离 2mm 条件下进行。图 3.25 显示，随着喷射时间的延长，岩石孔眼深度呈先增后缓的趋势，其原因是，射流在 3min 左右的时间内到达了射流冲击压力破碎距离的极限，再向前作用在岩石新鲜面的压力小于破岩门限压力，不足以破碎岩石或不再是破碎岩石的主导作用，试验实物见图 3.26。

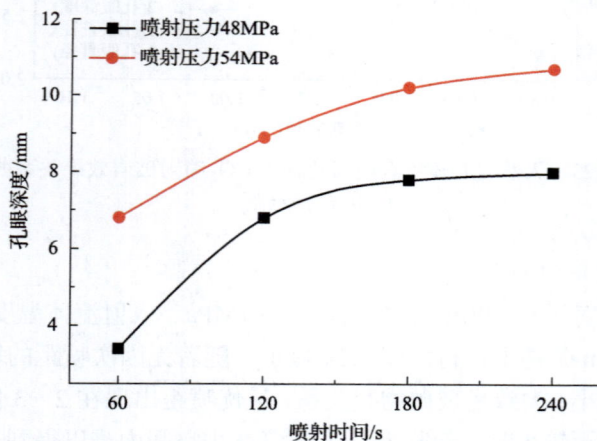

图 3.25　喷射时间对超临界 CO$_2$ 喷射破岩效果的影响

四、超临界 CO$_2$ 射流与水射流破岩特性对比

为了证实超临界 CO$_2$ 射流相对于水射流在喷射压裂破岩中的优势，特设计如

下试验方案(表 3.3)。

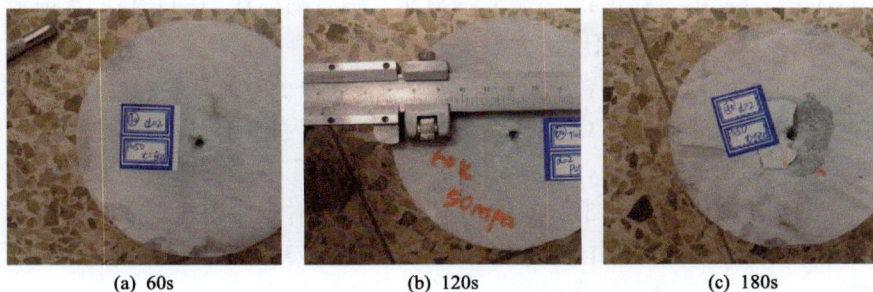

(a) 60s　　　　　　　(b) 120s　　　　　　　(c) 180s

图 3.26　喷射时间对超临界 CO_2 喷射破岩效果影响的实物图

表 3.3　两种射流破岩对比试验方案

序号	喷射时间/min	喷射压力/MPa	井底围压/MPa	岩性
1	3	42~50	6	天然岩心 1
2	3	18~26	6	天然岩心 2
3	3	13~21	8	天然岩心 3
4	1	32	10	人造岩心
5	2	32	10	人造岩心
6	3	32	10	人造岩心
7	4	32	10	人造岩心
8	5	32	10	人造岩心

表 3.3 为水射流与超临界 CO_2 射流喷射破岩效果对比试验方案。试验方案中序号 1~3 均选用三种天然岩心进行试验,岩心采自新疆某盆地的天然露头,单轴抗压强度分别为 66MPa,40MPa,27MPa,设定喷射时间 3min,在每一组试验中依次等间隔增大喷射压力,记录和对比分析两种射流在同一种岩心上随喷射压力变化的射孔深度值;后 5 组试验所用岩心相同,均选用试验室人造水泥岩心,单轴抗压强度约为 55MPa,保持喷射压力与模拟环境围压不变,每一组试验中依次等间隔延长喷射时间,记录和对比分析两种射流在同一种岩心上随喷射时间变化的射孔深度值。

如试验方案所示,在水射流与超临界 CO_2 射流破岩试验中,固定的试验条件包括喷嘴直径 1mm,喷射距离为 3 倍喷嘴直径,水射流破岩试验温度条件为常温(约为 27℃),超临界 CO_2 射流破岩试验温度条件约为 65℃。

1. 射流破岩效果对比

图 3.27、图 3.28、图 3.29 分别为两种射流在天然岩心 1、2、3 上的试验曲线,

三组试验的喷射压力分别为 42～50MPa, 18～26MPa, 13～21MPa, 模拟环境围压分别为 6MPa、6MPa、8MPa。三组曲线显示, 随着喷射压力的升高, 水射流与超临界 CO_2 射流的破碎孔眼深度增大趋势显著, 均符合喷射压差试验规律; 与水射流相比, 超临界 CO_2 射流破岩所形成的孔眼更深, 为水射流孔眼深度的 2 倍以上。天然岩心 1 试验中, 超临界 CO_2 射流所形成孔眼深度为相同条件下水射流的 1.79～2.57 倍; 天然岩心 2 试验中, 超临界 CO_2 射流形成孔眼深度为相同条件下水射流的 2.26～3.3 倍; 天然岩心 3 试验中, 超临界 CO_2 射流形成孔眼深度为相同条件下水射流的 1.86～5.3 倍。由此看出, 相同喷射时间 (3min) 和一定温度条件下, 超临界 CO_2 射流破岩速率可达水射流破岩速率的 2 倍以上。

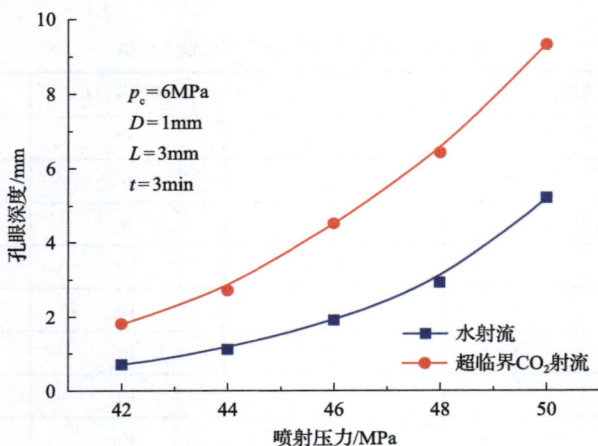

图 3.27　天然岩心 1 水射流与超临界 CO_2 射流破岩效果的对比曲线

p_c-井底围压; D-喷嘴直径; L-喷距; t-喷射时间

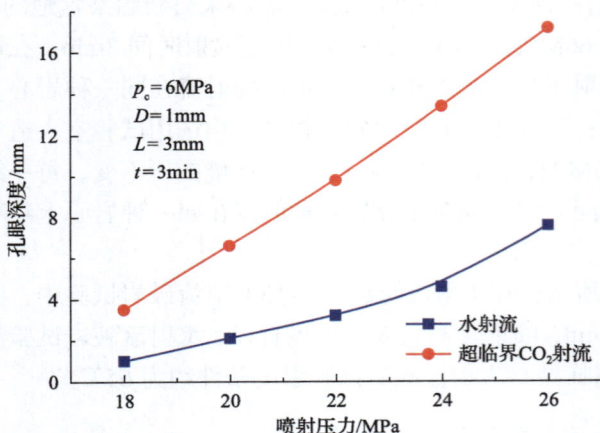

图 3.28　天然岩心 2 水射流与超临界 CO_2 射流破岩效果的对比曲线

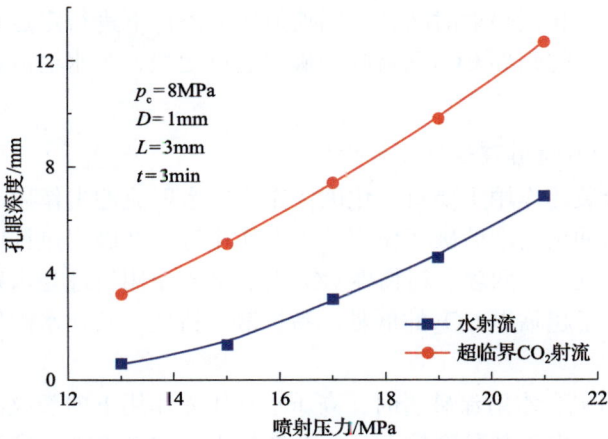

图 3.29 天然岩心 3 水射流与超临界 CO_2 射流破岩效果的对比曲线

2. 不同喷射时间的影响

图 3.30 为人造岩心水射流与超临界 CO_2 射流破碎孔眼深度随喷射时间的变化曲线，岩心单轴抗压强度约为 55MPa，喷射时间由 1～5min 等间隔延长，喷射压力为 32MPa、围压为 10MPa。

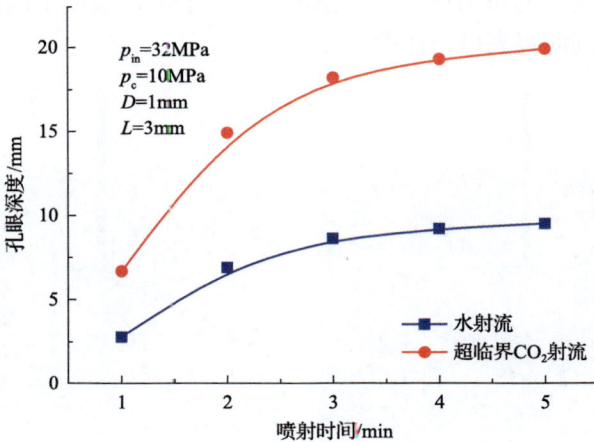

图 3.30 不同喷射时间下水射流与超临界 CO_2 射流破岩效果对比曲线

p_{in}-喷射压力

从图 3.30 中可以看出，随着喷射时间的增加，水射流与超临界 CO_2 射流的破碎孔眼深度逐渐增大，但增大斜率逐渐减小；与水射流相比，超临界 CO_2 射流破岩形成孔眼较深，数据结果显示，是水射流喷射所形成孔眼深度的 2.09～2.39 倍。由此可知，定点喷射时，超临界 CO_2 射流喷射破岩速率可达水射流破岩速率的两倍以上。

综上所述，在相同喷射时间、不同喷射压力条件下进行定点喷射作业时，与水射流破岩相比，超临界 CO_2 射流喷射破岩速度更快，为水射流破岩速度的两倍或更高。

3. 超临界 CO_2 喷射破岩机理分析

高压水射流破坏作用主要有空化破坏作用、水射流冲击作用、水射流动压力作用、水射流脉冲负荷疲劳破坏作用及水楔作用等，在破岩过程中这些作用可能同时发生也可能发生一两项。超临界 CO_2 射流破岩作用机理与水射流破岩作用机理类似，但是由于超临界 CO_2 的低黏、易扩散等特性，其在水楔作用方面的作用更加突出。

由图 3.31 可见，水射流破岩时，高压水在压差作用下向裂纹深部流动，但当裂纹逐渐变窄时，由于其黏度较大、扩散性较小，在毛管力的作用下便会停止向前流动，其水力能量也无法传递到裂隙深部，若水射流的能量不够高便无法破碎岩石。然而对于超临界 CO_2 射流来说，由于超临界 CO_2 黏度很小(接近气体)，扩散性也较大，而且表面张力为零，不存在毛管力作用，超临界 CO_2 流体能够进入任何大于其分子的空间，射流能量能够得到高效传递。因此，在超临界 CO_2 喷射破岩时，超临界 CO_2 流体能够比较容易地渗入裂隙深部，使裂隙深部流体与高压射流流体连通为统一的压力体，增大作用在岩石裂隙内表面上的压力，从而降低破岩门限压力，同时提高破岩速度。

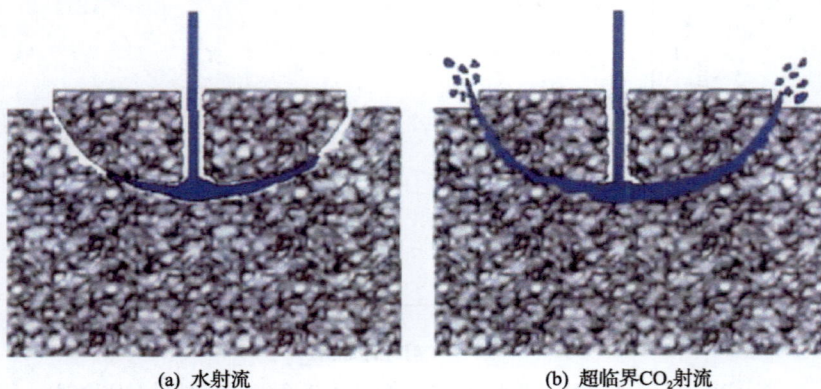

(a) 水射流　　　　　　(b) 超临界CO_2射流

图 3.31　水射流与超临界 CO_2 射流破岩效果对比图

参 考 文 献

[1] 中国石油大学(北京). 连续油管超临界 CO_2 喷射压裂方法: CN201110078618.6. 2013-11-6.

[2] Kolle J J. Coiled-tubing drilling with supercritical carbon dioxide. SPE/CIM International Conference on Horizontal Well Technology, Calgary, 2000.

[3] 杜玉昆, 王瑞和, 倪红坚, 等. 超临界二氧化碳射流破岩试验. 中国石油大学学报(自然科学版), 2012, 36(4):93-96.

[4] Wang H, Li G, Shen Z, et al. Experimental study on rock-breaking with supercritical CO_2 jet. 10th Pacific Rim International Conference on Water Jet Technology, Jeju, 2013.

[5] 王瑞和, 倪红坚. 高压水射流破岩机理研究. 石油大学学报(自然科学版), 2002, 26(4): 118-122.

[6] 李根生, 沈忠厚. 自振空化射流理论与应用. 东营: 中国石油大学出版社, 2008.

[7] 朱红钧. FLUENT 12 流体分析及工程仿真. 北京: 清华大学出版社, 2011.

[8] 刘原林, 董亮, 王勇, 等. 流体机械 CFD 中的网格生成方法进展, 2010, 38(4): 22, 32-37.

[9] 王福军. 计算流体动力学分析. 北京: 清华大学出版社, 2004.

[10] 袁恩熙. 工程流体力学. 北京: 石油工业出版社, 1986.

[11] Guardo-Zabaleta A, Coussirat M, Recasens F, et al. CFD study on particle-to-fluid heat transfer in fixed bed reactors: Convective heat transfer at low and high pressure. Chemical Engineering Science, 2006, 61: 4341-4353.

[12] Manual U D F. ANSYS FLUENT 12.0. Theory Guide, 2009, 3766: 1-729.

[13] ANSYS Inc. ANSYS Fluent 12.0 User's Guide. New Hampshire: ANSYS INC, 2009: 35-47.

[14] 韩布兴. 超临界流体科学与技术. 北京: 中国石化出版社, 2005.

第四章 超临界 CO_2 磨料射流特性

超临界 CO_2 喷射压裂技术实现的前提是能否在套管和储层岩石上喷射形成有效孔眼。根据常规水射流的相关理论，如果在射流过程增加磨料颗粒可有效提高射流的破岩能力，因此本章在第三章超临界 CO_2 射流及破岩特性研究的基础上，进一步尝试将磨料加入超临界 CO_2 流体中形成新型的超临界 CO_2 磨料射流，该方法有望进一步提高其射孔破岩效果。然而，超临界 CO_2 流体黏度低、扩散性强，其携带磨料颗粒的能力及形成射流后的射孔破岩能力有待验证。本章针对超临界 CO_2 磨料射流喷嘴外流场特征、超临界 CO_2 磨料射流喷嘴结构优化等关键问题，采用理论分析、数值模拟与室内试验相结合的研究方法开展研究，研究结果有望为新型超临界 CO_2 磨料射流提供理论依据，为进一步实现超临界 CO_2 喷射压裂技术提供新思路。

第一节 超临界 CO_2 射流颗粒携带特性

利用磨料射流进行开窗与射孔是喷射压裂作业的重要一环，而超临界 CO_2 流体黏度低，能否像其他高黏度压裂流体一样具有高效携带磨料颗粒的能力，是进行超临界 CO_2 磨料射流的关键。因此，本节耦合计算流体动力学方程、S-W 气体状态方程及颗粒受力等方程，建立了超临界 CO_2 磨料射流数值模型，并以单个磨料颗粒为研究对象，对超临界 CO_2 射流过程中喷嘴内的磨料颗粒速度分布进行了模拟计算，从理论上初步验证了超临界 CO_2 射流具有良好的颗粒携带能力。

一、磨料射流颗粒携带模型建立

(一)数学模型建立

1. 基本假设

根据磨料水射流与微磨料气射流的理论研究与实际应用，做如下假设[1,2]。

(1)仅考虑颗粒与流场内壁的弹性碰撞。

(2)几何模型在射流冲击过程中不发生变形。

(3)将磨料颗粒视为刚性球体，无质量损失且与射流流体无质量交换。

(4)由于颗粒较小，除重力之外，仅考虑沿着对颗粒运动影响较大且平行于颗粒运动方向的力。

(5)初始状态超临界 CO_2 流体充满计算域空间。

(6)颗粒间的碰撞为无质量交换与损耗的反弹形式。

2. 超临界 CO_2 流体物理性质方程

超临界 CO_2 流体与液态水不同，其密度、黏度等物理性质随温度和压力的变化而变化[3]，并对射流流场分布规律及颗粒运动特征产生较大影响。因此，进行超临界 CO_2 流体数值模拟计算需选取考虑压缩性的真实气体状态方程。以范德瓦耳斯状态(Van Der Waals，VDW)方程为基础的立方型状态方程、P-R 气体状态方程[4]及维里(Virial)状态方程，在压力较低条件下能够将计算误差控制在 2%以内，但在高压条件下其计算误差则大于 5%，与此类方程相比，S-W 气体状态方程[5,6]采用亥姆霍兹自由能计算各状态参数，适用温度与压力范围更大，分别为 216.59~1100K 和 0.52~800MPa，且计算精度较高，流体密度与导热系数的误差分别能控制在 0.05%和 1.50%以内，因此被美国国家标准与技术研究院采用和推荐，相关学者也在其研究中使用了该模型[7,8]。该模型同样应用 S-W 气体状态方程开展 CO_2 物理性质参数计算，其详细的控制方程见第一章。

3. 计算流体动力学方程

超临界 CO_2 为可压缩流体，密度和黏度在射流过程中会发生变化，本模型采用三维稳态可压缩流体的质量守恒方程、动量守恒方程和能量守恒方程求解[9,10]。

质量守恒方程：

$$\frac{\partial \rho}{\partial t} + \frac{\partial (\rho u)}{\partial x} + \frac{\partial (\rho v)}{\partial y} + \frac{\partial (\rho w)}{\partial z} = 0 \tag{4.1}$$

式中，ρ 为指流体密度，kg/m^3；u, v, w 分别为速度矢量 $\boldsymbol{u}$ 在各方向上的分量，m/s。

对于理想不可压缩流体，首项 $\dfrac{\partial \rho}{\partial t} = 0$。

动量守恒方程：

$$
\begin{cases}
\dfrac{\partial (\rho u)}{\partial t} + \dfrac{\partial (\rho u u)}{\partial x} + \dfrac{\partial (\rho u v)}{\partial y} + \dfrac{\partial (\rho u w)}{\partial z} = \dfrac{\partial}{\partial x}\left(\mu \dfrac{\partial u}{\partial x}\right) + \dfrac{\partial}{\partial y}\left(\mu \dfrac{\partial u}{\partial y}\right) + \dfrac{\partial}{\partial z}\left(\mu \dfrac{\partial u}{\partial z}\right) - \dfrac{\partial p}{\partial x} + S_u \\[2mm]
\dfrac{\partial (\rho v)}{\partial t} + \dfrac{\partial (\rho v u)}{\partial x} + \dfrac{\partial (\rho v v)}{\partial y} + \dfrac{\partial (\rho v w)}{\partial z} = \dfrac{\partial}{\partial x}\left(\mu \dfrac{\partial v}{\partial x}\right) + \dfrac{\partial}{\partial y}\left(\mu \dfrac{\partial v}{\partial y}\right) + \dfrac{\partial}{\partial z}\left(\mu \dfrac{\partial v}{\partial z}\right) - \dfrac{\partial p}{\partial y} + S_v \\[2mm]
\dfrac{\partial (\rho w)}{\partial t} + \dfrac{\partial (\rho w u)}{\partial x} + \dfrac{\partial (\rho w v)}{\partial y} + \dfrac{\partial (\rho w w)}{\partial z} = \dfrac{\partial}{\partial x}\left(\mu \dfrac{\partial w}{\partial x}\right) + \dfrac{\partial}{\partial y}\left(\mu \dfrac{\partial w}{\partial y}\right) + \dfrac{\partial}{\partial z}\left(\mu \dfrac{\partial w}{\partial z}\right) - \dfrac{\partial p}{\partial z} + S_w
\end{cases}
\tag{4.2}
$$

式中，$S_u = F_x + s_x$，$S_v = F_y + s_y$，$S_w = F_z + s_z$ 为动量守恒方程的广义源项，其中

$s_i = \dfrac{\partial}{\partial x}\left(\mu \dfrac{\partial u}{\partial i}\right) + \dfrac{\partial}{\partial y}\left(\mu \dfrac{\partial u}{\partial i}\right) + \dfrac{\partial}{\partial z}\left(\mu \dfrac{\partial u}{\partial i}\right) + \dfrac{\partial}{\partial i}(\lambda \mathrm{div}\boldsymbol{u})$ $(i = x, y, z)$，对于理想不可压缩

流体，$s_i = 0$，F_x, F_y, F_z 分别为 x, y, z 方向的体积力；s_x, s_y, s_z 分别为 x, y, z 方向的表面力；μ 为动力黏度，Pa·s，是动量守恒方程的源项。

能量守恒方程：

$$\frac{\partial(\rho T)}{\partial t} + \frac{\partial(\rho u T)}{\partial x} + \frac{\partial(\rho v T)}{\partial y} + \frac{\partial(\rho w T)}{\partial z} = S_T + \frac{\partial}{\partial x}\left(\frac{k_h}{c_p}\frac{\partial T}{\partial x}\right) + \frac{\partial}{\partial y}\left(\frac{k_h}{c_p}\frac{\partial T}{\partial y}\right) + \frac{\partial}{\partial z}\left(\frac{k_h}{c_p}\frac{\partial T}{\partial z}\right)$$

(4.3)

式中，S_T 为黏度的分散项；k_h 为热传导系数，W/(m·K)；T 为流体温度；c_p 为定压比热容。

对于理想不可压缩流体，由于不考虑热交换对其主要物理性质的影响，不加入能量守恒方程即可封闭求解。本节中，液态水被视为不可压缩流体，因此对于水射流的模拟计算有 $\frac{\partial \rho}{\partial t} = 0$（$\rho$ 表示流体密度），$s_i = 0$，并忽略能量守恒方程的计算。

本节主要针对直射流流场开展研究，不存在剧烈涡旋流动，喷嘴内外流场均为高雷诺数区域，并选用该条件下更为适用的标准 k-ε 两方程湍流模型[11]。根据已有研究，模型方程中 c_1 与 c_2 的取值对射流流场计算结果会产生一定影响[12]。因此需要采用试算的方法来选取上述两个参数。考虑到超临界 CO_2 流体性质独特与计算难以收敛问题，对流场进行模拟迭代计算时，首先通过试算得到前 5 步平均值，若满足质量守恒条件，且残差降低到 10^{-3} 以下，则认为经验常数符合要求。因此，通过试算本节优选 c_1 和 c_2 取值分别为 1.37 和 1.86。

选用更适用于超临界 CO_2 流体物理性质参数计算的二阶迎风离散法进行耦合求解。该方法能避免低阶离散格式中人工黏性项造成计算结果的偏差，一定条件下还可达到高阶离散格式的计算精度，并能减少计算内存占用与计算时间。模拟计算收敛判据为：①迭代残差小于 10^{-6}；②入口与出口质量流量之差小于入口流量的 0.5%。对于超临界 CO_2 流体，湍动能方程(可压缩流动)：

$$\frac{\partial(\rho k)}{\partial t} + \frac{\partial(\rho k u_i)}{\partial x_i} = \frac{\partial}{\partial x_j}\left[\left(\mu + \frac{\mu_t}{\sigma_k}\right)\frac{\partial k}{\partial x_j}\right] + G_k + G_b - \rho\varepsilon - Y_M + S_k$$

(4.4)

湍流耗散率方程(可压缩流动)：

$$\frac{\partial(\rho\varepsilon)}{\partial t} + \frac{\partial(\rho\varepsilon u_i)}{\partial x_i} = \frac{\partial}{\partial x_j}\left[\left(\mu + \frac{\mu_t}{\sigma_\varepsilon}\right)\frac{\partial\varepsilon}{\partial x_j}\right] + \frac{C_{1\varepsilon}\varepsilon}{k}(G_k + C_{3\varepsilon}G_b) - C_{2\varepsilon}\rho\frac{\varepsilon^2}{k} + S_\varepsilon$$

(4.5)

式(4.4)和式(4.5)中，k 和 ε 分别为湍动能与湍流耗散率；S_k 为湍动能源项；S_ε 为

湍流耗散率源项；u_i 为时均速度；μ_t 为湍流黏度，$\mu_t = \rho C_\mu \dfrac{k^2}{\varepsilon}$，$C_\mu$ 为与湍流模型

相关的经验常数；$G_k = \mu_t \left(\dfrac{\partial u_i}{\partial x_j} + \dfrac{\partial u_j}{\partial x_i} \right) \dfrac{\partial u_i}{\partial x_j}$ 为由平均速度梯度引起的湍动能项；

$G_b = \beta g \dfrac{\mu_t}{Pr} \dfrac{\partial T}{\partial x_i}$ 为由浮力引起的湍动能项，其中 Pr 取值为 0.85，$\beta = -\dfrac{1}{\rho} \dfrac{\partial \rho}{\partial T}$，为

热扩散系数，g 为重力加速度；σ_k 和 σ_ε 分别为普朗特数 Pr 在 k 与 ε 上的分量；

$Y_M = 2\rho_f \varepsilon Ma^2$ 为可压缩湍流脉动扩张的贡献，其中 $Ma = \sqrt{k/a^2}$ 为马赫数，

$a = \sqrt{\gamma RT}$ 为当地声速；$C_{1\varepsilon}$、$C_{2\varepsilon}$ 均为常数；$C_{3\varepsilon}$ 为模型参数。

对于理想不可压缩流体，湍流模型中 $G_b = Y_M = S_k = S_\varepsilon = 0$。

4. 颗粒受力方程

本节通过研究单个磨料颗粒运动状态分析超临界 CO_2 射流的颗粒携带特性，模拟计算中选择离散相模型（discrete phase model，DPM）。

颗粒在被携带运移过程中受力状态较为复杂，为了简化分析与计算，一些文献中简化为阻力或者斯托克斯（Stokes）力的单一作用。实际上，颗粒运动是受到多种外力共同作用的结果，包括 Stokes 力、虚拟质量力和巴塞特（Basset）力等一系列平行或者垂直于颗粒运动方向的外力，这些外力对颗粒运动具有不同程度的影响，而且会随着颗粒运动形式与状态的改变而改变。一般情况下，平行于颗粒运动方向的力对颗粒运动影响较大，垂直于颗粒运动方向的力对颗粒运动影响较小。与颗粒在轴向上的速度相比，其在径向与周向上速度极小，可忽略不计。因此，根据本节的基本假设条件，忽略了垂直于颗粒运动方向上受到的力，主要考虑对颗粒加速过程有较大影响的平行于颗粒运动方向的力，包括 Stokes 力、惯性力、压力梯度力、虚拟质量力、Basset 力及重力等。

Stokes 力：

$$F_d = F_\tau + F_p = C_D A_p \frac{\rho_p u_p^2}{2} \tag{4.6}$$

惯性力：

$$F_i = \frac{1}{6} \pi d_p^2 \rho_p \frac{\mathrm{d} u_p}{\mathrm{d} t} \tag{4.7}$$

压力梯度力：

$$F_P = -\frac{1}{6} \pi d_p^3 \frac{\mathrm{d} p}{\mathrm{d} l} \tag{4.8}$$

虚拟质量力：

$$F_{vm} = \frac{1}{2}\rho V_p \left(\frac{du}{dt} - \frac{du_p}{dt} \right) \tag{4.9}$$

Basset 力：

$$F_B = \frac{3d_p^2 \rho_f}{2}\sqrt{\pi \nu} \int_1^t \frac{\left(\dfrac{du_p}{dt'} - \dfrac{du_f}{dt'} \right)}{\sqrt{t - t'}}dt' \tag{4.10}$$

重力：

$$F_g = \frac{1}{6}\pi d_p^3 \rho_p g \tag{4.11}$$

式(4.6)～式(4.11)中，ρ_p 为颗粒密度，kg/m^3；u_p 为颗粒速度，m/s；C_D 为两相间曳力系数；A_p 为颗粒表面积，m^2；d_p 为颗粒直径，m；V_p 为颗粒体积，m^3；ρ_f 为流体密度，kg/m^3；F_τ 为摩擦曳力，N；F_p 为形体曳力，N；l 为长度，m；ν 为流体动力黏性系数，Pa·s；t 和 t' 为时间，s；u_f 为流体速度，m/s。

(二) 几何模型与网格划分

1. 几何模型

本节选取常用的锥直形喷嘴结构进行磨料颗粒运移模拟，为了使喷嘴入口和出口流体流动更稳定、避免影响喷嘴内流场，在喷嘴入口和出口前后各增加了一节直管稳流段，如图 4.1 所示，喷嘴出口直径为 6.0mm，直管加速段长度与出口直径之比为 2∶1，喷嘴收缩夹角为 30.5°。

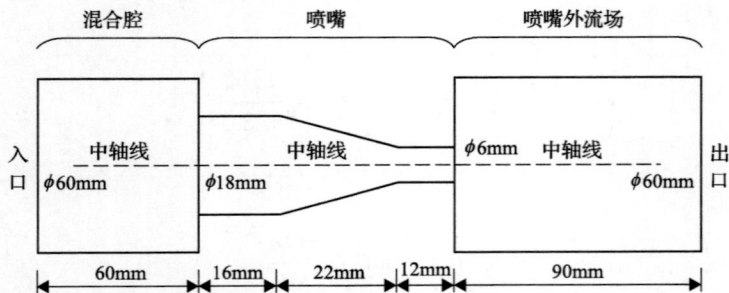

图 4.1　计算域平面几何模型

2. 网格划分与无关性验证

采用局部划分法对计算域模型进行网格划分(图 4.2)。超临界 CO_2 流体在喷嘴收缩段内受到压缩，密度与黏度等性质变化较大，流体速度增幅也较大。为了更好地捕捉到喷嘴内流场任意位置的流动特征，喷嘴内采用了局部网格加密技术。模型网格总数为 271197，其中喷嘴内网格数为 159645，占网格总数的 58.8%。

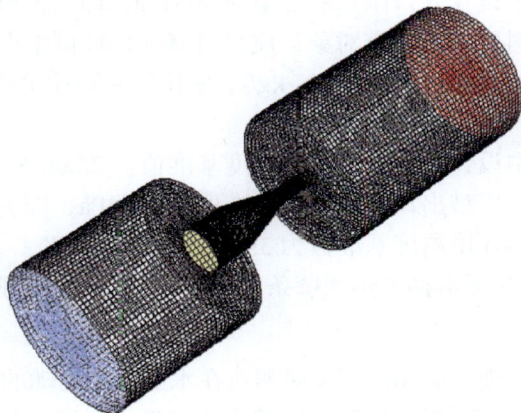

图 4.2 计算域网格模型

工程尺度的流体计算过程中，往往存在因网格尺度引起的误差，因此需要进行网格无关性验证，本节选取了不同划分方法的网格模型进行试算与分析[13,14]。验证标准为：①迭代计算能够稳定收敛；②网格疏密对计算结果影响较小。由于本节的研究对象为颗粒在射流喷嘴内的运动，仅对喷嘴的网格密度与划分方式进行了调整，得到四种网格。选择喷嘴出口温度、出口密度、出口速度作为评价指标，模拟结果如表 4.1 所示。由 G1 到 G4 号网格的各评价指标结果变化可以看出，G3 与 G4 之间的变化最小，变化幅度均小于 0.5%。综合考虑计算所占用的时间与内存及结果变化，本节优选 G3 号网格模型。

表 4.1 网格无关性验证

参数	G1	G2	G3	G4
网格单元	206396	250125	271197	301842
出口温度/K	358.5	351.8	347.1	345.0
出口密度/(kg/m³)	656.3	649.6	644.7	642.8
出口速度/(m/s)	214.2	223.5	231.6	235.8

3. 边界条件

（1）计算域左侧圆面为入口边界，如图 4.2 蓝色圆面所示。本节分别采用压力入口、质量流量入口和速度入口边界条件。计算域模型右侧圆面为模型出口边界，如图 4.2 红色圆面所示，采用压力出口边界条件。

　　三种入口条件的计算为独立算例,即将三种流体射流在相同的压力入口、质量流量入口和速度入口边界条件下进行计算,从而对比得到超临界 CO_2 等三种流体的颗粒携带能力。

　　压力入口算例中设置入口压力基准值为 40MPa,即 p_{in}=40MPa。

　　本节以单个磨料颗粒为研究对象,质量流量入口算例中设置入口质量流量基准值为 $3.4×10^{-5}$kg/s,即 M_{in}=$3.4×10^{-5}$kg/s,使相邻两颗粒单独计算,不会同时出现在流场中。

　　速度入口算例中设置入口流体轴向速度基准值为 25.0m/s,即 u_{fm}=25.0m/s。

　　所有算例中均在模型出口施加回压基准值为 20MPa,即 p_{am}=20MPa。

　　入射流体温度与环境温度基准值为 353K,即 T_{in}=353K。

　　(2)其余各面均为无滑移绝热固壁条件,颗粒撞击后将反弹回计算域中。

　　4. 离散相模型

　　根据室内试验与现场应用[15,16]及对颗粒在水射流中运动的研究[17],在离散相模型中定义与设置了磨料颗粒属性:形状为圆球形,材质为白云石,颗粒直径为 0.6mm,入口质量流量设置为 $3.4×10^{-5}$kg/s,垂直进入流场。

二、数值模拟方案

(一)射流介质对比

　　为横向对比研究超临界 CO_2 的颗粒携带特性,本节对超临界 CO_2 射流、水射流及瓜尔胶压裂液射流携带颗粒的运动状态进行了模拟计算,对比分析了单个磨料颗粒在喷嘴内的速度分布规律。各流体的物理性质参数与本节模拟方案分别如表 4.2 与表 4.3 所示。

表 4.2　不同颗粒携带流体的力学性质参数矩阵

流体类型	密度 /(kg/m³)	黏度 /(mPa·s)	压缩系数 /MPa⁻¹	导热系数 /[W/(m·K)]	比热容 /[J/(kg·℃)]	表面张力 /(N/m)	扩散系数 /(cm²/s)
超临界 CO_2	468	10^{-1}～10^{-2}	—	—	—	≈0	10^{-3}
水	998	1.0050	$4×10^{-4}$	0.60	$4.2×10^3$	0.07267	10^{-5}
瓜尔胶压裂液	950～1050	50～200	$4×10^{-4}$	0.55	$4.19×10^3$	0.02752	10^{-5}

表 4.3　射流流体类型数值模拟方案

流体类型	入口压力/MPa	入口质量流量/(kg/s)	入口流体轴向速度/(m/s)
超临界 CO_2	40	$3.4×10^{-5}$	25.0
水	40	$3.4×10^{-5}$	25.0
瓜尔胶压裂液	40	$3.4×10^{-5}$	25.0

（二）关键射流参数设置

为研究不同条件下超临界 CO_2 的颗粒携带特性，本节纵向研究了射流压差、流体温度、磨料粒径等关键射流参数对超临界 CO_2 射流中颗粒速度分布的影响规律，数值模拟方案如表 4.4 所示。基准算例的模拟条件为：射流压差 20MPa、流体温度 353K、磨料粒径 0.6mm。

表 4.4　超临界 CO_2 携带颗粒影响因素研究方案

序号	射流压差/MPa	流体温度/K	磨料粒径/mm
基准算例	20	353	0.6
1	10~30	353	0.6
2	20	323~413	0.6
3	20	353	0.1~2.4

三、颗粒携带关键参数影响规律

（一）颗粒携带加速特性

在基准模拟条件下，通过模拟计算，得到了超临界 CO_2 射流速度分布、颗粒运动轨迹线（图 4.3）及两相速度沿中轴线的分布规律（图 4.4）。

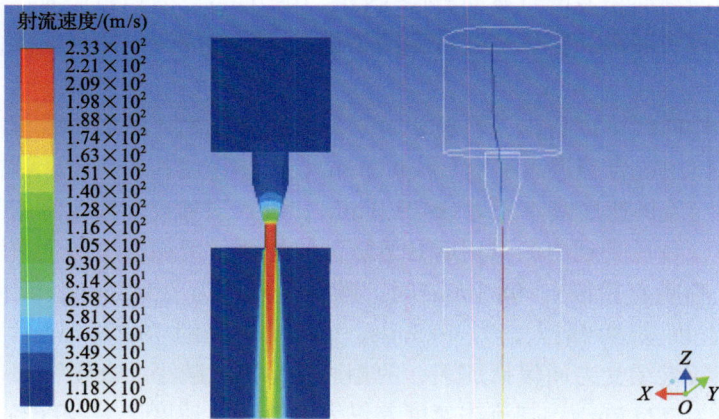

图 4.3　超临界 CO_2 射流速度分布与颗粒运动轨迹

图 4.3 左侧超临界 CO_2 射流速度云图显示，超临界 CO_2 流体在混合腔内速度较低，进入喷嘴收缩段后，由于流动通道收缩、空间受到挤压，在收缩段后部开始迅速加速，进入直管段后射流速度达到最大。图 4.3 右侧所示的单个磨料颗粒在流场中的运动轨迹显示，颗粒与流体加速规律相似，即在喷嘴收缩段后部开始

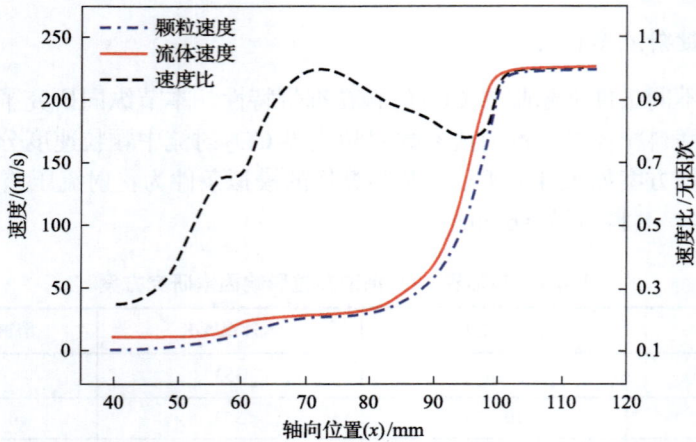

图 4.4　超临界 CO_2 射流流体与单个颗粒速度轴线分布

加速并在进入直管段时达到最大,且与流体速度相近。喷嘴直管段内的超临界 CO_2 流体的流动基本符合管流流动规律,即流体轴向速度的径向分布为近似抛物线形,中心轴线处流体轴向速度最大,沿径向方向速度逐渐减小,流体受到摩擦阻力作用,壁面附近速度明显衰减。

由图 4.4 可以看出,颗粒速度变化趋势与流体速度变化趋势相似,颗粒加速过程略滞后于流体。进入喷嘴后速度较稳定($x\approx60.0\sim85.0$mm),从喷嘴收缩段后部到直管段前部两相速度急速增大($x\approx85.0\sim105.0$mm),但颗粒加速过程略滞后于流体。喷嘴直管段内,流体速度首先趋于稳定,颗粒继续加速到流体速度后不再变化。

从速度比曲线可以看出,颗粒相对于流体的速度先是增加然后与流体保持同步增幅;流体由混合腔进入喷嘴($x\approx60.0$mm),流体速度相对稳定,颗粒持续缓慢加速,直至与流体速度基本相等($x\approx71.0$mm);进入喷嘴收缩段,流体受到压缩开始迅速加速,颗粒受到力的作用后开始随流体加速,两相再次产生速度差并不断增大;进入喷嘴直管段($x\approx98.3$mm)时,颗粒速度约为 154.2m/s,流体速度约为 194.7m/s,速度差达到最大,为 40.5m/s,速度比下降到 79.2%;随后流体速度逐渐稳定,颗粒继续受力而保持加速,两相速度差再次减小,在喷嘴出口处,颗粒喷射速度约为 224.2m/s,与流体速度差仅为 0.7m/s,速度比为 99.6%。由超临界 CO_2 流体与颗粒速度分布规律可知,超临界 CO_2 具有良好的颗粒携带能力。

(二)不同流体介质的影响

在试验研究与现场应用的地面与井下作业中,流体流量计算方法往往不同。为消除该影响,对比研究超临界 CO_2 流体的颗粒携带能力,分别在相同入口压力、入口质量流量、入口流速条件下,对液态水、瓜尔胶压裂液、超临界 CO_2 等流体的携带颗粒能力进行了模拟研究。出口设置回压 20MPa，入口流体温度与环境温度均为 353K，颗粒垂直入口进入流场，初始速度为 0.5m/s，质量流量为 3.4×10^{-5}kg/s。

　　首先，将不同流体算例入口压力均设定为 40MPa，选取了中轴线上具有代表性的三个位置上的颗粒速度进行对比(图 4.5)。

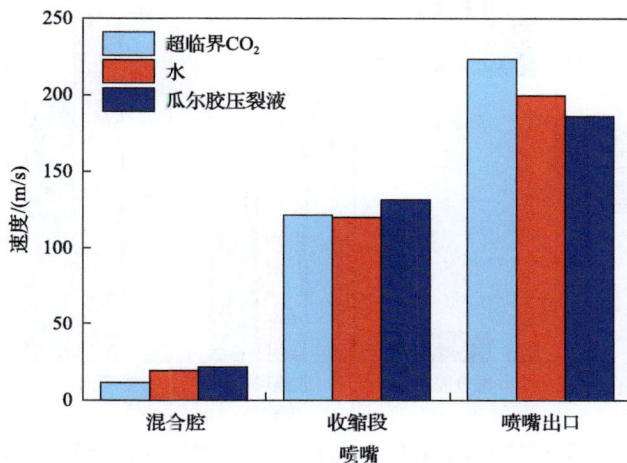

图 4.5　相同入口压力、不同流体介质条件下喷嘴内单个颗粒速度分布

　　由图 4.5 可以看出，在开始加速的喷嘴混合腔内，超临界 CO_2 赋予颗粒的速度最低，但经过一段加速后，在喷嘴收缩段内，三种流体中的颗粒速度差减小，到达喷嘴出口处，超临界 CO_2 射流中的颗粒喷射速度最大。数据显示，喷嘴混合腔内超临界 CO_2 射流中的颗粒速度约为 11.5m/s，分别为颗粒在水与瓜尔胶压裂液中速度的 60.7%和 53.1%；而喷嘴出口处超临界 CO_2 射流中的颗粒速度(即喷射速度)为 224.1m/s，分别是在其他两种流体中颗粒速度的 1.12 倍和 1.19 倍。由此可以看出，相同入口压力条件下，由于超临界 CO_2 流体黏度低、曳力小，携带颗粒加速能力相对最差，但颗粒速度相差并不明显。在本节喷嘴结构下，超临界 CO_2 携带颗粒经过足够长的加速过程后，足以达到流体速度，从而大于在其他流体中的颗粒速度，表明超临界 CO_2 射流具有良好的颗粒携带效果。

　　其次，将不同流体算例均设定相同质量流量 4.7kg/s 作为入口条件，保持其他射流参数与离散相参数不变，同样得到了中轴线上三个重要位置的颗粒速度对比结果(图 4.6)。

　　由图 4.6 可以看出，三种流体所携带磨料颗粒的速度分布规律与相同入口压力条件下相似：超临界 CO_2 射流中的颗粒在混合腔内速度最小，分别为水射流与瓜尔胶压裂液射流中颗粒速度的 67.4%和 62.8%，进入收缩段，该值变为 91.7%和 118.6%，虽然超临界 CO_2 射流中颗粒速度比瓜尔胶压裂液射流中颗粒速度大，但两者的颗粒与流体速度比值分别为 84.7%与 92.9%，以上数据表明超临界 CO_2 射流携带颗粒迅速加速的能力相对较弱；但经过一段加速之后，超临界 CO_2 射流中的颗粒喷射速度显著增大，分别为水和瓜尔胶压裂液中颗粒速度的 99.9%和 1.34 倍，表明在该喷嘴结构下，超临界 CO_2 射流具有良好的颗粒携带能力。

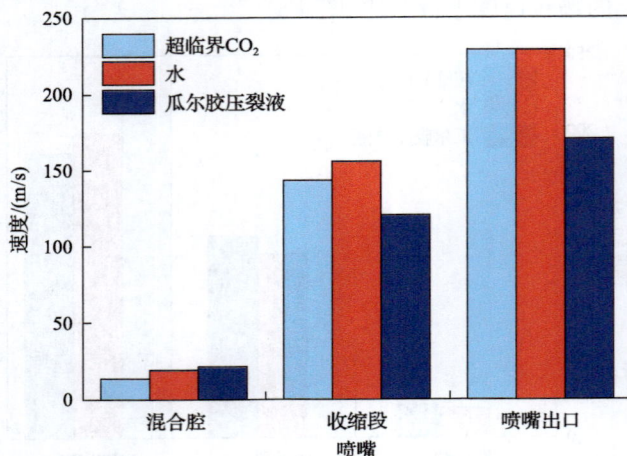

图 4.6　相同质量流量、不同流体介质条件下喷嘴内单个颗粒速度分布

最后，对不同流体算例均采用了相同入口流速条件，设定为 25.0m/s，其他射流参数与离散相参数不变，得到了中轴线上三个重要位置的颗粒速度对比（图 4.7）。

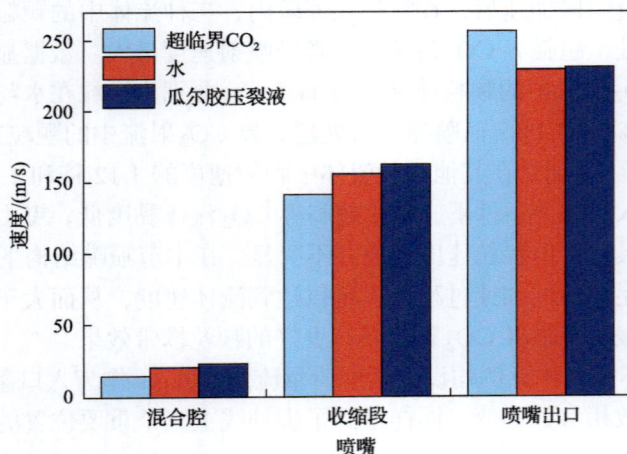

图 4.7　相同入口流速、不同流体介质条件下喷嘴内单个颗粒速度分布

由图 4.7 可以看出，相同入口流速条件下，三种流体所携带磨料颗粒的速度对比规律与前两种入口条件下相似。颗粒在水射流与瓜尔胶压裂液射流中的速度分布基本相同，在整个喷嘴内加速过程中，水与瓜尔胶压裂液射流中的颗粒速度加速较快。在喷嘴混合腔内，超临界 CO_2 射流中颗粒速度分别为水与瓜尔胶压裂

液射流中颗粒速度的 62.7%和 59.4%,运移至收缩段之后则增大到 90.7%和 86.7%。经过直管段稳定加速达到流体速度水平,超临界 CO_2 中的颗粒速度再次变为最大,此时的喷射速度是颗粒在其他流体中喷射速度的 1.12 倍和 1.11 倍。

　　为直观显示超临界 CO_2 的颗粒携带能力,将超临界 CO_2 与瓜尔胶压裂液射流流体和颗粒的速度分布曲线绘制在同一插图中(图 4.8)。进入喷嘴收缩段后 ($x≈85.7mm$),瓜尔胶压裂液射流中两相轴向速度较大;直到收缩段后部 ($x≈96.1mm$),超临界 CO_2 射流速度增大并超过了瓜尔胶压裂液射流,但瓜尔胶压裂液射流中的颗粒速度仍大于超临界 CO_2 射流中的颗粒速度。数据显示,此时瓜尔胶压裂液射流中颗粒与流体速度比为 76.5%,而超临界 CO_2 中的颗粒与流速速度比为 60.5%,加速过程中,两种流体内携带颗粒的速度差最大可达 35.5m/s,表明在该段内,超临界 CO_2 中颗粒加速过程迟滞。喷嘴出口处($x≈110.1mm$),经过喷嘴内加速,超临界 CO_2 射流与瓜尔胶压裂液射流流体速度差为 22.6m/s,所携带的颗粒速度差为 21.5m/s,表明超临界 CO_2 射流的颗粒携带能力与瓜尔胶压裂液射流相当。

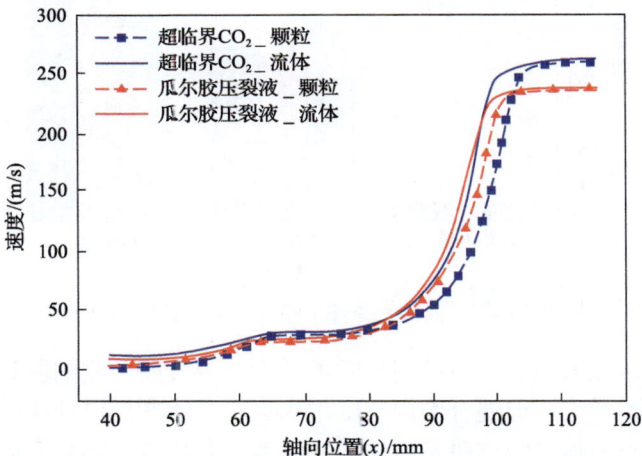

图 4.8　相同流速下超临界 CO_2 与瓜尔胶压裂液中固液两相轴线速度分布

　　由上可知,超临界 CO_2 流体因黏度低,携带颗粒加速的能力弱于水和瓜尔胶压裂液,但最终却获得了三种流体中最大的喷射速度。分析认为,在相同的温度、入口压力及入口和出口模拟条件下,超临界 CO_2 流体黏度最低,密度最小,流动阻力也最小,其次是水和瓜尔胶压裂液。这导致了三种流体最终的喷射速度出现了一定的差异,即超临界 CO_2>水>瓜尔胶压裂液。在本节的喷嘴结构条件下,由于超临界 CO_2 黏度低、密度小,对颗粒加速的拖曳力相对较小,在喷嘴初始段和收缩段加速较慢,其速度相对于水和瓜尔胶压裂液中的颗粒速度来说也较小。但随着颗粒向前移动,最终进入喷嘴尾部的直管加速段,在超临界 CO_2 急剧加速的同时,携带颗粒快速加速,最终速度与流体速度相当。因此在本节的模拟条件下，颗粒最终速度与流体速度相关，也就是流体速度越高，颗粒最终速度越大。

(三)射流压差的影响

超临界 CO_2 流体是可压缩流体，其密度与黏度等物理性质易随环境因素变化而变化，影响两相速度以及颗粒携带效果。为此，对超临界 CO_2 射流中颗粒速度分布随射流压差等影响因素的变化规律进行了模拟研究。本小节中，入口流体温度均为 353K，射流压差由 10MPa 增大到 30MPa，出口回压恒定为 20MPa，离散相参数设置不变，通过模拟计算得到了不同射流压差条件下计算域中轴线上三个重要位置上的颗粒速度(图 4.9)。

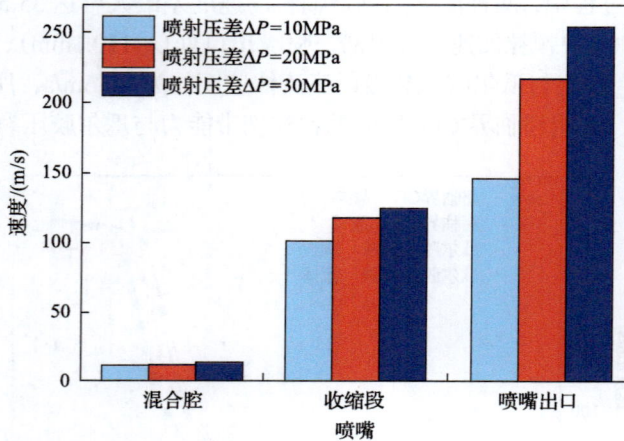

图 4.9　不同射流压差条件下喷嘴内单个颗粒速度分布

由图 4.9 可以看出，随着喷射压差的增大，混合腔、收缩段和喷嘴出口处的颗粒速度均逐渐增大，但混合腔内速度增幅最小，喷嘴出口处速度增幅最大。分析认为，混合腔与喷嘴收缩段是流体加速的两个起始段，磨料颗粒加速缓慢，因此加速过程中速度变化较小；而在喷嘴出口处，超临界 CO_2 流体速度随喷射压差明显增大，颗粒也随着流体得到了充分加速。由此可知，颗粒的喷射速度不仅取决于超临界 CO_2 射流喷射速度，还取决于喷嘴轴向长度能否满足颗粒在超临界 CO_2 中所需要的加速距离。因此，在超临界 CO_2 磨料射流的实际应用中，应合理配合设计射流压差条件与喷嘴结构参数。

(四)流体温度的影响

本小节对超临界 CO_2 射流中颗粒速度分布随流体温度的变化规律进行了模拟研究，入口流体温度分别设置为 323K，353K，383K，413K，入口压力与出口回压分别为 40MPa 和 20MPa，即喷射压差为 20MPa，离散相参数设置不变，通过模拟计算，得到了中轴线上三个重要位置处的颗粒速度(图 4.10)。

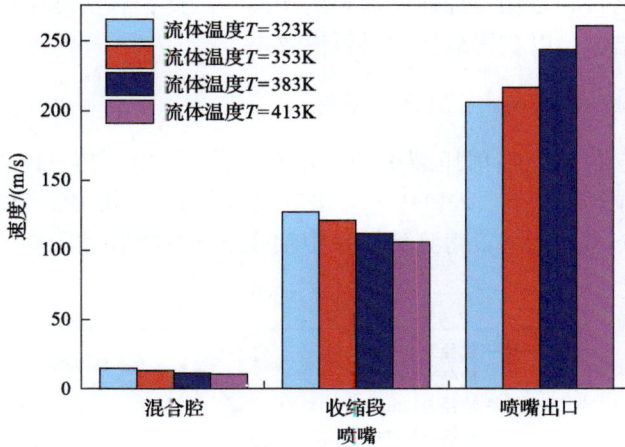

图 4.10　不同流体温度下流场轴向位置单个颗粒速度分布

由图 4.10 可以看出，随着流体温度升高，喷嘴混合腔与收缩段内的颗粒速度均呈单调减小趋势，混合腔内的速度变化幅度较小，收缩段的速度变化幅度较大，而在喷嘴出口处颗粒速度随着温度升高而明显增大。数据显示，流体温度由 323K 升高到 413K，喷嘴出口处流体轴向速度由 206.8m/s 增大到 262.7m/s，速度增大了 55.9m/s，颗粒轴向速度由 206.3m/s 增大到 260.6m/s，速度增大了 54.3m/s，颗粒轴向速度增幅为流体的 97.1%。主要原因是流体温度上升，喷嘴收缩段与直管段内的流体密度与黏度均减小(图 4.11)，导致流体携带颗粒加速的能力减弱，但流体速度增大。当流体与颗粒进入直管段后，射流充分发展，超临界 CO_2 流速增大到最大，经过足够的加速长度后，颗粒也随流体速度增大而增大，因此颗粒喷

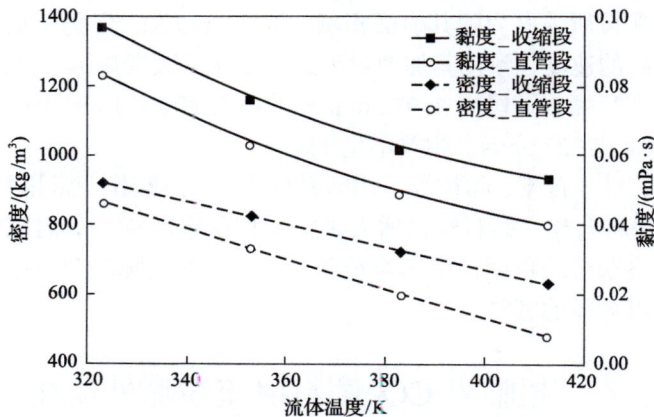

图 4.11　不同流体温度下超临界 CO_2 密度与黏度轴线分布

射速度随流体温度上升而增大(图 4.10)，但能否增大到流体速度水平还要取决于喷嘴轴向长度是否满足颗粒加速所需的距离。因此，在实际生产工况下，可合理地设计流体温度，以获得最佳磨料射流效果。

(五)磨料粒径的影响

根据磨料水射流在喷射压裂中的常用粒径范围(20～70 目)，选取了 0.1～2.4mm 等多种粒径的磨料，入口压力与出口回压分别为 40MPa 和 20MPa，流体温度为 353K。通过模拟计算，得到计算域中轴线上在喷嘴收缩段内的颗粒轴向速度分布(图 4.12)。

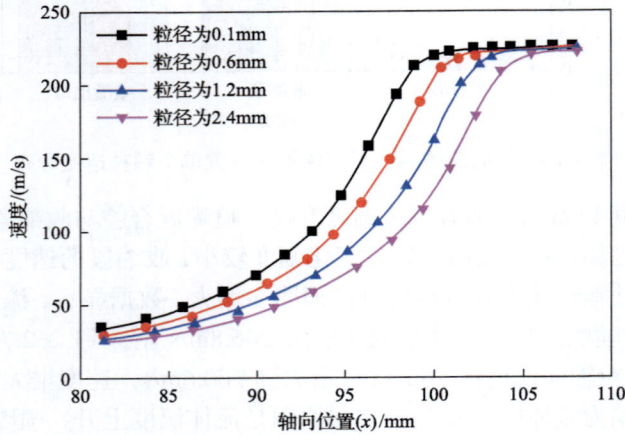

图 4.12　不同直径磨料颗粒加速过程的速度分布

由图 4.12 可以看出，随着磨料粒径逐渐增大，轴线速度由上至下依次排列，最终的喷射速度几乎相同。分析认为，磨料粒径越大，则表面积与质量越大，惯性越大，虽然颗粒所受曳力随其表面积增大而有所增大，但仍不足以使其克服惯性从而获得更高的速度，致使其加速过程迟滞变缓。数据显示，直径为 0.1mm 与 2.4mm 的颗粒在喷嘴收缩段内 $x≈97.5mm$ 处的最大速度差达 91.1m/s，但喷射速度分别为 224.9m/s 和 223.5m/s，相差不足 1%。

综上可知，对于石英、陶粒等常用磨料材质，在压裂作业常用粒径范围(20～70 目)内形成磨料射流，磨料粒径增大将影响其在超临界 CO_2 射流中的跟随加速能力，但对最终获得的喷射速度影响较弱。因此，在实际生产作业中，可根据实际需求选择适当粒径的磨料。

第二节　超临界 CO_2 磨料射流喷嘴外流场特征

本章第一节研究结果显示，超临界 CO_2 流体能够使磨料颗粒在喷嘴内充分加速，获得了比在常规水和瓜尔胶压裂液射流中更大的喷射速度。而磨料射流能否获得有效冲蚀射孔效果，取决于颗粒在喷出喷嘴后的速度变化及撞击靶件的速度。超临界 CO_2 流体性质受温度和压力影响较大，对喷嘴外的颗粒运动具有怎样的影响仍不得而知。因此，本节在现有研究成果的基础上，建立超临界 CO_2 磨料射流喷嘴外流场数值分析模型，对超临界 CO_2 磨料射流喷嘴外流场特征进行了影响规律分析，从理论上验证了超临界 CO_2 磨料射流的可行性，并初步判断了射流破岩效果。

一、磨料射流外流场模型建立

(一)数学模型

喷嘴内外流体运动状态的不同，以及所研究磨料浓度的改变，使颗粒间的相互碰撞增多、颗粒受力状态发生变化，因此本节基于第一节所分析的颗粒受力情况[18,19]，增添马格纳斯(Magnus)力、Saffman 力、Lift 力来更准确地描述喷嘴外颗粒运动状态。

Magnus 力：

$$F_M = -\frac{1}{8}\pi d_p^3 \omega \rho_f (u_p - u_f) \tag{4.12}$$

Saffman 力：

$$F_{sm} = 1.62 d_p^2 \sqrt{\rho_f \mu}(u_f - u_p)\sqrt{\left|\frac{du_f}{dy}\right|} \tag{4.13}$$

Lift 力：

$$F_l = \frac{1}{8}\pi d_p^2 \rho_f C_l (u_p - u_f)^2 \tag{4.14}$$

式(4.12)～式(4.14)中，d_p 为颗粒直径，m；u_p 为颗粒速度，m/s；ρ_f 为流体密度，kg/m^3；ω 为颗粒旋转速度，s^{-1}；u_f 为流体速度，m/s；C_l 为举升力系数。

(二)几何模型与网格划分

1. 几何模型

由于对流场计算域的研究对象不同，本节建立如图 4.13 所示计算域平面几何模型，包含喷嘴内外流场两部分，重点研究喷嘴内外流场中超临界 CO_2 磨料射流两相速度分布。喷嘴外流场中直径为 60mm，喷射距离根据模拟条件的要求而改变，最小喷射距离为 6mm，最大喷射距离为 90mm，即 1 倍和 15 倍喷嘴直径。

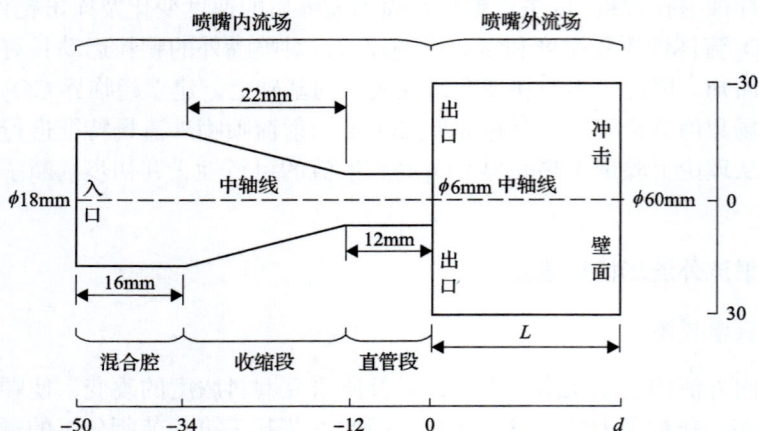

图 4.13　计算域平面几何模型

L-喷距；d-距喷嘴出口的距离

2. 网格划分与无关性验证

图 4.14 为计算域网格划分模型。采用局部划分法，喷嘴内使用六面体结构的结构化网格，使更多的网格单元边界与流体运动方向垂直或平行，喷嘴外使用四面体结构的结构化网格。考虑到喷嘴内以及喷嘴出口到射流撞击靶件之间为自由射流区域，流体与颗粒速度较大，性质变化剧烈，为提高该区域内的计算精度，除对喷嘴内设置了较大网格单元密度之外，还在喷嘴外建立了一个锥形网格加密区域。计算域网格节点总数为 484956，其中加密区域网格节点数为 371549，占总数的 76.6%。

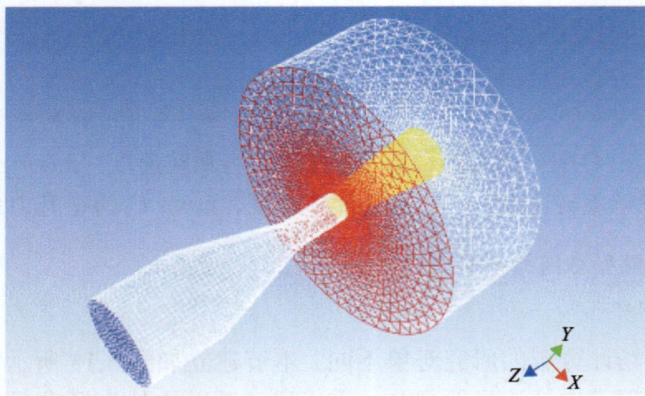

图 4.14　计算域网格划分模型

本节研究对象为颗粒在喷嘴内外的运动，喷嘴外锥形加密区域的网格划分方法对流体与颗粒在该区域内的计算有重要影响,因此选择对该锥形区域的网格密度进行调整与验证。表 4.5 列出了使用 4 组不同网格划分方法与密度的网格模型得到的计算结果。综合考虑计算时间与资源消耗以及计算精度误差,选择 N_3 网格模型。

表 4.5　网格无关性验证

网格类型	N_1	N_2	N_3	N_4
网格	198094	244960	306098	388766
动压/MPa	16.4	16.8	16.9	17.0
密度/(kg/m³)	669.1	655.6	646.2	641.7
速度/(m/s)	209.4	217.6	229.4	233.2

3. 边界条件

(1)喷嘴入口为模型入口边界,如图 4.14 蓝色圆面所示,本节分别设置了压力入口、质量流量入口和速度入口边界条件。模型出口边界设置在喷嘴出口外侧环面,如图 4.14 红色所示。喷嘴出口设置为压力出口边界条件。各边界所赋初值如下。

入口压力为 40MPa,即 p_{in}=40MPa。

喷嘴入口质量流量为 0.57kg/s,即 Q_{in}=0.57kg/s。

入口流体轴向速度为 25.0m/s,即 u_f=25.0m/s。

入口流体径向速度为 0,即 v_f=0。

模型出口施加回压 20MPa,即 p_{am}=20MPa。

入射流体温度与环境温度均为 353K,即 T_{in}=T_{am}=353K。

(2)喷嘴出口处与加密网格边界锥面均为内部流域(interface)条件,如图 4.14 黄色锥形面所示,便于两个不同网格密度的相邻区域能够顺利地传递迭代值并参与新区域的迭代计算,该边界条件是由虚拟的一对面组成,流体与颗粒可自由通过。

(3)其余各面均为无滑移绝热固壁条件,颗粒撞击后将反弹回计算域中。

4. 离散相模型

磨料颗粒进入计算域的方式为面引射源,垂直引射源面进入流场。参照已有磨料水射流研究成果,最优磨料体积浓度为 6.0%~8.0%。因此,本节设置磨料颗粒质量流量约为 0.57kg/s,即体积浓度约为 7.0%,初始速度略小于流体速度(u_{p_0}=20.0m/s),径向速度为 0。根据室内试验与现场应用[13,17]及对颗粒在射流中运动的研究[14],在离散相模型中定义与设置了磨料颗粒属性:形状为圆球形,材质为白云石,颗粒直径为 0.6mm,质量流量为 $3.4×10^{-5}$kg/s,垂直进入流场。

二、数值模拟方案

为了研究不同射流参数与磨料参数对喷嘴外超临界 CO_2 磨料射流流场及固液两相速度的影响，选取了喷距、围压、流体温度、磨料粒径及磨料浓度等关键参数进行了研究。研究方案如表 4.6 所示。

表 4.6　超临界 CO_2 磨料射流流场影响因素研究方案

序号	喷距/mm	井底围压/MPa	流体温度/K	磨料粒径/mm	磨料体积浓度/%
基准算例	4	20	353	0.6	7.0
1	1～15	20	353	0.6	7.0
2	4	10～30	353	0.6	7.0
3	4	20	333～413	0.6	7.0
4	4	20	353	0.1～2.4	7.0
5	4	20	353	0.6	3.0～11.0

三、外流场关键参数影响规律

影响超临界 CO_2 磨料射流的结构参数因素较多，本节对比了超临界 CO_2 与其他流体磨料射流的撞击靶件速度，模拟研究了流体温度、磨料粒径、磨料浓度等关键射流参数对颗粒速度的影响规律。

(一) 不同流体介质的影响

喷嘴边界条件设置如下：入口压力为 40MPa，入口质量流量为 4.7kg/s，入口流体速度为 25.0m/s，压力出口边界为 20MPa，流体温度为 353K，磨料质量流量为 610.7g/s，体积浓度约为 7.0%。通过模拟计算，得到了颗粒在不同射流流体中的撞击靶件速度(图 4.15)。

从图 4.15 可以看出，在不同类型入口条件下，超临界 CO_2 磨料射流中的颗粒撞击靶件速度均为最大，相同入口压力与入口流体速度条件下，瓜尔胶压裂液携带磨料颗粒撞击靶件速度均明显大于水射流所携带颗粒瓜尔胶。数据表明，相同入口压力条件下，超临界 CO_2、水、瓜尔胶压裂液三种射流中颗粒撞击靶件速度分别为 134.2m/s，101.9m/s，123.5m/s，超临界 CO_2 磨料射流中颗粒撞击靶件速度分别为其他射流中的 1.32 倍和 1.09 倍；相同入口质量流量条件下，超临界 CO_2 磨料射流中颗粒撞击靶件速度分别为水射流和瓜尔胶压裂液射流的 1.37 倍和 1.46 倍；而在相同入口流体速度条件下，该数值则变为 1.54 倍和 1.32 倍。

分析认为，喷嘴外超临界 CO_2 流体黏度较低，流体对颗粒运动的阻碍作用较小，颗粒撞击速度较大。由于超临界 CO_2 流体黏度小、射流速度大，所携带颗粒

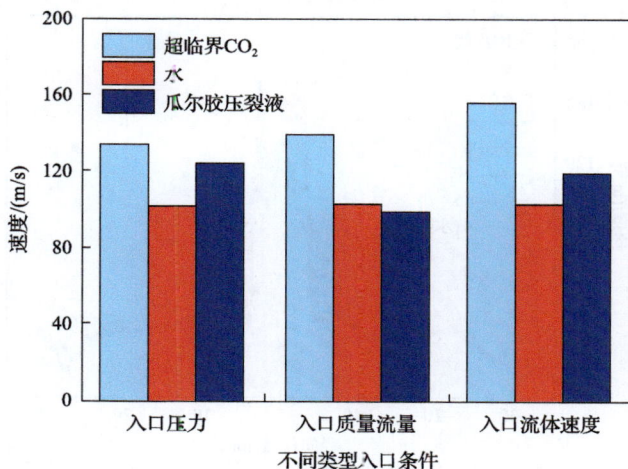

图 4.15 不同射流流体所携带颗粒的撞击靶件速度对比

的喷射速度最大，撞击靶件速度为三者中最大。在以磨料颗粒撞击为主要作用的磨料射流中，超临界 CO_2 磨料射流有望获得更高的冲蚀射孔与切割作业效率。

(二)喷距的影响

本组模拟中，无因次喷距分别为 1、2、4、6、10、15 倍喷嘴直径，入口压力为 40MPa，出口压力为 20MPa，流体温度均为 353K。如图 4.16 和图 4.17 所示，分别选取距冲击壁面距离为 6mm 和 3mm 的两个横断面，分析了流体速度的径向分布与轴向变化，并选取了水射流速度变化曲线进行对比。通过无因次喷距为 4 的速度对比可知，径向上，磨料水射流速度曲线整体变化平缓，射流受静止流体阻碍作用明显，超临界 CO_2 射流所受摩擦力较小、对射流形态影响较弱；轴向上，

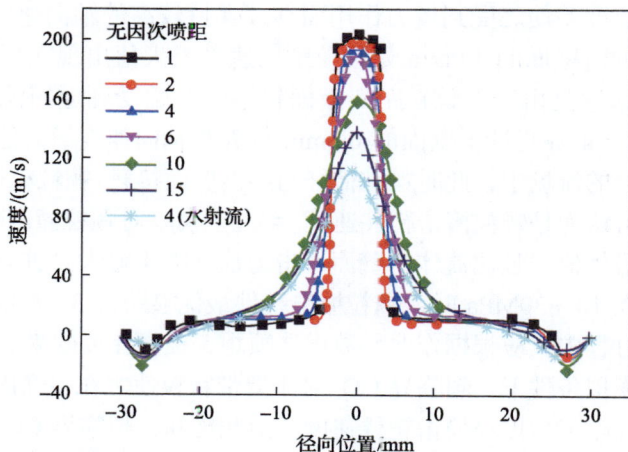

图 4.16 不同喷距流场中流体速度的径向分布(距冲击壁面距离为 6mm)

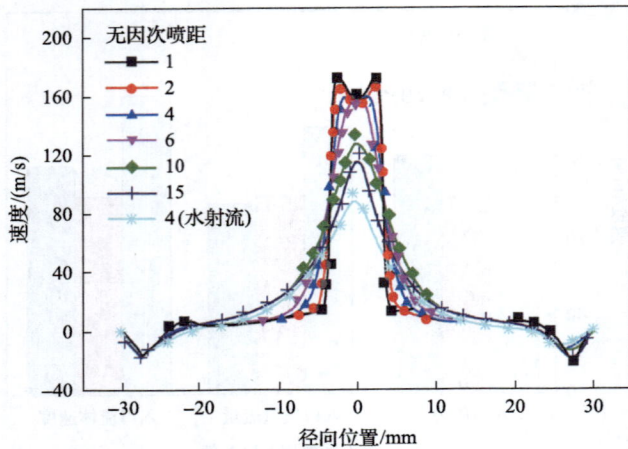

图 4.17　不同喷距流场中流体速度的径向分布(距冲击壁面距离为 3mm)

无因次喷距小于 6 时,距离壁面由 6mm 变化至 3mm 的横断面上,速度曲线顶端出现凹陷,表明射流受到强大返回流冲击使之转化为冲击壁面上的滞止压力,是动能转化为静压能的过程,相同喷距下,两个横断面上的水射流速度分布曲线则基本没有变化,表明其作用距离明显较短。

磨料射流切割破碎效果主要与颗粒撞击靶件速度有关,为此,对不同喷距流场中距冲击壁面相同距离处颗粒的轴向速度进行了模拟分析。建立了六种流场模型,喷嘴出口到冲击壁面的无因次喷距分别为 1, 2, 4, 6, 10, 15,并通过模拟计算,在各喷距模型中选取了距冲击壁面 3.0mm, 1.0mm, 0.3mm 三个横断面的颗粒轴向速度(图 4.18)。由图 4.18(a)可以看出,距冲击壁面 3.0mm 处,流场喷距越大,颗粒轴向速度越小。分析认为,该处流体虽受到返回流冲击而出现速度衰减,但颗粒与流体的速度差使之受到曳力作用而继续保持较高的轴向速度;图 4.18(b)显示,更靠近冲击壁面的 1.0mm 处颗粒轴向速度最大值出现在喷距为 4 倍喷嘴直径的流场中,这是由于颗粒在距离壁面较近时开始受到返回流的阻力作用;图 4.18(c)显示,最靠近冲击壁面的 0.3mm 处颗粒轴向速度最大值出现在喷距约为 5 倍喷嘴直径的流场中,此时颗粒恰好与冲击壁面接触(颗粒粒径为 0.6mm),故该轴向速度可认为是颗粒撞击靶件速度。综上可知,对颗粒撞击靶件速度而言,喷距同样存在最优值,且比流体对壁面冲击力最优喷距略大。进一步模拟研究发现,射流压差在 10~30MPa 时,颗粒撞击靶件最优喷距为 3~6 倍喷嘴直径。因此,实际应用过程中,应根据作业参数优选喷距,提高作业效果。

综上,该模拟条件下,超临界 CO_2 射流携带颗粒使之在喷嘴内充分加速的同时,还获得较高喷射速度与撞击靶件速度。由此可知,超临界 CO_2 磨料射流不仅具备技术可行性,还有望获得其他流体磨料射流所不具备的冲蚀射孔效果。

(a) 距冲击壁面3.0mm

(b) 距冲击壁面1.0mm

(c) 距冲击壁面0.3mm

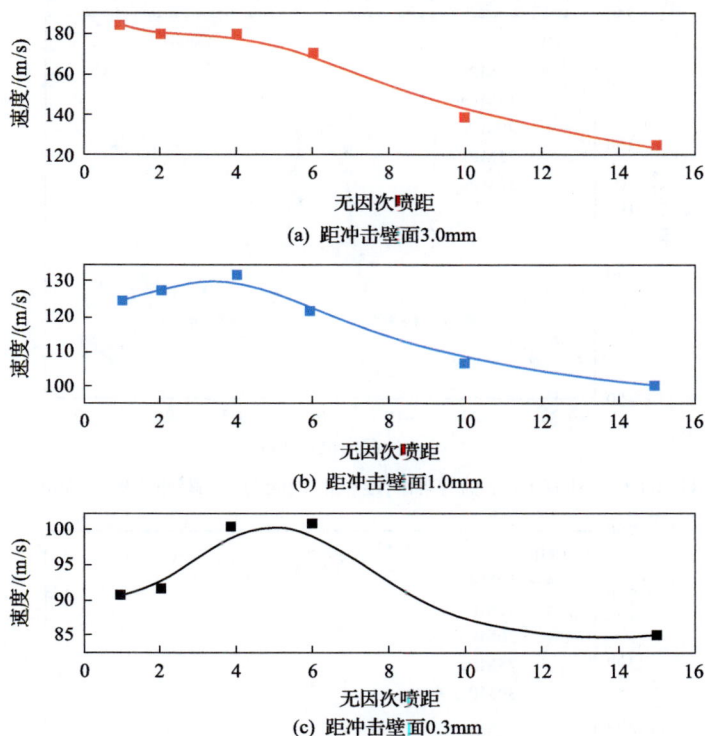

图 4.18　不同喷距流场中颗粒速度随轴向位置的变化曲线

(三)围压的影响

如图 4.19 和图 4.20 所示,通过模拟得到了距冲击壁面 3mm(近壁面处)与 24mm(喷嘴附近)横断面上的流体轴向速度随围压的变化规律。模拟围压分别为 10MPa,15MPa,20MPa,25MPa,30MPa,射流压差为 20MPa,无因次喷距为 4,流体温度均设定为 353K。可以看出,速度分布曲线差异较小,射流核心区变化很小,其他区域几乎重合,说明射流压差不变时,围压变化对射流速度场影响很小。数据表明,围压增大 20MPa,中心区流体速度减小约 9.0%,颗粒最大速度减小约 7.2%。

由图 4.19 与图 4.20 可以看出,在喷嘴外流场的两端,流体速度径向分布并未因围压改变而产生明显变化。模拟数据显示,喷射速度由 235.4m/s 减小到 217.7m/s,平均减小 7.5%。

继续分析围压对超临界 CO₂ 磨料射流中颗粒速度分布的影响。由图 4.21 可以看出,围压为 10MPa 时,颗粒喷射速度与撞击靶件速度分别为 229.0m/s 和 162.8m/s,随着围压增大到 30MPa,颗粒喷射速度与撞击靶件速度均线性减小,

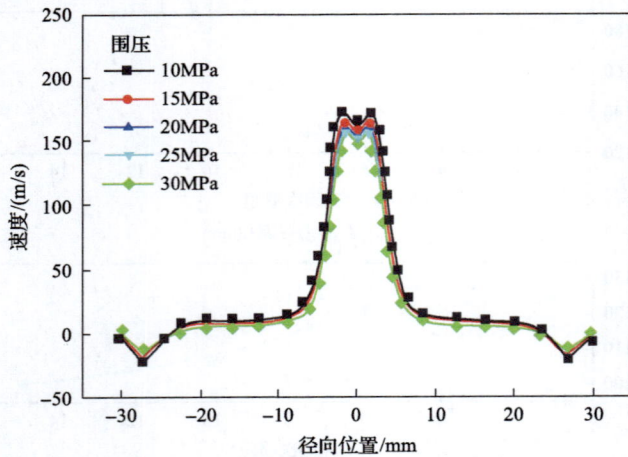

图 4.19　不同围压下流体轴向速度的径向分布(距冲击壁面 3mm)

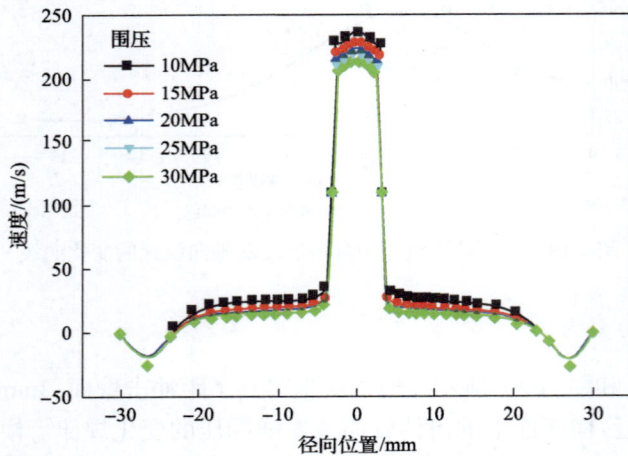

图 4.20　不同围压下流体轴向速度的径向分布(距冲击壁面 24mm)

平均减小 3.67m/s(1.60%)和 2.11m/s(1.30%)。由此可知,对于常规压力梯度的地层,超临界 CO_2 磨料射流可在 3000m 以内获得较高的冲蚀射孔作业效率。

(四)流体温度的影响

入口流体温度由 333K 增大到 413K,射流压差与环境围压均为 20MPa,喷距为 4 倍喷嘴直径。由图 4.22 可以看出,射流中轴线上两相轴向速度均随流体温度的升高而增大。超临界 CO_2 流体温度由 333K 连续增大到 353K, 373K, 393K, 413K,射流速度由 204.6m/s 连续增大到 214.1m/s, 224.5m/s, 234.5m/s, 244.8m/s,平均增幅为 4.6%,颗粒速度由 198.1m/s 连续增大到 204.3m/s, 212.4m/s, 223.1m/s, 236.8m/s,平均增幅为 4.6%。颗粒与流体的喷射速度比和速度增幅比均表明,流体温度升

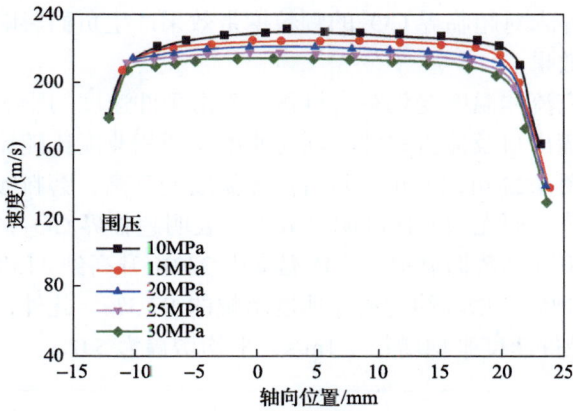

图 4.21　颗粒速度随围压变化的轴线分布

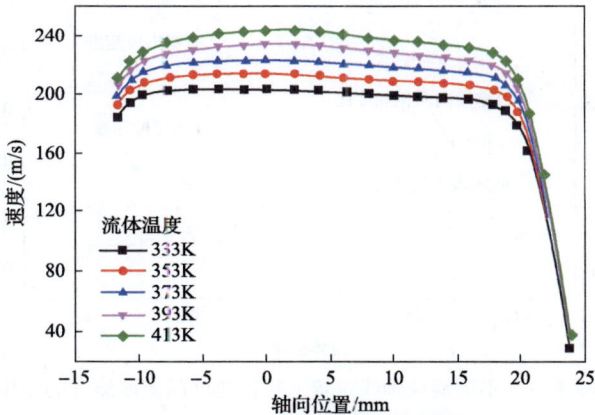

(a) 流体速度随流体温度变化曲线

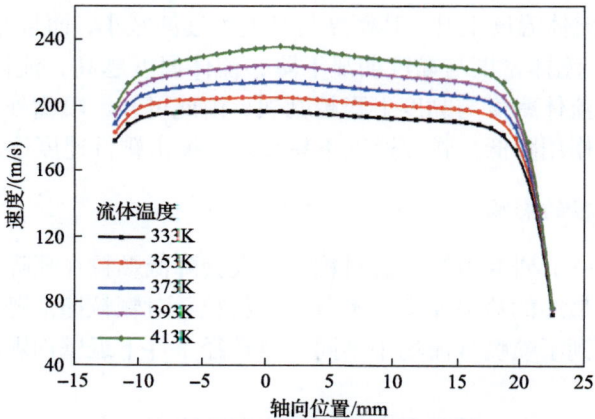

(b) 颗粒速度随流体温度的变化曲线

图 4.22　流体速度与颗粒速度随流体温度变化的轴线分布

高、黏度下降，并未对超临界 CO_2 的颗粒携带效果产生负面影响，相反还促进了磨料颗粒的加速效果。

为进一步研究流体温度变化对磨料颗粒撞击靶件速度的影响，模拟得到了颗粒在收缩段、喷嘴出口及撞击靶件的轴向速度及两相速度比随流体温度的变化规律（图 4.23）。从图 4.23 可以看出，随着流体温度的升高，磨料颗粒在喷嘴收缩段内的速度略有下降，而无因次速度明显减小，表明超临界 CO_2 射流的颗粒携带能力随温度升高而下降。数据显示，流体温度由 333K 升高到 413K，颗粒喷射速度增大 39.0m/s（19.2%），增幅约为流体速度增幅的 97.3%。此外，流体温度每升高 20K，颗粒撞击靶件速度平均增长 7.1m/s，平均增幅为 5.0%。

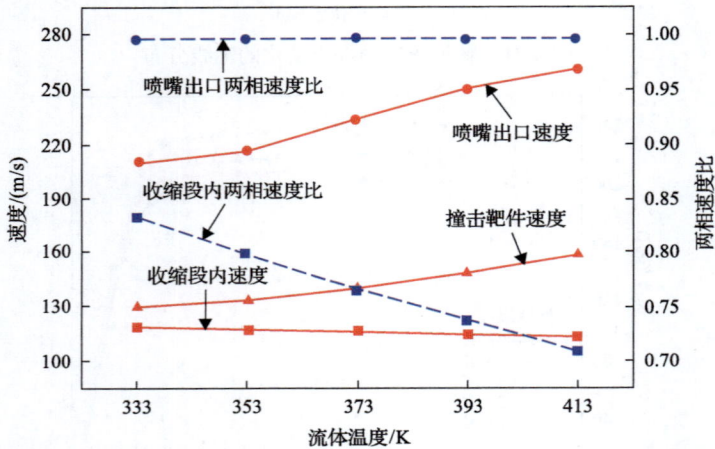

图 4.23　不同流场轴线位置上颗粒速度随流体温度的变化

图 4.24 为超临界 CO_2 流体密度与黏度轴线分布随流体温度的变化规律曲线，可以看出，随着流体温度上升，其密度与黏度均逐渐减小，而且经过收缩段之后，由于焦-汤效应，流体密度与黏度明显下降，流体温度越高，流体速度越大，焦-汤效应则越强，流体密度与黏度下降越剧烈。由此可知，喷嘴外流体黏度下降对颗粒的反向拖曳作用降低，颗粒速度不易衰减，撞击靶件速度逐渐增大。

（五）磨料粒径的影响

通过本章第一节研究可知，磨料粒径增大会降低颗粒在喷嘴内的跟随加速效果，但不会影响最终的喷射速度。本节就磨料粒径对颗粒撞击靶件速度的影响进行模拟研究，得到了喷嘴外流场中不同磨料粒径条件下近壁面颗粒轴向速度分布（图 4.25）。

可以看出，颗粒在一段距离内保持了稳定的速度，在 $x \approx 16.8mm$ 位置处，四条曲线开始分离，颗粒开始出现速度差且差值越来越大。数据显示，磨料粒径为

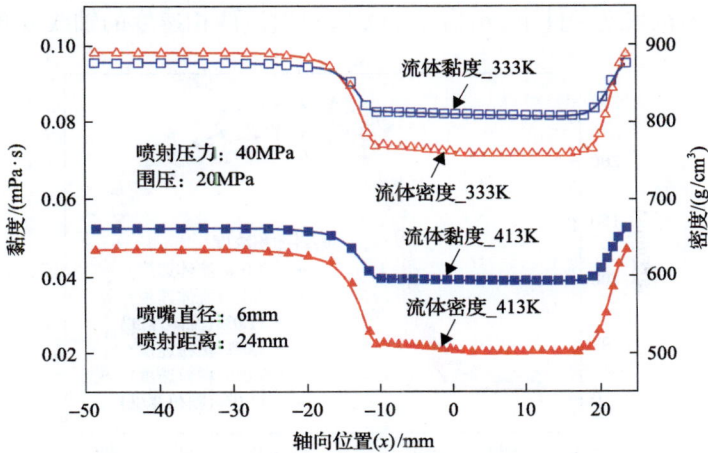

图 4.24 超临界 CO_2 流体密度与黏度轴线分布随流体温度变化曲线

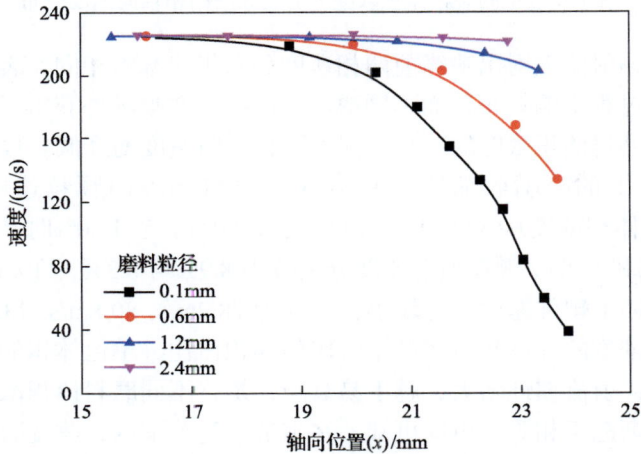

图 4.25 不同磨料粒径条件下近壁面颗粒轴向速度分布

2.4mm 与 0.1mm 的颗粒撞击靶件速度分别为 221.5m/s 和 38.8m/s,差值达 182.7m/s。分析认为,磨料粒径越小颗粒质量越小,受到返回流阻力影响越大,近壁面处速度衰减程度越高,与之相反,直径越大则颗粒惯性和动量越大,受返回流影响越小,速度越不易衰减,对壁面撞击作用更强。

（六）磨料体积浓度的影响

室内试验与现场应用表明[13,17],磨料体积浓度为 6.0%～8.0%时,磨料水射流可获得最佳切割破碎效果。鉴于此,该组模拟的 DPM 模型中,磨料体积浓度分别设置为 3.0%,7.0%,11.0%,射流压差与模拟围压均设定为 20MPa,入射流体与其他边界温度均为 353K,喷距设置为 10 倍喷嘴直径,即无因次喷距为 10。得到了不同磨料体积浓度条件下,超临界 CO_2 磨料射流两相速度的轴线分布(图 4.26)。

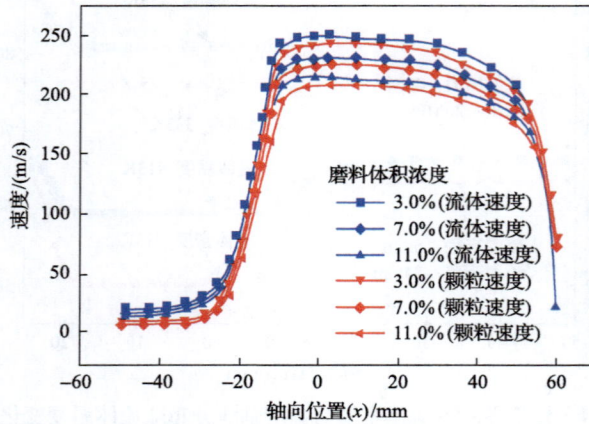

图 4.26　不同磨料体积浓度下射流固液两相轴向速度分布

可以看出,射流喷射出喷嘴前两相速度分布规律基本相同,表明磨料体积浓度对两相加速过程影响较小,而不同浓度下的射流在喷嘴外获得了不同的两相射流速度,随着磨料体积浓度的升高,固液两相轴向速度均降低。数据显示,3.0%与 11.0% 浓度下的喷嘴收缩段($x \approx -38.0 \sim -12.0\text{mm}$)内颗粒速度差最大约为 35.8m/s;磨料体积浓度从 3.0% 增至 7.0% 及从 7.0% 增至 11.0% 时,流体喷射速度分别减小 8.2% 和 8.0%,颗粒喷射速度分别减小 8.9% 与 8.3%,而无因次喷距为 10 的条件下颗粒撞击靶件速度变化较小,分别为 78.2m/s, 80.8m/s, 73.2m/s。这是因为,磨料体积浓度的提高相对降低了流体的体积占比,单位体积的磨料射流所具有的质量增大,射流惯性增大,越不易衰减,最终不同磨料体积浓度下的磨料射流颗粒速度逐渐趋于相等。由此可知,在本节研究范围内,改变磨料体积浓度对提升超临界 CO_2 磨料射流射孔效果作用较小。

第三节　超临界 CO_2 磨料射流喷嘴结构优化

前面的研究表明,相同喷嘴结构与射流条件下,超临界 CO_2 磨料射流与磨料水射流流场特征不同,因此,开展相关室内试验之前,需要对超临界 CO_2 磨料射流喷嘴结构参数进行优选设计。本节通过数值模拟方法,基于对颗粒速度变化的分析,对前混合与后混合超临界 CO_2 磨料射流喷嘴结构参数进行了设计与优选;然后采用高速摄影方法,观察与对比了前混合与后混合超临界 CO_2 磨料射流结构与流动状态,以及不同混合方式下的携带颗粒能力,初步验证了喷嘴结构设计及不同混合方式下超临界 CO_2 磨料射流的可行性,并为后续室内试验与喷嘴结构参数提供关键设计依据。

一、前混合超临界 CO_2 磨料射流喷嘴结构优化

(一)数值模拟方案

根据磨料水射流与超临界 CO_2 射流研究结果，本节建立了不同结构参数的前混合磨料射流喷嘴几何模型，改变了喷嘴收缩变径类型、锥直形喷嘴收缩段收缩角、喷嘴直管段长径比等参数，得到了不同喷嘴结构下的前混合超临界 CO_2 磨料射流固液两相速度分布规律。数值模拟方案如表 4.7 所示。

表 4.7　前混合超临界 CO_2 磨料射流喷嘴结构优化研究方案

序号	收缩变径类型	收缩段收缩角/(°)	直管段长径比
基准算例	锥直形	25	4
1	直柱形、圆弧形、锥直形	25	4
2	锥直形	25, 45, 60	4
3	锥直形	25	0, 1, 2, 4

(二)喷嘴收缩变径类型优化

形成射流的必要条件是使流体受压缩，通过喷嘴的节流使在管路中低速流动的流体获得增压、加速，而节流是通过喷嘴收缩变径实现的。本节建立了直柱形、圆弧形和锥直形等不同喷嘴收缩变径类型并进行了模拟计算。采用相同的网格划分方法与网格密度，建立了不同收缩变径类型喷嘴的网格模型(图 4.27)。

(a) 直柱形喷嘴　　　　　(b) 圆弧形喷嘴　　　　　(c) 锥直形喷嘴

图 4.27　不同收缩变径类型的射流喷嘴剖面

图 4.28 为三种喷嘴结构下超临界 CO_2 射流速度云图，可知相同条件下，三种喷嘴结构下的最大速度出现在直柱形喷嘴的直管段入口，但其速度在喷嘴直管段内不断减小，喷嘴出口处的喷射速度为三种喷嘴结构中最小的，且喷嘴外速度衰减最严重。数据显示，相同条件下，三种喷嘴结构下的最大射流速度分别为

220.9m/s、214.7m/s 和 209.4m/s，圆弧形与锥直形喷嘴的最大速度均处于喷嘴出口处，即喷射速度，直柱形喷嘴的喷射速度仅为 206.6m/s；无因次喷距为 3 时，3 种喷嘴结构下的射流速度分别衰减 13.2%，8.8%，6.5%。分析认为，锥直形喷嘴内流体加速过程中内部扰动程度低、径向速度梯度小，因此射流较稳定。

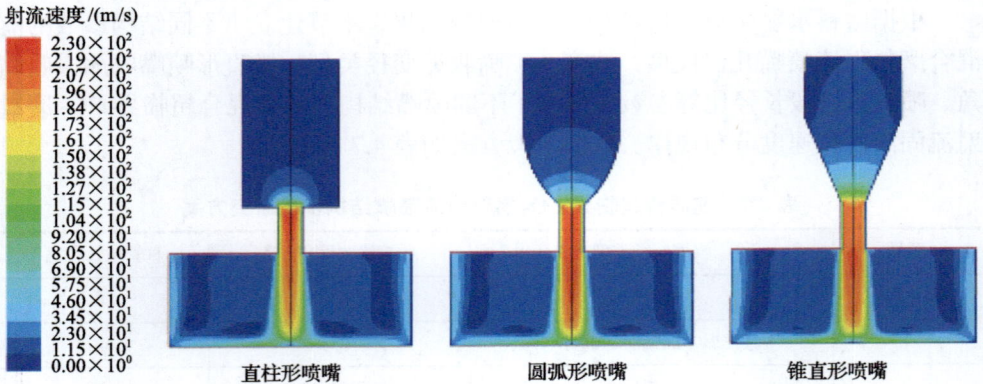

图 4.28　不同收缩类型喷嘴下超临界 CO_2 射流速度云图

　　图 4.29 为在不同收缩类型喷嘴结构下磨料颗粒速度轴线分布曲线。模拟结果表明颗粒与流体速度分布特征相似，由图 4.29 可以看出，直柱形喷嘴与圆弧形喷嘴内颗粒加速均较剧烈，会对喷嘴内壁造成更严重的磨蚀；与流体速度相似，颗粒进入直柱形喷嘴直管段后速度即开始衰减，圆弧形喷嘴与锥直形喷嘴内的颗粒速度则相对稳定，圆弧形喷嘴结构下的颗粒喷射速度略高，但衰减速度大于锥直形嘴模型下的颗粒速度。数据显示，喷嘴收缩段($x \approx -16.0$mm)内，直柱形、圆弧形、锥直形喷嘴的颗粒与流体速度比值分别为 63.8%，71.4%，90.7%，颗粒喷射速度分别为 192.7m/s，216.1m/s，209.2m/s；喷距为 3 倍喷嘴直径处，3 种喷嘴结构下颗粒速度分别衰减 16.2%，7.0%，5.2%。此外，锥直形喷嘴加工比圆弧形喷嘴较为简单。因此，本节优选锥直形喷嘴结构。

　　(三)喷嘴收缩段收缩角优化

　　本节建立了 3 种锥直型喷嘴模型,喷嘴收缩段收缩角 θ 分别为 25°、45°和 60°，模拟得到了不同喷嘴收缩段收缩角下超临界 CO_2 磨料射流流体速度云图(图 4.30)。由图 4.30 可以看出，相同条件下，随着喷嘴收缩段收缩角减小，喷嘴内流体速度梯度减小，喷嘴外射流速度核心区增大。由射流流体速度随喷嘴收缩段收缩角的分布曲线可知，喷嘴收缩段收缩角对流体喷射速度与喷嘴外速度变化影响较小。三种喷嘴结构下的射流流体喷射速度分别为 220.9m/s，216.5m/s，214.8m/s，无因次喷距为 8 时，射流流体速度分别衰减 17.6%，18.1%，19.5%。

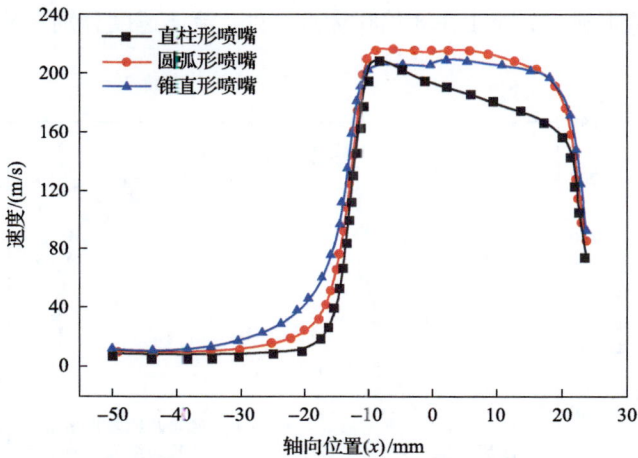

图 4.29 不同收缩类型喷嘴结构下磨料颗粒速度轴线分布曲线

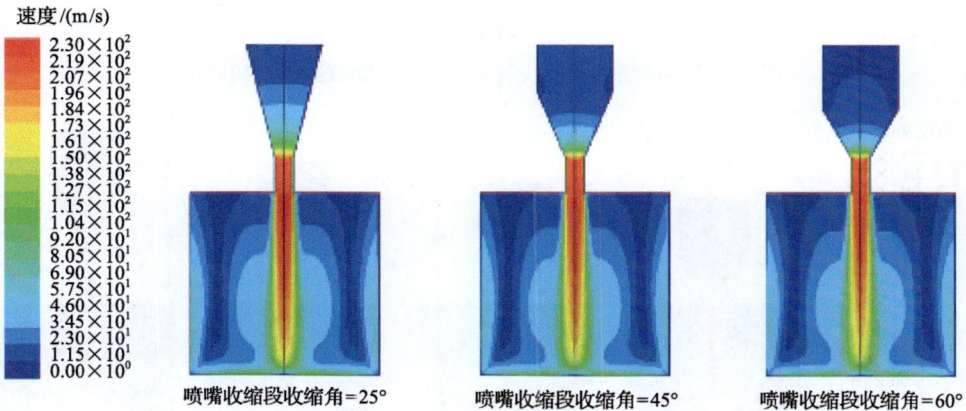

图 4.30 不同喷嘴收缩段收缩角下超临界 CO_2 磨料射流流体速度云图

图 4.31 为颗粒速度随喷嘴收缩段收缩角的分布曲线，可以看出喷嘴收缩段收缩角对颗粒速度分布的影响较小，25°、45°、60°三种喷嘴结构下的颗粒喷射速度分别为 222.0m/s、218.8m/s、214.7m/s。随着喷嘴收缩段收缩角的增大，颗粒加速能力下降、喷嘴外颗粒速度衰减逐渐严重，无因次喷距为 8 时，颗粒速度分别衰减17.6%、18.5%、23.0%。考虑喷嘴收缩段收缩角越小则喷嘴轴向长度越大，实际应用时越容易受到作业空间的限制，因此优选喷嘴收缩段收缩角范围为 25°～45°。

(四)喷嘴直管段长径比优化

本节建立了 4 种锥直型喷嘴模型，直管段长径比分别为 0、1、2、4，模拟得到了不同喷嘴结构下的超临界 CO_2 射流速度云图(图 4.32)。可以看出，喷嘴外流体速度分布受喷嘴直管段长径比影响同样较小，直管段长径比为 0 的喷嘴结构下流体速度衰减较明显。数据显示,喷距在 8 倍喷嘴直径处,流体速度分别衰减 18.3%, 15.1%, 13.7%, 11.8%。

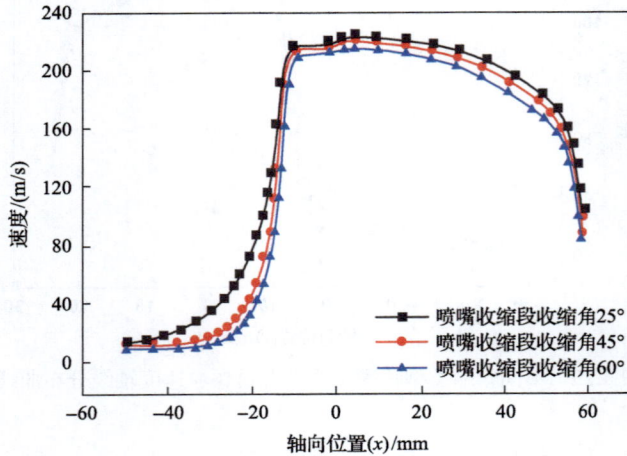

图 4.31　不同喷嘴收缩段收缩角下磨料颗粒速度轴线分布

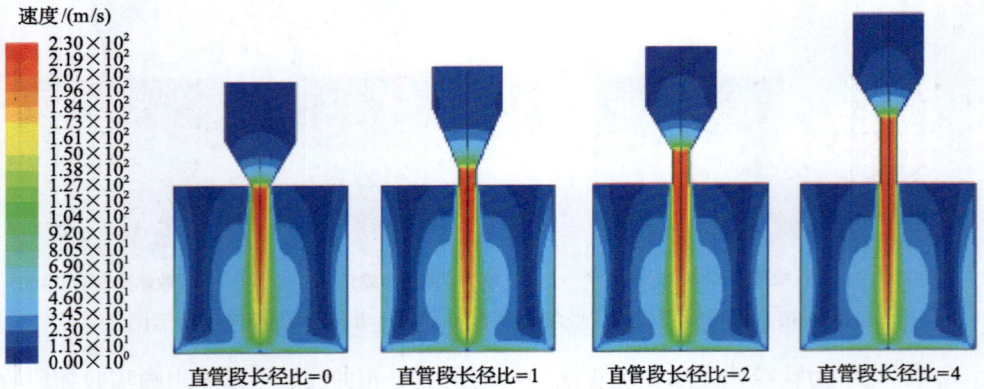

图 4.32　不同直管段长径比下超临界 CO_2 射流速度云图

　　由不同直管段长径比结构下的磨料颗粒速度轴线分布曲线(图 4.33)可以看出,颗粒在喷嘴内的速度分布曲线相似,喷嘴出口处的喷射速度基本相等,不同直管段长径比条件下,喷嘴外颗粒速度衰减速率不同。数据显示,四种喷嘴结构下的颗粒喷射速度分别为 216.8m/s, 216.6m/s, 215.5m/s, 214.3m/s,喷距为 8 倍喷嘴直径时,颗粒速度分别为各自喷射速度的 76.4%, 81.7%, 82.6%, 79.2%,直管段长径比为 2 的颗粒速度衰减程度最小。同样考虑到颗粒速度变化与喷嘴尺寸的要求,本节优选喷嘴直管段长径比为 2。

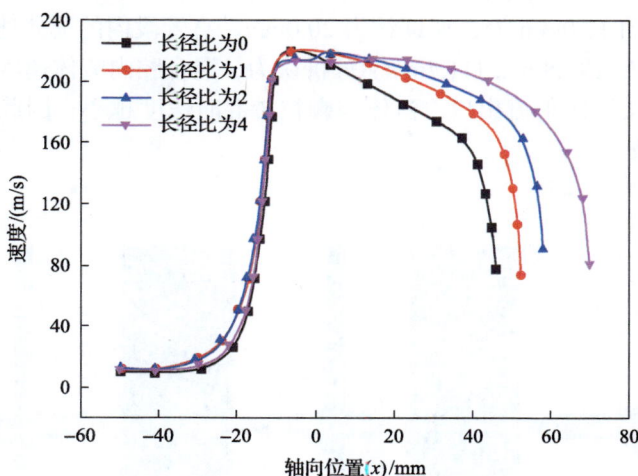

图 4.33 不同直管段长径比磨料颗粒速度轴线分布

二、后混合超临界 CO_2 磨料射流喷嘴结构优化

(一)数值模拟方案

对于后混合磨料射流，颗粒能否在第二级射流中获得较高的喷射速度，除了受到流体与固体颗粒自身性质的影响之外，主要取决于喷嘴的磨料入口位置、混合腔直径及直管段长度等结构因素。本节建立了不同后混合喷嘴结构的几何模型，模拟得到了各结构参数对后混合超临界 CO_2 磨料射流固液两相速度分布的影响规律。模拟研究方案如表 4.8 所示。

表 4.8 后混合超临界 CO_2 磨料射流喷嘴结构优化研究方案 （单位：mm）

序号	磨料入口位置	混合腔直径	直管段长度
基准算例	3	3	75
1	0, 3, 6	3	75
2	3	2, 3, 5, 7	75
3	3	3	25, 50, 75, 100

(二)磨料入口位置优化

在本节所建立的 3 种喷嘴几何模型中，磨料入口位置距离第一级射流出口分别为 0mm, 3mm, 6mm，通过模拟计算，得到了射流喷嘴前部的流体速度云图（图 4.34）。可以看出，随着磨料入口位置逐渐向后移动，第一级射流速度逐渐增大，但进入喷嘴直管段后的第二级射流速度逐渐减小。数据显示，第一级射流流体速度分别为 238.6m/s, 254.1m/s, 265.2m/s，随后因两相掺混而瞬间减小，距离第一级射流出口约 12.0mm 处，速度约为 20.0m/s，直管段内的流体速度逐渐减小，分别为 138.7m/s, 133.8m/s, 111.7m/s。分析认为，混合腔内流体速度迅速衰减，磨料入口越远离第一级射流出口，流体与颗粒掺混时速度越小，因此在直管加速段的流体速度越低。

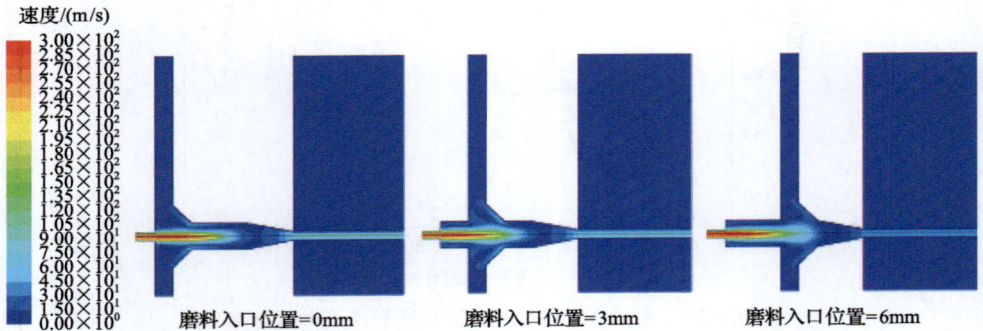

图 4.34　不同喷嘴长径比下射流流体速度云图

　　由颗粒运动轨迹图(图 4.35)可以看出，颗粒轨迹与自由射流边界基本重合，表明颗粒进入混合腔后迅速被流体卷吸并随之运动，与喷嘴内壁发生多次碰撞。由于高速射流具有一定刚性，颗粒难以进入射流核心区，与射流接触瞬间即改变运动方向并获得加速。由图 4.35 可知，颗粒初始速度随着颗粒与第一级射流出口距离增大而减小，这是因为颗粒与流体掺混位置越远离第一级射流，流体速度衰减越严重，与颗粒接触时赋予其的速度则越小。

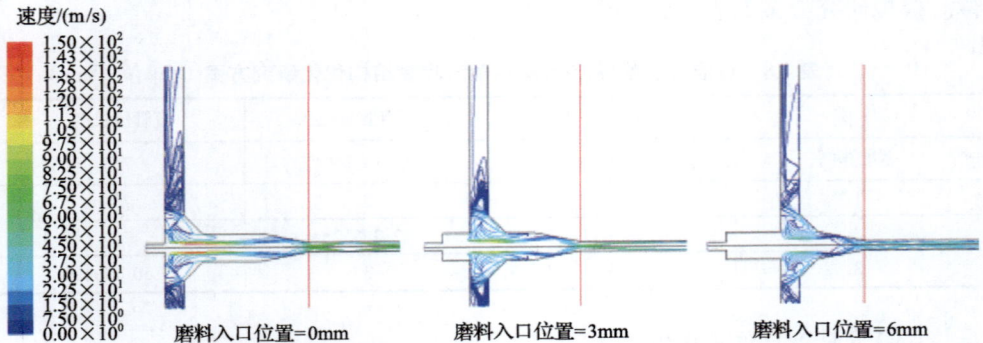

图 4.35　不同喷嘴长径比下磨料颗粒喷嘴前部颗粒运动轨迹

　　磨料颗粒速度的轴线分布(图 4.36)更直观地反映了颗粒速度分布规律。可以发现，颗粒碰撞造成了速度的瞬间减小，但速度总体趋势与流体较吻合。随着磨料入口轴线位置向后移动，颗粒初始速度分别为 137.8m/s, 104.1m/s, 68.6m/s。颗粒在喷嘴出口处的喷射速度分别为 133.8m/s, 127.9m/s, 105.5m/s，喷距为 15mm 处

的颗粒速度分别为 60.5m/s, 56.1m/s, 37.1m/s，可知磨料入口轴线位置在 3～6mm
变化时对颗粒速度具有显著影响。因此，本节优选磨料入口位置处于第一级射流
后 0～3mm 范围内。

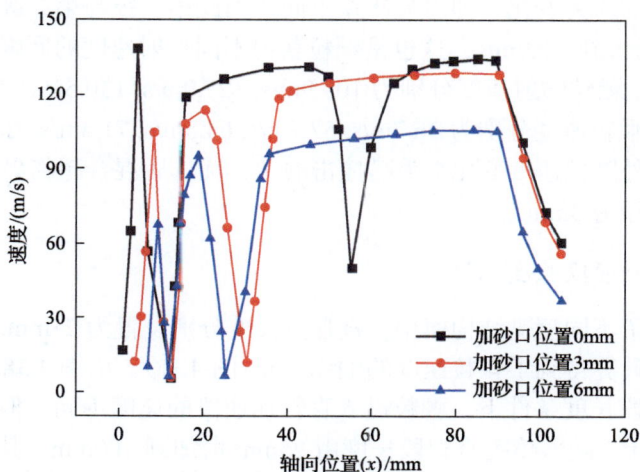

图 4.36　不同颗粒入口位置条件下射流颗粒速度轴线分布

（三）喷嘴混合腔直径优化

本节建立了不同混合腔直径的喷嘴结构模型，混合腔直径分别设置为 2mm,
3mm, 5mm, 7mm，通过模拟计算，得到了不同混合腔直径条件下的射流颗粒速度
分布（图 4.37）。可以看出，随着混合腔直径的减小，颗粒获得的初始速度逐渐增

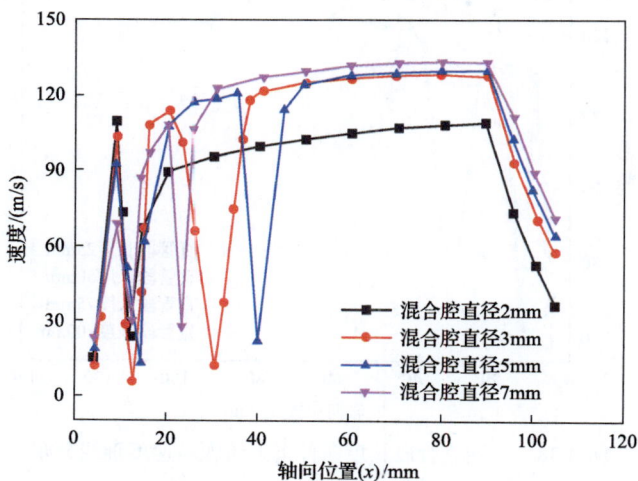

图 4.37　不同混合腔直径条件下射流颗粒速度轴线分布

大，分析认为，不同混合腔直径下射流径向发展程度不同，颗粒与射流接触时的流体速度不同；进入直管段之后，颗粒喷射速度随着混合腔直径的增大而增大，但混合腔直径为 3～7mm 时，速度曲线变化较小。模拟发现，混合腔直径的变化导致混合腔内的压力变化，即射流压差不同，因此第一级与第二级射流流体速度差由 2.6m/s 增大到 26.7m/s，这也是颗粒获得不同喷射速度的原因。混合腔直径为 2～7mm 时，颗粒喷射速度分别为 109.9m/s，127.9m/s，130.5m/s，133.8m/s，喷距为 15mm 处的颗粒速度分别为 36.7m/s，57.7m/s，64.5m/s，71.4m/s。在本节研究条件下，考虑喷嘴外颗粒速度变化与喷嘴撞击磨蚀，优选后混合超临界 CO_2 磨料射流喷嘴混合腔直径为 3mm。

(四)喷嘴直管段长度优化

本节建立了不同喷嘴结构模型，直管段长度分别设置为 25mm，50mm，75mm，100mm，模拟计算得到了颗粒速度的轴线分布(图 4.38)。由图 4.38 可以看出，在四种喷嘴直管段长度条件下，颗粒进入直管加速段的速度不同，但喷射速度相差较小。数据显示，随着喷嘴直管段长度由 25mm 增加到 100mm，其中的流体速度比较稳定，速度增大趋势相对颗粒较小，流体喷射速度分别为 140.8m/s，141.8m/s，139.1m/s，136.4m/s，颗粒进入直管段后速度先增加然后趋于稳定，喷射速度分别为 137.6m/s，137.3m/s，128.8m/s，125.5m/s。分析认为，喷嘴直管段长度增加使流体受到的摩阻增大，等效改变了射流压力条件，限制了流体速度增大，颗粒速度随之减小。

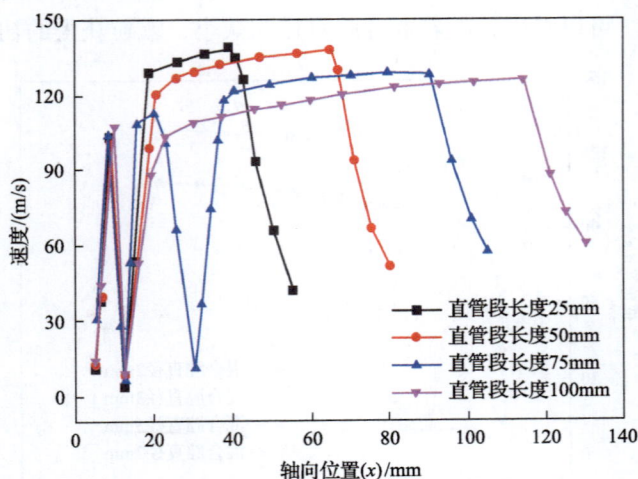

图 4.38　不同直管段长度条件下射流颗粒速度轴线分布

喷距为 15mm 处，颗粒速度分别为 42.3m/s，51.5m/s，58.1m/s，60.3m/s，直管段

长度由 75mm 增大到 100mm 时速度增幅较小。分析认为，直管段较短时，颗粒运动相对无序，出喷嘴后受到周围静止流体的作用而衰减，直管段长度增加有助于颗粒在多次碰撞之后趋于稳定，减小沿射流径向的运动。因此，考虑颗粒速度变化及对喷嘴轴向长度的空间要求，本节优选喷嘴直管段长度为 75mm。

对比观察前混合与后混合超临界 CO_2 磨料射流流场与颗粒速度分布可以看出，由于前混合磨料射流喷嘴结构相对简单，水力能量转化效率较高，且颗粒在后混合射流喷嘴中不可避免地与喷嘴内壁发生碰撞导致速度骤降，在不同的喷嘴结构下，前混合磨料射流两相喷射速度均比后混合磨料射流两相喷射速度大、射流结构稳定性较好。由此可知，前混合超临界 CO_2 磨料射流有望取得更好的射孔效果与作用范围。

三、超临界 CO_2 磨料射流结构分析

(一)磨料射流可视化试验装置

高速摄影是观察和分析高速射流的方法之一，是流体动力学问题研究所普遍采用的方法[20-23]。本节通过对超临界 CO_2 磨料射流喷嘴结构下的射流结构与形态进行高速摄影观察与分析，初步验证了所设计的前混合与后混合磨料射流喷嘴结构的可行性。该试验在中国石油大学(北京)高压水射流试验室完成，利用高速摄影仪，对射流结构与流场特征变化进行动态记录和在线观测。超临界 CO_2 磨料射流射孔釜体为可视化试验装置，其上开有三个观察孔。采用美国 VRI 系列的 Phantom(PCC)v310 高速摄影仪(图 4.39)，最高拍摄速率为 500000 帧/s，最高分辨率为 1280×800 像素，可得到 8/12 位深度、1024000 像素数的图像，能够较好地反映高速射流形态与流动特征。

图 4.39　Phantom(PCC)v310 高速摄影仪

图 4.40 为超临界 CO_2 磨料射流射孔釜体上的观察孔。考虑到试验超临界 CO_2

磨料射流射孔釜体的承压与安全性，设计的观察孔厚度为 30mm，直径为 20mm。该釜体共安装有三个观察孔，分别在釜体的顶部和水平两个侧面，三个观察孔处于同一平面且指向同一点，便于同时进行打光和拍摄。

图 4.40　超临界 CO_2 磨料射流射孔釜体观察孔

　　图 4.41 为高速摄影分析试验流程示意图。试验流程：首先开启超临界 CO_2 射流系统管路阀门，使围压釜体内充入 CO_2，此时，釜体内压力约为 4MPa，温度约为 60℃（333K），CO_2 以气态形式存在。开启冷光源并开启高速摄影仪，然后启动高压泵并不断增大喷射压力到预定值，稳定一段时间后调节喷射压力与模拟围压等参数，再稳定一段时间进行观察，逐渐降低喷射压力与围压，保存摄影图像并关闭电源。

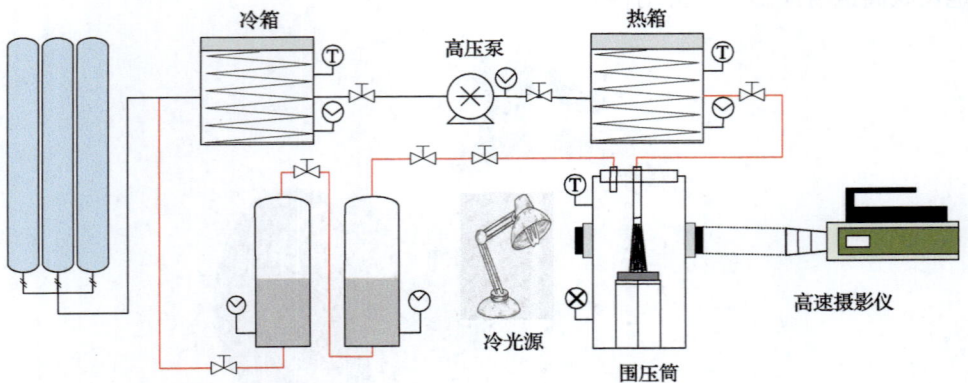

图 4.41　高速摄影分析试验流程示意图

　　试验过程中，高速摄影仪的拍摄速度设置在 10000～100000 帧/s，采用白色冷光源作为照明光源。高速摄影仪与计算机连接，在计算机上实时观察并控制、调节拍摄参数，得到的影像或图像通过 Phantom Camara Control（PCC）2.6 软件进行处理，观察射流结构与流场特征随时间与射流条件的变化，并将试验结果同数值模拟结果进行对比，为射流冲蚀射孔效果提供理论依据。

（二）磨料射流结构特性

本节首先对后混合超临界 CO_2 磨料射流进行了高速摄影观察与分析，图 4.42 为拍摄过程中 8 个时间点的图像。第一幅图（t=0s）为初始状态，此时釜体内为 CO_2 气体，可以看到釜体对侧的亮白色冷光源，还可以清晰地发现观察孔镜面上的污迹与视野左侧的岩心表面。开启射流喷嘴并逐渐增大喷射压力，同时调节节流阀开度提高模拟围压，射流从右侧进入并喷射到岩心表面上（t=15s）。喷射压力由试验系统初始压力（约 5MPa）缓慢增大到 20MPa，围压增大到 10MPa 后泄压到 5MPa 并保持稳定，直至试验结束。

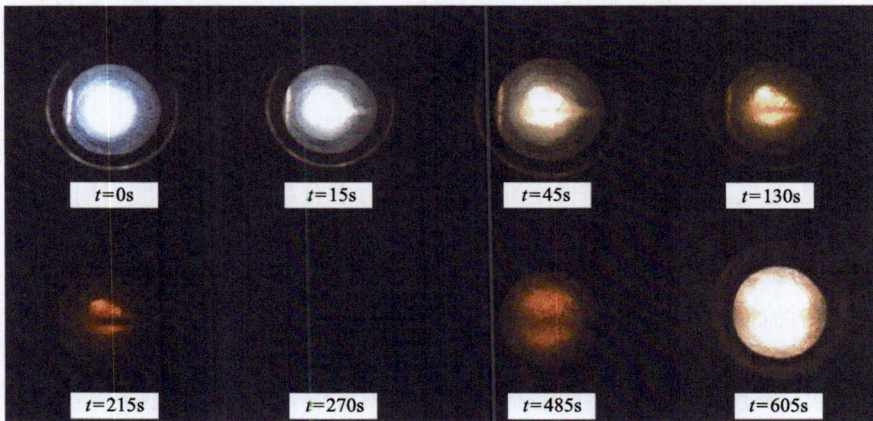

图 4.42　后混合超临界 CO_2 磨料射流高速摄影图像

随着喷射压力与围压增大，釜体内 CO_2 流体逐渐由气态转变为超临界态。由图 4.42 可以看出，该过程中射流形态逐渐形成并不断延伸，亮白色光源的透射光逐渐变为亮黄色、暗黄色，且透光度逐渐降低，尤其是射流核心区透光度在各时间段均为最差，直至在高速摄影仪工作条件下整个观察孔区域内完全测不到光（t=45～270s）。由此可知，超临界态 CO_2 的透光性较差，且射流喷出后的核心区主要是以超临界态 CO_2 存在。若 CO_2 喷出喷嘴后因温度与压力的剧烈变化而局部变为气态或液态单相，则将不会改变透射光颜色。稳定一段时间，釜体内透光度未发生变化，降低喷射压力，增大节流阀开度，喷射压力与围压随之降低，透光性逐渐恢复，透射光逐渐变为亮黄色（t=485～605s）。此外，在喷射压力稳定增大过程中，由透光处理效果可以看到射流核心区结构逐渐增大、延伸，这是不同于水射流的重要特征之一，与数值模拟结果较为吻合[24]。

图 4.43 为前混合超临界 CO_2 磨料射流在不同时间点的高速摄影图像。拍摄过程中，压力、温度条件与后混合超临界 CO_2 磨料射流相同。为避免拍摄过程中出现完全不透射光的现象，对高速摄影仪的感光强度进行了微调。

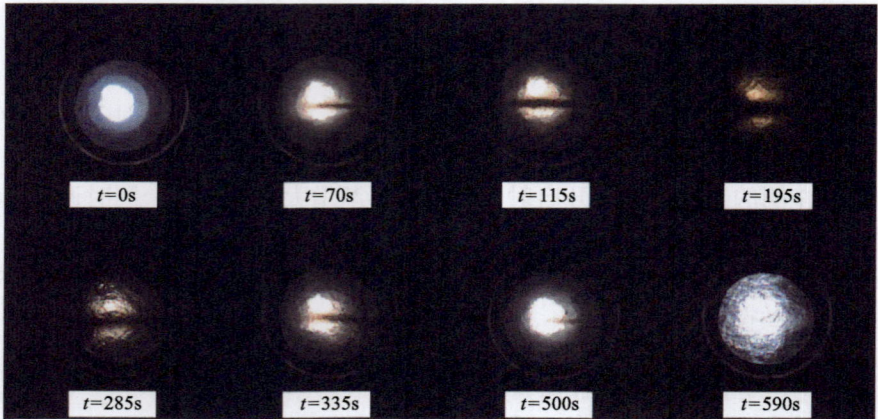

图 4.43 前混合超临界 CO_2 磨料射流高速摄影图像

由图 4.43 可以看出，随着喷射压力的增大，射流规模逐渐发展（$t=0\sim195s$），且透光性迅速变差。与相同条件下充分发展的后混合超临界 CO_2 磨料射流（图 4.42 中 $t=215s$）相比，前混合超临界 CO_2 磨料射流结构贯穿了观察孔可视区域，射流核心区域明显增长，且射流径向尺度相对较大。稳定一段时间后，发现前混合超临界 CO_2 射流流动特征与油相似（$t=285s$），观察孔镜面上显示出明显的流动波纹，视野不清晰。此外，收集称量前混合与后混合超临界 CO_2 磨料射流喷出的磨料颗粒（80 目），发现前者所喷出的磨料颗粒量是后者的 1.68 倍；超临界态 CO_2 所携带的磨料颗粒质量为气态 CO_2 所携带磨料质量的 3.06 倍。综上，相同条件下，前混合超临界 CO_2 磨料射流将比后混合超临界 CO_2 磨料射流结构更稳定，轴向与径向尺度更大，携带磨料颗粒能力更强，与前面的模拟结果吻合，因此有望获得更高的冲蚀射孔效率和更大的作用范围。

参 考 文 献

[1] Kollé J J. Coiled tubing drilling with supercritical carbon dioxide. SPE/CIM International Conference on Horizontal Well Technology, Calgary, 2000.

[2] Liu X, Liu J, Niu H. Feasibility study on supercritical carbon dioxide drilling equipment. Applied Mechanics and Materials, 2013, 318: 519-521.

[3] 韩布兴. 超临界流体科学与技术. 北京: 中国石化出版社, 2005: 2-27.

[4] Peng D Y, Robinson D B. A new two-constant equation of state. Industrial and Engineering Chemistry Research Fundamentals, 1976, 15(1): 59-64.

[5] Span R, Wagner W. A new equation of state for carbon dioxide covering the fluid region from the triple-point

temperature to 1100K at pressures up to 800MPa. Journal of Physical and Chemican Reference Data, 1996, 25(6): 1509-1596.

[6] Span R. Multi-Parameter Equation of State: An Accurate Source of Thermodynamic Property Data. Berlin: Springer-Verlag Press, 2000: 15-56.

[7] Fenghour A, Wakeham W A, Vesovic V. The viscosity of carbon dioxide. Journal of Physical and Chemican Reference Data, 1998, 27: 31-44.

[8] Vesovic V, Wakeham W A, Olchowy G A, et al. The transport properties of carbon dioxide. Journal of Physical and Chemical Reference Data, 1990, 19: 763-808.

[9] 王海柱. 超临界 CO_2 钻井井筒流动模型与携岩规律研究. 北京: 中国石油大学(北京), 2011: 36-64.

[10] 程宇雄. 超临界 CO_2 喷射压裂井筒流动与射流流场研究. 北京: 中国石油大学(北京), 2015: 13-27.

[11] 曲海, 李根生, 黄中伟, 等. 水力喷射压裂孔内压力分布研究. 西南石油大学学报, 2011, 33(4): 85-88.

[12] 施学贵, 徐旭常, 冯俊凯. 颗粒在湍流气流中运动的受力分析. 工程热物理学报, 1989, 10(3): 320-325.

[13] 廖华林, 李根生, 牛继磊. 淹没条件下超高压水射流破岩影响因素与机制分析. 岩石力学与工程学报, 2008, 27(6): 1243-1250.

[14] 宋岳干, 宋丹路. 磨料水射流单颗磨料粒子动能分析及试验研究. 第15届全国特种加工学术会议论文集(下), 南京, 2013: 380-384.

[15] 陶文铨. 数值传热学. 2版. 西安: 西安交通大学出版社, 2001.

[16] 康顺, 石磊, 戴丽萍, 等. CFD 模拟的误差分析及网格收敛性研究. 工程热物理学报, 2010, 31(12): 2009-2013.

[17] 李根生, 牛继磊, 刘泽凯, 等. 水力喷砂射孔机理试验研究. 石油大学学报: 自然科学版, 2002, 26(2): 31-34.

[18] 王明波. 磨料水射流结构特性与破岩机理研究. 东营: 中国石油大学(华东), 2006.

[19] 王明波, 王瑞和. 磨料水射流中磨料颗粒的受力分析. 中国石油大学学报: 自然科学版, 2006, 30(4): 47-49.

[20] 阎凯. 圆环旋转粘性液体射流稳定性及破碎研究. 北京: 北京交通大学, 2014: 127-148.

[21] 赵子行. 旋转射流破碎雾化机理的试验研究. 天津: 天津大学, 2010: 17-56.

[22] Yang L. Spray characteristics of gelled propellants in swirl injectors. Fuel, 2012, 97(6): 253-261.

[23] Santangelo P E. Experiments and modeling of discharge characteristics in water-mist sprays generated by pressure-swirl atomizers. Journal of Thermal Science, 2012, 21(6): 539-548.

[24] Tian S, He Z, Li G, et al. Influences of ambient pressure and nozzle-to-target distance on SC-CO_2 jet impingement and perforation. Journal of Natural Gas & Science Engineering, 2016, 29: 232-242.

第五章 超临界 CO_2 喷射压裂孔内增压机理

水力喷射压裂的一个特点是可以在环空压力低于地层起裂压力 (fracture initiation pressure) 的条件下, 利用射流增压原理来提高地层孔内压力, 压开目标地层, 实现定点压裂。在水力喷射压裂过程中, 高速射流在进入射流孔道后速度迅速降低, 直到滞止在孔道中, 根据伯努利原理, 高速射流的动能会转化为压能, 产生孔内增压效果, 使滞止压力高于环空压力, 两者的差值即为孔内增压值[1-4]。当孔内滞止压力达到地层起裂压力时, 射流孔道顶端将产生裂缝并延伸, 而此时由于环空压力仍低于地层起裂压力, 不会压开相邻层位, 从而实现了定点压裂, 即 "在哪儿射孔, 就在哪儿起裂" [5-7]。水力喷射压裂的孔内增压机理如图 5.1 所示[8]。

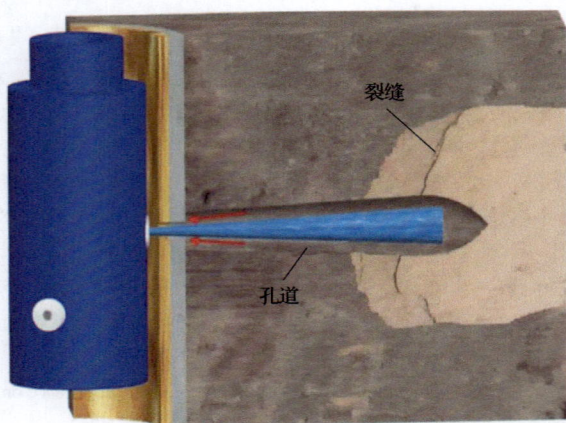

图 5.1 水力喷射压裂孔内增压机理示意图[8]

因此, 利用超临界 CO_2 进行喷射压裂作业的一个关键问题在于超临界 CO_2 喷射压裂是否能够像水力喷射压裂那样在射流孔道内产生有效的射流增压效果, 从而在环空压力低于地层起裂压力的情况下使地层起裂。为此, 本章采用数值模拟与试验相结合的方法研究了超临界 CO_2 喷射压裂孔内增压的效果, 研究了其流场特性(速度场、温度场、物理性质参数分布等), 对比和分析了超临界 CO_2 喷射压裂与水力喷射压裂的增压效果, 研究了各关键参数对孔内增压效果的影响规律。研究结果揭示了超临界 CO_2 喷射压裂过程中的孔内流场特性, 发现超临界 CO_2 喷射压裂中存在孔内增压现象, 得到了超临界 CO_2 喷射压裂孔内增压效果的参数影响规律, 为该技术的研究和应用提供了理论依据。

第一节 超临界 CO_2 喷射压裂孔内流场特性模拟

超临界 CO_2 喷射压裂为非常规油气资源的开发提供了一条高效途径，本节采用数值模拟方法对超临界 CO_2 喷射压裂孔内流场进行研究，揭示了超临界 CO_2 喷射压裂孔内流场特性，并分析了不同参数对流场特性的影响规律。

一、喷射压裂孔内流场模型建立与求解

超临界 CO_2 喷射压裂的孔内流场几何模型如图 5.2 所示，该几何模型包括喷嘴入口、环空出口及地层孔道三部分。假设超临界 CO_2 喷射压裂形成的地层孔道与水力喷射压裂形成的孔道形状一致，均为纺锤体[9-14]。喷嘴出口处设为横坐标原点，喷嘴轴线处设为纵坐标原点。

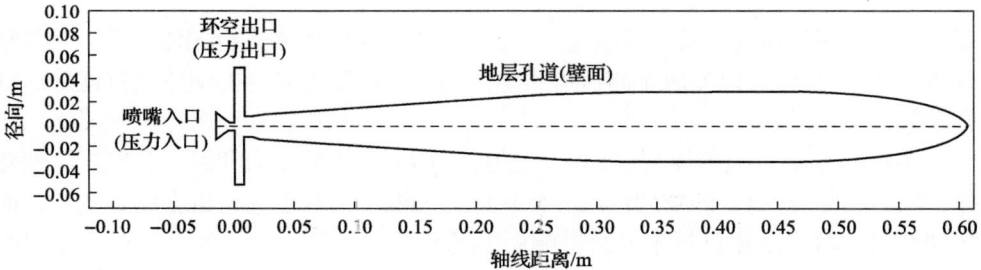

图 5.2 孔内流场几何模型

在超临界 CO_2 射孔阶段中，提高油管压力并保持环空敞开，超临界 CO_2 流体将从喷嘴依次进入环空和孔道，此时地层尚未起裂，流体从环空流出，返回地面[15]。因此，喷嘴入口是压力入口边界，其压力值等于喷嘴入口压力 p_{in}；环空出口是压力出口边界，其压力值等于环空压力 $p_{annulus}$；其他边界为无滑移壁面边界。喷嘴压降 p_{nozzle} 为喷嘴入口压力 p_{in} 与环空压力 $p_{annulus}$ 之差，即

$$p_{nozzle} = p_{in} - p_{annulus} \tag{5.1}$$

在这三个压力值中，本节选取环空压力和喷嘴压降作为自变量，而喷嘴入口压力为因变量。

如图 5.3 所示，在划分网格时，采用局部网格划分方法，并在压力梯度较大的喷嘴直线段加密网格。由于流动方向是沿着网格结构方向的，网格类型选用结构化网格，可以使用较少的网格单元获得较高精度的结果。

超临界 CO_2 喷射压裂过程涉及传热和可压缩性流体，因此除了质量方程和动量方程以外，还需要求解能量方程。孔道内流场是在高速剪切超临界 CO_2 流体作

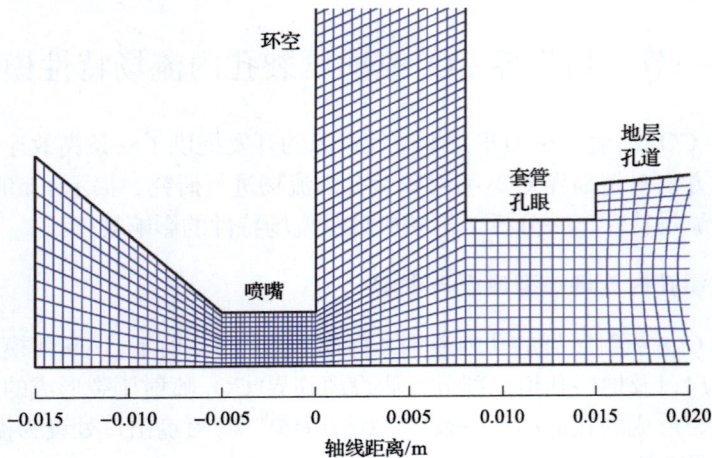

图 5.3　局部网格加密

用下形成的湍流流场,采用目前应用广泛的标准 $k\text{-}\varepsilon$ 模型来进行湍流计算,并忽略重力。超临界 CO_2 射流属于高速可压缩流动,因此采用对这类问题更有优势的耦合求解器[16]。

　　在超临界 CO_2 喷射压裂过程中,超临界 CO_2 流体的压力和温度会发生剧烈变化,同时超临界 CO_2 的物理性质参数对压力和温度非常敏感,也会随之变化,而物理性质参数的变化反过来又会影响压力场和温度场[17]。为了实现对这一过程的精确模拟,采用具有较高精度的超临界 CO_2 物理性质参数计算模型,使每个节点上超临界 CO_2 的物理性质参数都成为这一节点上压力和温度的函数,从而将超临界 CO_2 物理性质参数和压力场、温度场进行耦合计算。本节采用基于亥姆霍兹自由能的 S-W 气体状态方程来计算超临界 CO_2 的密度和定压比热容[18],另外分别采用 Fenghour 等[19]的模型和 Vesovic 等[20]的模型来计算 CO_2 流体的黏度和导热系数。

二、孔内流场特性

　　在研究超临界 CO_2 喷射压裂的孔内增压机理之前,本节首先研究超临界 CO_2 喷射压裂的孔内流场特性。由于超临界 CO_2 喷射压裂相关研究较少,也无现场数据,本节参考水力喷射压裂的压力参数,环空压力为 20MPa,喷嘴压降为 35MPa,则喷嘴入口压力为 55MPa[8]。假设超临界 CO_2 流体的入口温度为 351K(假设地表温度为 297K,压裂层位井深 2000m,地热梯度为 0.027K/m)。在长度参数方面,喷嘴为现场常用的直径为 6mm 的喷嘴,环空间距为 8mm,套管孔径为 14mm[3]。

　　本节也在相同条件下模拟了水力喷射压裂的孔内流场,并将其与超临界 CO_2 喷射压裂的孔内流场进行对比。由于水的物理性质参数受温度和压力影响极小,本节模拟中水的物理性质参数采用温度为 351K、压力为 25MPa 条件下的值,即密度为

983.9kg/m³，黏度为 0.371mPa·s，导热系数为 0.68W/(m·K)，定压比热容为 4144J/(kg·K)。

（一）速度场

射流速度是决定射流破岩效果的关键参数之一，因此本节模拟并对比了相同条件下超临界 CO_2 喷射压裂与水力喷射压裂的速度场。从速度云图（图 5.4）可以看

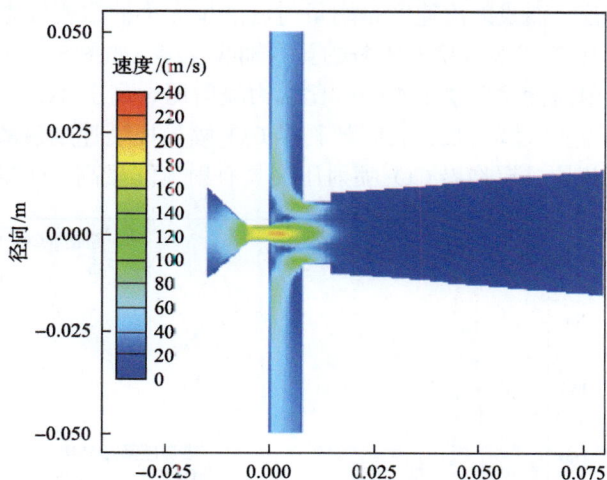

(a) 水力喷射压裂

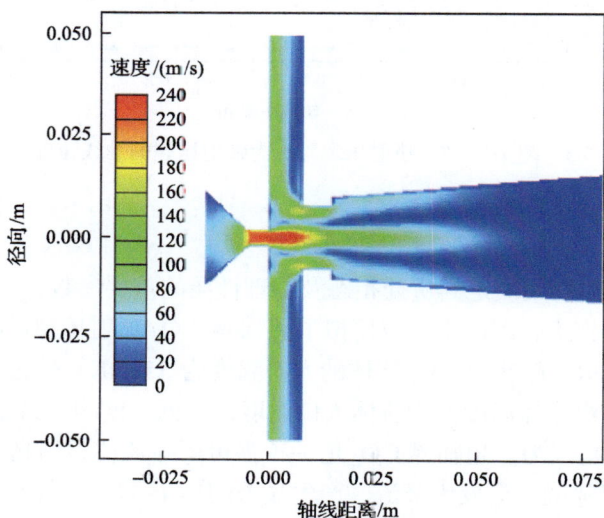

(b) 超临界 CO_2 喷射压裂

图 5.4　超临界 CO_2 喷射压裂与水力喷射压裂的速度云图对比

出，两种流体经喷嘴加速，在喷嘴出口处形成高速射流，通过套管孔眼中心冲击到地层孔道中，然后从套管孔眼的外围返回到环空中，最后从环空返回地面。对比两者的高速射流区域可见，超临界 CO_2 射流的射流速度比水射流更高。而且超临界 CO_2 射流的射流核心区域更长，一直延伸至孔道内部，而水射流经过套管孔眼之后速度已经基本滞止。这主要是由于超临界 CO_2 流体具有高密度、低黏度的特点[17]，环境流体对高速射流的阻滞效应小，高速射流的动能衰减小。

根据射流理论，轴线射流速度是衡量射流能量大小的重要标志。图 5.5 对比了超临界 CO_2 喷射压裂与水力喷射压裂的孔内轴线速度。如图 5.5 所示，超临界 CO_2 喷射压裂的最高射流速度为 263.4m/s，比水力喷射压裂高出 32.3%。另外，超临界 CO_2 喷射压裂的高速区域更长，表明超临界 CO_2 喷射压裂速度衰减得更慢。可见，与水力喷射压裂相比，超临界 CO_2 喷射压裂具有射流能量高、能量衰减慢的特性。

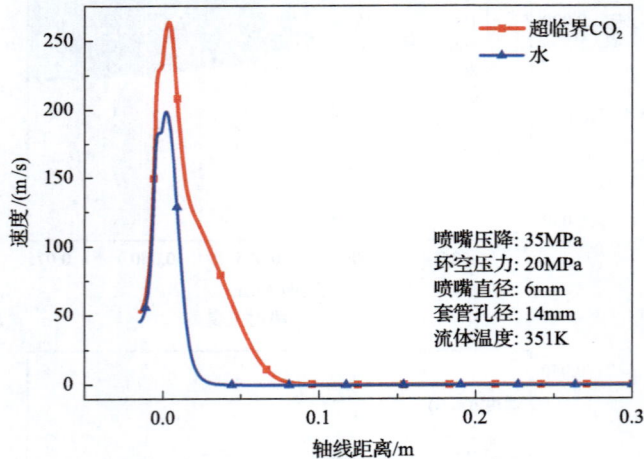

图 5.5　超临界 CO_2 喷射压裂与水力喷射压裂的轴线速度对比

(二)温度场

CO_2 流体的温度是决定其所处相态及物理性质的重要参数，关系到超临界 CO_2 喷射压裂的安全施工，因此本节也模拟了超临界 CO_2 喷射压裂过程中孔内的温度场。如图 5.6 所示，超临界 CO_2 流体的入口温度为 351.0K，经过喷嘴时流体温度显著下降，环空中流体温度低于流体入口温度，最低温度为 324.5K，降温幅度达到了 26.5K。这是因为，超临界 CO_2 是一种强可压缩流体，当高速大排量的超临界 CO_2 流体通过喷嘴，会发生节流，产生显著的焦-汤效应，导致温度下降[21]。

在本例中，流场最低温度为 324.5K，高于冰点(273.15K)和 CO_2 的三相点温度(216.59K)，可以保证安全施工。但是，如果喷嘴压降过大，会导致温度大幅下降，发生泥环、冰堵等井下事故。因此，在实际压裂施工中，必须合理控制喷嘴压降，

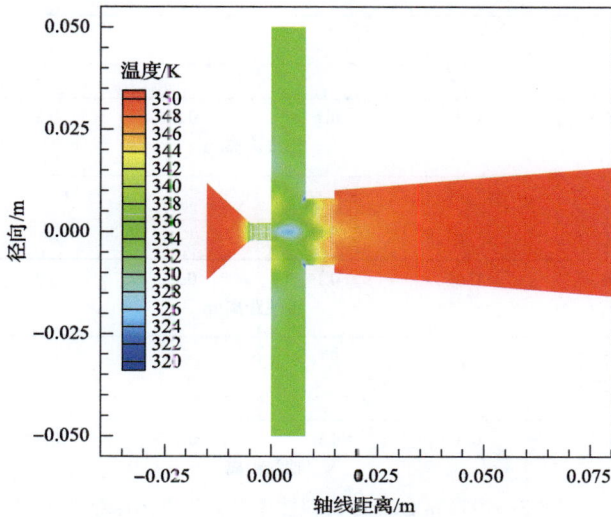

图 5.6　超临界 CO_2 喷射压裂温度云图

防止上述井下事故发生。

(三)物理性质参数分布

图 5.7 给出了超临界 CO_2 各物理性质参数沿孔道轴线的分布情况,可见在超临界 CO_2 喷射压裂过程中,超临界 CO_2 流体的物理性质参数(包括密度、黏度、导热系数、定压比热容)都随着温度和压力的变化而发生显著变化,这正是在超临界 CO_2 流场模拟中不能将这些物理性质参数设为常数的原因。

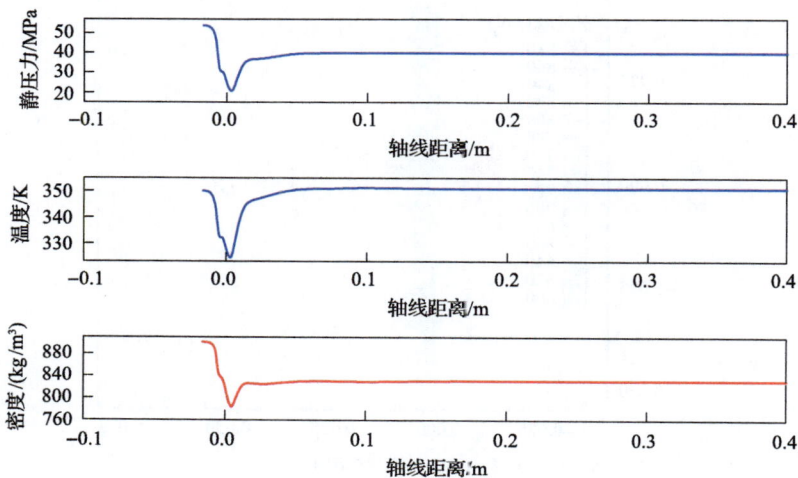

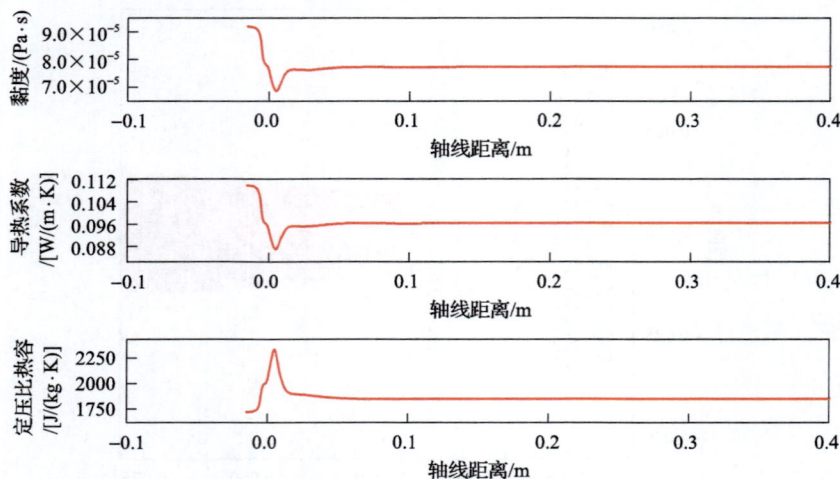

图 5.7　超临界 CO_2 各物理性质参数沿孔道轴线分布

　　密度是超临界 CO_2 的重要性质之一,随压力的升高而增大,随温度的升高而减小[17]。如图 5.8 所示,在喷嘴内部,超临界 CO_2 流体呈高密度状态,最高可达 $900.5kg/m^3$;进入环空后,密度降低,最低只有 $609.5kg/m^3$;当进入地层孔道,密度上升至 $830.2kg/m^3$。从图 5.7 中也能看出,在孔道轴线上,随着轴线距离的增大,超临界 CO_2 流体的密度先降低再升高。这是因为在孔道轴线上温度和静压力都是先降低后升高,两者对密度的影响效果相反,但压力的影响起到主导作用,使密度变化趋势与压力变化趋势相对应。

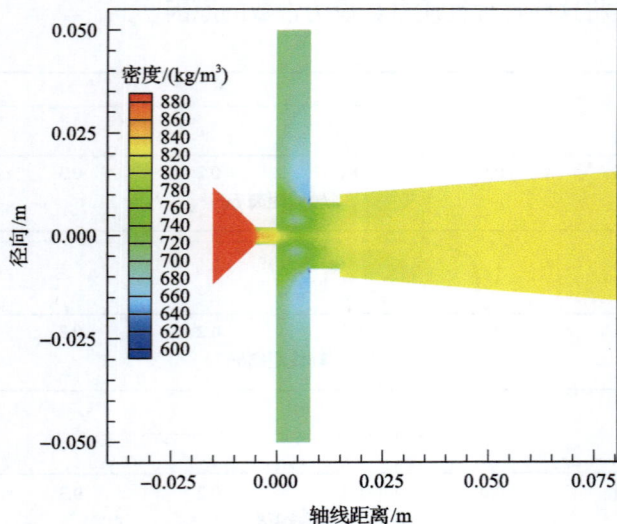

图 5.8　超临界 CO_2 喷射压裂密度云图

三、超临界 CO_2 喷射压裂孔内增压机理

为了揭示超临界 CO_2 射流的增压机理，研究了超临界 CO_2 喷射压裂过程中静压力、动压力、总压力和速度沿孔道轴线的分布。其中，静压力是由于流体分子不规则运动产生的压力，与流体的压能成正比；动压力 $\frac{1}{2}\rho v^2$ 是由于流体流动产生的压力，与流体的动能成正比；总压力是静压力和动压力之和，与流体的机械能成正比。因此，总压力 p_{total}、静压力 p_{static}、动压力 $p_{dynamic}$、射流速度 v 这四者的关系如下：

$$p_{total} = p_{static} + p_{dynamic} \tag{5.2}$$

$$p_{dynamic} = \frac{1}{2}\rho v^2 \tag{5.3}$$

超临界 CO_2 喷射压裂过程中静压力、动压力、总压力和速度在孔道轴线上的分布如图 5.9 所示。当 CO_2 流体经过喷嘴和环空的时候，静压力从 39.3MPa 急剧降低到 20.5MPa，而动压力提高到 15.2MPa，速度迅速提高到 235m/s，这时流体压能转化为动能。当高速超临界 CO_2 射流进入套管孔眼和地层孔道后，动压力和速度开始下降，静压力上升，这时流体动能转化为压能。最终，当超临界 CO_2 流体滞止于孔道中时，动压力和速度都降为零，即

$$v = 0 \tag{5.4}$$

$$p_{dynamic} = \frac{1}{2}\rho v^2 = 0 \tag{5.5}$$

因此，由式 (5.2) 可知，此时的总压力等于静压力，两者曲线重合 (图 5.9)，其值被称为滞止压力 $p_{stagnation}$ (31.1MPa)，即

$$p_{total} = p_{static} = p_{stagnation} \tag{5.6}$$

式中，$p_{stagnation}$ 为滞止压力，MPa。

如图 5.9 所示，滞止压力 $p_{stagnation}$ 比环空压力 $p_{annulus}$ 高，两者差值为 11.1MPa。根据式 (5.7) 可得，孔内增压值 p_{boost} 即为 11.1MPa。

$$p_{stagnation} = p_{annulus} + p_{boost} > F_{IP} \tag{5.7}$$

式中，p_{boost} 为孔内增压值，MPa；F_{IP} 为地层起裂压力，MPa。

可见，利用超临界 CO_2 流体进行喷射压裂具有显著的孔内增压效果，可以在环空压力低于地层起裂压力的条件下压开地层，实现定点压裂。

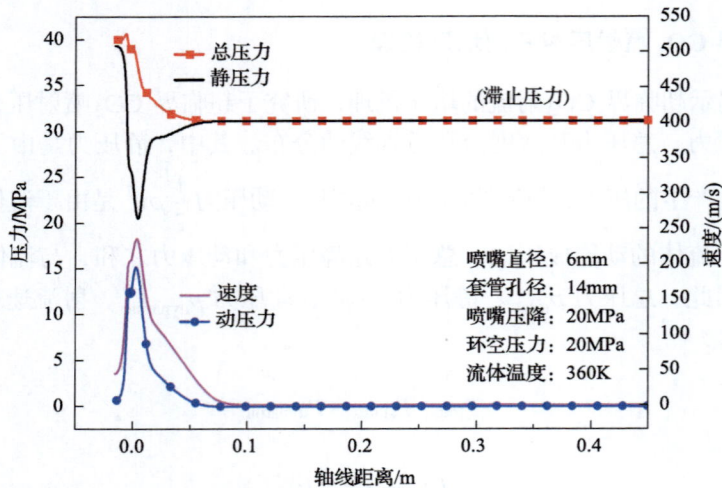

图 5.9　超临界 CO_2 喷射压裂压力与速度沿孔道轴线的分布

同时从图 5.9 还能看出，在动压力和静压力相互转换的过程中，动压力和静压力两者之和总压力发生了明显下降，说明在此过程中，由于克服摩擦力做功，超临界 CO_2 流体机械能发生了损失。因此，超临界 CO_2 流体在流动中克服摩擦力做功的大小会影响滞止压力：克服摩擦力做功越小，滞止压力越大，孔内增压效果也就越强。

四、超临界 CO_2 射流与水射流孔内增压效果对比

为了证明超临界 CO_2 喷射压裂的孔内增压效果，在相同的参数条件下模拟了超临界 CO_2 喷射压裂和水力喷射压裂过程中孔道中的流场，并对比了两者的孔内增压效果。由于水的物理性质参数随温度和压力的变化范围极小，在本节水射流流场的模拟中水的物理性质参数采用温度为 360K、压力为 30MPa 条件下的值，即密度为 $980.5kg/m^3$，黏度为 0.334mPa·s，导热系数为 0.69W/(m·K)，定压比热容为 4141J/(kg·K)。

图 5.10 为在相同的参数条件下超临界 CO_2 喷射压裂和水力喷射压裂孔内轴线压力的分布。如图 5.10 所示，在三种喷嘴压降(30MPa，20MPa，10MPa)条件下，超临界 CO_2 射流的滞止压力都比相同条件下水射流的滞止压力高。比如，在喷嘴压降为 30MPa 时，超临界 CO_2 射流的滞止压力为 36.7MPa，比水射流高 2.4MPa。可见，在相同条件下，超临界 CO_2 喷射压裂的孔内增压效果比水力喷射压裂更强。

图 5.11 对比了超临界 CO_2 喷射压裂和水力喷射压裂在 5 种不同的喷嘴压降条件下的孔内增压值。如图 5.11 所示，超临界 CO_2 喷射压裂的孔内增压值曲线高于水力喷射压裂的增压值曲线。比如，在喷嘴压降为 30MPa 时，超临界 CO_2 喷

射压裂的孔内增压值为 16.7MPa，比相同条件下水力喷射压裂的孔内增压值高 2.4MPa。

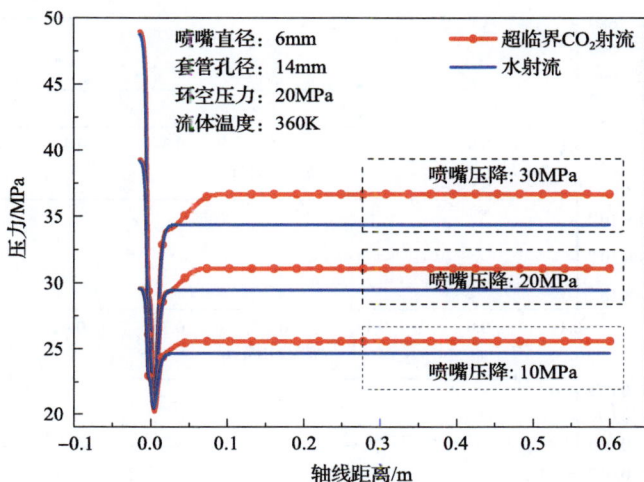

图 5.10　超临界 CO_2 喷射压裂与水力喷射压裂孔内轴线压力对比

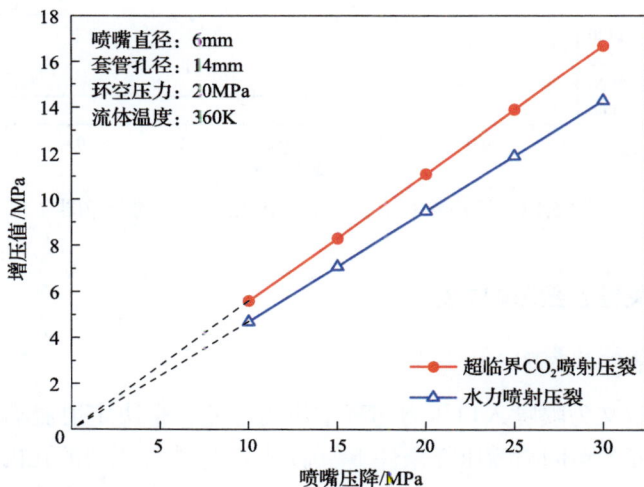

图 5.11　超临界 CO_2 喷射压裂与水力喷射压裂孔内增压值对比

　　由本节"三、超临界 CO_2 喷射压裂孔内增压机理"部分的讨论可知，流体在流动中克服摩擦力做功越小，孔内增压效果越好，而摩擦力的大小受流体黏度的影响很大，所以对比了模拟条件下水和超临界 CO_2 流体的黏度。如上所述，水的黏度设置为 0.334mPa·s，而超临界 CO_2 流体的黏度等参数在孔道轴线上的分布如图 5.12 所示。在喷射压裂的高温高压条件下，当喷嘴压降为 20MPa 时，超临界 CO_2 的黏度在 0.042～0.056mPa·s，仅为水的 12.6%～16.8%。可见，在喷射压裂过程中，超临界 CO_2 流体的黏度远低于水的黏度，这正是超临界 CO_2 喷射压裂在相同条件下具有更强的孔内增压效果的原因。

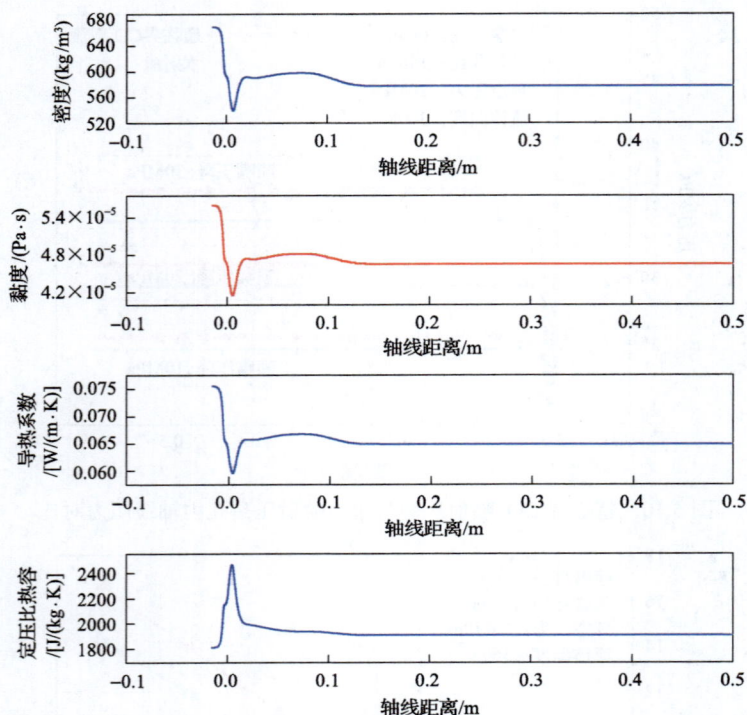

图 5.12　超临界 CO_2 的各参数沿孔道轴线的分布图

五、孔内增压关键参数影响规律

(一)喷嘴压降的影响

喷嘴压降定义为喷嘴入口压力与环空压力之差，是决定射流动能大小的重要参数，因此研究了不同喷嘴压降条件下超临界 CO_2 喷射压裂的孔内压力分布。如图 5.13 所示，在其他参数一定的条件下，喷嘴压降越大，孔内滞止压力越大，而由于环空压力相同，孔内增压值也越大。

如图 5.14 所示，在其他参数一定的条件下，滞止压力和孔内增压值都随着喷嘴压降的增大而线性增大，其中孔内增压值与喷嘴压降近似成正比。这一规律和水力喷射压裂基本相同，这是由于不管是超临界 CO_2 喷射压裂还是水力喷射压裂，喷嘴压降都决定了射流动能的大小，而射流动能最终将会转化为压能，提高孔内压力，形成孔内增压效果。

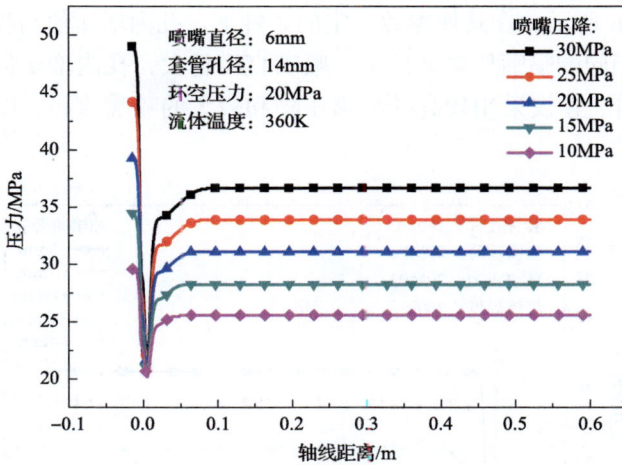

图 5.13 不同喷嘴压降条件下超临界 CO_2 喷射压裂的孔内压力分布

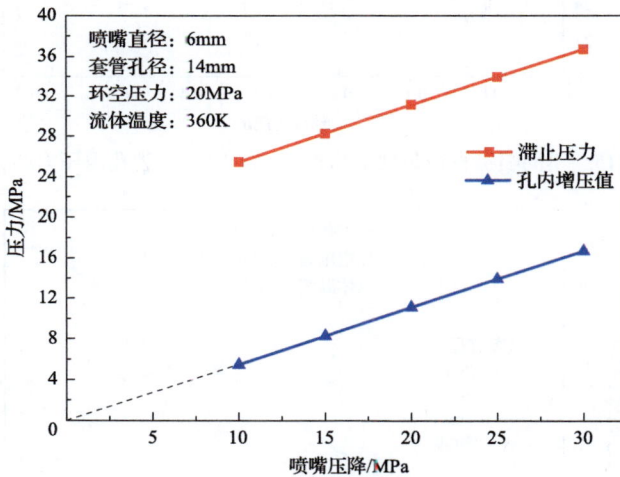

图 5.14 喷嘴压降对滞止压力和孔内增压值的影响

(二)喷嘴直径的影响

喷嘴直径分别设置为 4mm, 5mm, 6mm, 7mm, 8mm, 研究了不同喷嘴直径条件下超临界 CO_2 喷射压裂的孔内压力分布。如图 5.15 所示, 在其他参数一定的条件下, 喷嘴直径越大, 孔内滞止压力越大, 孔内增压值也越大。其原因是在相同的喷嘴压降下, 加大喷嘴直径会增加射流总动能, 从而可以产生更好的孔内增压效果。

图 5.16 表示的是喷嘴压降和喷嘴直径对超临界 CO_2 喷射压裂孔内增压值的

影响。如图 5.16 所示，在其他参数一定的条件下，孔内增压值与喷嘴压降呈正比例关系，而在相同的喷嘴压降条件下，喷嘴直径越大，孔内增压值越大。如果现场设备条件允许，建议采用较高的喷嘴压降和较大的喷嘴直径，以增强孔内增压效果。

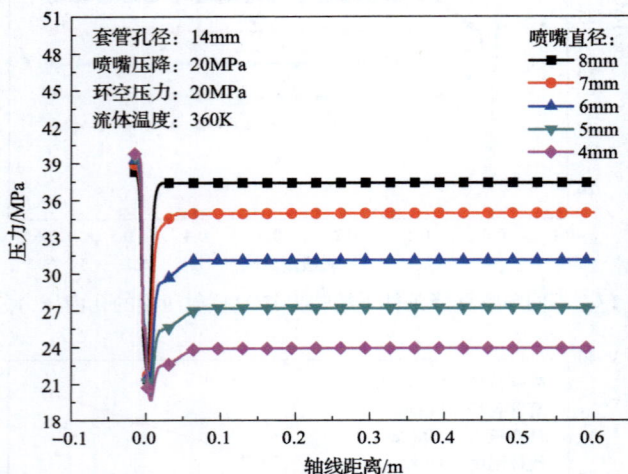

图 5.15　不同喷嘴直径条件下超临界 CO_2 喷射压裂孔内压力的分布

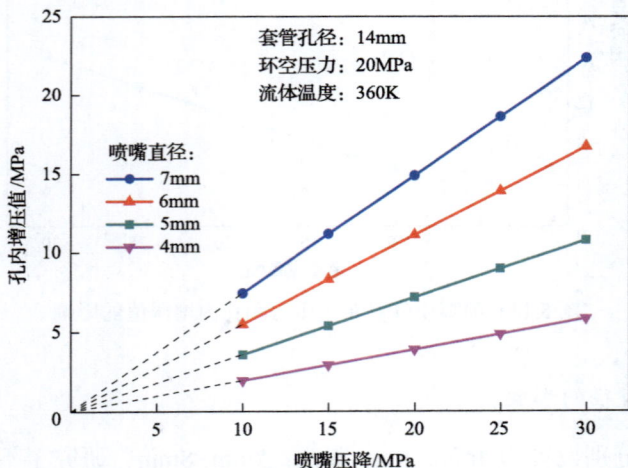

图 5.16　喷嘴压降和喷嘴直径对超临界 CO_2 喷射压裂孔内增压值的影响

(三)套管孔径的影响

在压裂层位利用水射流进行套管开窗，形成的孔眼直径(简称套管孔径)也是影响其射流增压效果的重要参数之一[22]。如图 5.17 所示，在其他参数一定的条件下，套管孔径越大，孔内滞止压力越小，孔内增压值也越小。如图 5.18 所示，在其他参数一定的条件下，孔内滞止压力和孔内增压值都随着套管孔径的增大而减小。

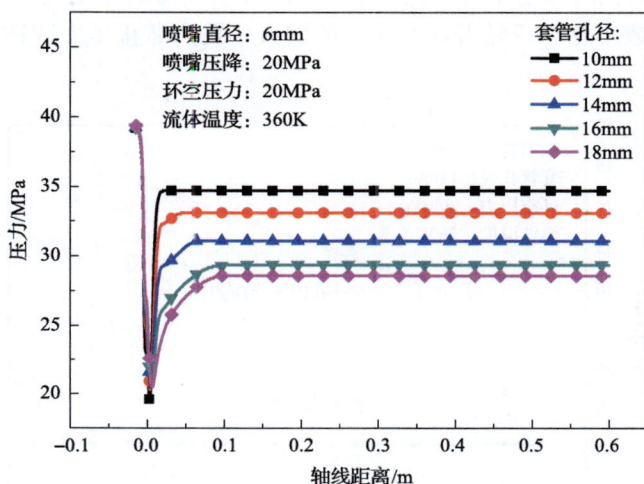

图 5.17　不同套管孔径条件下超临界 CO_2 喷射压裂孔内压力的分布

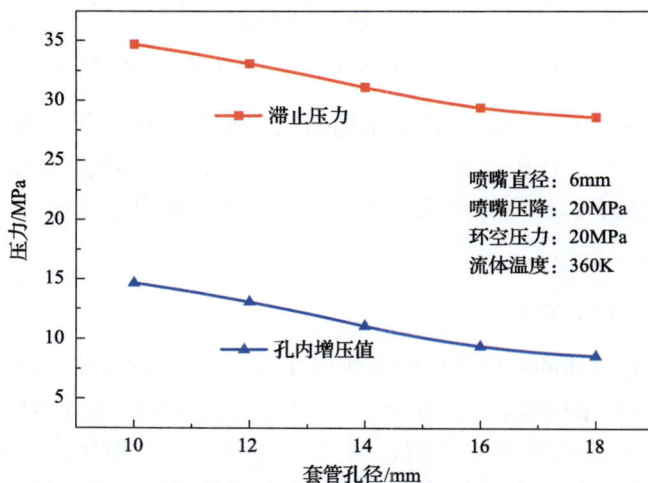

图 5.18　套管孔径对滞止压力和孔内增压值的影响

这是因为超临界 CO_2 进入孔道后将会返回环空，套管孔眼中同时存在着流入和流出孔道的流体，起到了封隔孔内高压流体的作用，可以辅助提高孔内滞止压力。套管孔眼越小，其封隔作用越强，越有助于提高孔内滞止压力，从而保证了更好的孔内增压效果。

（四）环空压力的影响

　　环空压力分别设置为 15MPa，20MPa，25MPa，30MPa，35MPa，研究了超临界 CO_2 喷射压裂的孔内滞止压力和孔内增压值随环空压力的变化规律。如图 5.19 所示，当其他参数不变时，随着环空压力的增大，孔内滞止压力线性增大，但孔内增压值不变。

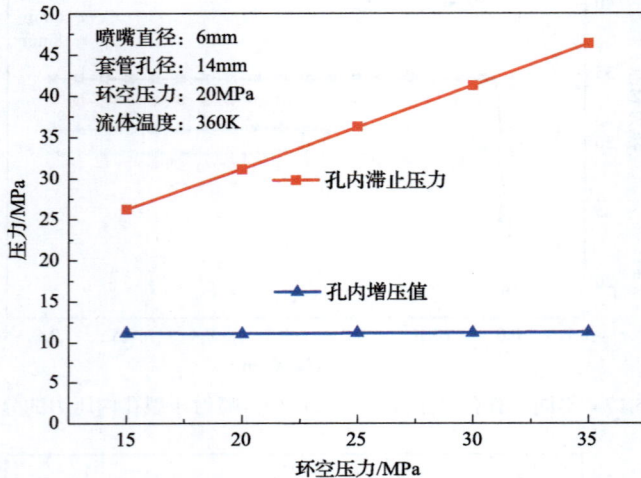

图 5.19　环空压力对孔内滞止压力和孔内增压值的影响

　　这说明，环空压力会影响整个流场的压力水平，环空压力的提高会提高整个流场的压力水平，孔内滞止压力也会随之提高；但是环空压力的提高不会影响射流动能的大小，从而也不会影响孔内增压值（孔内滞止压力与环空压力之差）的大小。

（五）流体温度的影响

　　超临界 CO_2 流体的温度会影响其物理性质参数，而物理性质参数的变化会对超临界 CO_2 射流的结构形态产生影响。为了揭示超临界 CO_2 流体温度对超临界 CO_2 喷射压裂的孔内增压效果的影响，研究了三种不同喷嘴压降（30MPa，20MPa，10MPa）下超临界 CO_2 喷射压裂的孔内增压值随流体温度的变化规律，流体温度分别设置为 300K，320K，340K，360K，380K，400K。

　　如图 5.20 所示，在 300～400K 的温度范围内，三种不同喷嘴压降条件下的孔内增压值曲线基本上都是水平的，表明超临界 CO_2 喷射压裂的孔内增压效果不受超临界 CO_2 流体温度的影响。这是因为尽管超临界 CO_2 流体温度会对流体的物理性质参数（密度、黏度等）产生影响，流体温度却不会对射流动能产生影响，因而也不会影响孔内增压值。

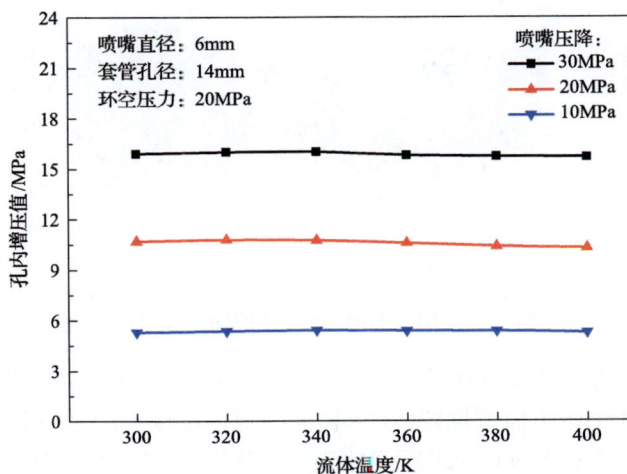

图 5.20　超临界 CO_2 流体温度对孔内增压值的影响

第二节　超临界 CO_2 喷射压裂孔内增压试验

通过开展超临界 CO_2 喷射压裂试验，可以实测得到真实流动条件下的孔内增压值，并且可以与数值模拟结果进行对比，验证数值模型的计算精度。本试验共探究了六种因素对孔内压力和射流增压的影响规律，证实了超临界 CO_2 喷射压裂的可行性，为超临界 CO_2 喷射压裂设计提供了理论参考。

一、试验方案与流程

图 5.21 为该试验所使用的锥形射流喷嘴与模拟套管射孔孔眼。喷嘴是试验设备的核心部件之一，由钨钢材料制成，能够耐 CO_2 腐蚀、耐高压、耐高温、耐冲蚀。模拟射孔孔眼由不锈钢材料制成，包含多种直径。

(a)

(b)

图 5.21　试验用锥形射流喷嘴与模拟套管射孔孔眼

　　根据试验目的，设计研制了如图 5.22 所示的模拟射流孔道。沿着孔道轴线方向，共分布有 13 个压力监测位置，实时监测孔道内部压力沿轴向分布的变化规律。压力数据由霍尼韦尔（Honeywell）压力传感器测得，测试量程与精度分别为 60MPa 和 0.5%。压力数据由图 5.23 所示 NI 数据采集系统采集并实时显示在计算机上，NI 数据采集模块（NI 9203）具有较大的温度使用范围及良好的安全性和抗扰性。

图 5.22　射流孔道模拟试验装置

　　影响水力喷射孔内压力和射流增压的因素主要包括喷嘴压降、围压、喷射距离、喷嘴直径、套管射孔孔径等。考虑到超临界 CO_2 流体的独特性质，本节还考察了流体温度对射流孔内增压效果的影响。将上述试验参数组合，设计了如表 5.1 所示试验方案，并设置一组基准研究参数：入口压力为 30MPa、出口回压为 10MPa、喷嘴直径为 1mm、套管射孔孔径为 3mm、环空间隙为 3mm、流体温度为 353K。研究各影响因素时，参数均在此基础上变化。

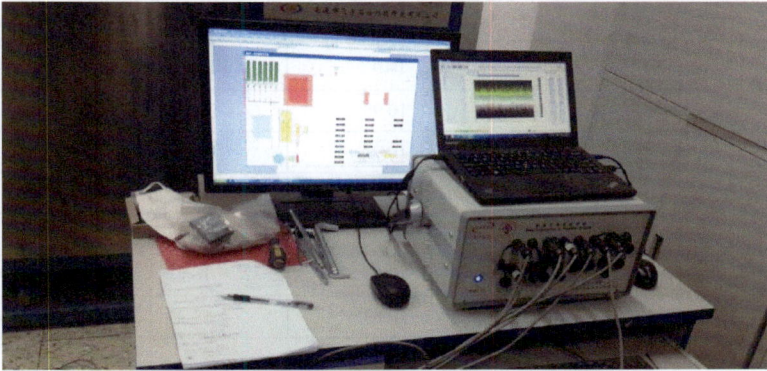

图 5.23　NI 数据采集系统

表 5.1　试验方案

喷嘴压降/MPa	围压/MPa	喷嘴直径/mm	套管射孔孔径/mm	环空间隙/mm	流体温度/K
5, 10, 15, 20, 25, 30	10	1	3	3	353
20	10, 12.5, 15, 17.5, 20	1	3	3	353
20	10	0.7, 0.9, 1.0, 1.1, 1.3	3	3	353
20	10	1	3, 4, 5, 6, 7	3	353
20	10	1	3	3, 4, 6, 8, 10, 14	353
20	10	1	3	3	313, 323, 333, 343, 353, 363, 373

二、关键参数影响规律

(一)喷嘴压降的影响

喷嘴压降是指喷嘴入口压力与出口压力之差，是决定 CO_2 射流动能与射流瞬时流量的重要参数，因此本节研究了喷嘴压降对超临界 CO_2 喷射压裂孔道内外压力的影响。入口压力 p_{in} 分别设定为 15MPa，20MPa，25MPa，30MPa，35MPa，40MPa，围压等其他参数不改变。得到如表 5.2 所示实际测得试验数据及图 5.24 所示数值模拟与部分试验结果的对比。

由表 5.2 和图 5.24 可以看出，随着喷嘴压降增大，孔内滞止压力及孔内增压值相应增大。这是因为，喷嘴压差的增大使射流获得更高的喷射速度，单位时间内的质量流量与动能增大，进入孔道后射流速度迅速衰减为 0，此时射流动能转化为压能并迅速升高，从而使孔内滞止压力与孔内增压值增大。

表 5.2　喷嘴压降试验数据　　　　　　　　（单位：MPa）

喷嘴压降	入口压力	围压	孔内滞止压力	孔内增压值
5	15	10.98	12.13	1.15
10	20	10.92	13.17	2.25
15	25	10.93	14.22	3.29
20	30	10.69	15.17	4.48
25	35	10.87	16.23	5.36
30	40	10.82	17.29	6.47

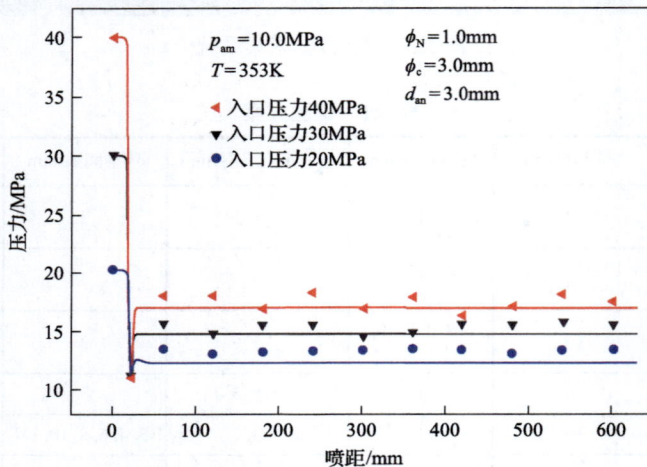

图 5.24　流场压力分布与射流压差

ϕ_N-喷嘴直径；p_{am}-围压；ϕ_c-射孔孔径；T-流体温度；d_{an}-环空间隙

此外，数据显示，数值模拟得到的压力变化曲线与试验测试结果所得到的孔内增压值具有较高的吻合度，二者得出的孔内增压值分别为 4.48MPa 和 4.41MPa，差异在于试验的压力调节与数据采集存在一定的波动误差，因此可以认为该数值模型在该压力条件范围是可行的和可用的。

(二) 围压的影响

在石油工程中，围压随着井深的加深而增大，是影响石油工程钻井、增产等作业效果的重要因素。对于流体介质，围压的影响更为显著。本节研究考察了在恒定压差条件下围压对超临界 CO$_2$ 射流孔内增压效果的影响。设计围压分别为 10MPa，12.5MPa，15MPa，17.5MPa，20MPa，对应射流入口压力分别为 30MPa，32.5MPa，35MPa，37.5MPa，40MPa，其他条件同基准研究参数。得到如表 5.3 所示实际测得试验数据及图 5.25 所示数值模拟与试验结果的对比。

表 5.3 围压试验数据 （单位：MPa）

围压	入口压力	围压	孔内滞止压力	孔内增压值
10	30	10.69	15.17	4.48
12.5	32.5	12.62	17.15	4.53
15	35	15.44	20.18	4.74
17.5	37.5	17.48	22.40	4.92
20	40	20.37	25.34	4.97

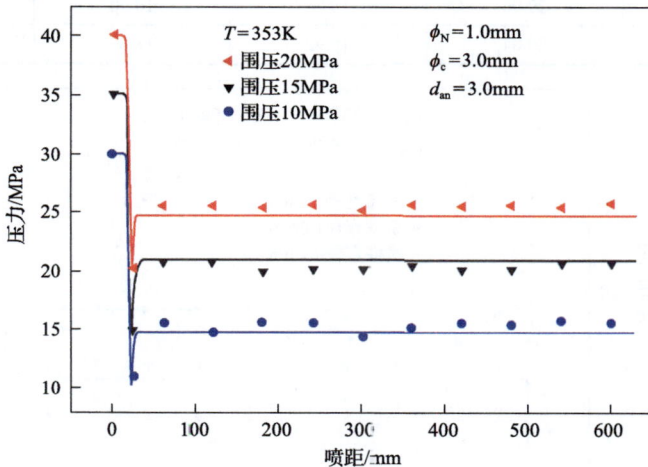

图 5.25 流场压力分布与模拟围压

由表 5.3 和图 5.25 可以看出，沿轴线方向，从射流喷嘴到孔内的滞止压力分布与压降条件下的变化规律类似。恒定压差条件下，孔内增压值随着围压的升高而略有增大。分析认为，虽然流体喷射速度没有发生明显变化，但围压的增大削弱了射流卷吸周围流体的能力，使环空被卷吸进入孔道内的流体减少。此外，围压的增大使射流速度衰减加快。数据显示，围压由 10MPa 增大到 20MPa，射流速度衰减到射流最大速度的 10% 的距离缩短 9.7%，从而使环空中的"负压"效果减弱，射流速度的过早衰减使孔道内不能获得足够的流体质量来产生相同水平的滞止压力，因此孔内增压值随着井底围压的增大而略有减小。

同样，与压差的研究类似，所得孔内增压值试验数据与数值模拟结果具有较高的吻合度，说明该围压范围内的数值模型具有良好的计算精度。

(三)喷嘴直径的影响

喷嘴或水眼直径同样是水力钻井与喷射压裂中重要的参数。本节研究考察了超临界 CO_2 射流孔内增压效果随喷嘴直径的变化规律，选取了直径分别为 0.7mm,

0.9mm, 1.0mm, 1.1mm, 1.3mm 的射流喷嘴, 其他条件同基准研究参数。得到如表 5.4 所示实际测得试验数据及图 5.26 所示数值模拟与试验结果的对比。

表 5.4　喷嘴直径试验结果数据

喷嘴直径/mm	入口压力/MPa	围压/MPa	孔内滞止压力/MPa	孔内增压值/MPa
0.7	29.94	10.11	12.63	2.52
0.9	29.97	10.36	13.93	3.57
1.0	30.01	10.69	15.17	4.48
1.1	29.96	10.78	16.90	6.12
1.3	30.04	10.92	18.66	7.74

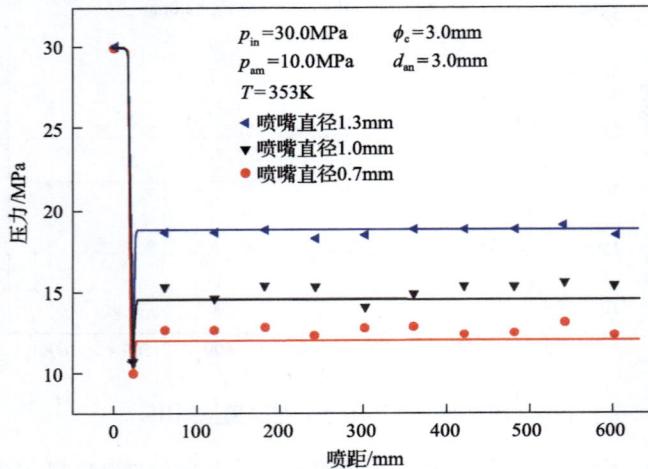

图 5.26　流场压力分布与喷嘴直径

由表 5.4 和图 5.26 可以看出, 在入口压力不变的情况下, 喷嘴直径越大, 孔内滞止压力越大, 孔内增压值也越大。这是因为, 孔内滞止压力与流体动能的转化或单位时间内进入孔道内的液量有关。压力条件不变时, 喷射速度几乎无变化, 随着喷嘴直径增大, 进入孔道内的质量流量增大, 转化为滞止压力的动能增大, 因此孔内增压值随喷嘴直径增大而增大。

类似地, 所得孔内增压值试验数据与数值模拟结果具有较高的吻合度, 说明该喷嘴直径范围内的数值模型具有良好的计算精度。

(四) 射孔孔径的影响

利用磨料射流进行水力射孔时, 套管射孔孔径和喷嘴直径与喷射速度及其扩散角有重要的关系, 并关系到孔内增压值, 因此会影响压裂作业效果。本节研究考察了超临界 CO₂ 射流孔内增压效果随射孔孔径的变化规律, 选取直径分别为

3mm, 4mm, 5mm, 6mm, 7mm 的模拟射孔孔眼，其他条件同基准研究参数，得到如表 5.5 所示实际测得试验数据及图 5.27 所示数值模拟与试验结果的对比。

表 5.5　射孔孔径试验结果数据

射孔孔径/mm	入口压力/MPa	围压/MPa	孔内滞止压力/MPa	孔内增压值/MPa
3	30.01	10.69	15.17	4.48
4	30.06	10.63	13.64	3.01
5	29.94	10.58	12.79	2.21
6	30.01	10.4	11.83	1.43
7	30.02	10.32	10.98	0.66

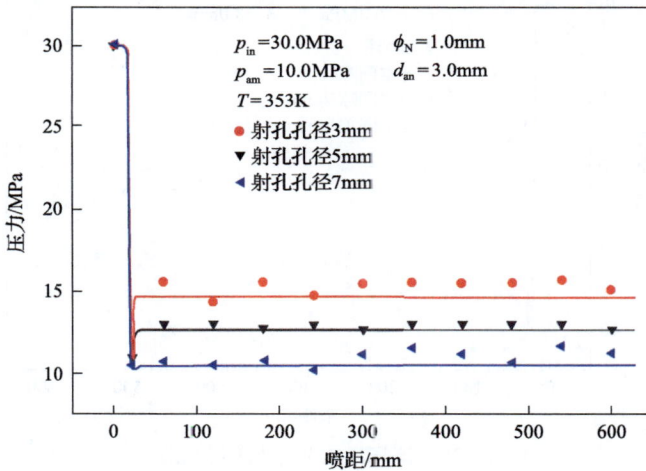

图 5.27　流场压力分布与套管射孔孔径

由表 5.5 和图 5.27 可以看出，射孔孔径越大，孔内增压值越小。分析认为，射流尺寸不变时，套管孔眼增大，孔内流体流出孔道的空间增大、阻力减小，射孔孔眼对内部流体的节流与封隔效果减弱，单位时间内孔道内流体减少，动能转化为静压能降低，因此，孔内滞止压力降低，孔内增压值随之降低。

类似地，所得孔内增压值试验数据与数值模拟结果具有较高的吻合度，说明该套管孔眼直径范围内的数值模型具有良好的计算精度。

（五）环空间隙的影响

环空间隙即射流的实际喷射距离，喷射距离是影响射流作业效果的重要参数。本节研究考察了超临界 CO_2 射流孔内增压效果随环空间隙的变化规律。设置环空间隙分别为 3mm, 4mm, 6mm, 8mm, 10mm, 14mm，其他条件同基准研究参数。得到如表 5.6 所示实际测得试验数据及图 5.28 所示数值模拟与试验结果的对比。

表 5.6　环空间隙试验结果数据

环空间隙/mm	入口压力/MPa	围压/MPa	孔内滞止压力/MPa	孔内增压值/MPa
3	30.01	10.69	15.17	4.48
4	30.03	10.96	15.26	4.30
6	30	10.94	15.05	4.11
8	29.93	10.88	14.79	3.91
10	30.03	10.93	14	3.07
14	29.95	10.90	12.88	1.98

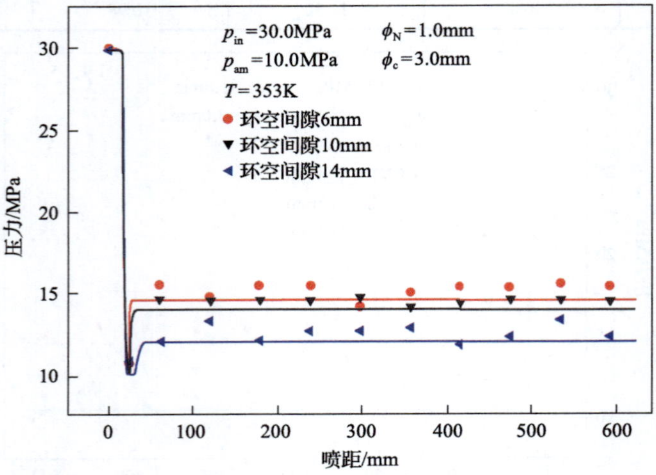

图 5.28　流场压力分布与环空间隙

由表 5.6 和图 5.28 可以看出，随着环空间隙的增大，孔内增压值逐渐减小。这是因为随着环空间隙的增大，射流冲击到射孔孔眼时逐渐发展与扩散。环空间隙较小时，射流未充分发展便冲击到套管上，此时射流径向尺寸小于孔眼直径，对于孔内流体的封隔作用相对较小；环空间隙较大时，发展的射流在径向上不断扩散，与周围流体的摩擦与黏滞使射流轴向速度大幅衰减、动能显著耗散，因此，孔内滞止压力与孔内增压值显著减小。

类似地，所得孔内增压值试验数据与数值模拟结果具有较高的吻合度，说明该环空间隙范围内的数值模型具有良好的计算精度。

(六)流体温度的影响

与常规作业流体不同，超临界 CO_2 流体的密度、黏度等流体物理性质会受到温度的影响。地层温度随着井深的增加而升高，对作业流体的性质是巨大的考验，因此，更加有必要对超临界 CO_2 射流孔内增压效果随流体温度的变化规律进行研究。本节研究设定超临界 CO_2 流体温度分别为 313K, 323K, 333K, 343K, 353K, 363K, 373K，其他条件同基准研究参数。得到如表 5.7 所示试验数据及图 5.29 与图 5.30 所示数值模拟与试验结果的对比。

表 5.7　流体温度试验结果数据

流体温度/K	入口压力/MPa	围压/MPa	孔内滞止压力/MPa	孔内增压值/MPa
313	30.01	10.97	15.58	4.61
323	30.00	10.96	15.49	4.53
333	30.02	10.89	15.33	4.44
343	29.96	10.89	15.25	4.36
353	30.01	10.69	15.17	4.48
363	30.02	10.65	15.24	4.59
373	29.99	10.61	15.28	4.67

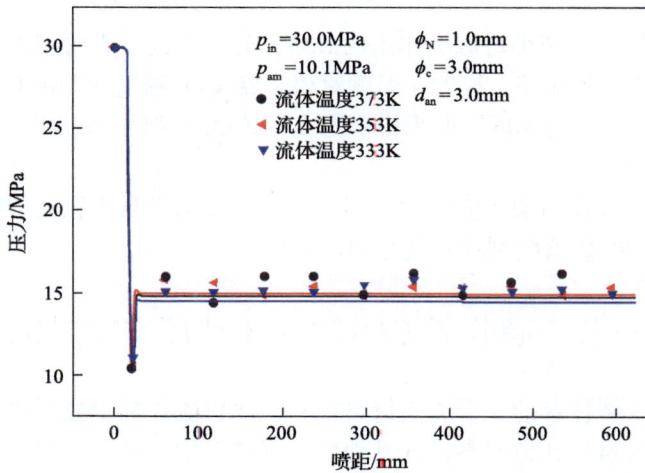

图 5.29　流场压力分布与流体温度

　　由表 5.7 和图 5.29 可以看出，随着流体温度升高，孔内滞止压力与孔内增压值先减小后增大。分析认为，流体温度升高使超临界 CO_2 的流体密度与黏度均减小。流体密度的减小使其动能减小，而流体黏度的减小将使射流速度提高，二者对提高射流动能与孔内增压效果是互为抵消的作用。由图 5.30 可以看出，数值模拟与试验结果均显示出，超临界 CO_2 喷射压裂孔内增压值随流体及环境温度升高呈先减后增的变化规律，但变化范围相对有限。分析认为，在该温度变化范围内，密度与黏度变化的作用比例在前后期不同，流体黏度在压缩环境下的减小幅度有限，后期流体黏度降低对射流速度的提高所起到的作用更大，因此孔内增压效果逐渐提高。此外，贯穿整个温度考察范围，射流速度持续增大、环空压力持续下

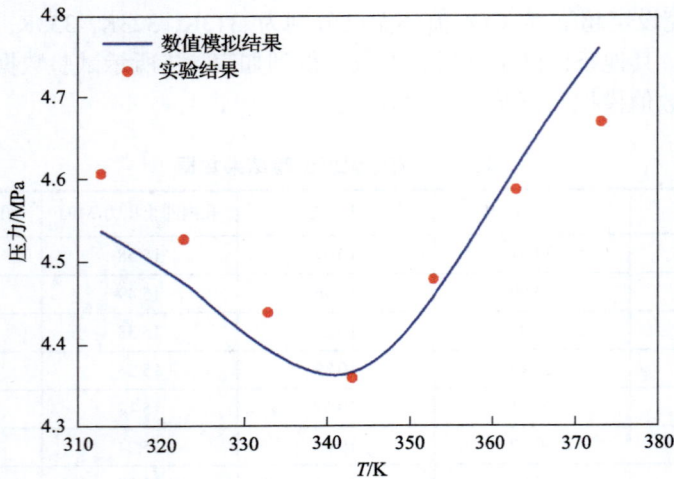

图 5.30　孔内增压值与流体温度

降，说明密度与黏度减小对流场作用的效果较好，有助于卷吸射流周围流体进入孔道、提高孔道内外压差。综上，温度对超临界 CO_2 喷射压裂的孔内增压效果存在拐点，而从作业位置温度角度来讲，超临界 CO_2 喷射压裂在更深的位置应用时将具有更好的效果。

　　类似地，所得孔内增压值试验数据与数值模拟结果具有较高的吻合度，说明该温度变化范围的数值模型具有良好的计算精度。

第三节　超临界 CO_2 喷射压裂环空密封机理

　　水力喷射压裂技术的一个突出特点是利用水射流在环空处形成低压区，使环空高压流体进入目标孔道而不进入其他已压开裂缝中，从而可以不借助机械封隔手段实现分段压裂，这就是水力喷射压裂的环空密封机理 (图 5.31)[7,22,23]。目前国内外学者已对水力喷射压裂的环空密封机理进行了诸多研究[10,22,24]，然而，超临界 CO_2 喷射压裂能否在环空中形成一个低压区，实现环空密封，尚未见文献报道。

　　为了揭示超临界 CO_2 喷射压裂的环空密封机理，利用计算流体力学方法模拟了超临界 CO_2 喷射压裂过程中的环空流场，研究发现了超临界 CO_2 喷射压裂的环空密封效果，得到了环空密封效果的参数影响规律，为该技术的研究与应用提供了理论依据。

一、喷射压裂环空密封模型建立

　　建立了超临界 CO_2 喷射压裂过程中的流场几何模型 (图 5.32)，该模型由喷嘴内部空间、环空、射流孔道和地层裂缝四部分流场区域组成，喷嘴出口处设为横坐标原点。其中，喷嘴为常见的锥形喷嘴；喷距为 8mm；环空计算区域高度为 100mm；地层孔道的前端类似于水力喷射压裂形成的孔道，为纺锤体，后端与地层裂缝平滑连接[14,24]，地层孔道的长度为 480mm，最大直径为 60mm；为了避免出口处的边际效应对流场的影响，裂缝要足够长，设为 360mm，裂缝高度为 58mm。

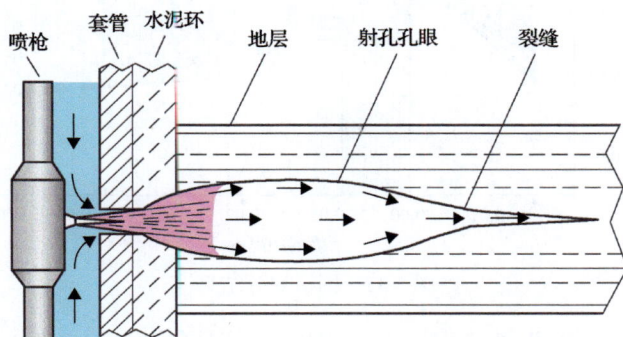

图 5.31　水力喷射压裂环空密封机理示意图[22]

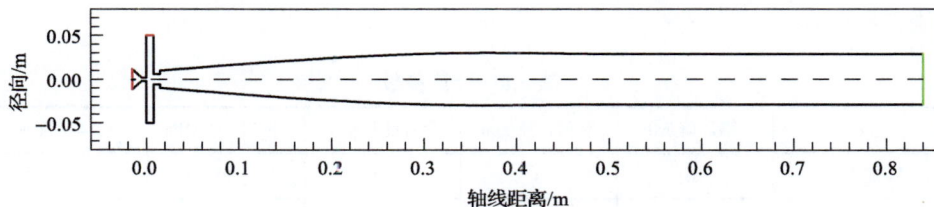

图 5.32　流场几何模型

在超临界 CO_2 压裂阶段中，超临界 CO_2 流体将经由喷嘴和环空同时进入孔道，然后从裂缝末端进入地层。因此，将喷嘴入口和环空设为压力入口边界，其压力值分别等于喷嘴入口压力和环空压力；将裂缝末端设为压力出口边界，其压力值等于裂缝延伸压力；其他边界都设为壁面边界。

如图 5.33 所示，在划分网格时，对局部网格进行加密，网格类型采用结构化网格。

本节首先求解了单个算例（基准算例），并对其结果进行了分析，研究超临界 CO_2 喷射压裂的环空密封原理；其次以基准算例为基础，调整了各关键参数（喷嘴压降、喷嘴直径、套管孔径、环空压力、流体温度）的取值，从而研究各参数对环空密封效果的影响规律，同时也在相同参数条件下模拟了水力喷射压裂的流场，对比了两者的环空密封效果。

在求解基准算例时，将环空压力设为 30MPa，将喷嘴压降设为 20MPa，则喷嘴入口压力为 50MPa，并将裂缝延伸压力假设为 40MPa。假设超临界 CO_2 流体的

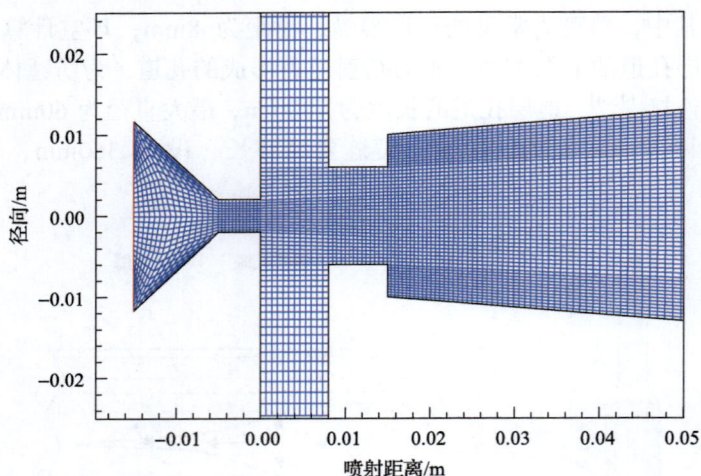

图 5.33　网格划分结果

入口温度为 360K（假设地表温度为 291K，压裂层位井深 2300m，地热梯度为 0.03K/m）。另外，喷嘴直径设为 4mm；套管孔径设为 12mm[22,24]。计算参数设置如表 5.8 所示。

表 5.8　计算参数

参数	喷嘴压降/MPa	喷嘴直径/mm	套管孔径/mm	环空压力/MPa	流体温度/K
基准算例	20	4	12	30	360
喷嘴压降的影响	15, 20, 25, 30	4	12	30	360
喷嘴直径的影响	20	3, 4, 5, 6, 8	12	30	360
套管孔径的影响	20	4	8, 10, 12, 14	30	360
环空压力的影响	20	4	12	25, 30, 35, 40	360
流体温度的影响	20	4	12	30	310, 360, 410, 460

　　由于水的物理性质参数随着温度和压力的变化范围非常小，在水力喷射压裂的流场模拟中水的物理性质参数采用温度为 360K、压力为 30MPa 条件下的值，即密度为 980.5kg/m³，黏度为 0.334mPa·s，导热系数为 0.69W/(m·K)，定压比热容为 4141J/(kg·K)。

二、环空密封机理及关键参数影响规律

　　图 5.34 为超临界 CO_2 喷射压裂的速度云图和压力云图。由图 5.34（a）可知，经过喷嘴收缩段时 CO_2 流体加速，在喷嘴直线段和附近的环空中形成高速的超临界 CO_2 射流，最高射流速度达到 225m/s；同时，如图 5.34（b）压力云图所示，根据伯

努利原理，高速射流在环空中形成低压区，吸引周围流体接近该低压区，然后高速射流卷吸携带周围流体，一同进入套管孔眼和地层孔道，从而利用超临界 CO₂ 射流实现了环空密封。

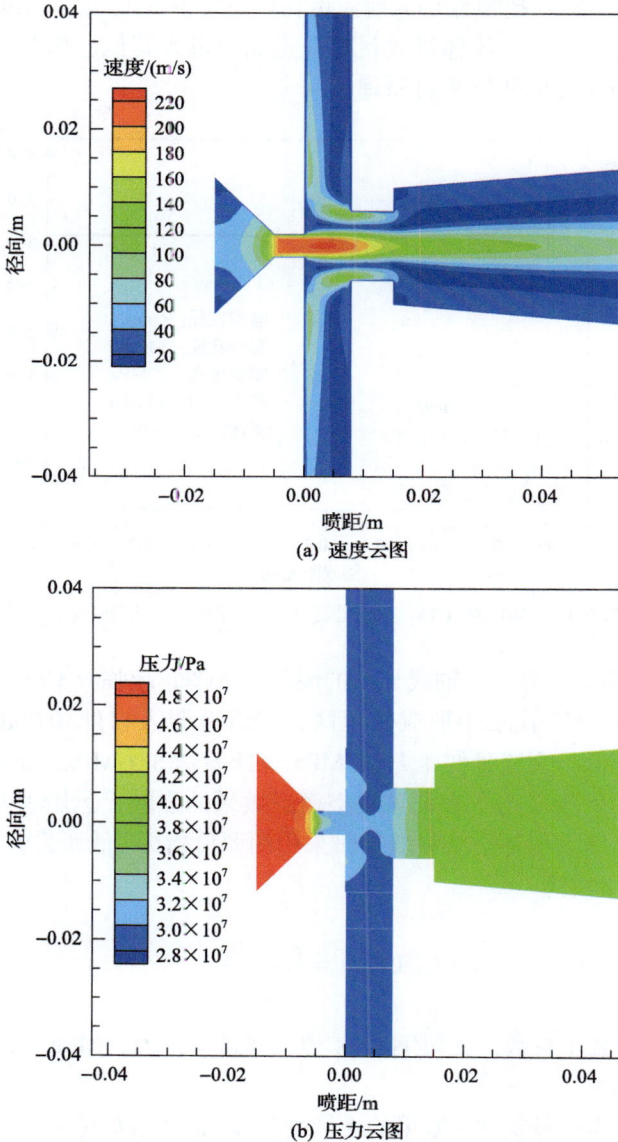

(a) 速度云图

(b) 压力云图

图 5.34　超临界 CO₂ 喷射压裂速度云图和压力云图

图 5.35 是孔道轴线上超临界 CO₂ 喷射压裂压力与速度的分布图，由图可知，在射流轴线上存在着两个能量转换过程：首先，在喷嘴段及附近环空中，流体压

能转化为动能，此时动压力和速度上升，静压力下降；其次，在环空附近的孔道中，动能转化为压能，此时动压力和速度下降，静压力上升；最后，动压力和速度降至极低(动压力为 0.015MPa，速度为 6.8m/s)，而静压力稳定为裂缝延伸压力(40MPa)。可见，高速的超临界 CO_2 射流可在环空中形成低压区(压能转化为动能)，该低压区会促使环空注入流体进入目标孔道而不进入其他已压开裂缝中，这就是超临界 CO_2 喷射压裂的环空密封原理。

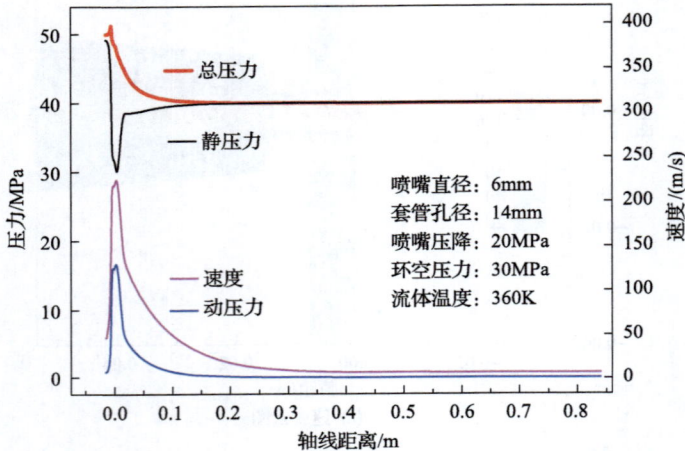

图 5.35　超临界 CO_2 喷射压裂压力与速度沿孔道轴线的分布

　　图 5.36 为静压力沿孔道轴线分布的局部放大图，超临界 CO_2 高速射流进入环空中，在环空及套管孔眼中形成低压区，套管孔眼入口处(0.008m)的压力值为 31.97MPa，显著低于裂缝延伸压力(40MPa)，压差达 8.03MPa，证明了超临界 CO_2 射流的环空密封效果。为了表征该环空密封效果的强弱，运用了文献中盛茂博士在评价水力喷射压裂的环空密封效果时采用的评价指标"低压系数"(low- pressure ratio)[24]，其定义式为

$$LP_{ratio} = \frac{p_f - p_a}{p_f} \tag{5.8}$$

式中，LP_{ratio} 为低压系数，无量纲；p_f 为裂缝延伸压力，MPa；p_a 为套管孔眼入口处的压力，MPa。

　　低压系数是表征环空密封效果的无量纲参数，低压系数越大，密封效果越好[24]。

　　(一)喷嘴压降的影响

　　喷嘴压降是决定射流能量大小的关键参数，本小节研究了喷嘴压降对超临界

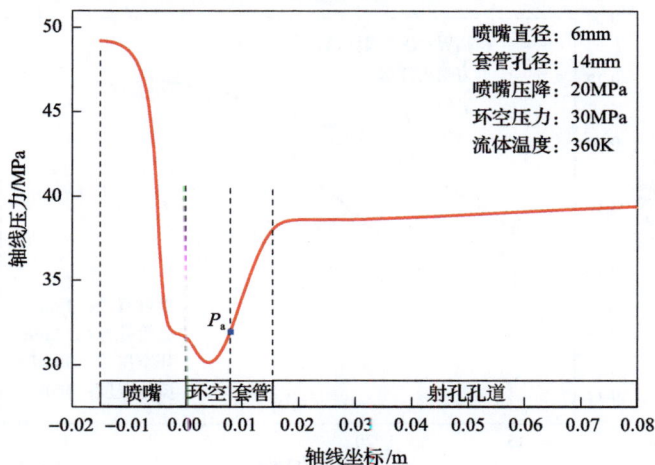

图 5.36　超临界 CO_2 喷射压裂静压力沿孔道轴线的分布

CO_2 喷射压裂环空密封效果的影响。如图 5.37 和图 5.38 所示,在其他参数不变的条件下,喷嘴压降越大,环空及相邻孔道中的压力值越低,低压系数越大,这表明超临界 CO_2 喷射压裂的环空密封效果随着喷嘴压降的增大而提高。这主要是因为喷嘴压降越大,射流速度越大,射流形成的低压区的压力也就越低,越容易卷吸环空流体进入低压区,因此环空密封效果也就越好。另外,如图 5.38 所示,在相同条件下,超临界 CO_2 喷射压裂的环空密封效果强于水力喷射压裂。

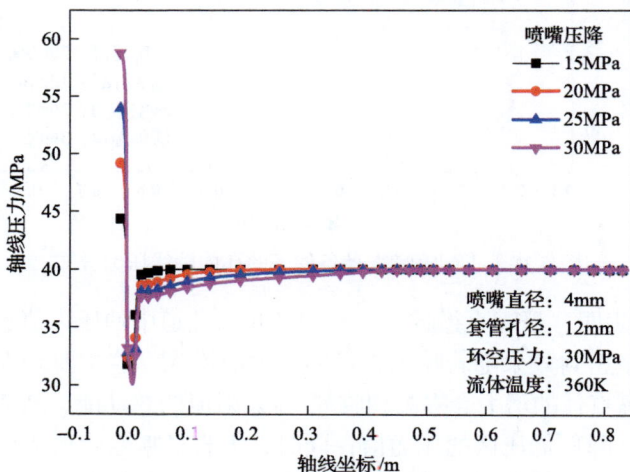

图 5.37　不同喷嘴压降条件下的孔内轴线压力分布

(二)喷嘴直径的影响

本小节研究了喷嘴直径对超临界 CO_2 喷射压裂环空密封效果的影响。图 5.39

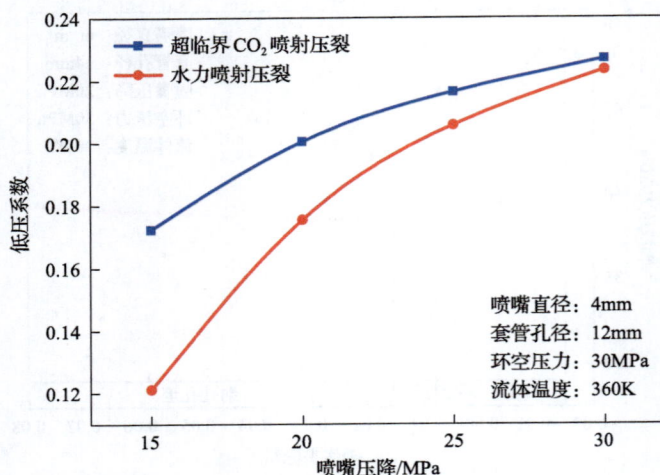

图 5.38　喷嘴压降对低压系数的影响

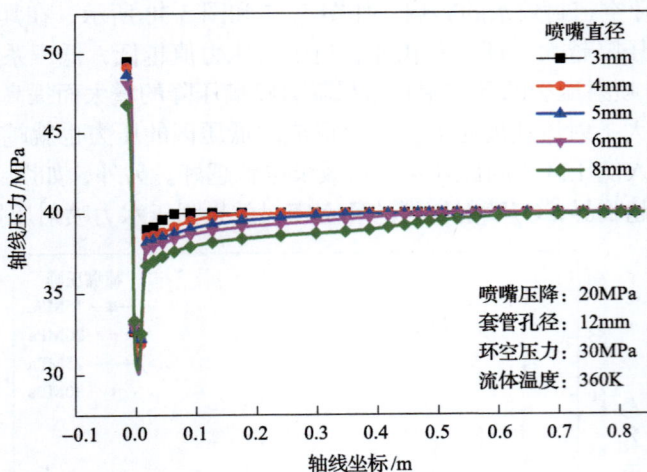

图 5.39　不同喷嘴直径条件下的孔内轴线压力分布

和图 5.40 结果表明：喷嘴直径越大，环空及相邻孔道中的压力值越低，低压系数越大，表明环空密封效果随着喷嘴直径的增大而增强。这主要是因为在相同的喷嘴压降下，喷嘴直径的增大会提高超临界 CO_2 射流的总动能，从而增大射流核心区的射流速度，降低低压区的压力值；同时，大直径喷嘴会形成更大的低压区，对环空流体产生更好的卷吸效果。因此，在现场设备条件允许的情况下，采用大直径喷嘴和高喷嘴压降，可提高超临界 CO_2 喷射压裂的环空密封效果。

(三) 套管孔径的影响

套管孔径分别设置为 8mm, 10mm, 12mm, 14mm，本小节研究了不同套管孔径

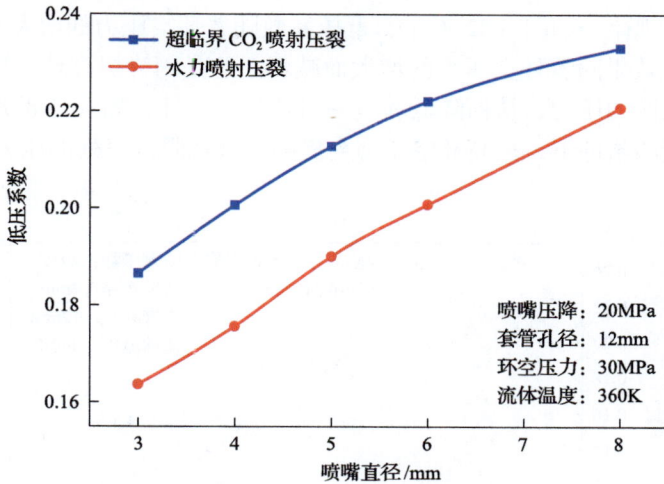

图 5.40　喷嘴直径对低压系数的影响

条件下超临界 CO_2 喷射压裂的低压系数。如图 5.41 所示，低压系数随着套管孔径的增大而减小，这表明超临界 CO_2 喷射压裂的环空密封效果随着套管孔径的增大而减弱。这主要是因为，套管孔眼是超临界 CO_2 射流及其卷吸的环空流体一同进入地层孔道的通道，它封隔了相对低压的环空和相对高压的地层孔道，因此套管孔径越小，环空压力就越不容易受到孔道中高压的影响，环空密封效果也就越好。

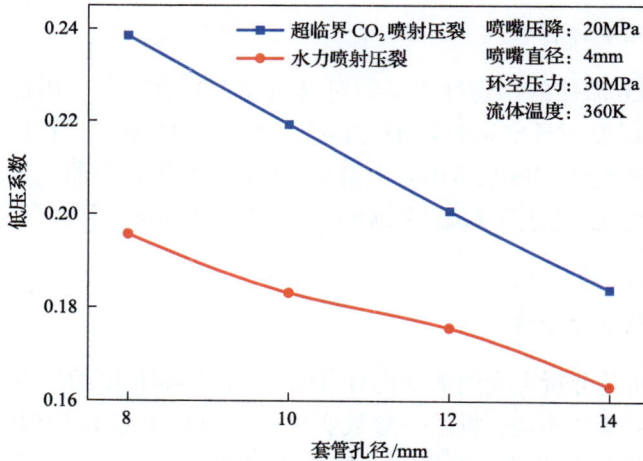

图 5.41　套管孔径对低压系数的影响

（四）环空压力的影响

环空压力是影响流场压力水平的重要参数，本小节研究了环空压力对环空密封效果的影响规律。如图 5.42 所示，低压系数随着环空压力的增大而显著减小，表明环空密封效果随着环空压力的增大而减弱。这是因为提高环空压力会提高射流形成的低压区的压力，从而降低环空密封效果。另外，如式(5.8)所示，在裂缝延伸压力不变的条件下，提高环空压力会提高套管孔眼入口处的压力 p_a，从而降低低压系数。

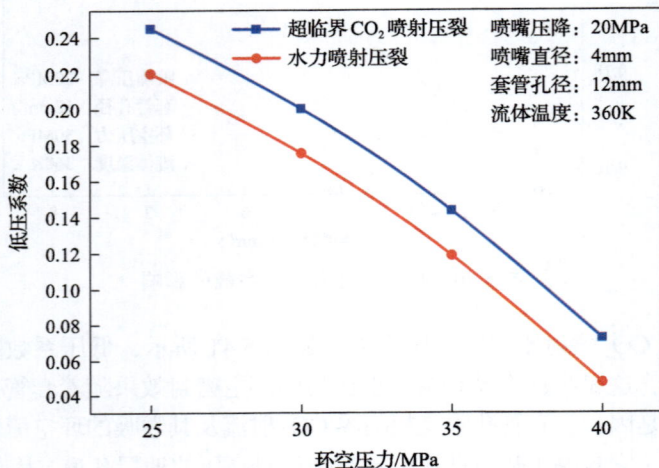

图 5.42　环空压力对低压系数的影响

(五)流体温度的影响

超临界 CO_2 流体的物理性质参数对其温度十分敏感[25]，因此有必要研究超临界 CO_2 流体温度对环空密封效果的影响。如图 5.43 所示，在四种不同的喷嘴压降条件下，当流体温度从 310K 上升至 460K，低压系数曲线基本保持水平，没有发生显著变化。这表明超临界 CO_2 喷射压裂的环空密封效果受流体温度的影响极小。

(六)参数敏感性分析

敏感性分析是分析可变因素变化对目标函数的影响程度的分析方法。如图 5.44 所示，保持其他参数不变，将某一参数变化一定的幅度，来研究其对超临界 CO_2 喷射压裂环空密封效果的影响程度。如图 5.44 所示，首先，喷嘴压降和喷嘴直径的提高都有利于增强环空密封效果，其中喷嘴压降的影响稍大一些；其次，环空压力和套管孔径的提高都会降低环空密封效果，其中环空压力的影响更为显著；最后，流体温度对环空密封效果的影响极小，其变化曲线基本与 x 轴重合。

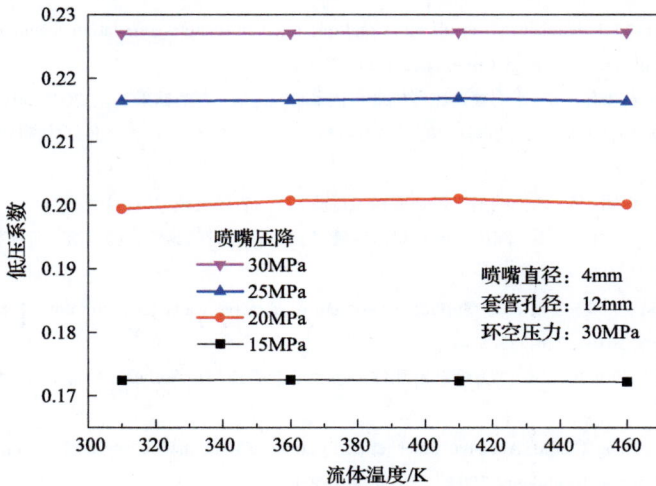

图 5.43　超临界 CO_2 流体温度对低压系数的影响

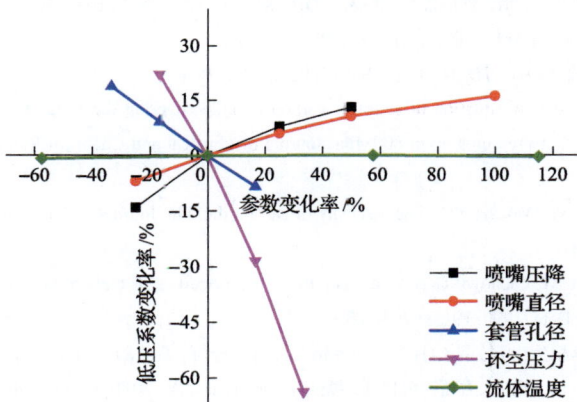

图 5.44　环空密封效果参数敏感性分析

参 考 文 献

[1] McDaniel B W, Ron W, Loyd E, et al. Coiled-tubing deployment of hydrajet-fracturing technique enhances safety and flexibility, reduces job time. The SPE Annual Technical Conference and Exhibition, Houston, 2004.

[2] Surjaatmadja J B. Multioriented fracturing in unconventional reservoirs offers improved production by better connectivity. Journal of Canadian Petroleum Technology, 2012, 51 (1) : 20-31.

[3] 盛茂, 李根生, 黄中伟, 等. 水力喷射孔内射流增压规律数值模拟研究. 钻采工艺, 2011, 34 (2) : 42-45.

[4] Huang Z W, Li G S, Niu J L, et al. Application of abrasive water jet perforation assisting fracturing. Petroleum Science and Technology, 2008, 26 (6) : 717-725.

[5] Stanojcic M, Jaripatke O A, Sharma A. Pinpoint fracturing technologies: A review of successful evolution of multistage fracturing in the last decade. Society of Petroleum Engineers, The Woodlands, 2010.

[6] East L E, Rosato M J, Farabee M, et al. New multiple-interval fracture-stimulation technique without packers. International Petroleum Technology Conference, Doha, 2005.

[7] 田守嶒, 李根生, 黄中伟, 等. 水力喷射压裂机理与技术研究进展. 石油钻采工艺, 2008, 30(1): 58-62.

[8] 曲海, 李根生, 黄中伟, 等. 水力喷射压裂孔道内部增压机制. 中国石油大学学报(自然科学版), 2010, 34(5): 73-76.

[9] 任勇, 赵粉霞, 王效明, 等. 水力喷射工具地面模拟试验. 石油矿场机械, 2011, 40(8): 4.

[10] 李根生, 马东军, 黄中伟, 等. 围压下磨料射流套管开孔形状和时间参数试验研究. 流体机械, 2011, 39(3): 1-4.

[11] Huang Z W, Niu J L, Li G S, et al. Surface experiment of abrasive water jet perforation. Petroleum Science and Technology, 2008, 26(6): 726-733.

[12] 宫俊峰, 黄中伟, 李根生, 等. 水力喷砂射孔辅助压裂填砂机理与现场试验. 石油天然气学报, 2007, 29(4): 136-139.

[13] Li G S, Niu J L, Song J, et al. Abrasive water jet perforation—An alternative approach to enhance oil production. Petroleum Science and Technology, 2004, 22(5-6): 491-504.

[14] 牛继磊, 李根生, 宋剑, 等. 水力喷砂射孔参数试验研究. 石油钻探技术, 2003, (2): 14-16.

[15] 李根生, 王海柱, 沈忠厚, 等. 连续油管超临界 CO_2 喷射压裂方法: CN102168545B. 2013-11-06.

[16] 王福军. 计算流体动力学分析. 北京: 清华大学出版社, 2004.

[17] 韩布兴等. 超临界流体科学与技术. 北京: 中国石化出版社, 2005.

[18] Span R, Wagner W. A new equation of state for carbon dioxide covering the fluid region from the triple‐point temperature to 1100K at pressures up to 800MPa. Journal of Physical and Chemical Reference Data, 1996, 25(6): 1509-1596.

[19] Fenghour A, Vesovic V, Wakeham W. The viscosity of carbon dioxide. Journal of Physical and Chemical Reference Data, 1998, 27(1): 31-44.

[20] Vesovic V, Wakeham W, Olchowy G A, et al. The transport properties of carbon dioxide. Journal of Physical and Chemical Reference Data, 1990, 19(3): 763-808.

[21] 沈忠厚, 王海柱, 李根生. 超临界 CO_2 连续油管钻井可行性分析. 石油勘探与开发, 2010, 37(6): 2.

[22] 曲海, 李根生, 黄中伟, 等. 水力喷射分段压裂密封机理. 石油学报, 2011, 32(3): 514-517.

[23] 田守嶒, 李根生, 黄中伟, 等. 连续油管水力喷射压裂技术. 天然气工业, 2008, 28(8): 61-63.

[24] Sheng M, Li G, Huang Z, et al. Experimental study on hydraulic isolation mechanism during hydra-jet fracturing. Experimental Thermal and Fluid Science, 2013, 44: 722-726.

[25] 彭英利, 马承愚. 超临界流体技术应用手册. 北京: 化学工业出版社, 2005.

第六章　超临界 CO_2 压裂起裂机理

对于非常规油气资源，当前普遍认为的有效开发方式是水平井+大规模水力压裂。大规模水力压裂作业虽然效果显著，但同样会带来一系列环境和储层污染问题。国内外研究者提出利用无水流体进行压裂改造的概念，尝试通过使用更绿色、安全的压裂流体来解决环境破坏、地层污染、水源不足等问题。经过研究探索，超临界 CO_2 被认为是一种具有前景的，可有效开发非常规油气的工作流体。由于其特殊的物理、化学性质，逐渐被考虑应用于钻井破岩、储层压裂改造及油气驱替等作业过程，针对不同的作业工况，国内外学者开展了大量基础研究和现场试验。然而，超临界 CO_2 注入地层后，会与储层岩石发生作用，该过程对储层压裂改造效果有重要影响；此外，超临界 CO_2 压裂致密储层的裂缝起裂机理仍不清晰，尤其是系统地对压裂诱导裂缝进行定量描述的相关报道较少。因此，有必要对此开展相关研究，探索超临界 CO_2 与储层岩石的相互作用机制和超临界 CO_2 压裂起裂机理及裂缝扩展特性，为超临界 CO_2 无水压裂的现场应用提供理论参考和技术指导。

第一节　超临界 CO_2 与储层岩石相互作用机制

在利用超临界 CO_2 作为压裂流体开发油气资源的过程中，其会与储层岩石接触并发生系列物理化学作用，它们之间的相互作用将直接影响井壁稳定性、压裂效果及压后返排情况等。因此，开展超临界 CO_2 与储层岩石相互作用机制的研究具有重要意义，不仅有助于认识超临界 CO_2 流体与储层岩石的作用关系，而且可以为超临界 CO_2 压裂施工和储层改造提供理论基础与参数指导。本章研究将利用致密砂岩和页岩作为试验岩样，并设计模拟储层温压条件的 CO_2 与岩石相互作用装置，探究不同试验条件下超临界 CO_2 对岩石的矿物组分、微观结构及力学性质等的影响规律。通过对比反应前后的性质变化，分析超临界 CO_2 流体与岩石的相互作用机制。

一、超临界 CO_2 与岩石作用试验装置和材料

(一)试验装置

为了研究不同温度、压力和作用时间等条件下，超临界 CO_2 对不同岩样力学

性质的影响，设计并开展了超临界 CO_2 与岩心作用试验和作用前后岩石的强度、波速、矿物成分等测试试验。

超临界 CO_2 与岩心作用试验装置是在超临界 CO_2 循环系统[1](该设备可用于超临界 CO_2 破岩、支撑剂运移等试验)的基础上，进一步设计加工了模拟储层环境的岩心反应装置，如图 6.1 所示。该装置连接于超临界 CO_2 循环系统的 CO_2 缓冲罐出口处(提供试验用超临界 CO_2)，为超临界 CO_2 与岩心提供反应场所。该反应装置为圆柱状的金属密封反应釜，内部掏空成直径 100mm、高 300mm 的反应腔，顶部为螺纹和胶圈密封的密封配件，并连接入口管线。在反应釜底部开有泄压孔和安全阀，为了控制试验温度整个试验过程反应釜置于恒温箱中，压力传感器和温度计记录反应装置内的压力和温度，该反应釜的承压能力为 35MPa，可实现最高 200℃的反应条件。

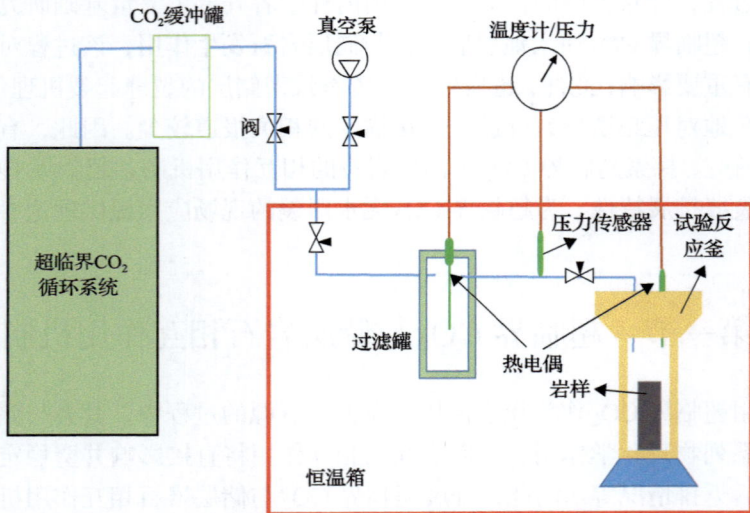

图 6.1　超临界 CO_2 与岩石作用试验流程图

超临界 CO_2 与岩石作用后，进一步开展岩石表面形貌、矿物组分及力学性质等测试试验。这些测试主要涉及的试验装置包括抗压强度试验装置、抗拉强度试验装置、波速测试仪、X 射线衍射仪(XRD)、扫描电子显微镜(SEM)等。在抗拉、抗压测试过程中，岩样通常会发生破碎，因此超临界 CO_2 作用前后的强度测试不可能采用同一块岩样。为了减小两次测试的误差，在标准岩样制备过程中，采用同一块岩石露头进行取心，并经过切割、研磨等操作制成三块尺寸相同的标准岩样。而在岩石表面形貌及波速等参数测试过程中，岩样通常不会发生明显的破碎，因此选取同一块岩样作为试验反应岩心，并在作用前对目标位置进行标记，以确保反应前后两次测试或扫描的位置相同。

（二）试验岩样

试验所使用的岩样有两种，一种为取自延长石油长 6 组的致密砂岩，该区块岩石主要由石英、斜长石和黏土矿物等成分组成；另一种为取自四川盆地长宁地区的页岩露头，主要由石英、钾长石、斜长石、方解石、白云石、黄铁矿和黏土矿物等成分组成。为了保证试验的准确性，取心位置集中在原始岩样的某一个小区域，并将每一块钻取的岩心进行切割、打磨等操作，制作成多块标准试件。制作过程中，舍弃部分岩性及原始层理分布差异较大的岩样。根据不同测试设备的需求，试验采用 $\phi25mm \times 50mm$、$\phi25mm \times 5mm$ 两种标准尺寸的圆柱形岩样，部分成品岩样如图 6.2 所示。

(a) $\phi25mm \times 50mm$ 的致密砂岩岩样

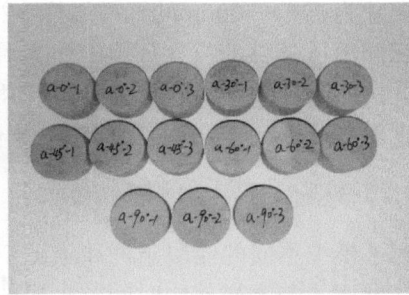
(b) $\phi25mm \times 5mm$ 的致密砂岩岩样

(c) $\phi25mm \times 50mm$ 和 $\phi25mm \times 5mm$ 的页岩岩样

图 6.2　部分试验岩样实物图

二、试验流程和方案

（一）试验方法和流程

根据岩石在测试过程中是否破碎，可将试验分为两种不同的模式。对于测试过程岩石不发生破碎的情况，如岩石表面形貌扫描、矿物成分测试，需将超临界 CO_2 作用前后同一块岩样的目标观测区进行标注，从而保证试验的准确性和科学性。对于测试过程中岩石发生破碎的情况，则需要准备多块岩样作为对照，尽量保证超临界 CO_2 作用前后的试验岩心性质相同。

超临界 CO_2 对岩石表面微观结构的影响试验过程：①各取三块 $\phi25\times5mm$ 的圆柱形岩样，置于 50℃电热鼓风干燥箱中烘干 48h，待岩样 24h 内质量变化不超过 0.1%时取出；②对岩样目标扫描区域做好标记，然后进行 SEM、XRD 等测试，得到其与超临界 CO_2 反应前的岩样表面结构特征；③将扫描完成的岩心置于反应装置内，对反应釜及管线抽真空，随后注入超临界 CO_2，保持在温度 40℃、压力 10MPa 的条件下反应 48h；④将超临界 CO_2 作用后的岩样进行 XRD、SEM 等测试，获取与超临界 CO_2 反应后的岩样表面结构特征。

超临界 CO_2 对岩石力学性质的影响试验过程：①按照试验方案，各选取指定数量尺寸为 $\phi25\times50mm$ 的标准岩样，然后将岩样分组并编号，选择其中一组岩样置于相同温压条件的氮气环境中作为对照组；②改变其他试验因素，试验过程同上；③按照编号顺序将超临界 CO_2 作用前后的岩样进行巴西劈裂、抗压强度、波速测定等试验。

(二)试验方案

为了模拟不同的储层条件和施工工况，试验需要控制的参数为超临界 CO_2 的压力、温度、与岩样作用时间及页岩的含水率，试验过程中采用控制变量法逐步改变参数。根据地层压力和温度梯度(通常为 0.01MPa/m 和 20~25℃/km)，结合设备的试验能力，设计试验反应压力为 8~16MPa，试验温度为 40~80℃。具体的试验方案如表 6.1 和表 6.2 所示。

表 6.1　超临界 CO_2 与致密砂岩作用试验方案

编号		试验压力/MPa	试验温度/℃	与岩样作用时间/h	备注
s0	0~3	10	40	24	N_2 环境对照试验
s1	4~6	8	40	24	试验压力对试验的影响
	7~9	10			
	10~12	12			
	13~15	14			
	16~18	16			
s2	—	10	40	24	试验温度对试验的影响
	19~21		50		
	22~24		60		
	25~27		70		

续表

编号		试验压力/MPa	试验温度/℃	与岩样作用时间/h	备注
s3	28～30	10	40	12	岩心作用时间对试验的影响
	—			24	
	31～33			36	
	34～36			48	
	37～39			60	

表 6.2 超临界 CO_2 与页岩作用试验方案

编号	试验压力/MPa	试验温度/℃	岩心作用时间/h	含水率/%	备注
S0	0.1	40	0	1.0	对照试验
S1	10	40	36	1.0	试验温度对试验的影响
		50			
		60			
		70			
S2	10	40	12	1.0	岩心作用时间对试验的影响
			24		
			36		
			48		
			60		
S3	10	40	36	0	含水率对试验的影响
				0.2	
				0.4	
				0.6	
				0.8	
				1.0	

三、超临界 CO_2 与岩石相互作用特性

通过一系列岩石与超临界 CO_2 反应及测试试验,获取了不同压力、温度条件下超临界 CO_2 对岩石物理性质的影响特征及矿物成分的变化结果。本节将对超临界 CO_2 与致密砂岩、页岩相互作用特性进行分析,并阐明不同试验条件对致密砂岩、页岩性质的影响规律,进一步得到超临界 CO_2 与岩石耦合作用机制,为后期压裂机理的认识奠定一定的基础。

（一）超临界 CO_2 对岩石表面微观结构的影响

对超临界 CO_2 作用前后的致密砂岩岩样进行扫描电镜观察，获得的部分目标区域微观结构如图 6.3 所示。可以看出作用后的致密砂岩表面有一些微观颗粒物质消失或形状减小，产生这种结果的原因可能是超临界 CO_2 作用后岩石表面的部分物质被溶解了。超临界 CO_2 具有黏度低、扩散性强、表面张力低等特点，可以作为有机溶剂从致密砂岩中提取出非极性脂肪和多环芳烃，同样，作为一种酸性流体也能溶解一些无机矿物[2,3]。因此，会重新产生一些新的孔隙和微裂缝，这将有助于油气开采。并且，经过超临界 CO_2 作用的致密砂岩，其表面部分微孔隙和裂缝变窄[4,5]。产生这种结果可能存在多种原因：首先，CO_2 的吸附溶胀作用使部分岩石体积膨胀，导致裂缝孔隙变窄；其次，可以发现某些区域也出现新的固体颗粒，这些颗粒是因为碳酸盐溶解产生的钙离子和镁离子重新生成了沉淀附着在页岩孔隙上，这种结果也会使岩石孔隙变窄。因此，超临界 CO_2 与致密砂岩相互作用对岩石的矿物组成和孔隙结构具有复杂的影响机制，该过程中孔隙度和渗透率变化特性将在后续章节详细介绍。

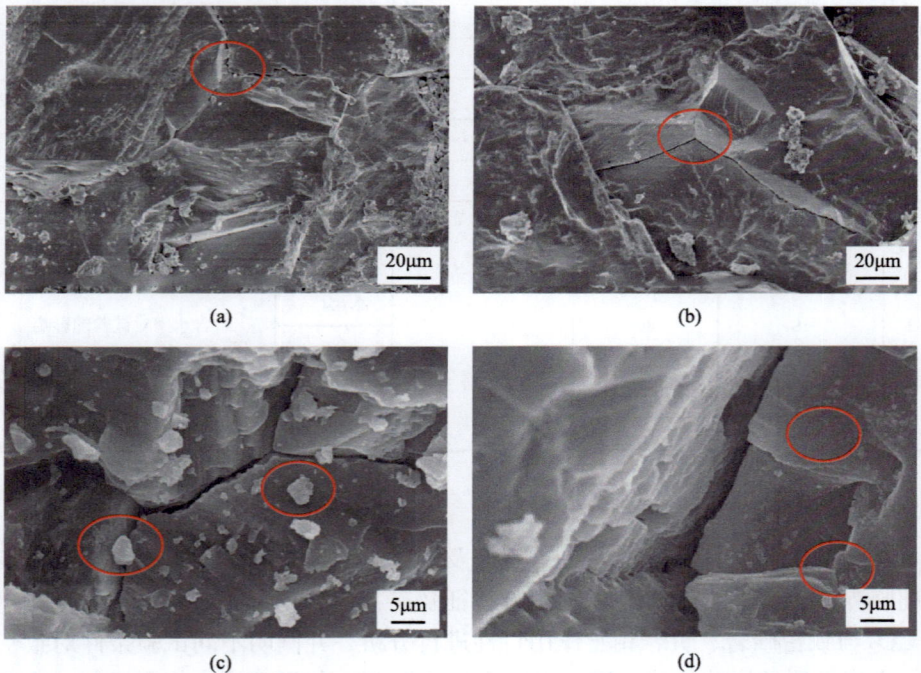

(a) (b)

(c) (d)

图 6.3 超临界 CO_2 作用前后的致密砂岩表面微观结构特性

(a)、(c)表示超临界 CO_2 作用前，(b)、(d)表示超临界 CO_2 作用后通过扫描电镜观察超临界 CO_2 作用前后页岩试样部分目标区域的微观结构如图 6.4 所示。与致密砂岩相似，超临界 CO_2 作用后页岩中的部分原位物质消失，并产生了微孔。此外，超临界 CO_2 处理后的样品表面比未处理的粗糙。产生这一结果的原因是一些矿物被溶解，有机物被超临界 CO_2 萃取。

图 6.4　超临界 CO_2 作用前后的页岩表面微观结构特性
(a)、(c) 表示超临界 CO_2 作用前；(b)、(d) 表示超临界 CO_2 作用后

(二)超临界 CO_2 对岩石矿物成分的影响

经过对超临界 CO_2 作用前后的岩石样品进行 XRD 分析，得到砂岩主要由石英、斜长石、黏土矿物(绿泥石占主导)、钾长石及部分碳酸盐岩(方解石、白云石)等矿物组成；页岩主要由石英、钾长石、斜长石、方解石、白云石、黏土矿物和黄铁矿等矿物组成。超临界 CO_2 作用前后砂岩和页岩矿物成分的变化结果分别如表 6.3 和表 6.4 所示。

从表 6.3 可以看出，三组砂岩岩样的主要矿物组成类型基本相同，都含有大量的石英、斜长石和黏土矿物等，碳酸盐岩的含量相对较少，超临界 CO_2 作用前后矿物成分相对比例发生了不同程度的变化。原始岩样中石英的含量(质量分数，下同)范围为 25.4%～30.0%，平均值为 27.2%；斜长石的平均含量为 28.7%，黏土矿

表 6.3　超临界 CO_2 作用前后砂岩的矿物组成　　　　　（单位：%）

岩样	状态	w（矿物含量）						
		石英	黏土矿物	斜长石	钾长石	方解石	白云石	其他成分
S1	超临界 CO_2 未作用	26.2	13.8	29.2	9.2	8.6	4.2	8.8
	超临界 CO_2 作用	28.0	11.5	30.5	10.1	6.9	3.4	9.6
S2	超临界 CO_2 未作用	25.4	18.0	27.7	10.3	7.8	1.8	9.0
	超临界 CO_2 作用	27.3	15.2	30.8	11.7	5.4	1.6	8.0
S3	超临界 CO_2 未作用	30.0	15.3	29.1	7.2	6.7	3.0	8.7
	超临界 CO_2 作用	31.5	12.8	31.8	9.0	6.4	2.0	6.5

表 6.4　超临界 CO_2 作用前后页岩的矿物组成　　　　　（单位：%）

岩样	状态	w（矿物含量）						
		石英	钾长石	斜长石	方解石	白云石	黄铁矿	黏土矿物
S1	超临界 CO_2 未作用	55.2	1.3	1.2	14.6	14.8	2.4	10.5
	超临界 CO_2 作用	61.5	1.3	1.7	11.1	11.2	2.8	10.4
S2	超临界 CO_2 未作用	53.3	1.3	1.4	15.9	15.7	2.1	10.3
	超临界 CO_2 作用	60.6	1.2	1.8	12.4	12.1	2.0	9.9
S3	超临界 CO_2 未作用	58.5	1.3	1.3	13.1	12.2	2.4	11.2
	超临界 CO_2 作用	64.3	1.2	1.3	10.9	9.2	2.3	10.8

物的平均含量约为 15.7%，碳酸盐岩的平均含量为 10.7%，钾长石的平均含量为 8.9%，另外还存在少量的黄铁矿及硬石膏等矿物。如表 6.4 所示，超临界 CO_2 处理前页岩岩样中石英的平均含量为 55.7%，方解石的平均含量为 14.5%，白云石平均含量为 14.2%，黏土矿物的平均含量约为 10.7%，另外还存在少量的钾长石、斜长石及黄铁矿等矿物。

超临界 CO_2 作用后的砂岩成分变化结果表明，石英和斜长石的含量均有少量增长，分别平均增长 1.7% 和 2.3%，而黏土矿物和碳酸盐的含量减少，平均减少约 2.5% 和 2.1%。相比于砂岩，页岩中的石英和碳酸盐矿物含量变化更明显，石英含量平均增加了 6.5%，而方解石和白云石含量分别平均减少了 3.1% 和 3.4%。矿物成分发生变化的原因是超临界 CO_2 与岩石矿物中的少量水结合呈酸性，会溶解其中的部分黏土矿物和碳酸盐矿物，导致这两种矿物含量略微减少。而这些成分溶解后析出大量的 Ca^{2+}、Mg^{2+}、Al^{3+} 等离子，当这些阳离子与硅酸盐等离子结合时会生成新的沉淀，造成以硅酸盐为主要成分的石英和斜长石含量有所增加[2,3]。同时，这种复合作用有利于原有微孔隙和裂缝的减少及新孔隙的生成，该结果与前面介绍的超临界 CO_2 作用后岩石的表面微观结构变化情况一致[4,6]。

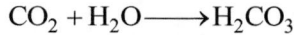

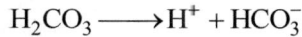

$$CO_2 + H_2O \longrightarrow H_2CO_3$$

$$H_2CO_3 \longrightarrow H^+ + HCO_3^-$$

方解石：
$$CaCO_3 + H^+ \longrightarrow Ca^{2+} + HCO_3^-$$

白云石：
$$CaMg(CO_3)_2 + H^+ \longrightarrow Ca^{2+} + Mg^{2+} + HCO_3^-$$

绿泥石：
$$(Mg,Fe)_3(Si,Al)_4O_{10}(OH)_2 \cdot (Mg,Fe)_3(OH)_6 + H^+ \longrightarrow Fe^{2+} + Al^{3+} + SiO_2 + H_2O$$

(三)超临界 CO_2 对岩石力学性质的影响

储层岩石受到地应力、温度及储层流体等影响，其力学性质会发生一定的变化。为了探索超临界 CO_2 注入后对储层性质的影响，通过模拟储层温度和压力条件，试验研究不同条件下超临界 CO_2 对岩石性质的影响规律。岩石强度是岩石力学性质的主要属性之一，其值的大小主要受岩石矿物和颗粒之间的胶结作用及微裂隙等原始结构的影响，而超临界 CO_2 流体注入后，会对岩石强度产生怎样的影响，将直接关系到后续的压裂及油气开采过程。本节控制不同的温度、压力、作用时间等因素，研究超临界 CO_2 对砂岩和页岩力学性质的影响。

通过试验得到的砂岩抗拉、抗压强度变化结果如图 6.5～图 6.7 所示。由图 6.5(a)、图 6.6(a)、图 6.7(a)可以看出，抗压强度受超临界 CO_2 作用温度、作用压力和作用时间的影响显著，随着作用温度、作用压力和作用时间的增长，抗压强度呈减小的趋势，并且随着各参数值的增大，其减小程度逐渐降低，并趋于平稳。随着作用温度、作用压力和作用时间的变化，岩样抗压强度分别平均减少 5.17%，7.58%，6.34%。通过抗压强度的均值变化趋势可以发现，作用温度和作用时间对抗压强度的影响相对较小，表明温度的提升虽然改变了流体的性质，但流体与岩石之间的作用存在一定的极限，最终会趋向于稳定，这也是随着作用时间增加岩石抗压强度变化程度减小的原因。此外，由图 6.5(b)、图 6.6(b)、图 6.7(b)可以看出，随着作用温度、作用压力和作用时间的增大，抗拉强度值同样呈微弱的减小趋势，但也出现部分测试岩样的强度值增加的现象，这种结果可能是岩石的非均质性造成的。测试岩样的平均抗拉强度值略有下降，下降值分别为 8.75%，12.04%，11.7%。

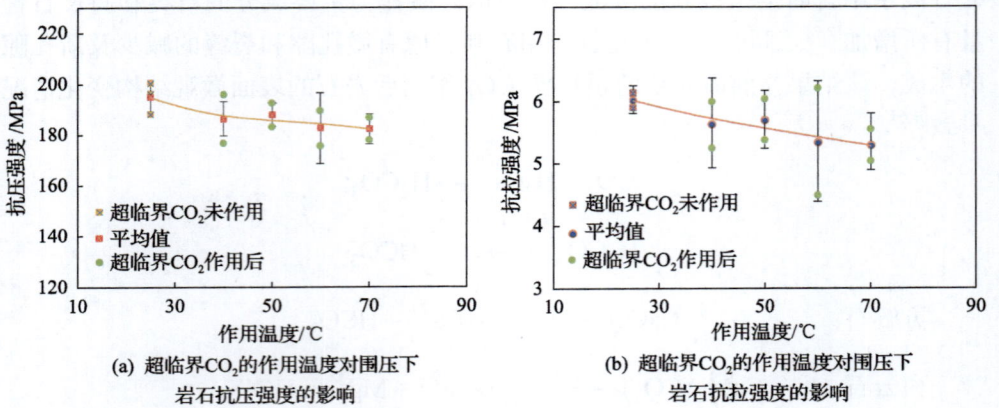

(a) 超临界CO_2的作用温度对围压下
岩石抗压强度的影响

(b) 超临界CO_2的作用温度对围压下
岩石抗拉强度的影响

图 6.5　超临界 CO_2 作用温度对致密砂岩强度的影响

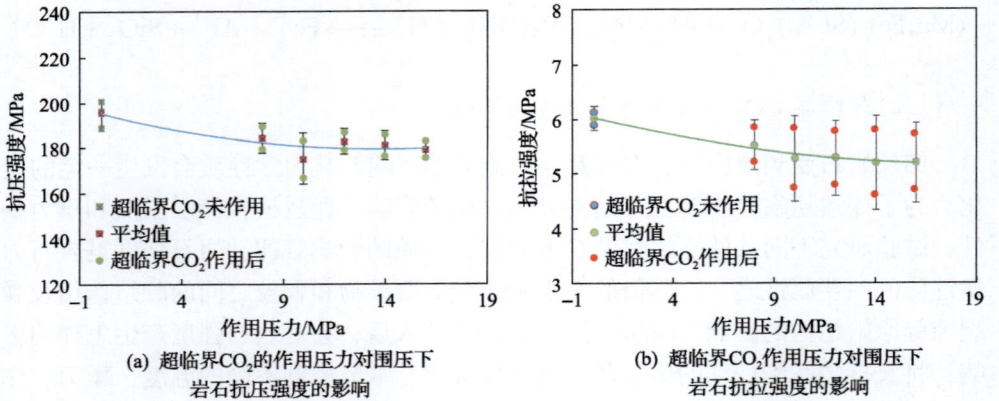

(a) 超临界CO_2的作用压力对围压下
岩石抗压强度的影响

(b) 超临界CO_2作用压力对围压下
岩石抗拉强度的影响

图 6.6　超临界 CO_2 作用压力对致密砂岩强度的影响

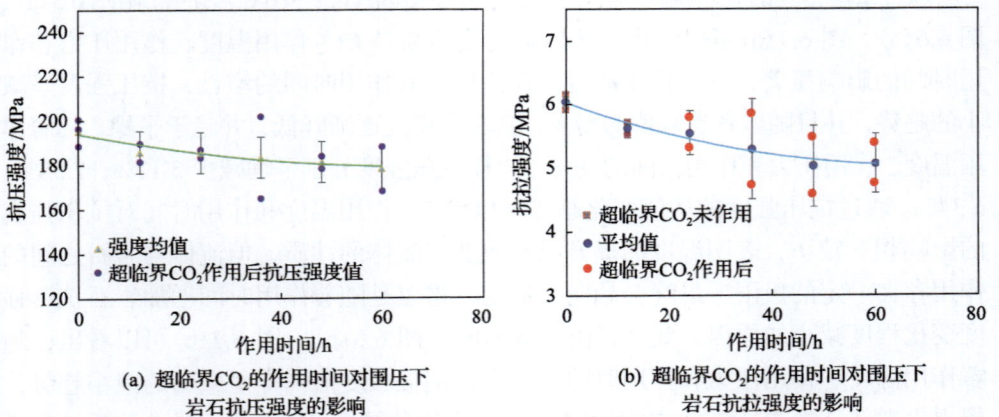

(a) 超临界CO_2的作用时间对围压下
岩石抗压强度的影响

(b) 超临界CO_2的作用时间对围压下
岩石抗拉强度的影响

图 6.7　超临界 CO_2 作用时间对致密砂岩强度的影响

从抗拉强度均值变化结果可以看出，作用温度对抗拉强度的影响相对作用压力和作用时间稍小，进一步说明在储层的温度条件下岩石与流体之间的反应会趋向平稳。

　　同理，通过控制不同的作用温度、作用时间和页岩含水率因素，研究超临界 CO_2 对页岩力学性质的影响。通过试验得到的抗拉、抗压强度变化结果如图 6.8～图 6.10 所示。从图 6.8 可以看出，随着作用时间的延长，页岩的力学性能较超临界 CO_2 处理前有所下降，抗拉强度、抗压强度分别降低 40.54% 和 2.50%。随着作用时间的延长，抗压强度的下降率呈下降趋势。作用时间从 48h 延长到 60h，抗压强度变化不大（从 334.96MPa 下降到 334.37MPa），这可能是由页岩的非均质性造成的。不同作用温度下超临界 CO_2 处理后的页岩力学特性结果如图 6.9 所示。超临界 CO_2 在不同程度上降低了页岩的抗拉强度和抗压强度，且随着作用温度的升高，下降速率减小。高温会降低 CO_2 在水中的溶解度，最终导致 pH 略高，但

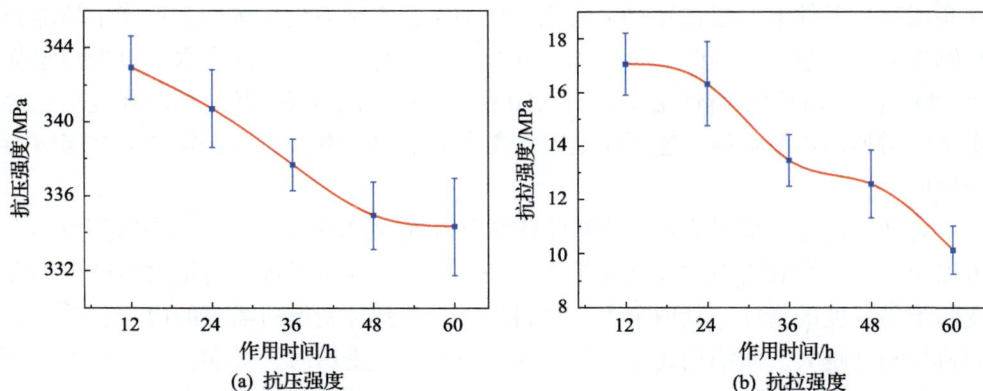

(a) 抗压强度　　　　　　　　　　　　(b) 抗拉强度

图 6.8　超临界 CO_2 作用时间对页岩强度的影响

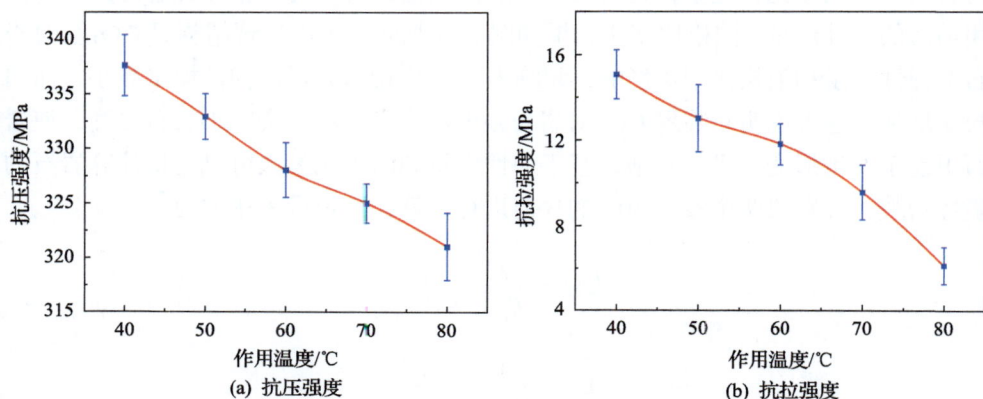

(a) 抗压强度　　　　　　　　　　　　(b) 抗拉强度

图 6.9　超临界 CO_2 作用温度对页岩强度的影响

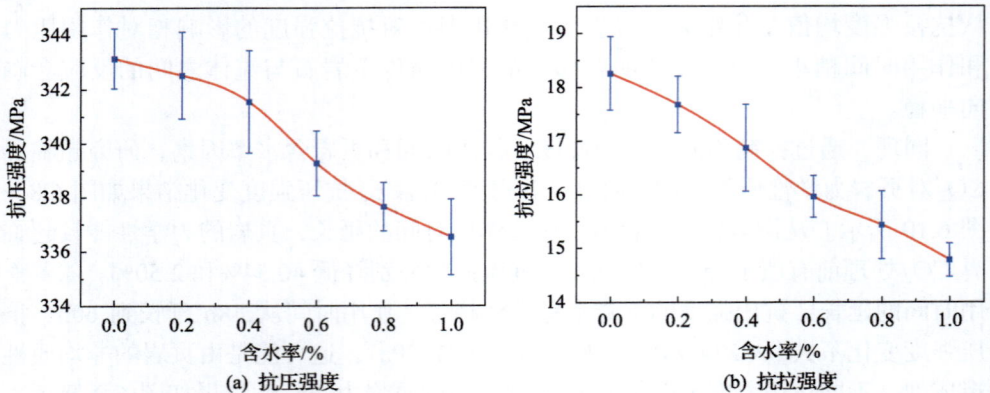

图 6.10　超临界 CO_2 对不同含水率页岩强度的影响

化学反应程度通常随温度而增加。因此，页岩的力学性能随温度的升高而劣化。在高温高压条件下，超临界 CO_2 与页岩中的结合水反应生成碳酸，页岩中的部分矿物质被碳酸溶解。因此，页岩含水率会影响溶解反应。不同含水率页岩经超临界 CO_2 处理后的力学特性结果如图 6.10 所示。页岩的抗拉强度、抗压强度均随含水率的增加而逐渐降低。这可能是因为含水率增加，更多的超临界 CO_2 被溶解参与反应。

　　另外，通过一系列单向拉伸测试获取应力-应变曲线及横向、纵向应变数据，可以定量计算得到岩石的弹性模量和泊松比。弹性模量可视为衡量材料产生弹性变形难易程度的指标，其值越大，材料发生一定弹性变形所需要的应力也越大，即材料刚度越大。而泊松比是指材料在单向受拉或受压时，横向正应变与轴向正应变的绝对值的比值，也叫横向变形系数，它是反映材料横向变形的弹性常数。材料越硬，泊松比就越小；材料越软，泊松比就越大。致密砂岩被超临界 CO_2 作用前后的弹性模量、泊松比变化结果如图 6.11 所示，可以发现超临界 CO_2 会对岩石的弹性模量和泊松比产生影响，超临界 CO_2 作用后岩样的弹性模量减小，而泊松比增加。这也说明超临界 CO_2 对岩石强度产生了影响，会减小岩石强度，使岩石更易于发生形变。进一步地，基于弹性模量和泊松比参数可以定量计算岩石的脆性指数，分别取两个参数 50%的权值进行计算，其定量表达式为[7,8]

$$BI_E = \frac{E - E_{\min}}{E_{\max} - E_{\min}}$$

$$BI_v = \frac{v - v_{\min}}{v_{\max} - v_{\min}}$$

$$BI = \frac{BI_E + BI_\nu}{2} \times 100\%$$

式中，BI 为脆性指数，%；E 为岩石的弹性模量，GPa；ν 为岩石的泊松比，无量纲；下标 max 和 min 分别为该参数在某个地层段内的最大值和最小值；BI$_E$ 和 BI$_\nu$ 分别为通过杨氏模量和泊松比所计算的脆性指数。

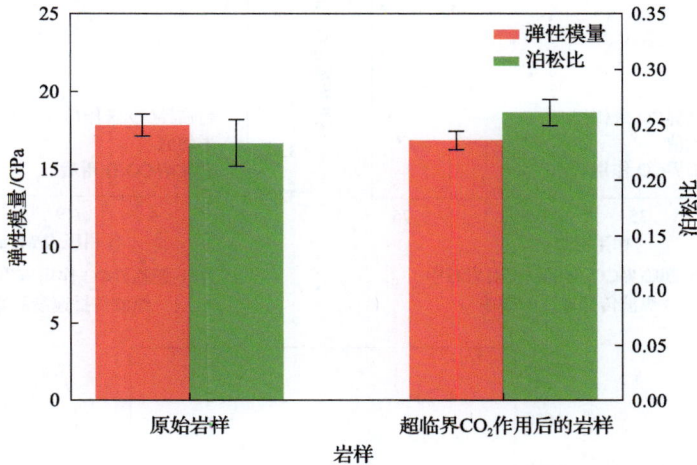

图 6.11 超临界 CO$_2$ 作用前后岩石弹性模量和泊松比的变化

泊松比反映了岩石在外力作用下的破裂能力，而弹性模量反映了岩石破裂后的支撑能力[9,10]。不同的弹性模量和泊松比的组合表示岩石具有不同的脆性，一般弹性模量越高、泊松比越低，岩石的脆性越强，在压裂过程中越容易形成复杂的裂缝[9-11]。因此，弹性模量和泊松比的变化结果表明超临界 CO$_2$ 作用后降低了致密砂岩的压裂效果，但这种影响会逐渐趋于稳定。

(四)超临界 CO$_2$ 对岩石孔渗性的影响

岩石的孔渗性是油气开发过程中最重要的指标之一，油气储层改造的目的就是通过人工手段来增渗增能，从而提高油气的流动性，以实现油气的高效开采。然而，超临界 CO$_2$ 对岩石孔渗性的影响直接关系到储层的改造效果。本节将对比超临界 CO$_2$ 作用前后致密砂岩岩样的孔隙度和渗透率变化，来进一步分析超临界 CO$_2$ 对岩石性质的影响规律。评价孔渗性的一个间接参数是声波在岩石中的传播速度。声波在岩石中的传播速度一般与其矿物成分和孔隙度有关，密度越大，速度也越大；孔隙度越大，声波在岩石中传播速度越小。岩石中的波速主要分为横波和纵波，由于相同介质中纵波比横波的传播速度快，通常仅对纵波在岩石中的传播速度开展研究。通过试验分析不同的作用温度、作用压力和作用时间下超临界 CO₂ 作用对纵波传播速度的影响，进一步探讨对岩石孔隙度等影响特性，其结果如图 6.12 所示。

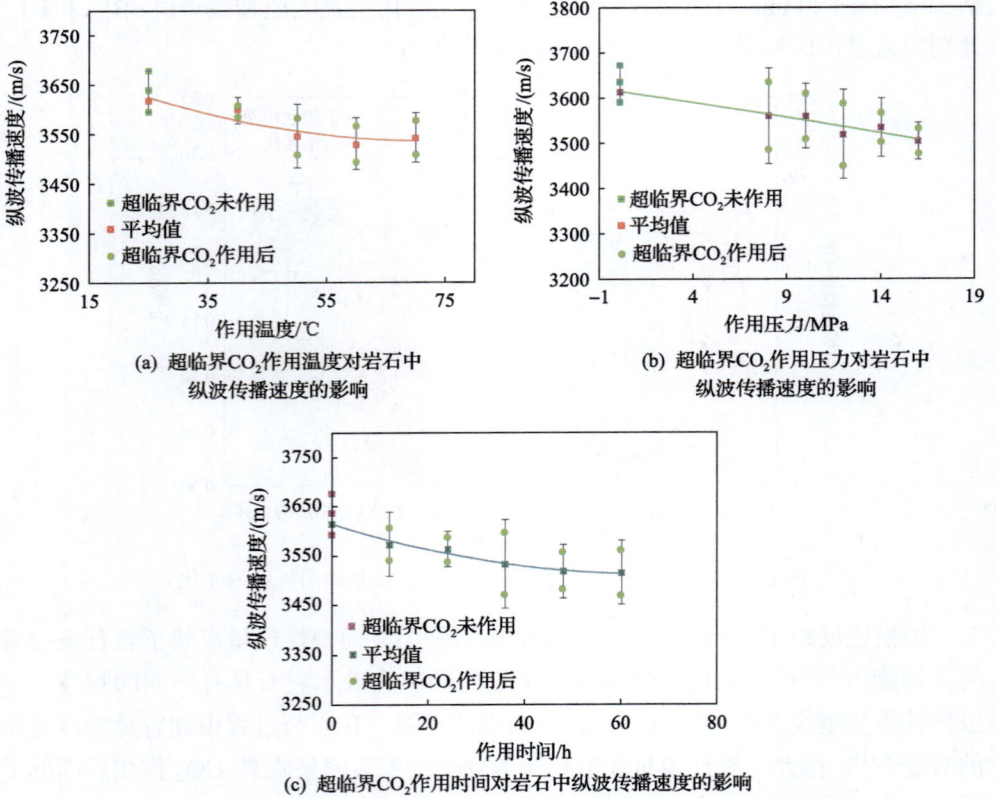

(a) 超临界CO₂作用温度对岩石中
纵波传播速度的影响

(b) 超临界CO₂作用压力对岩石中
纵波传播速度的影响

(c) 超临界CO₂作用时间对岩石中纵波传播速度的影响

图 6.12　超临界 CO₂ 的作用条件下岩石纵波速度的变化

由图 6.12 可以看出，纵波在岩石中的传播速度随作用温度、作用压力和作用时间的改变而发生变化，但波速整体变化范围不大，没有数量级的改变。随着各参数值的增加，波速先逐渐减小，后趋于稳定。由均值变化曲线可以得到，受作用温度、作用压力和作用时间的影响，波速平均减小量约为 5.16%、6.3%、5.59%，其中作用压力和作用时间对波速的影响相对明显。波速的减小说明超临界 CO₂ 作用对岩石的结构和组成产生了影响，溶解了岩石中的部分物质，形成了新的微裂缝和孔隙，从而导致波速减小[12-15]。此结果也验证了前面的结论：岩石矿物成分的改变造成岩石微观结构及孔渗性的变化。

同时，又对超临界 CO₂ 作用前后的岩石进行了氮气吸附孔隙度测试，结果如

图 6.13 所示。随着作用压力、作用温度和作用时间的增加，孔隙度均发生了微弱的变化，均值曲线呈增加的趋势。但孔隙度的变化范围不大，随着作用压力、作用温度和作用时间的变化，孔隙度平均增大 13.62%,9.14%,14.21%,且随着各参数值的增大，平均值趋于平缓。该结果进一步表明超临界 CO_2 作用后的岩石结构发生了变化，部分物质的溶解或者微观孔隙的增多导致孔隙度增加，而矿物沉淀的生成又会导致孔隙度降低，因此岩石孔隙结构最终的变化结果是多种机制共同作用的结果，这与前面岩石微观结构及成分的变化结果基本一致。另外，对超临界 CO_2 作用前后的岩石进行渗透率测定，选取部分试验结果如图 6.14 所示。结果表明，不同作用温度、作用压力条件下，岩石的渗透率均发生了不同程度的提升。同样说明超临界 CO_2 的作用改变了岩石的内部结构，提升了岩石的孔渗性，这种微弱的变化将有利于油气开发。

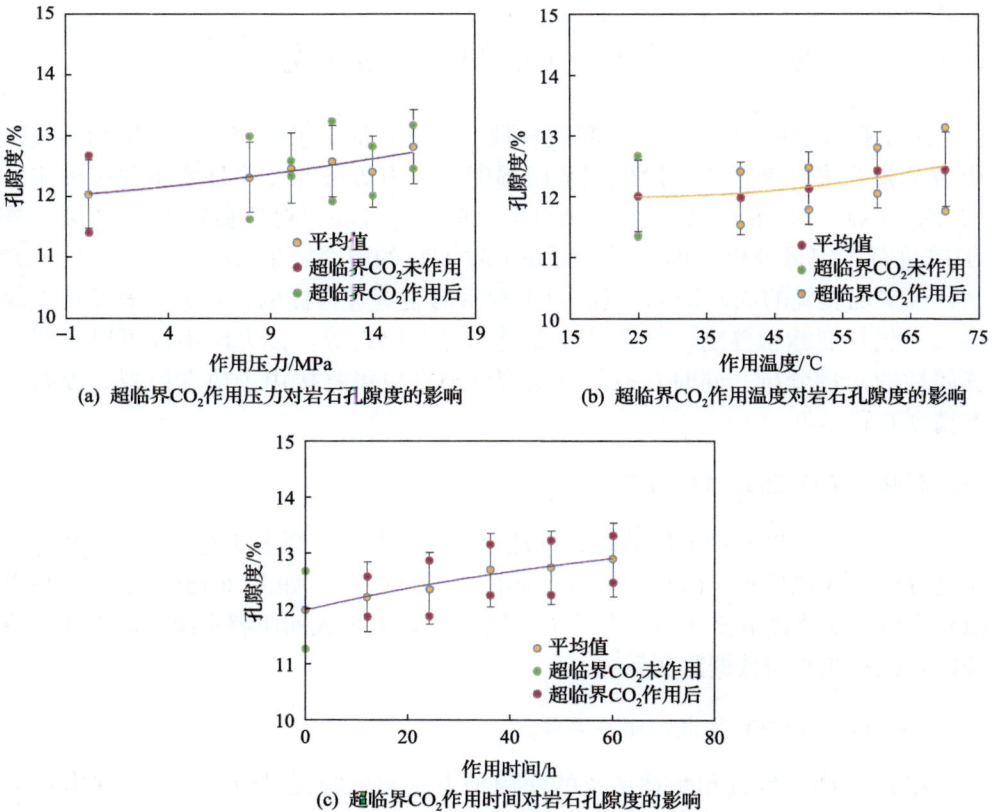

(a) 超临界CO_2作用压力对岩石孔隙度的影响

(b) 超临界CO_2作用温度对岩石孔隙度的影响

(c) 超临界CO_2作用时间对岩石孔隙度的影响

图 6.13　超临界 CO_2 作用下岩石孔隙度的变化

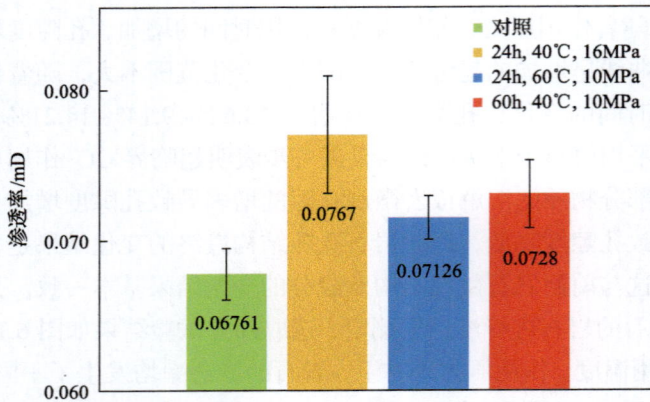

图 6.14　不同的超临界 CO_2 作用条件下岩石渗透率的变化
1D=0.986923×10^{-12}m^2

第二节　基于微 CT 的裂缝定量分析方法

为了探究超临界 CO_2 压裂起裂机理,设计和加工了一套基于三轴的多流体压裂试验系统,该系统可以模拟地层温度、压力等条件,并且能实现多种流体的(水、CO_2、N_2 等)压裂试验。结合前人的研究经验,对超临界 CO_2 压裂裂缝(HF)进行了定量分析,提出了一套基于微 CT 的裂缝定量表征方法。通过该方法,可实现裂缝的 3D 重构,然后对重构后的裂缝进行提取,并定量表征其裂缝属性,包括裂缝粗糙度、复杂性及裂缝的导流能力等。该方法不仅可以实现裂缝属性的定量分析,同时获取的真实裂缝模型也可直接用于仿真模拟,提高模型精度和科学性。

一、超临界 CO_2 压裂试验装置

为了探索超临界 CO_2 压裂起裂机理,自主研发了一套多功能压裂试验装置,该装置可实现包括水、CO_2、N_2 等流体的压裂试验[16]。如图 6.15 所示,超临界 CO_2 压裂试验装置主要分为三个系统:超临界 CO_2 生成和驱替系统、应力加载系统以及试验控制与数据监测系统。

(一)超临界 CO_2 生成和驱替系统

超临界 CO_2 生成和驱替系统的作用是为压裂试验提供流体源,主要由水浴加热系统、增压缸(外包裹保温装置)、调速电机、蜗杆和柱塞等组成(图 6.15)。水浴加热系统主要为试验系统提供热源,以达到超临界 CO_2 的工作温度。箱体出口连接两根外包绝热材料的循环管线,待水温达到试验要求时,通过水泵和

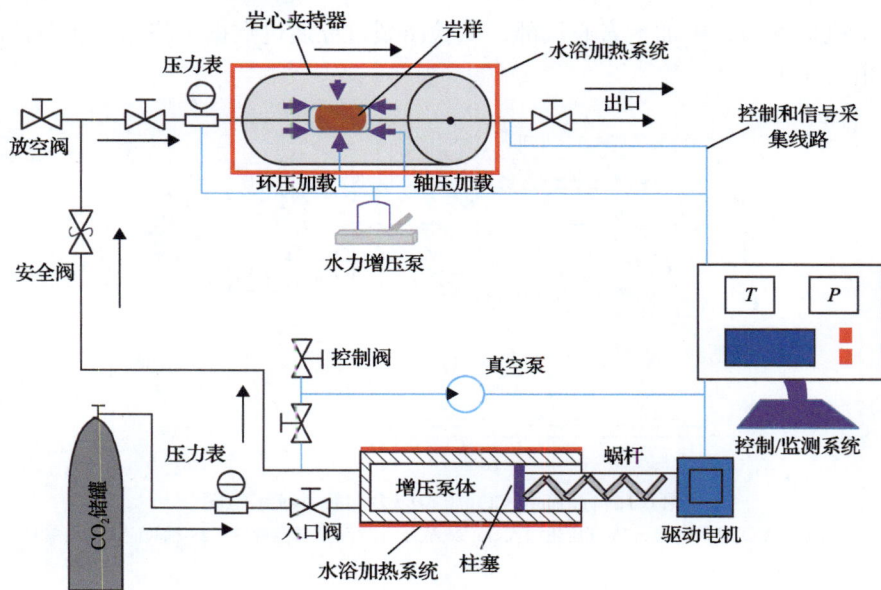

图 6.15　超临界 CO_2 压裂试验装置示意图

T-温度；P-压力

循环管线携带热水以实现对 CO_2 和管线加热的目的；增压缸为圆柱形容器，容积为 2L，最大承压 60MPa，其外部设有水浴加热槽，试验中当 CO_2 被泵入增压缸后，可通过循环水浴对增压缸加热；试验过程中通过计算机控制调速电机，来推动蜗杆和柱塞往复运动，为压裂试验提供压力；增压缸出口端连接有压力传感器和安全阀，若缸内压力超过限压值时安全阀开启泄压。压力传感器连接计算机以实时采集注入压力数据，并且实现对注入压力的精确控制，其控制精度为0.01MPa。

（二）应力加载系统

超临界 CO_2 压裂应力加载系统通常指压裂试验的发生单元（图 6.16），该试验单元主要由岩样夹持装置、轴压/环压施加装置及相应的密封和泄压装置等组成。应力加载系统是整个试验装置的核心，用以开展压裂试验，其最大承压能力为60MPa。岩样夹持装置最大可装载直径 50mm、长 100mm 的圆柱形岩样，岩样一端中心钻孔来模拟地层井眼，孔眼直径大小为 4～8mm，深度为 30～40mm。孔眼内部嵌入与之尺寸相对应的高压不锈钢管，并通过酚醛树脂胶黏接模拟固井过程，最后通过井口泵入超临界 CO_2 流体实施压裂试验。为了模拟储层应力条件，试验前通过应力加载系统对岩样施加环压和轴压。环向应力通过水力泵驱替液体到胶套与夹持单元之间的密封环空内，来给岩样施加径向围压；轴向应力通过丝杠产生机械推力，施加于岩心端部；试验压裂过程通过数据采集系统实时监测入口、出口压力。

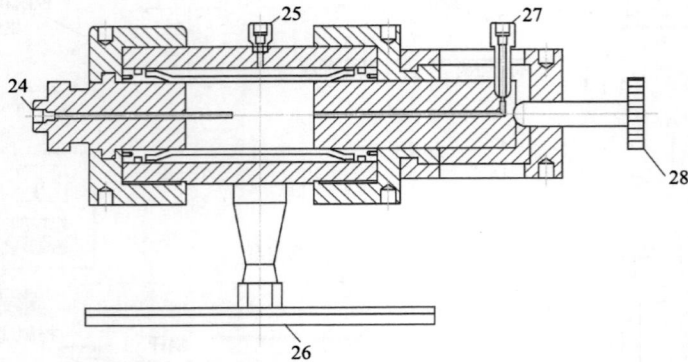

图 6.16　超临界 CO_2 压裂应力加载系统示意图
24-超临界 CO_2 注入通道；25-环压施加入口；26-底座；27-泄压排空通道；28-轴向应力施加单元

(三)试验控制与数据监测系统

试验控制与数据监测系统主要由温度传感器、压力传感器、数据采集软件、计算机处理器等组成。传感器用来精确监测超临界 CO_2 温度和压力的变化，数据采集软件实时采集这些变化数据，采集间隔为 0.1s。数据获取后可由计算机进行数据分析，并绘制压力-时间和温度-时间曲线，直观显示温度和压力随时间的变化。另外，试验过程中由计算机控制系统远程执行不同的命令，处理各种意外情况等，实现流体温度、压力、排量和设备工作时间的精确控制。

(四)试验设备实物图

部分试验设备实物如图 6.17、图 6.18 所示，主要包括超临界 CO_2 生成和驱替装置、数据监测装置、压裂反应装置、压力表、手动围压泵、轴压泵及连接管线等。试验前先将水浴加热系统打开，使其温度升至 40℃以上(CO_2 的临界温度为31.3℃)，以满足试验的温度需要；在水浴流体循环前，开启真空泵对设备抽真空，以检查管路的气密性并排出管线和泵内的杂质气体；然后将 CO_2 从气瓶注入增压缸体内，打开水浴循环系统，为缸体和试验管路进行加热，保证 CO_2 达到超临界温度；然后将已加热好的岩心装入岩样夹持器内，并利用应力加载系统对岩样施加环压和轴压；打开调速电机驱替高压缸体内的活塞，为缸体内的 CO_2 增压，当压力达到临界值(7.38MPa)后，CO_2 进入超临界状态，持续加压直至岩样被压开致裂，此时流体的注入压力瞬间降低，通过控制系统关闭电机，获得试验数据，完成试验。

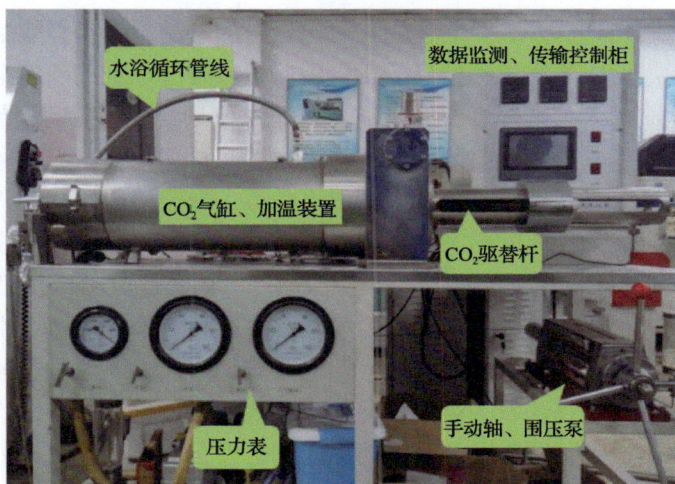

图 6.17　超临界 CO_2 压裂装置实物图

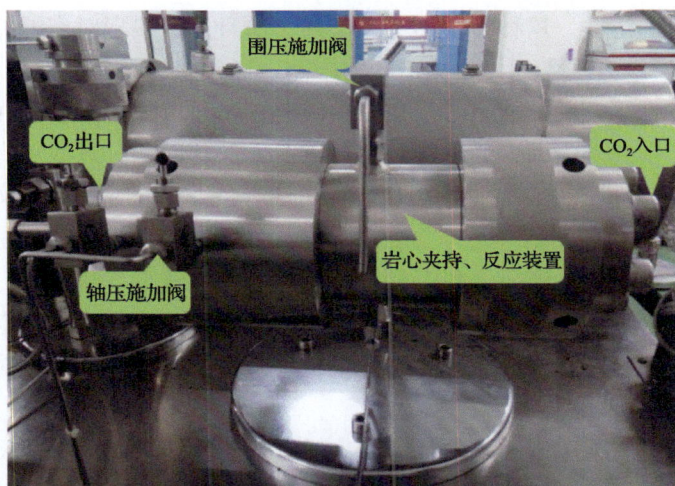

图 6.18　压裂反应装置

二、基于压裂岩心的微 CT 分析方法

　　岩石被压裂后，如何有效地获取和表征裂缝特征是试验结果分析的关键，经过长期的探索，目前已经有众多的监测方法、识别手段和算法用于裂缝的获取和参数分析。然而，每种方法都有其优势和局限性，不断改进和发展更加精确与高效的裂缝分析方法是未来发展的重点。目前最常见的裂缝特征分析方法包括人工光学测量、声发射监测、表面轮廓(形貌)扫描、CT 扫描等[17-28]。人工光学测量通常是基于裂缝图片和人为测量来获取裂缝特性与参数[20-23]。然而，该方法常用于

识别和分析扩展到岩石外表面的裂缝,对于岩石内部的裂缝,只能通过人为破碎岩石后,进行定性或半定量测量和分析。因此,该方法很难准确地定量获取裂缝形态或参数,而且人为破碎岩石的过程会额外诱导非试验性裂缝,严重影响试验的准确性。利用声发射装置监测裂缝行为是一种间接测量裂缝起裂和扩展过程的方法,它是通过对岩石破碎过程中内部发出的声信号进行监测和分析,并利用算法反演出岩石起裂和扩展的动态特征。该方法可以间接记录整个压裂过程,并分析起裂状态,近些年被广泛应用[17,18,21,22]。但是,该方法在获取声信号的过程中受到多种因素的干扰,外界环境、应力加载装置材料、声音在介质中的传播特性等都会对信号的接收产生重要影响,因此如何获得有效的声信号是监测压裂过程的关键。另外,如何将获取的声信号转化为有效信号,也是保证试验可信度的关键。在后处理过程中不同降噪和后处理算法的选择,也会带来很大的误差,因此往往很难得到科学的试验结果。除此之外,表面形貌扫描作为一种先进的工艺也逐渐被应用于裂缝分析过程。它是通过高精密仪器对裂缝表面进行扫描,从而定量获取裂缝面的特性。这种方法不仅精度高,而且可以实现对裂缝特性的定量分析[19,23,26,27]。但该方法受到设备和精度的限制,通常只能扫描尺寸较小的样本(小于 200mm),且压裂后的岩石必须被二次破碎,暴露出完整的裂缝面才能实现扫描,因此也会受到人为因素的干扰。针对以上方法的缺陷,近些年有学者提出用CT 扫描方法来分析裂缝特性,它可以在保证岩样完整性的情况下,实现对岩石内部裂缝的获取。该方法无需人为二次破碎岩石,具有较高的精度,是一种被广泛认可的分析手段[20-23]。当前,利用 CT 扫描方式对裂缝形态特征进行分析的相关报道,多集中于对岩石的二维 CT 切片进行分析,定性描述裂缝的空间展布,很少有学者基于 CT 图像提出系统的裂缝重构和特征分析方法,进而对裂缝的参数进行定量表征。

　　因此本节在三轴压裂试验的基础上,对压裂前后的岩样进行全尺寸非破坏性CT 扫描。基于一系列 CT 图像,提出了一种基于裂缝重构和图像处理算法的裂缝数字化分析方法。基于该方法可实现对裂缝空间形态、分形维数(FD)、孔径及其标准差(SD)、面积比(AR)等参数的定量分析。

　　对岩样进行 CT 扫描后,得到一系列二维切片图像,图 6.19(b)是位于井筒中心面的岩样切片,通过不同位置的扫描切片可以获得岩石内部任意位置的构造特征。这些切片图像可进一步由后处理软件组合成完整的三维岩石图像[图 6.19(a)]。具有相似密度和 X 射线衰减特性的岩石材料将在重构图像中显示相似的灰度值[29,30],根据该原理可实现对岩石基质和裂缝的提取,具体方法将在下面详述。

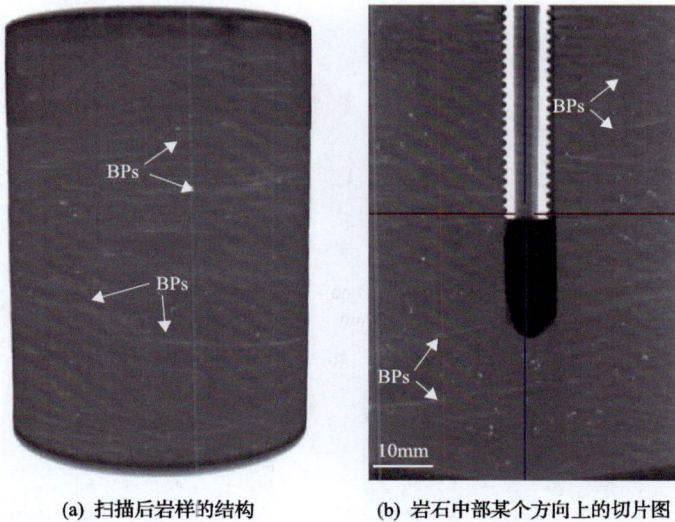

(a) 扫描后岩样的结构　　　　(b) 岩石中部某个方向上的切片图

图 6.19 压裂前岩石的 CT 扫描图

BPs-层理面

对岩石扫描图像进行三维重构后,利用数字滤波技术(傅里叶-小波滤波)对图像进行平滑和降噪处理,以增强图像效果,同时也可保留尖锐的裂缝边缘[31]。由于裂缝与岩石基质的灰度值不同,可以通过指定灰度值的阈值来提取任何目标区域[32]。如图 6.20 所示,从 CT 扫描图像中截取部分岩石子区域作为分析对象,描述裂缝提取和定量分析方法的流程,包括图像区域分割、裂缝数字化、裂缝中心面提取、正交化和裂缝属性定量化[28]。

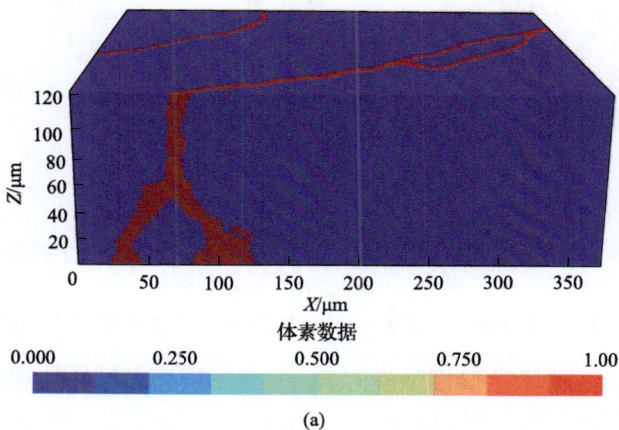

(a)

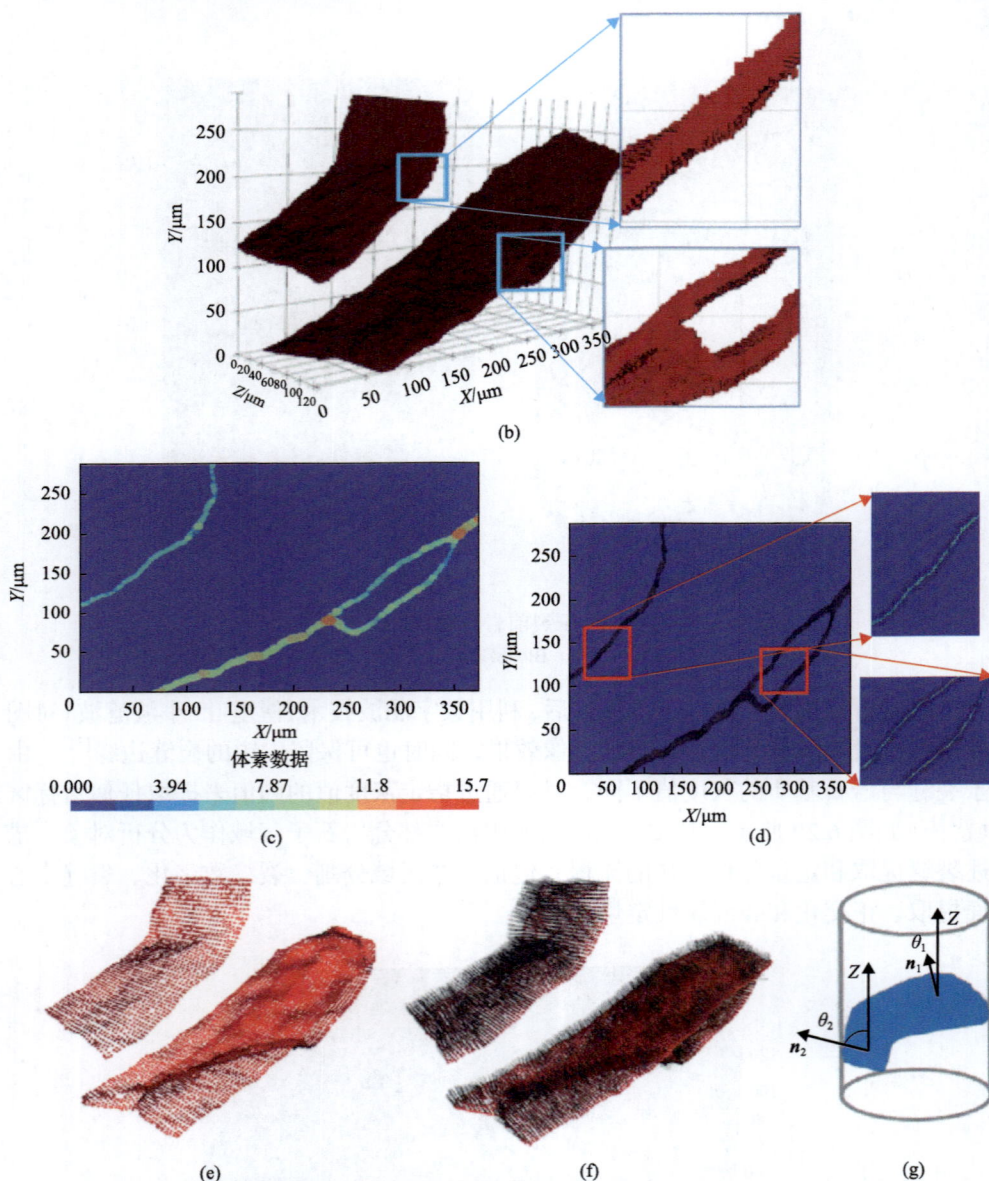

图 6.20　裂缝的提取及定量分析方法的操作流程（从整个 CT 扫描图像中
切割一块岩石作为分析对象）

θ_1, θ_2-不同位置偏转角；Z-最大主应力方向；n_1, n_2-任意裂缝位置的法向量

（1）图像区域分割：去除图像噪声后，基于不同岩石结构的衰减阈值，可以对不同灰度值的单相进行分割，创建一个具有体素（3D 像素）值的新图像[32]。在本节研究中，由于裂缝具有相同的灰度值，我们将裂缝的灰度阈值设置为 1。而对于

岩石基质来说，其灰度值通常并不固定，为了简化分裂缝的提取过程，人为地将岩石基质的不同灰度值统一设置为 0［图 6.20 (a)］。这样就可以把裂缝视作一个研究对象，而岩石基质视为另一个研究对象，实现对裂缝的单独分离和提取。

(2) 裂缝数字化：由于三维图像由体素组成［图 6.20 (b)］，二维图片由像素组成，可以通过设置体素大小 (s) 来对裂缝进行数字化[33]。修改体素大小意味着组成图像的最小元素 (基本元素) 将按物理尺寸缩放。例如，如果扫描岩石的物理尺寸为 100mm×100mm×100mm，由 50×50×50 个体素单元组成，那么基本元素的尺寸为 2mm×2mm×2mm，所以每个体素的尺寸为 2mm。而在岩石扫描过程中，体素大小 s 通常由设备扫描精度决定，为某一固定值。据此，我们可以通过计算组成裂缝体素的数量，进一步得到裂缝体积、裂缝孔径等参数。

(3) 中心骨架提取：中心骨架 (又称中心面) 是一种可以代表原始图形的最小中心单元，其到前后边界的距离相等。骨架通常强调形状的几何和拓扑属性，如连通性、拓扑结构、长度、方向和宽度等参数。再加上它的点到形状边界的距离，就包含了重构形状所需的所有信息。在本节研究中，我们采用等位精细化算法[34-37]从三维二进制图像中［图 6.20 (c)］提取中心骨架［图 6.20 (d)］。从图 6.20 (c) 中二进制裂缝云图可以发现，相同位置的裂缝宽度值是用同一种颜色表示，说明某个位置组成裂缝宽度的每一个体素单元在云图中的颜色相同，这些颜色相同的体素单元都可代表该位置的孔径。如果此时对该处颜色相同的体素单元进行叠加来计算裂缝孔径，将会造成孔径值重复积累。而提取中心骨架的目的是利用中心骨架上的体素单元来代表该处的裂缝孔径，这样就可以避免因重复计算带来的错误结果，同时裂缝的中心骨架可以用于裂缝偏转角等参数的计算。

(4) 正交化：为了分析裂缝在空间上的方向属性，需要求取每个裂缝位置的偏转角。在体素单元的基础上进一步计算每个裂缝体素的质心，将中心骨架的二值化图像转换为点云数据集［图 6.20 (e)］。获得裂缝的点云数据集后，使用开源点云处理库 Open3D[38]来计算每个裂缝位置上的法向量［图 6.20 (f)］。进一步可以计算获得法向量与最大主应力方向之间的夹角，并将其定义为裂缝偏转角［图 6.20 (g)］。

第三节　不同流体压裂诱导裂缝特性定量化分析

为了研究非常规致密储层无水压裂特征，本节将开展水、N$_2$、液态 CO$_2$ 和超临界 CO$_2$ 不同类型流体压裂致密砂岩试验。通过对比不同流体压裂结果，定量分析超临界 CO$_2$ 压裂致密储层的裂缝特性，探索超临界 CO$_2$ 开发非常规油气的可行性，为后期的压裂作业提供理论支撑和工艺参考。

一、试验材料与方案

试验采用的岩样是采集于我国延长石油长 6 组的致密砂岩。为了减少试验误差,所有的岩样均从同一块或者性质相似的露头上取得,并保证钻取的方向一致。岩心取出后经过切割、打磨等过程,制作成标准的圆柱形岩样,其尺寸为直径为 50mm、高度为 100mm。为了模拟压裂过程,在岩样中心钻一个直径为 9mm、深度为 45mm 的圆柱形孔眼作为模拟井眼。然后用环氧树脂黏合剂将直径为 8mm、深度为 35mm 的不锈钢套管黏接到井眼上,作为模拟管柱,因此在模拟井眼底部预留有长度为 10mm 的裸眼段。

为了研究水、N_2、液态 CO_2 和超临界 CO_2 压裂起裂特性,结合自主研发的试验系统(详见本章见第二节),设计了一系列压裂试验。对压裂后的岩样进行 CT 扫描,并根据前面介绍的基于微 CT 图像的定量化分析方法,获取裂缝的定量属性,从而探索超临界 CO_2 无水压裂方法的可行性。试验过程中保持岩样受到的地应力条件不变,并且设置符合每种流体工作状态的温度。由于水的压缩性相比于其他几种流体更弱,试验过程中水的注入排量要小于其他三种流体,具体试验方案如表 6.5 所示。

表 6.5　不同流体压裂致密砂岩试验方案

编号	流体类型	试验温度/℃	流体排量/(mL/min)	$\sigma_3 \times \sigma_1$ /(MPa×MPa)	CT 扫描
#1/#2	水	25	10	10×15	#2
#3/#4	N_2	25	40	10×15	#3/#4
#5/#6	液态 CO_2	25	40	10×15	#5/#6
#7/#8	超临界 CO_2	40	40	10×15	#7/#8

注:σ_3 表示岩石所加载的环压;σ_1 表示岩石所加载的轴压。

二、不同流体致裂缝网定量化特性

(一)不同流体致裂缝网空间形貌特性

不同流体压裂致裂的岩样经过 CT 扫描后,按照本章第二节介绍的裂缝提取方法,获取了不同流体(水、N_2、液态 CO_2 及超临界 CO_2)压裂致密砂岩的裂缝,并对比分析裂缝的空间形貌特征。图 6.21 展示了水、N_2、液态 CO_2 和超临界 CO_2 压裂致密砂岩的裂缝空间形貌。试验结果表明,水和 N_2 压裂诱导产生相对简单的裂缝模式[图 6.21(a)、(b)],形成了一条主裂缝,伴随着少量的分支裂缝。主裂缝在靠近井底处沿径向起裂,然后向最大主应力方向偏转。液态 CO_2 压裂[图 6.21(c)]比水和 N_2 压裂产生更多的分支裂缝。主裂缝沿径向倾斜起裂,然后沿轴向应力方向向下偏移，这与水和 N_2 诱发的主裂缝扩展方向近似相同。而其他两条分支裂缝则倾向于沿径向即原始层面的方向扩展。而超临界 CO_2 压裂诱导裂缝 [图 6.21 (d)] 的空间几何形态最复杂。主裂缝的扩展方向与液态 CO_2 产生的裂缝相似，均由井底起裂，沿轴向应力方向扩展至岩石边界。此外，还产生了大量的分支裂缝和二次裂缝，分布于岩样内部各处，且大多沿径向分布，接近于原始层理面方向[28]。

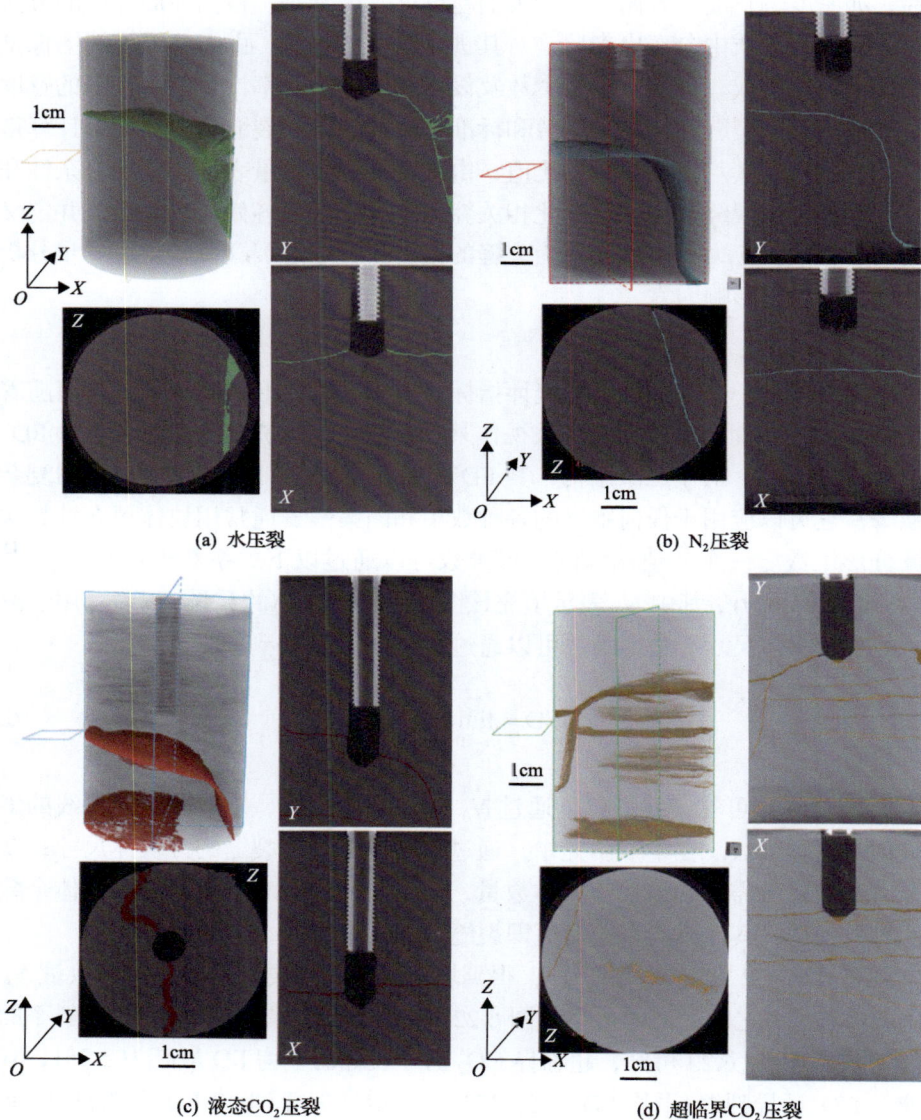

(a) 水压裂

(b) N_2压裂

(c) 液态CO_2压裂

(d) 超临界CO_2压裂

图 6.21 基于 CT 扫描裂缝重构技术获取的裂缝空间形貌特征

(二) 不同流体致裂缝网定量属性

裂缝的复杂性和粗糙度是用来描述裂缝形态的重要指标[39]。衡量裂缝复杂性最常用的定量参数是裂缝的分形维数,其与图形的某些关键特征有关,如几何形态、自相似性和不规则性等。然而,分形维数虽然能在一定程度上反映图形的空间复杂性,但并不能完全定义裂缝的几何性,完整的表征应该还包括其他一系列属性,如密度、长度、方向、裂缝表面粗糙度、缝宽等。根据前面介绍的方法,当裂缝从岩石基质中分离出来后,对其进行数字化分析,由于三维裂缝图像是由大量体素单元组成,可通过体素个数及设备扫描的分辨率计算获得裂缝的宽度,进而求取全尺寸裂缝宽度的平均值和标准差,同时基于裂缝的中心面可计算得到裂缝面的面积及其与投影面积的比值,由这些参数来定量表征裂缝的复杂性和粗糙度。此外利用裂缝数据的正交化相关算法获取裂缝面各处的法向量,并定义该法向量与最大主应力方向的夹角为裂缝的偏转角,通过裂缝偏转角进一步分析裂缝扩展过程中的影响因素。

1. 分形维数

分形维数是一个复杂程度的统计指标,用以比较分形图案的细节如何随着测量尺度的变化而变化。该参数也被视作某种形状空间填充能力的度量[40]。FD 可以取非整数值[41],对于三维结构,其 FD 的值分布于 2~3,数值越大说明复杂性越强[42]。它可以应用于任何维度的各种数集和图案[43],通常用块体填充计数法来计算分形维。一个二值图像的分形维数可以通过以下关系获得: $1 = N_h h^{FD}$ 或 $FD = \ln(N_h) / \ln(h)$,其中 N_h 表示填充该图像的基础块体的数量,h 表示用于填充图像的基础块体尺寸。分形维数可以通过式(6.1)计算得到

$$FD = \lim_{h \to 0} \frac{\ln(N_h)}{\ln(1/h)} \tag{6.1}$$

根据式(6.1)可知,我们可以通过 N_h - h 的对数关系,求取所在趋势线的斜率即可得到分形维数。在本节研究中,通过改变用于填充裂缝的方块体尺寸,获得完全填充裂缝所需要的该尺寸块体数量,绘制不同尺寸和其对应的方块体个数之间的对数关系,其曲线斜率绝对值即裂缝的分形维数。

根据式(6.1),将 h 设为 1~9,得到填充裂缝所需要的基础块体的数量 N_h 与基础块体尺寸 h 之间的对数关系。图 6.22 为部分试验样本的拟合曲线,斜率的绝对值为 FD。由图 6.23 可知,超临界 CO_2 诱导裂缝的平均 FD 最高为 2.251,其次是液态 CO_2 诱导裂缝(平均 FD 为 2.1373),水诱导裂缝(平均 FD 为 2.0484)和 N_2 诱导裂缝(平均 FD 为 2.0302)的 FD 值相近且都小于前两种流体。这说明超临界

CO_2 诱导裂缝的复杂性最高，液态 CO_2 压裂诱导裂缝的复杂性次之，水和 N_2 诱导裂缝的复杂程度相当，但都低于 CO_2 诱导裂缝。

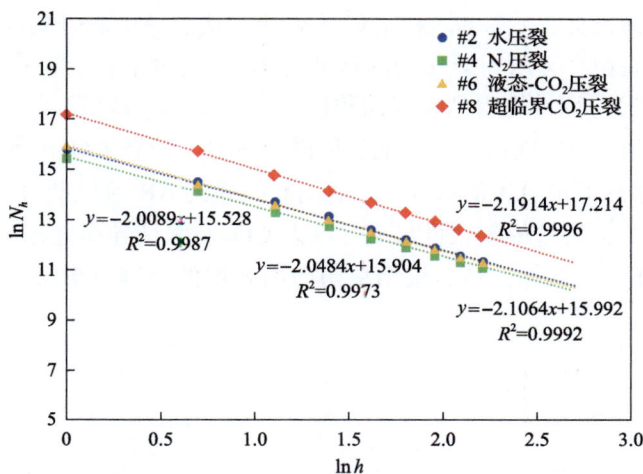

图 6.22　不同类型流体诱导裂缝的分形维数拟合曲线

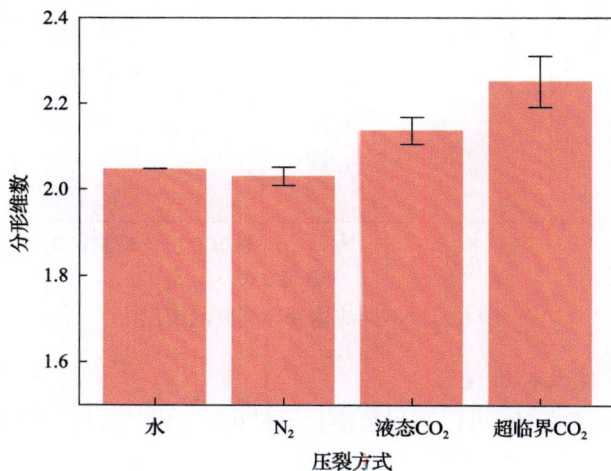

图 6.23　不同流体诱导裂缝的分形维数值

2. 裂缝面的面积比

裂缝面积比指的是实际裂缝面积 (s_f) 与投影区域面积 (s_p) 的比值。裂缝面积可以用中心骨架面积来表示，投影区域面积是指裂缝垂直投影到岩石底部的面积，通过岩石的横截面积减去井眼面积求得。裂缝面积比和分形维数都是用来表征裂缝复杂性的参数。

$$AR = \frac{s_f}{s_p} \tag{6.2}$$

式中，s_f 可以通过公式 $s_f = N_f \cdot s_0$ 求得，N_f 为组成裂缝中心骨架的体素个数，s_0 为每个体素的面积，表示为 s^2（s 为图像分辨率，取 $0.53\mu m$），μm^2。

　　通过式 (6.2) 可以计算得到裂缝面积比。由图 6.24 可以发现，超临界 CO_2 诱导的裂缝 AR 值 (3.92) 远远高于其他流体诱导裂缝。液态 CO_2 诱导裂缝的 AR 值 (1.69) 略高于水压裂的 AR 值 (1.52)，N_2 诱导裂缝的 AR 值最低 (1.49)。该结果也表明，超临界 CO_2 裂缝的复杂性最高，液态 CO_2 和水诱导裂缝相对简单、光滑，而 N_2 诱导裂缝的复杂性最低，该结果与前面获得的裂缝分形维数大小分布规律一致。

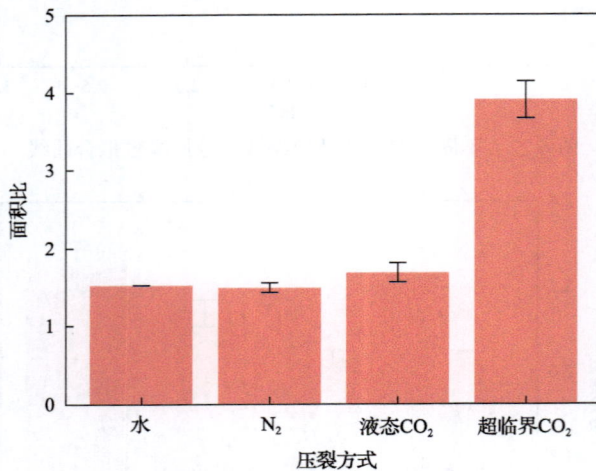

图 6.24　不同流体诱导裂缝的面积比

3. 裂缝的宽度及标准差

裂缝孔径（或宽度 W）可以通过数字化裂缝的二值图像计算得到，计算表达式为

$$W = s \cdot N_i \tag{6.3}$$

式中，N_i 为某一位置组成裂缝孔径的体素个数。本节研究中，使用商业软件获得局部厚度图谱，然后通过厚度图谱过滤器获得裂缝孔径分布图 [图 6.20(c)]。进一步基于系列数值算法得到裂缝孔径的最大值、最小值、平均值及标准差，来表征裂缝属性。裂缝孔径标准差 SD 是一个统计术语，用来评价裂缝宽度偏离平均值的程度。SD 值越低，裂缝宽度分布越接近平均值；而 SD 值越高，裂缝宽度变化范围越大，可用来评价裂缝粗糙度。其值可以通过式 (6.4) 计算得到：

$$SD = \sqrt{\frac{1}{N}\sum_{i=1}^{N}(W_i - \overline{W})^2} \tag{6.4}$$

式中，N 为裂缝宽度的统计数量；W_i 为每个统计点的裂缝宽度；$\overline{W}$ 为裂缝宽度的平均值。

直方图 6.25（a）和箱形图 6.25（b）分别给出了四种流体致裂裂缝的孔径分布。根据孔径概率分布和箱形图的定义，水和超临界 CO_2 产生的裂缝孔径主要集中在 0.15～0.4mm（40%～70%），少部分均匀分布在 0.4～0.8mm（25%～40%），只有 1%～5%分布在 0.8mm 以上。而 N_2 和液态 CO_2 压裂诱导裂缝孔径主要分布在 0.2～

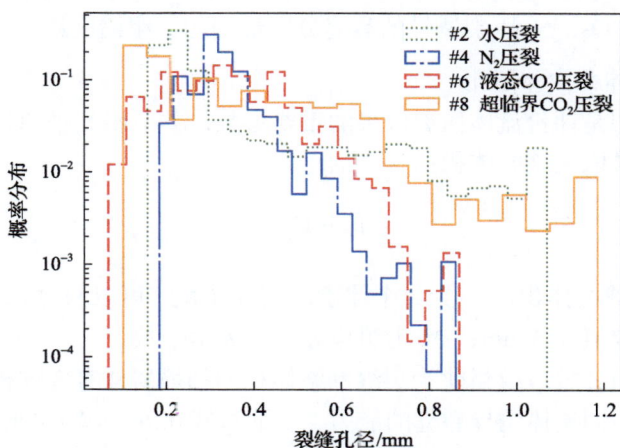

(a) 不同流体诱导的裂缝孔径分布

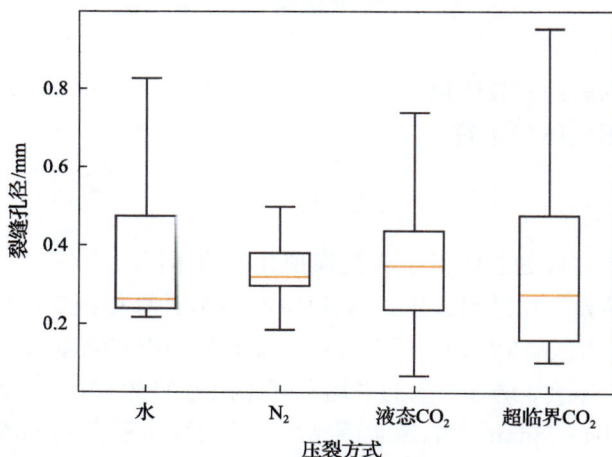

(b) 基于裂缝孔径的统计箱形图

图 6.25　不同流体压裂诱导裂缝的孔径分布特征

0.5mm（60%~80%），随着孔径增大，裂缝的分布量逐渐减小，在孔径最大值附近分布最少。水、N_2 和液态 CO_2 诱导裂缝的平均孔径相似，分别为 0.317mm、0.312mm和 0.312mm。超临界 CO_2 诱导裂缝的平均孔径为 0.304mm，略低于其他流体。同时，可以通过式（6.4）计算孔径的标准差，来定量评价裂缝粗糙度。结果表明，超临界 CO_2 压裂诱导裂缝孔径的标准差（0.201）最大，其次是水（0.171）和液态 CO_2 压裂（0.123），N_2 压裂诱导裂缝的标准差值最低为（0.091）。另外，由箱形图可以看出超临界 CO_2 压裂诱导裂缝孔径最大值和最小值偏离中值（黄线）的程度最大，其次是水和液态 CO_2，N_2 压裂诱导裂缝孔径分布相对集中，偏差较小。这也说明超临界 CO_2 压裂诱导的裂缝粗糙度最大，而水和液态 CO_2 压裂诱导的裂缝粗糙度略小于超临界 CO_2，N_2 压裂诱导的裂缝分布最均匀，粗糙度最小。

4. 裂缝的体积和体积比

裂缝的体积是评价流体压裂效果的重要参数，本节研究中通过统计组成裂缝的体素个数来求取裂缝的体积：

$$V_f = V_0 N_t \tag{6.5}$$

式中，V_f 为裂缝的体积；V_0 为每个体素的实际体积，可以通过 $V_0 = s^3$ 求得，s 为图像分辨率，取值为 53μm；N_t 为组成裂缝的体素个数。

裂缝的体积分数（α）量化为裂缝网络体积与扫描岩样有效体积的比值，该参数可用来评价不同流体诱导裂缝的能力，可通过式（6.6）计算得到：

$$\alpha = \frac{V_f}{V_s} \tag{6.6}$$

式中，V_s 为扫描岩样有效体积。

V_s 可以利用式（6.7）求得

$$V_s = V_t - V_b \tag{6.7}$$

式中，V_t 为扫描岩样的总体积；V_b 为模拟井眼的体积。

基于裂缝的数字化结果，由式（6.5）式（6.6）计算得到裂缝的体积和体积分数。由图 6.26 可知，超临界 CO_2 压裂可产生最大的平均裂缝体积，为 4856.64mm³，其次为液态 CO_2 压裂，诱导产生的平均裂缝体积为 1159.83mm³，水压裂诱导产生的裂缝体积为 1043.75mm³，N_2 压裂诱导产生的裂缝体积为 877.06mm³。另外，每种流体诱导裂缝的体积分数结果显示，超临界 CO_2 压裂诱导裂缝的体积分数为3.28%、液态 CO_2 压裂诱导产生的裂缝的体积分数为 0.81%、水压裂诱导产生的裂缝的体积分数为 0.74%、N_2 压裂诱导产生的裂缝的体积分数为 0.62%。超临界 CO_2 诱导的裂缝体积是其他流体的 4.1～5.5 倍，说明相同的条件下超临界 CO_2 具有最强的裂缝诱导能力，并且可以产生最粗糙的裂缝面，而其他三种流体的裂缝诱导能力要远弱于超临界 CO_2。

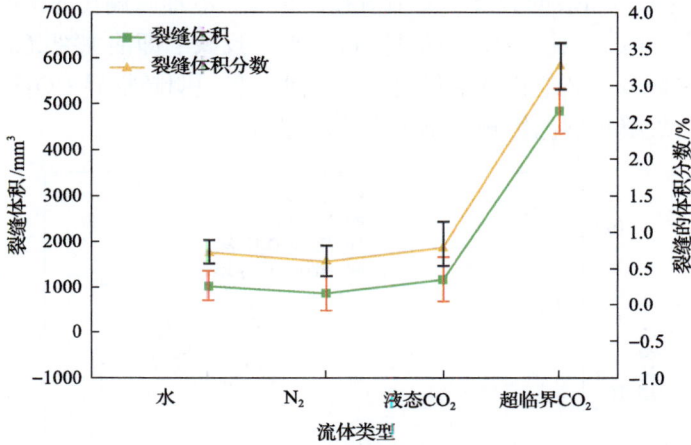

图 6.26　不同流体诱导裂缝的体积和体积分数

5. 裂缝的偏转角

偏转角 θ 是一个代表裂缝空间偏转情况的量化参数，可通过该参数来描述裂缝的空间弯曲度，得到裂缝的空间偏转特征，进而分析裂缝扩展的影响因素。偏转角定义为裂缝面法向量（$\bar{\boldsymbol{n}}_{\mathrm{f}}$）与最大主应力方向（$\bar{\boldsymbol{n}}_{\mathrm{p}}$）之间的夹角，通过式(6.8)计算得到：

$$\theta = \cos^{-1}\left(\frac{\bar{\boldsymbol{n}}_{\mathrm{f}} \cdot \bar{\boldsymbol{n}}_{\mathrm{p}}}{|\bar{\boldsymbol{n}}_{\mathrm{f}}| \cdot |\bar{\boldsymbol{n}}_{\mathrm{p}}|} \right) \tag{6.8}$$

根据经典弹性力学和断裂准则，裂缝倾向于沿垂直于最小主应力方向扩展，导致裂缝的偏转角相对较大，通常大于 45°[如图 6.20(g) 中的 θ_2]。然而，由于岩石内部存在原始弱胶结面，将会影响裂缝的扩展路径，诱导裂缝沿弱胶结面方向扩展。因为试验中使用的致密砂岩层理面大多沿径向分布，所以压裂诱导裂缝的 θ 小于 45°[如图 6.20(g) 中的 θ_1]。因此，可以利用 θ 的占比来定量评价岩石层理面和应力状态对裂缝扩展的影响程度。对裂缝面进行二值数集正交化处理后，基于式(6.8)可以获得裂缝的偏转角，不同流体诱导裂缝偏转角 θ 的分布如图 6.27 所示。水和 N_2 压裂产生的裂缝面 θ 值集中分布在两个范围：0°～25°(占 50%～60%)和 60°～90°(占 20%～30%)，表明裂缝在扩展过程中发生了明显的偏转。N_2 压裂产生的裂缝的平均偏转角为 37.88°，大于水压裂产生的裂缝的平均偏转角（28.87°），说明 N$_2$ 压裂产生的裂缝倾向于沿轴应力方向偏转，应力状态对裂缝扩展的影响大于天然层理面。与水和 N$_2$ 相比，液态 CO$_2$ 和超临界 CO$_2$ 压裂产生的裂缝的 θ 值主要分布在 0°~40°（72%~82%），θ 值大于 60°的占比显著降低（8%~15%），较小的偏转角表明裂缝主要沿着径向扩展，沿轴向偏转的情况较少。超临界 CO$_2$ 压裂产生的裂缝的 θ 均值最低（19.54°），反映了即使主裂缝沿轴向发生了偏转，但大多数分支裂缝仍然沿径向传播，进一步说明超临界 CO$_2$ 压裂过程中，地应力条件对裂缝扩展的影响要小于天然层理面。

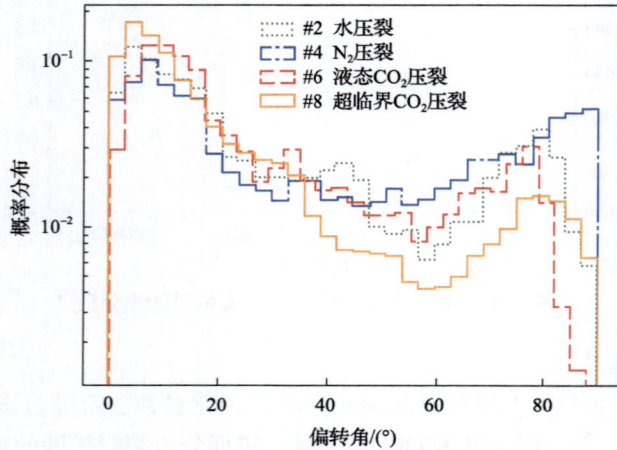

(a) 不同流体压裂产生的裂缝偏转角分布

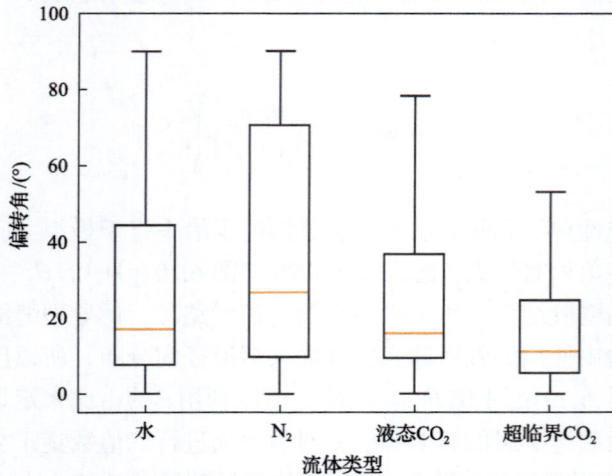

(b) 不同流体压裂产生的裂缝偏转角分布箱形图

图 6.27　不同流体诱导裂缝偏转角的分布

第四节　超临界 CO_2 压裂裂缝扩展特性

为了进一步探索超临界 CO_2 压裂裂缝扩展特性，在前面超临界 CO_2 压裂试验的基础上，设计和改进了一套基于真三轴的超临界 CO_2 压裂试验系统。并以立方体致密砂岩露头作为压裂岩样，研究不同流体、温度及三轴应力条件下裂缝的扩展特性。

一、三轴压裂试验装置和方案

(一)真三轴超临界 CO_2 压裂系统

在第二节所述的三轴压裂试验系统的基础上，进一步设计和改造了一套可用于多流体压裂的真三轴压裂试验系统。该系统可实现超临界 CO_2 的生成和泵入，并且可实现对岩样施加模拟储层条件的三轴应力，尤其是考虑了水平方向的应力差，这样更符合真实储层的地应力条件。同时可改变岩样的尺寸，更有利于研究裂缝的扩展形态。

如图 6.28 所示，真三轴超临界 CO_2 压裂试验系统主要分为三个模块：超临界 CO_2 生成和泵注系统、三轴应力加载系统、控制单元及数据监测系统。超临界 CO_2 生成和泵注系统主要由 CO_2 储罐、冷却箱、高压驱动泵和恒温加热箱四个单元组成。其中 CO_2 储罐储存工业级 CO_2 作为试验气源，纯度达到 99.99%，通常可并列多组储罐以保证充足的 CO_2 供应。为了达到高压驱动泵的泵入条件，创新设计了用于给 CO_2 降温的冷却箱。冷却箱主要由制冷机组、水浴冷箱、盘管、冷却液、温控装置等组成。制冷机组通过制冷剂与水的热交换实现冷箱降温，再经过冷箱中的长距离盘管流动过程使 CO_2 降温，最终冷却至温度为 0～5℃、压力为 4～7MPa，保证其完全处于液态。液态 CO_2 生成后，便被高压驱动泵泵注至下一个单元。本试验系统采用的柱塞泵为常用的三柱塞泵，最大泵压可达到 80MPa，能满足超临界 CO_2 喷射破岩、压裂及支撑剂运移等多种试验过程的流体泵注。高压驱动泵将液态 CO_2 泵入恒温加热箱中，利用高温水浴对液态 CO_2 加热，使其达到超临界温度。恒温加热箱由加热装置、温度控制装置及长距离盘管等单元组成，该模块的作用是实现 CO_2 增温，并利用增压泵驱替 CO_2 使其达到超临界温度和压力。综上，四个单元共同组成了超临界 CO_2 生成和泵注系统，可为超临界 CO_2 压裂提供流体基础。压裂试验系统另一个重要模块是三轴应力加载系统，该系统主要包括岩样加持单元、液压加载单元及操作控制单元。其中岩样加持单元(图 6.29)由三对可调整尺寸的长方体钢板组成，该系统可装载边长为 100～400mm 的立方体岩样。应力加载盖板的侧面打孔埋入加热棒，用于岩样的加热，最高可加热岩样至 300℃。岩样的三轴应力通过液压单元施加于盖板之上，该液压单元可提供最大 60MPa 的三轴应力，试验过程中可通过控制单元设置目标应力值和试验温度来达到模拟储层条件的目的。控制单元及数据监测系统主要基于不同的传感器和数据线对试验过程进行控制，并通过计算机实时采集和记录试验过程中的流体压力、三轴应力等参数，还用于处理各种异常状况，保证试验的顺利进行及安全风险处理。

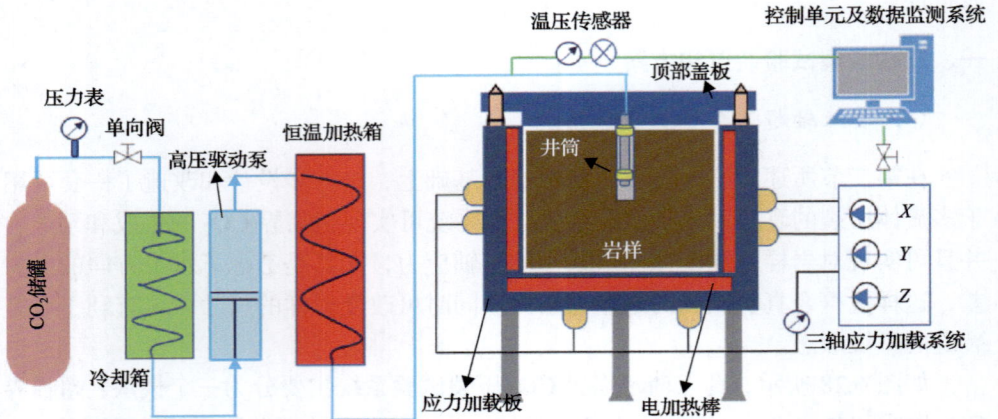

图 6.28　真三轴超临界 CO$_2$ 压裂试验系统示意图

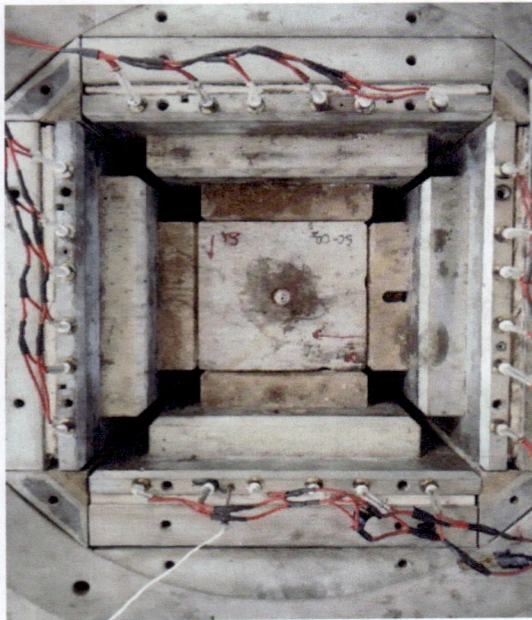

图 6.29　岩样加持单元实物图

(二)基于真三轴的超临界 CO_2 压裂试验材料及方案

1. 试验岩样准备

为了模拟储层条件,探究超临界 CO_2 的压裂裂缝扩展特性,本节采用与第一节相同的油田现场致密砂岩露头作为试验岩样。考虑到露头的原始尺寸,同时为了更好地观测裂缝的扩展形态,将岩样的边长设计为 300mm。试验前选取物理性质及原始层理等性质相似的岩石,将其切割成标准尺寸的试验岩样,切割过程保证不同岩石的切割角度相同。随后选取垂直于层理面的方向钻取模拟井眼,井眼的深度为 160mm,直径为 16mm。为了实现流体的注入,自主设计了由圆柱形钢管加工而成的模拟管柱,该管柱分为井内部分和井外部分。其中井内部分的外径为 14mm,深度为 140mm,因此在井眼底部预留有 20mm 的空间作为裸眼井段;井外部分直径为 16mm,顶部带有螺纹用于连接流体泵入管汇,在井筒中心钻直径为 8mm 的流体流动通道,在井筒底部径向打孔作为流体出口。试验前同样用树脂胶将金属管柱和井眼粘贴起来,防止流体注入过程中外窜,制作完成的标准岩样示意图如图 6.30 所示。

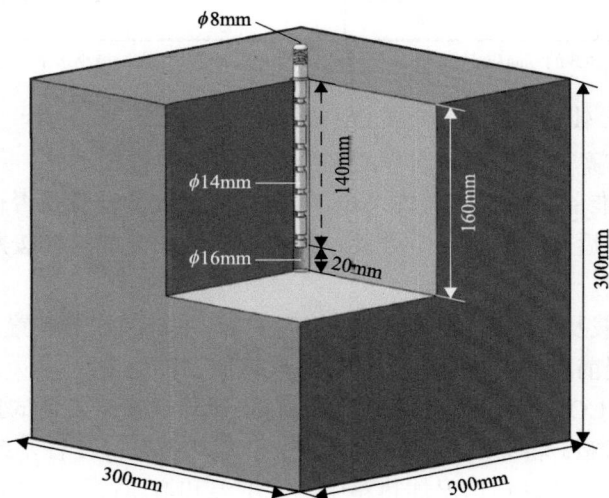

图 6.30 标准岩样装配示意图

2. 基于真三轴的超临界 CO_2 压裂试验方案

基于真实岩心的超临界 CO_2 压裂试验,探究不同地应力条件及试验温度对裂缝扩展的影响,因此设置不同地应力条件和温度作为试验的变量。经调研延长石油长 6 组致密储层最大水平主应力范围 $40\sim47$MPa,最小水平主应力范围 $34\sim38$MPa,因此水平主应力差的范围为 $2\sim13$MPa,试验过程设置不同的水平主应力差值来模拟地层应力条件。此外,考虑试验设备的试验能力和 CO_2 流体状态,试验温度控制在 25~85℃，CO₂ 在该区间将呈现液态和超临界态，其具体的试验方案如表 6.6 所示。

表 6.6 基于真三轴的超临界 CO₂ 压裂致密砂岩试验方案

编号	流体类型	岩石类型	试验温度/℃	流体排量/(mL/min)	$\sigma_V/\sigma_H/\sigma_h$/(MPa/MPa/MPa)
Y0	水	致密砂岩	40	20	16/12/8
Y1					16/12/12
Y2					16/12/10
Y3					16/12/8
Y4	超临界 CO₂	致密砂岩	40	40	16/12/6
Y5					16/12/4
Y6					16/18/12
Y7					16/18/16
Y8			25		16/12/8
Y9	CO₂	致密砂岩	45	40	16/12/8
Y10			65		16/12/8
Y11			85		16/12/8

注：σ_V 为岩石所加载的垂向应力；σ_H、σ_h 分别为岩石所加载的最大、最小水平主应力。

3. 基于真三轴系统的超临界 CO₂ 压裂试验过程

按照试验方案，基于真实岩样的裂缝扩展试验流程如下。

(1)试验前准备：试验前准备 CO₂ 气源，检查试验设备是否正常，并检测管路的气密性，然后对管路抽真空处理；将前期完成固井的岩样按照试验方案加热至指定温度备用。

(2)岩石装载及应力施加：打开三轴应力加载系统的加热装置，设置为试验预设温度，装入提前加热的岩样，然后对岩样施加三轴应力。

(3)超临界 CO₂ 生成及泵入：将准备好的 CO₂ 气源连接到试验装置，打开气源让其进入冷却箱，将 CO₂ 完全转变为液态；然后打开高压柱塞泵将液态 CO₂ 泵入恒温加热箱中，让其在恒温加热箱中实现增温和增压过程，从而达到超临界状态，以满足后续压裂试验。

(4)数据监测及系统控制：试验过程中，控制单元及数据监测系统实时记录试验温度、压力等参数，并针对特殊情况进行控制，杜绝出现安全隐患。

(5)染色剂注入：当压裂试验完成后，停泵并卸载三轴应力，将入口管线切换成带有染色剂的注水管，然后打开水泵向致裂后的岩石泵注染色剂，记录注水压力和染色剂的外溢情况，从而实现后期的裂缝扩展形态观测及导流能力计算。

(6)还原试验初始状态：试验结束后，取出岩样，导出试验数据，设备还原，以便后续试验的开展。

二、关键参数对裂缝扩展的影响规律

为了探究真实储层裂缝扩展特性，开展了基于真三轴的超临界 CO_2 压裂致密砂岩试验，通过控制不同的应力条件和温度来模拟储层条件，研究裂缝的扩展情况，得到符合储层应力条件的岩石起裂压力变化情况，并且对不同应力条件下诱导裂缝的空间扩展形态进行了 3D 重构。同时，还研究了不同温度条件下岩石的起裂压力和裂缝的空间延伸形态，充分地认识超临界 CO_2 压裂致密储层的裂缝扩展特性，研究结果可为超临界 CO_2 压裂现场应用提供一定的理论参考。

(一)不同地应力条件对裂缝扩展的影响

根据露头岩样所在储层的地应力条件，其水平主应力差分布在 2～13MPa，本试验设计了与真实水平主应力差范围相近的应力条件(岩样 Y1～Y5)，并且探索了异常地应力条件(岩样 Y6, Y7)裂缝的扩展特性。通过控制单元及数据监测系统获得了压裂过程中流体的压力变化曲线和岩石的起裂压力。表 6.7 列举了不同水平主应力差条件下水和超临界 CO_2 压裂的起裂压力。岩样 Y1～Y5 表示水平主应力差在 0～8MPa 范围的超临界 CO_2 诱导裂缝扩展过程，结果表明在垂向应力和最大水平主应力保持不变的情况下，随着最小水平主应力的增加，水平主应力差越小，岩石的起裂压力越高。当水平主应力差达到 8MPa 时，岩石更容易起裂，其起裂压力为 15.1MPa，当水平主应力差为 0MPa 时，超临界 CO_2 压裂岩样起裂压力最大，为 23.6MPa。该结果符合经典断裂力学和材料力学准则，当岩石受到的外加载荷越大，流体驱动导致岩石破裂所需要克服的强度也越大，因此较大的水平主应力差有助于诱导岩石破坏。

表 6.7　基于真三轴的超临界 CO_2 压裂致密砂岩破裂压力

编号	流体类型	岩石类型	试验温度/℃	流体排量/(mL/min)	$\sigma_V / \sigma_H / \sigma_h$ /(MPa/MPa/MPa)	起裂压力/MPa
Y0	水	致密砂岩	40	20	16/12/8	26.3
Y1	超临界 CO_2	致密砂岩	40	40	16/12/12	23.6
Y2					16/12/10	22
Y3					16/12/8	19.7
Y4					16/12/6	17.5
Y5					16/12/4	15.1
Y6					16/18/12	25.4
Y7					16/18/16	27

同时对比了相同应力条件下水和超临界 CO_2 压裂过程压力随时间变化曲线，图 6.31 展示了岩样 Y0 和 Y3 压裂过程的压力变化情况。水压裂试验的初始阶段，压力均以较小的速率缓慢增加，然后在很短时间内进入第二个阶段，该阶段压力以较高的增长率快速增加，流体压力到达 17.1MPa 时，压力出现了短暂的下降，该波动表明岩石内部已经发生了局部起裂。随后流体压力又出现了二次增加，该过程存在两种效应：已经起裂的区域裂缝进一步扩展；未起裂的区域流体会继续增压诱导裂缝起裂。不同于水压裂过程，超临界 CO_2 压裂过程的流体压力变化 [图 6.31(b)] 可分为三个阶段：首先，在流体泵入的初始阶段，入口压力近似呈线

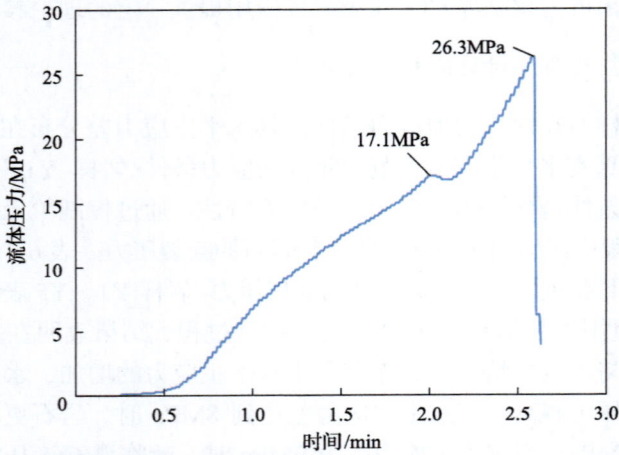

(a) 水压裂致密砂岩流体压力随时间变化曲线(Y0，$\sigma_V/\sigma_H/\sigma_h$：16MPa/12MPa/8MPa)

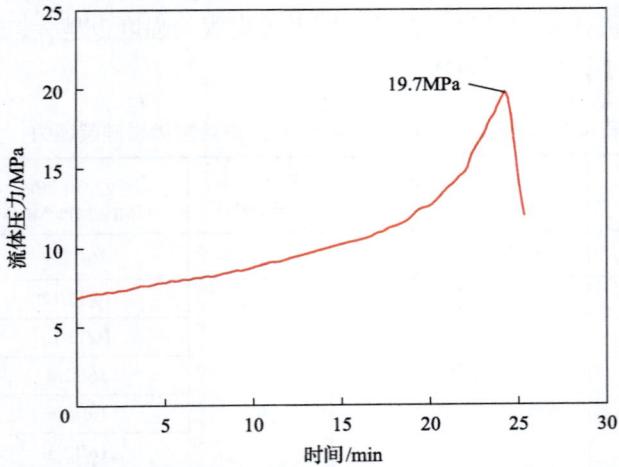

(b) 超临界CO_2压裂致密砂岩流体压力随时间变化曲线(Y3，$\sigma_V/\sigma_H/\sigma_h$：16MPa/12MPa/8MPa)

图 6.31　相同应力条件下水和超临界 CO_2 压裂致密砂岩压力变化曲线

性缓慢增加，直至压力增加到超过 CO_2 的临界值，该阶段耗时接近整个试验过程的一半(约 15min)。其次，随着 CO_2 的进一步注入，泵压迅速增加，直至达到岩石的起裂压力(曲线顶点)，岩石发生破碎。该阶段压力增长率要高于第一阶段，且耗时仅约为第一阶段的 1/4。最后，当岩石破裂后超临界 CO_2 流体从断裂面向岩样夹持器出口逸散，此时压力曲线发生瞬间跳跃，压力值迅速下降。这种现象说明超临界 CO_2 压裂过程中，大量时间用于流体的体积压缩，流体会在井筒内聚集增压，并向岩石内部渗透。当达到岩石的起裂压力，高能 CO_2 流体瞬间释放，诱导裂缝快速扩展至岩石边界，流体压力瞬间降低。这一过程不同于水压裂是因为 CO_2 具有强压缩性，能在井筒内实现能量聚集。该组试验结果也表明超临界 CO_2 可降低岩石的起裂压力。

岩样 Y6、Y7 展示了异常地应力条件下的裂缝起裂和扩展情况，这两组岩石的压裂结果表明，在岩样 Y1 的基础上将最大水平主应力增加到 18MPa 时，岩石的起裂压力也相应增加。此外在岩样 Y6 的基础上继续增加最小水平主应力，使其与垂向应力相等时，岩石的起裂压力也将增加。

压裂试验完成后卸载三轴应力，重新以较低的排量向岩石注入带染色剂的示踪流体，并记录示踪流体溢出岩石表面的位置，标注裂缝的扩展路径(图 6.32)。待染色剂注入完毕，打开该岩石，根据染色剂标记区域呈现的特殊颜色，来表征裂缝的空间方位，最后进行裂缝 3D 重构，获取不同应力条件下水和超临界 CO_2 诱导裂缝的空间形貌。原始岩样的实物图和 3D 重构结果如图 6.33~图 6.40 所示。图 6.33 结果显示，水压裂诱导裂缝近似沿水平层理方向扩展，且在最小水平主应

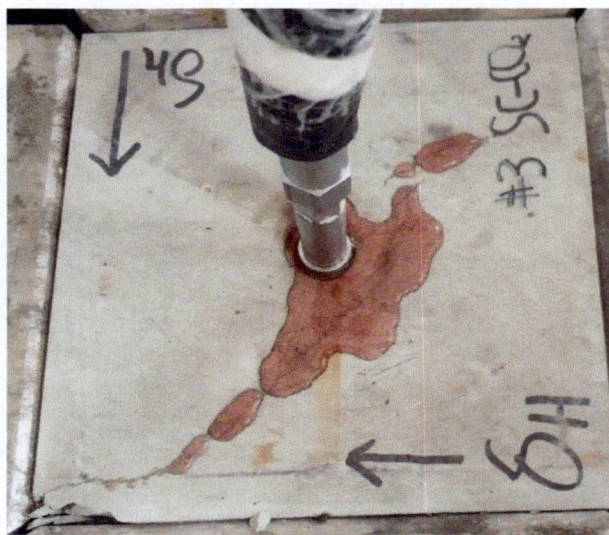

图 6.32　岩石压裂后低压注入染色流体获取裂缝

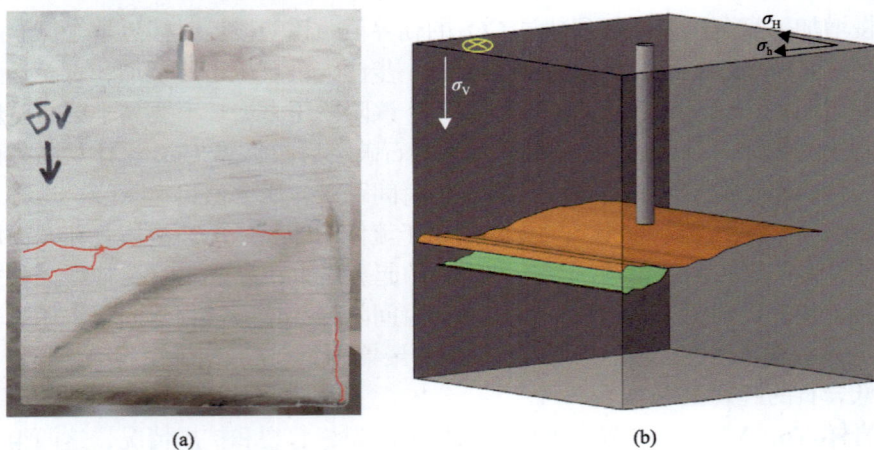

(a)　　　　　　　　　　　　　　　(b)

图 6.33　水诱导砂岩裂缝的空间形貌

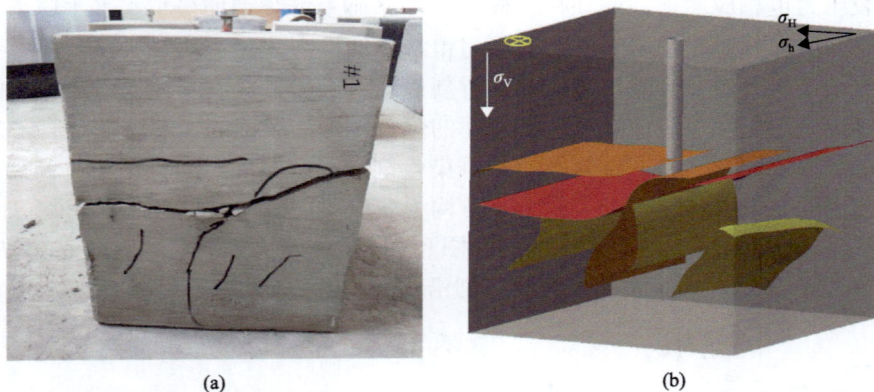

(a)　　　　　　　　　　　　　　　(b)

图 6.34　不同地应力条件超临界 CO_2 诱导裂缝空间形貌(Y1，$\sigma_V/\sigma_H/\sigma_h$：16MPa/12MPa/12MPa)

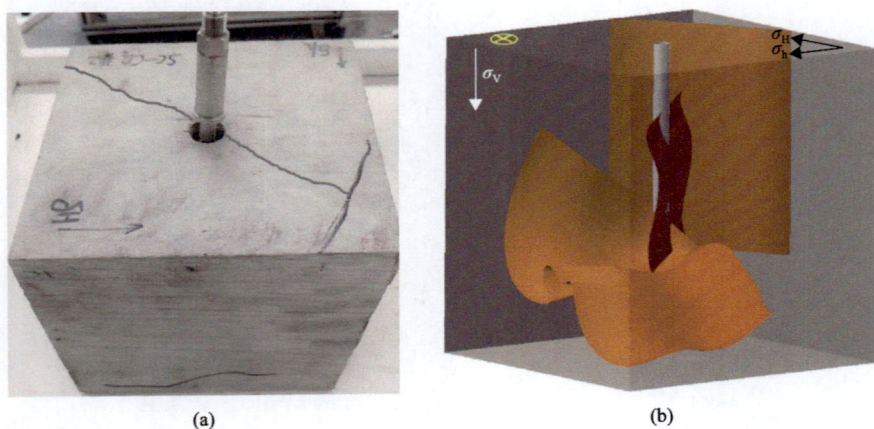

(a)　　　　　　　　　　　　　　　(b)

图 6.35　不同地应力条件超临界 CO_2 诱导裂缝空间形貌(Y2，$\sigma_V/\sigma_H/\sigma_h$：16MPa/12MPa/10MPa)

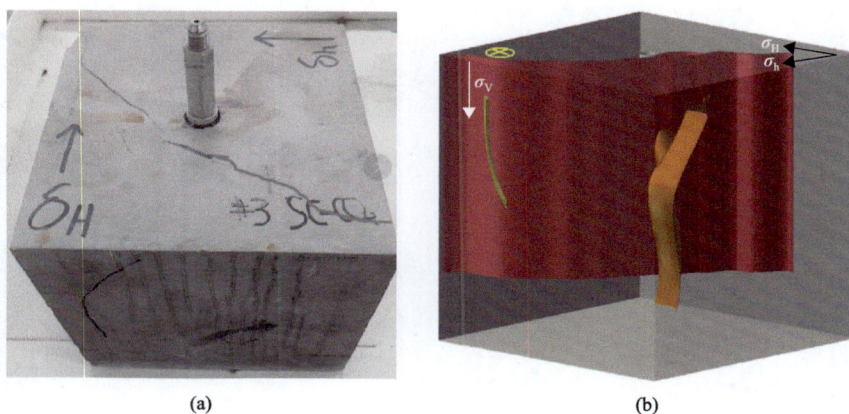

(a)   (b)

图 6.36 不同地应力条件超临界 CO_2 诱导裂缝空间形貌（Y3, $\sigma_V/\sigma_H/\sigma_h$：16MPa/12MPa/8MPa）

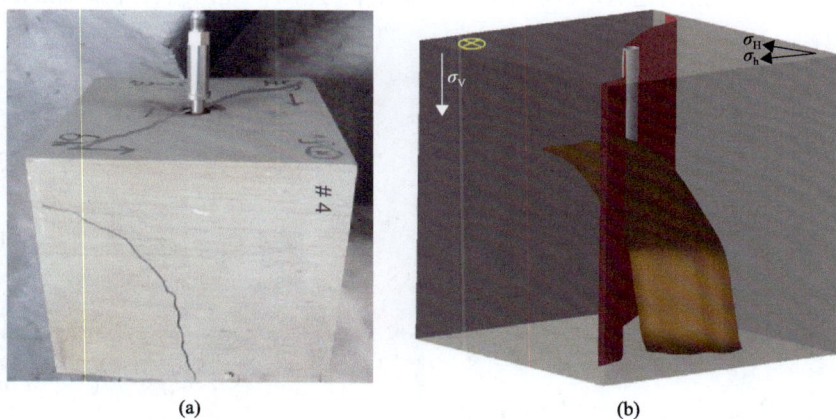

(a)   (b)

图 6.37 不同地应力条件超临界 CO_2 诱导裂缝空间形貌（Y4, $\sigma_V/\sigma_H/\sigma_h$：16MPa/12MPa/6MPa）

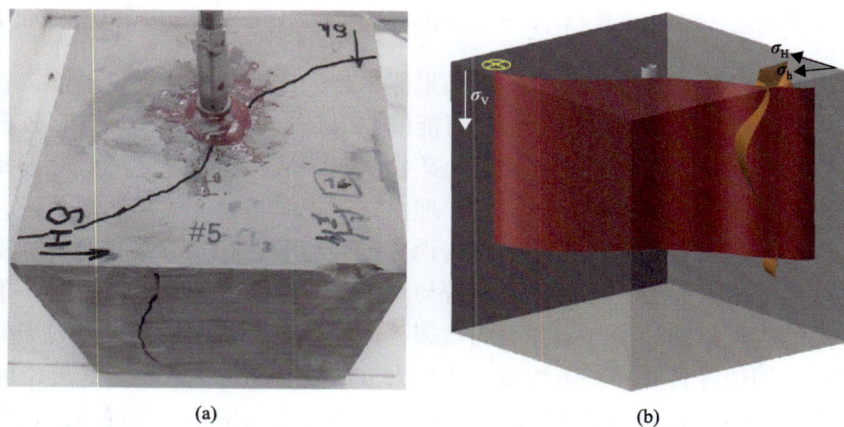

(a)   (b)

图 6.38 不同地应力条件超临界 CO_2 诱导裂缝空间形貌（Y5, $\sigma_V/\sigma_H/\sigma_h$：16MPa/12MPa/4MPa）

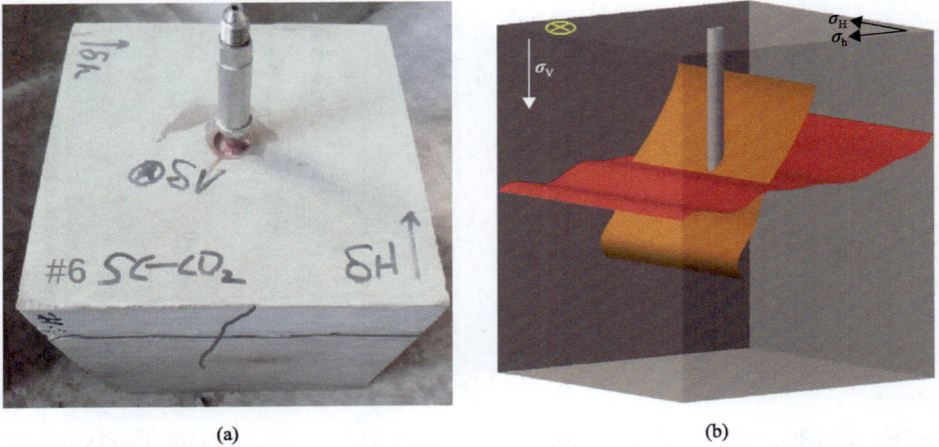

图 6.39　异常地应力条件超临界 CO_2 诱导裂缝空间形貌（Y6, $\sigma_V/\sigma_H/\sigma_h$:16MPa/18MPa/12MPa）

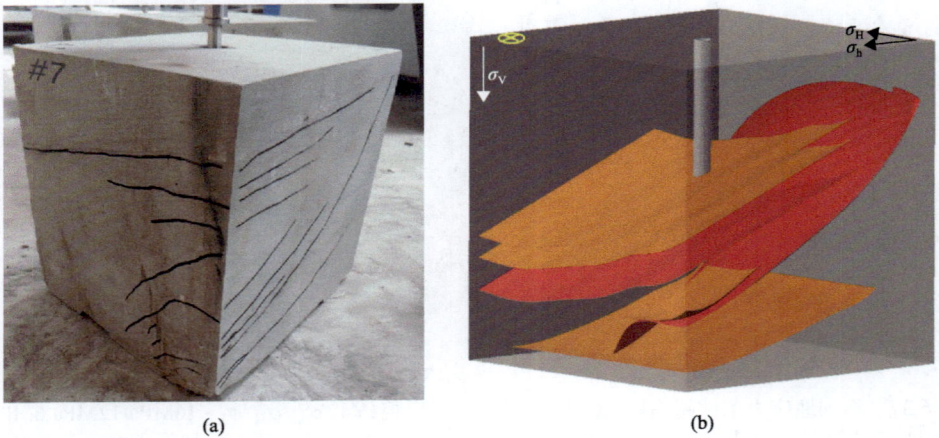

图 6.40　异常地应力条件超临界 CO_2 诱导裂缝空间形貌（Y7, $\sigma_V/\sigma_H/\sigma_h$:16MPa/18MPa/16MPa）

力方向边界处产生一条分支裂缝。该结果似乎与经典断裂力学理论不符,岩石并未沿着垂直于最小主应力方向延伸,可能的原因是岩石的原始层理含有较多的黏土类矿物,水在注入过程中会导致黏土矿物膨胀,从而导致强度降低,因此裂缝更易于沿着层理弱面起裂和扩展,而层理面方向正面与上下底面近似平行。相同应力条件下,超临界 CO_2 压裂致密砂岩诱导的裂缝形态(图 6.36)相对更加复杂,岩石先从井筒附近起裂,然后近似沿着与两条棱对角线的方向扩展形成一条主裂缝,且井筒附近出现几条环绕井筒的微裂缝。除此之外,在最大主应力加载平面和主裂缝延伸边缘各诱导一条与最小主应力方向垂直的二次裂缝,裂缝空间分布特征整体符合传统断裂力学理论,但出现了一定的方向偏离,裂缝条数也明显多于水致裂岩样。进一步说明超临界 CO_2 可进入岩石内部的微小空间,诱导更多方向各异的空间裂缝。

图 6.34～图 6.38 展示了不同水平主应力差条件下，超临界 CO₂ 诱导裂缝的空间形貌。可以发现，当最大水平主应力、最小水平主应力值相等时(应力差为 0，图 6.34)，超临界 CO₂ 在岩石内部诱导了分布复杂的裂缝网络。首先在井筒附近产生一条近似垂直于井筒的弯曲主裂缝，该裂缝横向贯穿整个岩样，在该裂缝上部又诱导了一条与其近似平行的次生裂缝，但这条裂缝仅扩展至岩样一半空间。除了两条近似平行的裂缝外，主裂缝附近还产生了多条与最大水平主应力方向相交的次生裂缝，部分裂缝与主裂缝相交，同时也出现了局部区域裂缝单独起裂的现象。该结果表明当水平方向的两个主应力值相等时，裂缝的起裂和扩展不仅受到层理面影响，产生与井筒近似垂直的水平裂缝；还会受地应力影响，诱导产生与某一水平主应力方向近似垂直的二次裂缝，裂缝的形态多样且复杂。当水平主应力差为 2MPa 时(图 6.35)，同样产生了不同扩展状态的裂缝，但裂缝的条数相较于岩样 Y1 更少。随着水平主应力差的增加，诱导裂缝的数量逐渐减少，且裂缝的空间扩展形态也逐渐单一，从图 6.37 和图 6.38 可以发现，随着水平主应力差继续增大，趋向于产生一条沿着对角线扩展的主裂缝，且在裂缝的一翼产生了少量次生裂缝，裂缝的形态更易于向最大主应力方向扩展。综上，随着施加于岩石上的水平主应力差增加，虽然有助于降低岩石的起裂压力，但岩石更趋向于产生单一裂缝，裂缝也更易于沿着地应力值更小的方向扩展，表明该过程受水平主应力差的影响更大；随着水平主应力差的减小，超临界 CO₂ 更趋向于诱导复杂的裂缝网络，且裂缝的扩展方向更加多样，表明裂缝的扩展过程受到岩石性质和地应力条件共同影响，这一发现再次验证了前面的研究结果。

除此之外，当储层出现异常应力状态时，同样会对裂缝扩展形态产生重要的影响。图 6.39 和图 6.40 展示了最大水平主应力值增加至超过垂向应力时裂缝的扩展形态。如图 6.39 所示，当最大水平主应力为施加到岩石上的最大应力值时，垂向应力和最小水平主应力之差为 4MPa，此时超临界 CO₂ 在井筒附近诱导产生了两条相交的裂缝，且两条裂缝的两翼近似呈对称分布，与井筒相交或垂直。与井筒相交的裂缝面形态，近似符合传统断裂力学理论，而另一条与井筒近似垂直的水平裂缝展布结果表明，层理面对裂缝的扩展产生了重要的影响。继续增加最小水平主应力值，使其与垂向应力相等，此时这两个方向主应力差值为 0，其裂缝的空间展布如图 6.40 所示。可以发现岩石内部产生了多条与井筒相交的近似平行裂缝，裂缝多倾斜延伸，该结果与岩样 Y1 有相似之处，再次验证了应力差越小越有助于诱导更复杂裂缝的理论，裂缝沿着垂直于垂向应力方向倾斜扩展，表明原始层理面和应力载荷共同影响裂缝的扩展。

(二)不同地温条件对裂缝扩展的影响

本小节探究了温度对超临界 CO_2 压裂致密砂岩裂缝扩展特性的影响,由于 CO_2 性质受温度和压力变化的影响大,其黏度、密度、相态等都会随之改变,这些性质可以通过第一章介绍的 CO_2 状态方程(S-W 气体状态方程)定量计算得到[44,45],不同温度和压力条件下的 CO_2 密度和黏度值如图 6.41 所示。鉴于温度和压力对 CO_2 的性质影响较大,设计了不同温度条件下的 CO_2 压裂试验,来研究不同流体性质对裂缝扩展的影响。根据试验方案,当温度为 25℃时, CO_2 处于液态,其他三组试验温度均超过 CO_2 的临界温度,当压力超过 7.38MPa 时, CO_2 将达到超临界态。不同温度条件下 CO_2 压裂致密砂岩起裂压力结果如图 6.42 所示,可以看出随着温

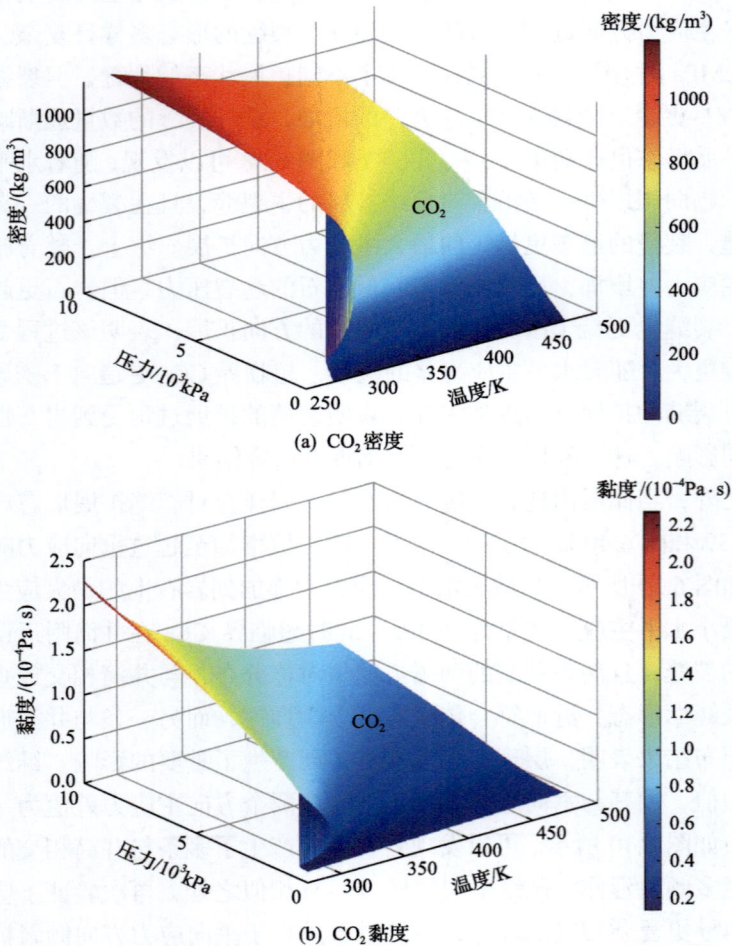

(a) CO_2 密度

(b) CO_2 黏度

图 6.41 不同温度、压力条件下 CO_2 密度和黏度值

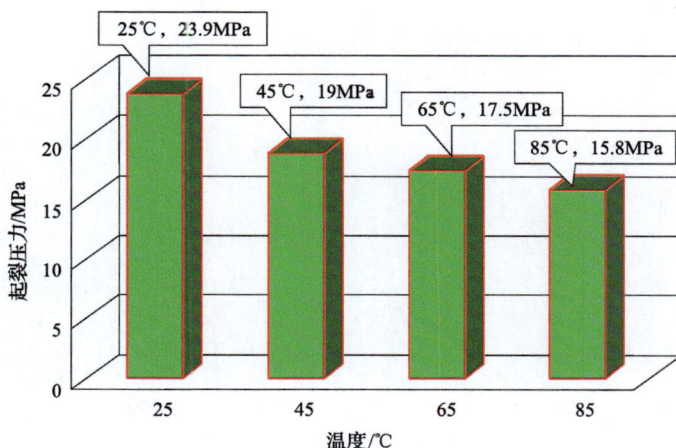

图 6.42　不同温度条件 CO_2 压裂致密砂岩起裂压力变化

度的增加，岩样的起裂压力逐渐降低。这是因为随着温度的增加，超临界 CO_2 的黏度也降低，流体的扩散性增强，更有利于其进入岩石孔隙内部，产生局部增压作用，最终导致岩石的起裂压力降低。

　　相同应力条件下，不同温度 CO_2 压裂致密砂岩的裂缝形态同样以染色剂标记法获取，并进行 3D 重构，岩样实物图和 3D 重构结果如图 6.43～图 6.46 所示。当温度为 25℃时，液态 CO_2 诱导一条垂直于最小水平主应力方向分布的主裂缝，该裂缝在井筒底部附近沿近以水平方向逐渐发生偏离。除此之外，在顶面和侧面交会处诱导产生一条与主裂缝相交的次生裂缝，该裂缝同样在井筒底部附近沿近似水平方向发生偏离。总体来说，裂缝的形态相对单一，扩展过程受到应力和原始层理面的综合影响。随着温度的增加，CO_2 达到超临界状态，裂缝重构结果显示每块岩样都会形成一条垂直于最小水平主应力方向或者稍倾斜分布的纵向主裂缝面，这一结果与 25℃时的结果类似。但不同之处在于，随着温度的增加，井筒附近诱导产生的次生裂缝逐渐增加(图 6.43，图 6.46)，且沿着主应力方向萌生出更多的二次裂缝，裂缝的延伸方向各异。从图 6.45 和图 6.46 中可以明显观察到两条呈"Y"字形的交叉裂缝延伸至岩样顶面，而岩石内部出现了多条或垂直于最小主应力分布或近似沿水平层理方向扩展的次生裂缝，裂缝的数量也明显增加。因此，温度的增加不仅有利于降低岩石的起裂压力，同时有利于产生更多复杂且延伸方向各异的裂缝网络。该系列试验结果验证了超临界 CO_2 压裂致密储层的可行性，同时阐明了超临界 CO_2 压裂致密储层裂缝的扩展特性，为超临界 CO_2 压裂现场施工提供了一定的理论指导。

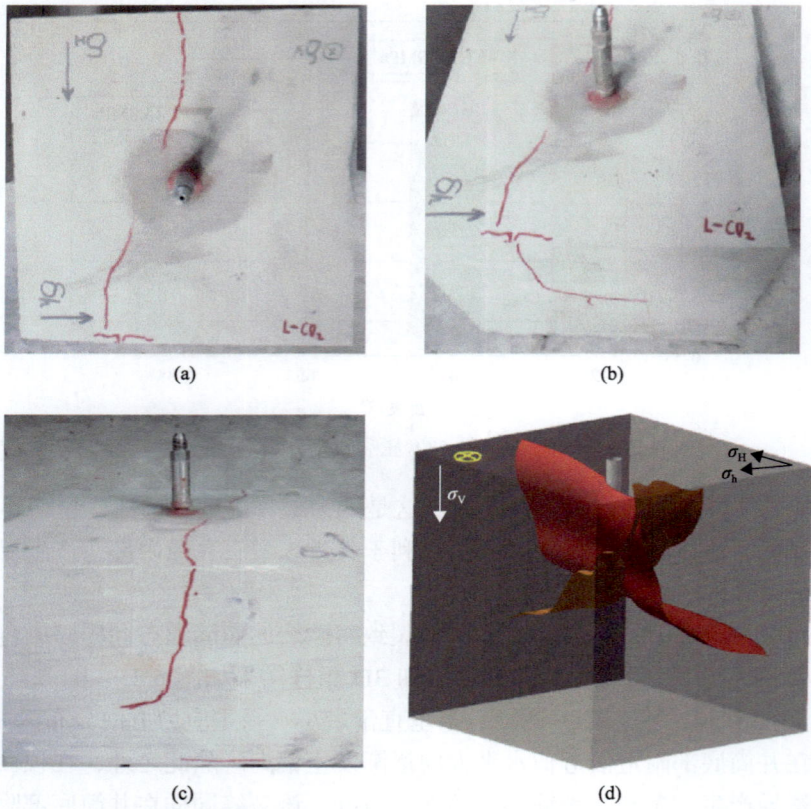

(a)

(b)

(c)

(d)

图 6.43 25℃条件 CO_2 压裂诱导裂缝特性

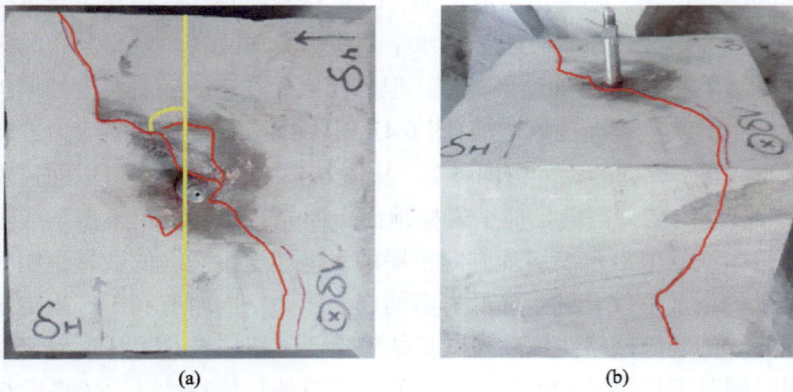

(a)

(b)

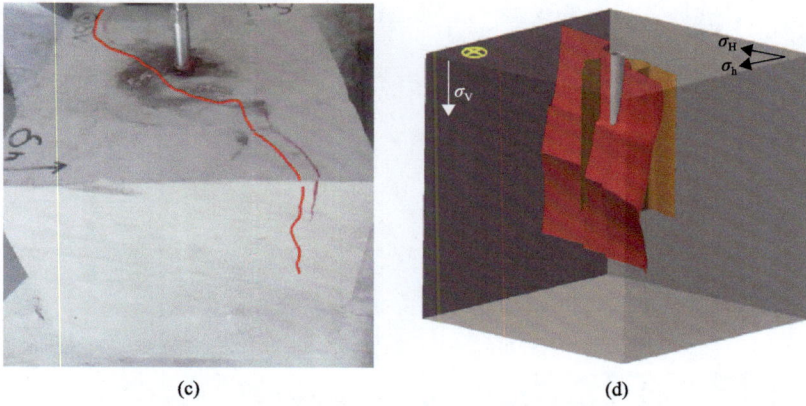

图 6.44 45℃条件 CO_2 压裂诱导裂缝特性

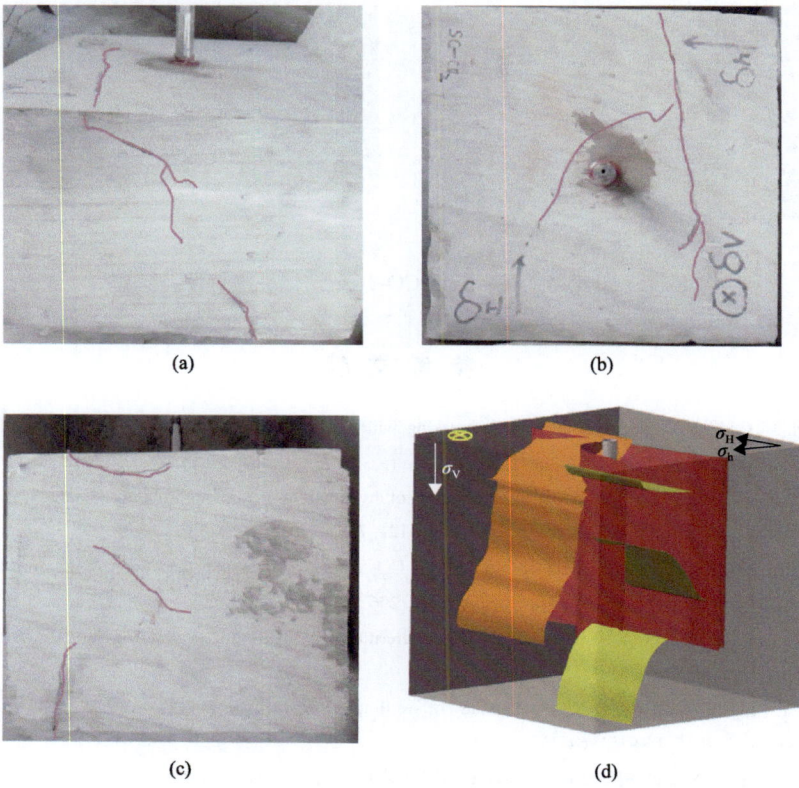

图 6.45 65℃条件 CO_2 压裂诱导裂缝特性

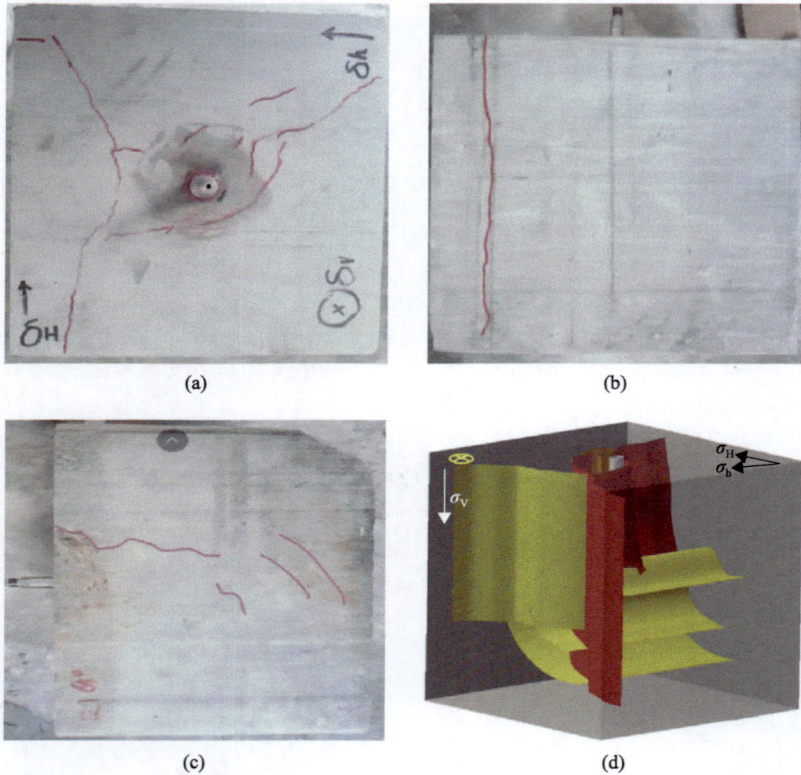

(a)

(b)

(c)

(d)

图 6.46 85℃条件 CO$_2$ 压裂诱导裂缝特性

参 考 文 献

[1] Wang H, Li G, Shen Z. Experiment on rock breaking with supercritical carbon dioxide jet. Journal of Petroleum Science and Engineering, 2015, 127: 305-310.

[2] Jarboe P J, Candela P A, Zhu W, et al. Extraction of hydrocarbons from high-maturity marcellus shale using supercritical carbon dioxide. Energy & Fuels, 2015, 29(12): 7897-7909.

[3] Qin C, Jiang Y, Luo Y, et al. Effect of supercritical CO$_2$ saturation pressures and temperatures on the methane adsorption behaviours of Longmaxi shale. Energy, 2020, 206: 118150.

[4] Lu Y, Xiang A, Tang J, et al. Swelling of shale in supercritical carbon dioxide. Journal of Natural Gas Science and Engineering, 2016, 30(4): 268-275.

[5] Chen T Y, Feng X T, Pan Z J. Experimental study of swelling of organic rich shale in methane. International Journal of Coal Geology, 2015, 150-151: 64-73.

[6] Jiang Y, Luo Y, Lu Y, et al. Effects of supercritical CO$_2$ treatment time, pressure, and temperature on microstructure of shale. Energy, 2016, 97: 173-181.

[7] 张矿生, 刘顺, 蒋建方, 等. 长 7 致密油藏脆性指数计算方法及现场应用. 油气井测试, 2014, 23(5): 29-32, 76.

[8] 袁俊亮, 邓金根, 张定宇, 等. 页岩气储层可压裂性评价技术. 石油学报, 2014, 34(3): 523-527.

[9] Rickman R, Mullen M J, Petre J E, et al. A practical use of shale petrophysics for stimulation design optimization: All shale plays are not clones of the Barnett Shale. SPE Annual Technical Conference and Exhibition, Denver, 2008.

[10] Sondergeld C H, Newsham K E, Comisky J T, et al. Petrophysical considerations in evaluating and producing shale gas resources. SPE Unconventional Gas Conference, Pittsburg, 2010.

[11] 赖锦, 王贵文, 范卓颖, 等. 非常规油气储层脆性指数测井评价方法研究进展. 石油科学通报, 2016, 1(3): 330-341.

[12] Ross D, Bustin R M. The importance of shale composition and pore structure upon gas storage potential of shale gas reservoirs. Marine & Petroleum Geology, 2009, 26(6): 916-927.

[13] Ozdemir E, Schroeder K. Effect of moisture on adsorption isotherms and adsorption capacities of CO_2 on coals. Energy & Fuels, 2009, 23: 2821-2831.

[14] Ma Y, Zhong N N, Li D H, et al. Organic matter/clay mineral intergranular pores in the Lower Cambrian Lujiaping Shale in the north-eastern part of the upper Yangtze area, China: A possible microscopic mechanism for gas preservation. International Journal of Coal Geology, 2015, 137: 38-54.

[15] 陈忠秀, 顾飞燕, 胡望明. 化工热力学. 北京: 化学工业出版社, 2012: 28.

[16] Wang H, Lu Q, Li X, et al. Design of experimental system for supercritical CO_2 fracturing under confining pressure conditions. Journal of Instrumentation, 2018, 13(3): P03017.

[17] Ishida T, Aoyagi K, Niwa T, et al. Acoustic emission monitoring of hydraulic fracturing laboratory experiment with supercritical and liquid CO_2. Geophysical Research Letters, 2012, 39(16): 1-6.

[18] Inui S, Ishida T. AE monitoring of Hydraulic Fracturing Experiments in Granite Blocks Using supercritical CO_2, water and viscous oil. 8th US Rock Mechanics/Geomechanics Symposium.American Rock Mechanics Association, Minneapolis, 2014: 7163.

[19] Li X, Feng Z J, Han G, et al. Breakdown pressure and fracture surface morphology of hydraulic fracturing in shale with H_2O, CO_2 and N_2. Geomechanics and Geophysics for Geo-Energy and Geo-Resources, 2016, 2(2): 63-76.

[20] He J, Afolagboye L O, Lin C, et al. An experimental investigation of hydraulic fracturing in shale considering anisotropy and using freshwater and supercritical CO_2. Energies, 2018, 11(3): 557.

[21] Hu Y, Liu F, Hu Y, et al. Propagation characteristics of supercritical carbon dioxide induced fractures under true tri-axial stresses. Energies, 2019, 12(22): 4229.

[22] Zou Y, Li N, Ma X, et al. Experimental study on the growth behavior of supercritical CO_2-induced fractures in a layered tight sandstone formation. Journal of Natural Gas Science and Engineering, 2018, 49: 145-156.

[23] Li S H, Zhang S C, Ma X F, et al. Hydraulic fractures induced by water-/carbon dioxide-based fluids in tight sandstones. Rock Mechanics and Rock Engineering, 2019, 18(10): 1007.

[24] Zhang X, Lu Y, Tang J, et al. Experimental study on fracture initiation and propagation in shale using supercritical carbon dioxide fracturing. Fuel, 2017, 190: 370-378.

[25] Zhou J, Liu G, Jiang Y, et al. Supercritical carbon dioxide fracturing in shale and the coupled effects on the permeability of fractured shale: An experimental study. Journal of Natural Gas Science and Engineering, 2016, 36: 369-377.

[26] Jia Y, Lu Y. Surface characteristics and permeability enhancement of shale fractures due to water and supercritical carbon dioxide fracturing. Journal of Petroleum Science and Engineering, 2018, 165: 284-297.

[27] Zhao Z, Li X, He J, et al. A laboratory investigation of fracture propagation induced by supercritical carbon dioxide fracturing in continental shale with interbeds. Journal of Petroleum Science and Engineering, 2018, 166: 739-746.

[28] Yang B, Wang H, Wang B, et al. Digital quantification of fracture in full-scale rock using micro-CT images: A fracturing experiment with N_2 and CO_2. Journal of Petroleum Science and Engineering, 2021, 196: 107682.

[29] Willson C S, Lu N, Likos W J. Quantification of grain, pore, and fluid microstructure of unsaturated sand from X-ray computed tomography images. Geotechnical Testing Journal, 2012, 35 (6) : 911-923.

[30] Blunt M J, Bijeljic B, Dong H, et al. Pore-scale imaging and modelling. Advances in Water Resources, 2013, 51: 197-216.

[31] Sampath K, Perera M S A, Ranjith P G, et al. Qualitative and quantitative evaluation of the alteration of micro-fracture characteristics of supercritical CO_2-interacted coal. The Journal of Supercritical Fluids, 2019, 147: 90-101.

[32] Iassonov P, Gebrenegus T, Tuller M. Segmentation of X-ray computed tomography images of porous materials: A crucial step for characterization and quantitative analysis of pore structures. Water Resources Research, 2009, 45 (9) : 706-715.

[33] Yan Y, Letscher D, Ju T. Voxel cores: Efficient, robust, and provably good approximation of 3D medial axes. ACM Transactions on Graphics, 2018, 37 (4CD) : 44.1-44.13.

[34] Lobregt S, Verbeek P W, Groen F C A. Three-dimensional skeletonization: Principle and algorithm. IEEE Transactions on Pattern Analysis and Machine Intelligence, 1980, (1) : 75-77.

[35] Gong W, Bertrand G. A simple parallel 3D thinning algorithm. 10th International Conference on Pattern Recognition, Atlantic City, 1990, 1: 188-190.

[36] Lee T C, Kashyap R L, Chu C N. Building skeleton models via 3-D medial surface axis thinning algorithms. CVGIP: Graphical Models and Image Processing, 1994, 56 (6) : 462-478.

[37] Pudney C. Distance-ordered homotopic thinning: A skeletonization algorithm for 3D digital images. Computer Vision and Image Understanding, 1998, 72 (3) : 404-413.

[38] Zhou Q Y, Park J, Koltun V. Open3D: A modern library for 3D data processing. arXiv preprint arXiv:1801.09847, 2018.

[39] Arakawa K, Takahashi K. Relationships between fracture parameters and fracture surface roughness of brittle polymers. International Journal of Fracture, 1991, 48 (2) : 103-114.

[40] Falconer K. Fractal Geometry: Mathematical Foundations and Applications. New York: John Wiley & Sons, 2004.

[41] Bonnet E, Bour O, Odling N E, et al. Scaling of fracture systems in geological media. Reviews of Geophysics, 2001, 39 (3) : 347-383.

[42] Young G C, Dey S, Rogers A D, et al. Cost and time-effective method for multi-scale measures of rugosity, fractal dimension, and vector dispersion from coral reef 3D models. Plos One, 2017, 12 (4) : e0175341.

[43] Peitgen H O, Jürgens H, Saupe D. Chaos and Fractals: New Frontiers of Science. Berlin: Springer Science & Business Media, 2006.

[44] Wang L, Yao B, Xie H, et al. Experimental investigation of injection-induced fracturing during supercritical CO_2 sequestration. International Journal of Greenhouse Gas Control, 2017, 63: 107-117.

[45] Span R, Wagner W. A new equation of state for carbon dioxide covering the fluid region from the triple-toint temperature to 1100K at pressures up to 800MPa. Journal of Physical and Chemical Reference Data, 1996, 25 (6) : 1509-1596.

第七章 超临界 CO_2 井筒携砂规律

超临界 CO_2 井筒携砂是超临界 CO_2 钻完井过程中的基础问题，涉及井眼清洁及压裂支撑剂泵注的水力参数优化设计。然而超临界 CO_2 的密度、黏度与常规工作流体相比存在较大差异，在携带支撑剂运移过程中容易在水平环空底部形成砂床。本章通过对水平环空超临界 CO_2 携带支撑剂运移特性和规律的研究，为超临界 CO_2 喷射压裂环空携带支撑剂参数设计提供理论依据。

第一节 超临界 CO_2 井筒携砂数值模拟

本节利用计算流体力学数值模拟软件 Fluent，对超临界 CO_2 压裂过程中水平井段的携砂规律进行了数值模拟，得到了超临界 CO_2 密度、流速、支撑剂直径、环空偏心度等因素对携砂的影响规律。

一、井筒携砂模型建立

(一)物理模型

对于水平井筒来说，油管在重力作用下自然下垂，与井筒形成偏心环形空间（简称偏心环空），超临界 CO_2 流体与支撑剂在偏心环空中的流动属于典型的两相管流，故采用了偏心环空模拟水平井段携砂。图 7.1(a)为偏心环空截面网格划分示意图，图 7.1(b)为偏心环空整体网格划分示意图。模型采用 2 3/8in[①]钻柱模拟连续油管，轴向延伸长度为 10m；所用外井壁为 4 3/4in，壁面光滑；网格采用 $60\times8\times500$ 的结构化网格，气固两相流体从轴向侧面一侧进入，另一侧流出[1,2]。

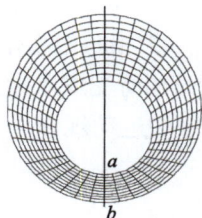

(a) 偏心环空截面网格划分   (b) 偏心环空网格划分

图 7.1 偏心环空物理模型

---

① 1in=2.54cm。

边界条件如下。

(1)入口为速度入口边界条件。

(2)出口为正常出流边界条件。

(3)井壁和钻柱为固定壁面边界条件。

(二)数学模型

超临界 CO_2 压裂过程中要求环空固相体积分数不超过 10%(本章物理模型中设置为 3%),因此根据超临界 CO_2 流体的物理性质及支撑剂的性质,由欧拉双流体模型建立了描述超临界 CO_2 流体在水平偏心环空携砂过程的数学模型。

1)体积分数

各相体积分数由式(7.1)求得

$$V = \int_v \alpha q \mathrm{d}\boldsymbol{v} \tag{7.1}$$

式中, V 为体积, m^3; α 为体积分数, %; q 为相数, $q=1,2,\cdots,n$; $\boldsymbol{v}$ 为速度矢量。

2)质量守恒方程

又称为连续性方程,在不考虑相间质量传递情况下 q 相的连续性方程为

$$\frac{\partial}{\partial t}\left(\alpha_q \rho_q\right) + \mathrm{div}\left(\alpha_q \rho_q \boldsymbol{v}_q\right) = 0 \tag{7.2}$$

式中,div 为散度; ρ 为密度, kg/m^3; t 为运动时间,s。

3)动量守恒方程

由各相体积分数和质量守恒方程可以推导出 q 相的动量守恒方程为

$$\frac{\partial}{\partial t}\left(\partial_q \rho_q \boldsymbol{v}_q\right) + \mathrm{div}\left(\alpha_q \rho_q \boldsymbol{v}_q \boldsymbol{v}_q\right) = -\alpha_q \nabla p + \mathrm{div}\,\boldsymbol{\tau}_q + \sum_{q=1}^{n} R_{p,q} + \left(F_q + F_{\mathrm{lift},q} + F_{\mathrm{Vm},q}\right) \tag{7.3}$$

式中, p 为静压,Pa; $\boldsymbol{\tau}_q$ 为 q 相的压力应变张量,Pa; $R_{p,q}$ 为相间相互作用力,N; F_q 为外部体积力,N; $F_{\mathrm{lift},q}$ 为相所受升力,N; $F_{\mathrm{Vm},q}$ 为相所受虚质量力,N。由以上三个控制方程便可求出超临界 CO_2 和砂粒在水平井段的运动规律。

(三)数值模拟设计

对于水平井筒来说,井筒中心线不是严格地在同一水平线上,井筒温度分布也是不同的,同时由于流体摩擦阻力的存在,井筒上各点的压力也是不同的。然而对于本章数值模拟来说,由于选取的井段较短(仅 10m),井筒上各点温度和压力的分布可以近似视为相同,即在同一井深条件下,10m 水平井筒中各点压力和

温度相同，由此可假设在井筒中超临界 CO_2 流体的密度和黏度等参数也是不变的。在考虑超临界 CO_2 流体返速、砂粒直径、超临界 CO_2 流体密度、环空偏心度等因素对水平偏心环空两相流体运动规律的影响的基础上，制定了如下数值模拟方案[3]。

1）流速影响规律参数组合

为了考察超临界 CO_2 流体流速对水平井段携砂规律的影响，将环空的偏心度、超临界 CO_2 流体的密度和黏度、支撑剂密度和直径以及支撑剂的体积分数设置为定值，单独改变超临界 CO_2 流体在偏心环空中的流速。假定此时井底压力为 34MPa，温度为 330K，由此计算出 CO_2 的密度和黏度（表 7.1），求得其最低环空返速为 0.587m/s，其他返速依次递增，分别为 0.7m/s、0.8m/s、0.9m/s、1.0m/s、1.1m/s、1.2m/s，具体参数设置见表 7.1。

表 7.1　流速影响规律基本参数

偏心度	CO_2 黏度/(mPa·s)	砂粒密度/(kg/m³)	砂粒直径/mm	砂粒体积分数/%
0.6	0.084756	2650.0	0.2	3

上面提到的最低环空返速由最小动能携砂准则来确定。在气体钻井过程中，对于 1 个大气压、15.55℃的空气来说，其有效携砂所需最低环空返速为 15.25m/s，由式(7.4)得到此条件下单位体积空气携砂最小动能：

$$E_{air} = \frac{1}{2} \rho_{air} v_{air}^2 = 154.96\,J \tag{7.4}$$

式中，E_{air} 为单位体积空气携砂最小动能，J；ρ_{air} 为空气密度，kg/m³；v_{air} 为环空中空气返速，m/s。

超临界 CO_2 喷射压裂使用的支撑剂粒径较小，如果超临界 CO_2 与标准条件下的空气携砂能力相当，则单位体积超临界 CO_2 携砂所需最小动能与空气携砂最小动能相等：

$$\frac{1}{2} \rho_{air} v_{air}^2 = \frac{1}{2} \rho_{CO_2} v_{CO_2}^2 \tag{7.5}$$

式中，ρ_{CO_2} 为 CO_2 密度，kg/m³；v_{CO_2} 为环空中 CO_2 返速，m/s。

由式(7.4)和式(7.5)可求得 CO_2 密度为 871.0kg/m³ 条件下的最低环空返速为 0.587m/s。

2）砂粒直径影响规律参数组合

为了分析砂粒直径对水平井段支撑剂运移的影响规律，在其他参数不变的情况下，改变砂粒直径大小，模拟砂粒直径从 0.1～0.7mm 连续变化，其他参数如

表 7.2 所示。

表 7.2　砂粒直径影响规律基本参数

偏心度	CO_2 密度 /(kg/m³)	支撑剂密度 /(kg/m³)	CO_2 黏度 /(mPa·s)	流速 /(L/s)	固相体积分数 /%
0.6	871.0	2650.0	0.084756	0.7	3

3）超临界 CO_2 密度影响规律参数组合

流体的密度对其携砂效率有直接影响，为了揭示超临界 CO_2 的密度变化对其携砂效率的影响，假设井底温度为 330K，井底压力从 8MPa 至 32MPa 连续变化，超临界 CO_2 流体密度和黏度由气体状态方程计算得出（表 7.3）。环空流体返速以最低密度 198.5kg/m³ 为标准计算，按照最小动能携砂准则确定，得到超临界 CO_2 流体最低环空返速为 1.3m/s。其他不变参数如表 7.4 所示。

表 7.3　不同压力下超临界 CO_2 密度、黏度值

井底压力/MPa	密度/(kg/m³)	黏度/(10^{-6}Pa·s)
8	198.5	20.10
12	475.5	34.83
16	664.9	52.56
20	743.5	62.69
24	792.1	70.16
28	828.0	76.43
32	856.5	81.95

表 7.4　超临界 CO_2 密度影响规律基本参数

偏心度	砂粒直径/mm	支撑剂密度/(kg/m³)	流速/(L/s)	固相体积分数/%
0.6	0.2	2650.0	0.7	3

4）环空偏心度影响规律参数组合

在水平井段中，油管在重力作用下靠近井壁下侧，造成油管和井筒间环空偏心，环空的形状直接影响流体的运动状态，从而对超临界 CO_2 的携砂效率造成影响，为了得到环空偏心度对超临界 CO_2 携砂规律的影响，作如下模拟方案（表 7.5）。环空偏心度设置为四档，分别是 0.2，0.4，0.6，0.8。

表 7.5　偏心度影响规律基本参数

CO_2 密度 /(kg/m³)	CO_2 黏度 /(mPa·s)	支撑剂密度 /(kg/m³)	砂粒直径 /mm	流速 /(L/s)	固相体积分数 /%
871.0	0.084756	2650.0	0.2	0.7	3

二、井筒携砂关键参数影响规律

从偏心环空入口到出口，两相流动状态是从不稳定到稳定的变化过程。从管路不同点位截取的截面固相含量云图看，距离入口 6m 处到出口位置截面砂床高度基本不变，说明此位置流动状态已稳定。因此选取距离入口 8m 处环空截面进行分析，它能够代表水平偏心环空超临界 CO_2 和砂粒两相流动规律。

(一)流速的影响

流速是影响水平井段砂床形态的重要因素之一，当流速较大即环空返速较高时，小粒径和中等粒径的固体颗粒完全悬浮，有利于砂粒携带；当流速、紊流强度和外力降低时，由于流体上浮力和拖曳力减弱引起颗粒沉降，因而环空中固体颗粒浓度分布发生变化，特别是环空下半部分在重力作用下具有更多的颗粒，并逐步形成砂床，不利于砂粒运移。当砂床达到一定高度时，容易产生砂堵，严重影响压裂作业正常进行。

不同流速条件下水平偏心环空砂粒体积分数云图(图 7.2)显示，砂粒在环空中以悬浮、跃移和固定床三种形态存在，且随着流速的增大，悬浮层内砂粒体积分数逐渐增大，固定床内砂粒体积分数逐渐减小，直至全部转化为移动床。由此可知在其他条件不变的情况下，环空返速越大，携砂效果越佳。

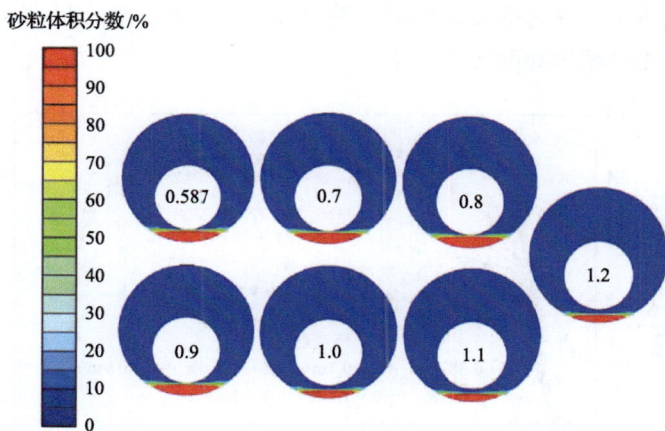

图 7.2　不同流速条件下水平偏心环空砂粒体积分数云图
圈内数值为 CO_2 流速, m/s

不同流速条件下水平偏心环空混合流体速度云图(图 7.3)显示，环空截面上混合流体的速度分布呈现非均匀性，但几乎是沿 Y 轴对称。环空上部的速度明显高于下部，且环空上部存在高速流核区；环空下部流速较低，当流速为 0.587m/s 时，存在较大范围的零速度区，表示砂粒沉积形成砂粒床。随着流速的增加，高速区范围逐渐增加，低速区范围逐渐减小，携砂效率增大。

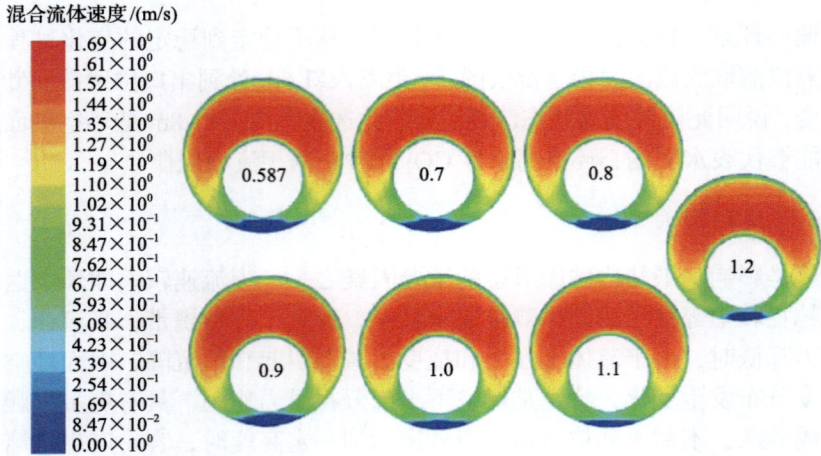

图 7.3　不同流速条件下水平偏心环空混合流体速度云图
圈内数值为 CO_2 流速，单位为 m/s

　　图 7.4 为不同环空返速下环空底端砂粒移动速度曲线分布图（由图 7.1 直线 *ab* 上各点砂粒移动速度绘制），该图显示随着环空返速的逐渐升高，环空底端砂粒的平均移动速度曲线由下到上依次排列，这说明，环空返速越大，越有利于携砂。因此在压裂过程中，在地面设备性能参数允许的情况下，尽量提高 CO_2 的注入流量，有助于减少砂堵事故的发生概率。

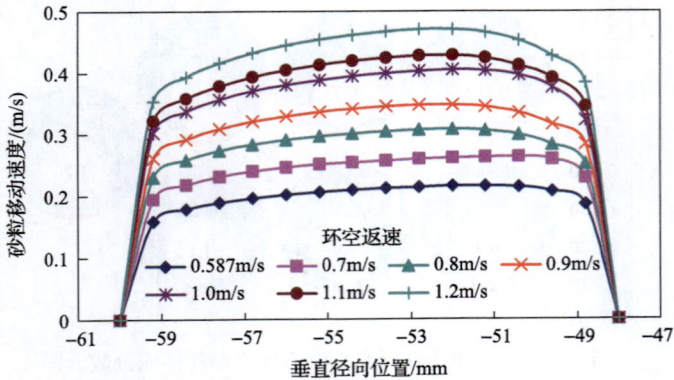

图 7.4　不同环空返速下环空底端砂粒移动速度曲线分布图

(二) 砂粒直径的影响

　　图 7.5 为流速为 0.7m/s、偏心度为 0.6 时，不同砂粒直径条件下水平偏心环空砂粒体积分数云图。由图 7.5 可明显看出，随着砂粒直径的增加，砂粒在水平环空

中的非均匀分布逐渐加强，砂粒逐渐向环空底部沉积，从而形成砂粒床，在图示条件下，当砂粒直径为 0.1mm 时，砂粒床高度较小，砂粒在环空中的浓度分布较为均匀，砂粒以非均匀悬浮和跃移的方式跟随液流方向运动；当砂粒直径增大到 0.5mm 时，环空底部开始出现移动床，此时砂粒主要以悬浮、移动床的形式存在，砂粒床随着液流缓慢向前推移；当砂粒直径增大到 0.7mm 时，砂粒床的高度增加，此时砂粒主要以移动床和固定床的方式存在。

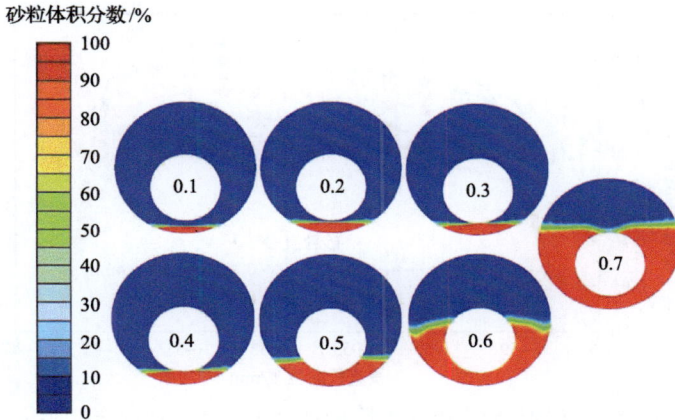

图 7.5　不同砂粒直径条件下水平偏心环空砂粒体积分数云图

圈内数值为砂粒直径，mm

图 7.6 为不同砂粒直径条件下水平偏心环空砂粒流速云图。由图 7.6 可知，随着砂粒直径的增大，砂粒逐步向环空底部沉降，环空底部固定床的高度逐渐形成并增大，当砂粒直径为 0.5mm 时，环空下部砂粒均以固定床的形式存在，运动

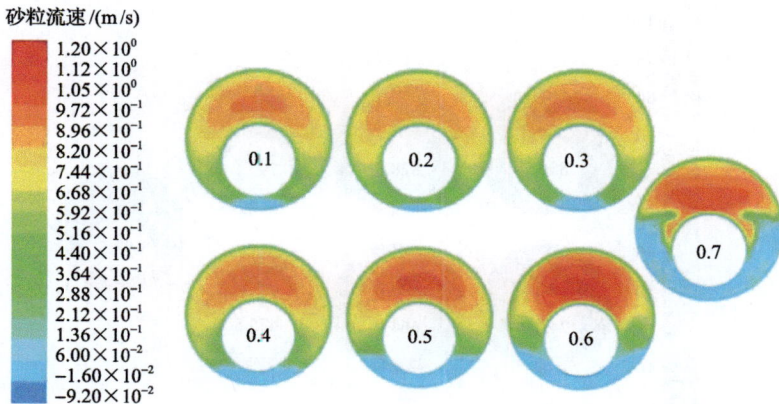

图 7.6　不同砂粒直径条件下水平偏心环空砂粒流速云图

圈内数据为砂粒直径，mm

速度几乎为零。同时，砂粒直径越大，砂粒移动速度也越低，即砂粒直径越大越难携带。

图 7.7 为不同砂粒直径条件下环空底端砂粒移动速度分布曲线（由图 7.1 直线 *ab* 上各点砂粒移动速度绘制）。由图 7.7 可知，环空底端砂粒移动速度分布曲线随着砂粒直径的增大由上到下依次分布，即砂粒直径越大，其移动速度越小，在水平环空中越不容易携带。

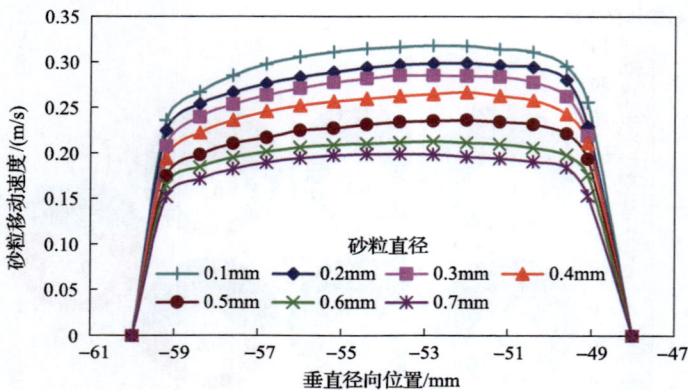

图 7.7　不同砂粒直径条件下环空底端砂粒移动速度分布曲线

（三）超临界 CO_2 密度的影响

不同 CO_2 密度条件下距离入口 8m 处环空砂粒体积分数云图（图 7.8）显示，随着 CO_2 密度的减小，环空底端砂床高度逐渐增高，743.5～856.5kg/m³ 密度条件下

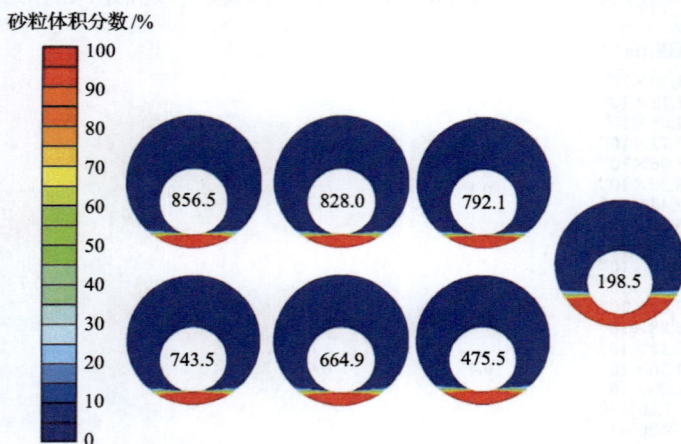

图 7.8　不同 CO_2 密度条件下距离入口 8m 处环空砂粒体积分数云图

圈内数值为 CO_2 密度，kg/m³

砂床高度变化不大，从密度降至 664.9kg/m³ 开始砂床高度逐渐增加，尤其是密度降为 198.5kg/m³ 时增幅最大，砂床几乎占据了环空 1/3 空间。由此可知，超临界 CO_2 携砂能力随其密度的减小逐渐减弱，但密度在 743.5~856.5kg/m³ 时其携砂能力相当，密度从 664.9kg/m³ 降至 198.5kg/m³ 时其携砂能力逐渐下降。说明超临界 CO_2 存在一个临界密度，小于这一密度时其携砂能力将逐渐降低。

图 7.9 为不同 CO_2 密度条件下砂床平均移动速度柱状图，平均移动速度为图 7.1 环空截面对称轴线 ab 上砂粒速度均值。由图 7.9 可知，743.5~856.5kg/m³ 密度条件下砂床平均移动速度变化不大，随密度的减小稍有降低，砂床平均移动速度分布在 0.4m/s 左右。从密度降至 664.9kg/m³ 开始砂床平均移动速度逐渐降低，超临界 CO_2 密度为 198.5kg/m³ 时，砂床平均移动速度降至 0.31m/s，从图 7.10 中也能看出这一规律。砂床移动速度分布曲线(由图 7.1 直线 ab 上各点砂粒移动速度绘制)随着密度的减小由上到下依次排列，743.5~856.5kg/m³ 这 4 条曲线排列紧密，

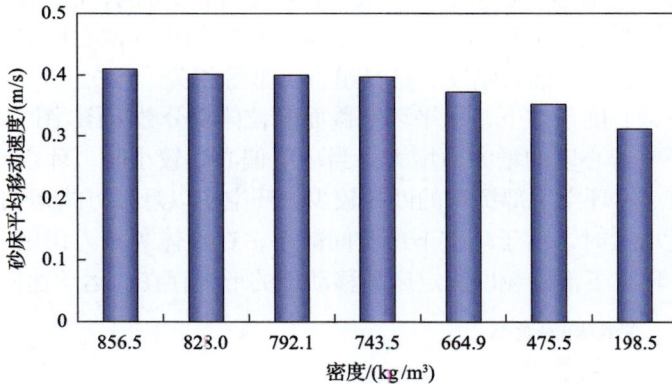

图 7.9　不同 CO_2 密度条件下砂床平均移动速度柱状图

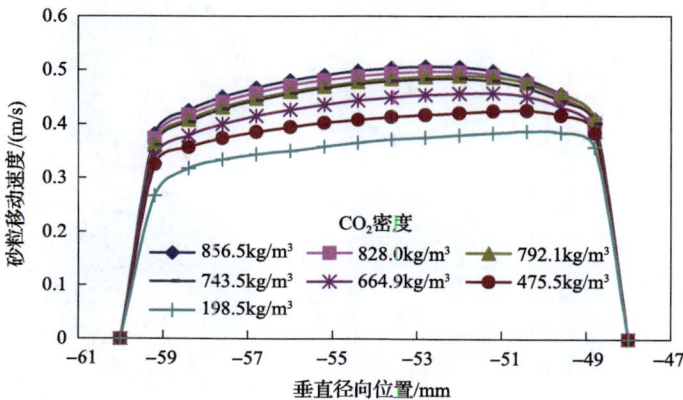

图 7.10　环空底端砂粒移动速度分布

即砂床移动速度变化不大，198.5～664.9kg/m³ 这 3 条曲线排列较稀疏，说明砂床移动速度有一定差异。

由以上分析可知，超临界 CO_2 密度是影响砂粒运移的重要因素，增大其密度可以提高其黏度，从而增强其砂粒悬浮性能，提高携砂能力。需要注意的是，随超临界 CO_2 密度的增大其黏度也将增大，此时流动摩阻也会加大，从而加大地面泵负荷。因此，在超临界 CO_2 压裂过程中，要合理控制井底压力，既要保证高效的携砂效率，又要满足系统压力要求。

(四)环空偏心度的影响

环空偏心度是指井筒圆心与油管圆心之间的距离与井筒和油管半径差的比值，其比值为 0，说明井筒与油管同心；其比值为 1，说明油管底端与井筒底端相接触。

水平井段环空偏心一般由重力所致。在水平井段，油管在重力作用下向环空底端偏移，从而形成上部环形空间大、下部环形空间小的偏心环空。环空偏心度大小与水平井段长度、油管刚度、钻具组合类型等相关。

不同环空偏心度条件下，水平环空截面砂粒体积分数云图(图 7.11)显示，砂床高度随着环空偏心度的增大而增大。当环空偏心度较小时，环空底部砂粒高浓度区域面积较小，环空下部沉积的砂粒较少，环空中以悬浮方式运动的砂粒较多。当环空偏心度增大时，由于环空下部空间减小，在流体黏滞力作用下，混合流体的速度减小，环空下部砂粒以固定床和移动床的形式存在，运动速度几乎为零。

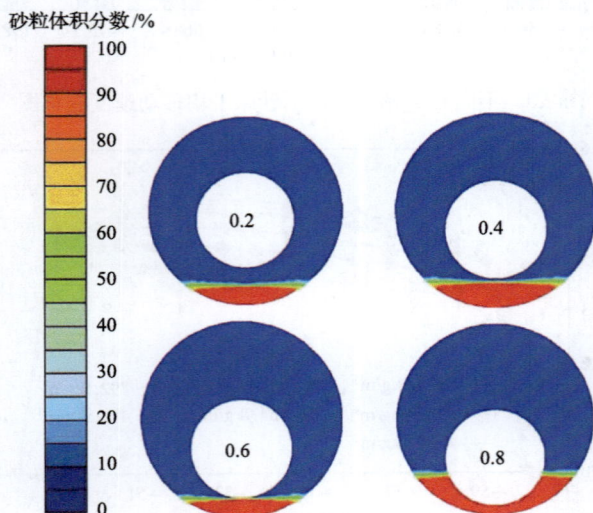

图 7.11　水平环空截面砂粒体积分数云图

圈内数据为环空偏心度

不同环空偏心度条件下水平环空截面砂粒速度云图(图 7.12)显示,随着环空偏心度的增大,环空上部的砂粒速度逐渐增加,但高速流动区域逐渐减小,低速流动区域逐渐扩大。即环空偏心度越大越容易形成砂粒床,对水平偏心环空携砂越不利,因此在实际压裂过程中,要尽量减小环空偏心度,提高砂粒输送效率。

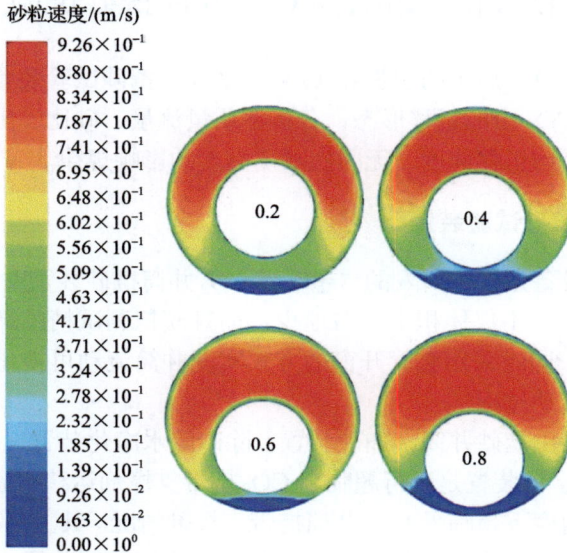

图 7.12 不同环空偏心度下水平环空截面砂粒速度云图
圈内数据为环空偏心度

不同环空偏心度时环空底端砂粒移动速度曲线(图 7.13)同样说明了上述规律,即环空偏心度越大,环空底端砂粒移动速度越小,越不利于携砂。

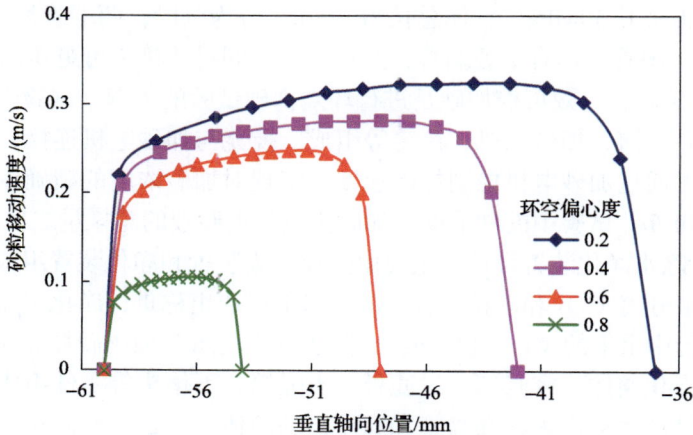

图 7.13 不同环空偏心度时环空底端砂粒移动速度曲线

由以上分析可知，环空偏心度对水平环空携砂效率也有较大影响，环空偏心度越大，环空底端砂粒移动速度越慢，环空底部的砂粒浓度越高，也就越容易形成砂粒床，越不利于携砂。

第二节　超临界 CO_2 井筒携砂试验

本节基于自主设计加工的超临界 CO_2 水平环空携砂试验装置开展试验，研究了砂床在超临界 CO_2 中的运移形态，分析了质量流量、砂比、出口压力、流体温度对支撑剂轴向平均运移速度、无因次平衡高度的影响规律。

一、超临界 CO_2 携砂试验装置

试验采用的设备是自主研发的"超临界 CO_2 井筒携砂装置"，该装置采用相似原理进行设计加工，不仅体积小、占地少，而且模拟测试精度高，井筒能够模拟井下温度和压力，同时采用套管开窗的方式实现井筒流动可视化，可利用摄像机记录井筒中两相流动过程。

该装置主要是由携砂井筒、加砂装置、除砂除水净化装置三部分组成。

(1)携砂井筒。该装置是进行超临界 CO_2 携带支撑剂运移试验的主要载体，可模拟水平到垂直角度下超临界 CO_2 井筒携带支撑剂情况。其上分布有压力传感器、温度传感器、压力显示表、循环水浴保温装置、旋转控制装置、高压视窗、内外管、铝合金支架等。可通过数据采集系统自动检测压力、流体温度等数据，并能够测量得到流体相态变化、颗粒轴向运移速度、砂床高度等相关试验数据。

井筒内外管模拟装置主要由外管、内管、各接口连接装置、密封机构、法兰盘、固定卡套、可视视窗等组成，设置有两对对开可视视窗。外套管采用 1Cr18Ni9Ti 薄壁管，标准承压 30MPa。管体总长为 3.5m，分为三段，两端管长各 1m，中间管长为 1.5m。内管采用有机玻璃管，并且通过不同尺寸接头可更换内管尺寸。

(2)加砂装置。有效可控加砂是进行环空携砂试验的关键。试验中加砂装置由加砂罐、加砂套筒、加砂电机、搅笼等组成。搅笼与加砂电机连接，并置于加砂套筒内部，可通过加砂电机控制加砂速度，实现对加砂浓度的精确控制，最高加砂速率为 350L/h。试验中的砂浓度为加砂排量与携砂液的总排量之比。

(3)除砂除水净化装置设计。主要由砂粒收集装置和净化装置组成，砂粒收集装置主要用来分离 CO_2 和砂粒，收集的支撑剂可取出称重，净化装置主要用来对砂粒收集装置中出来的 CO_2 进行净化，除去其中的水和细小砂粒。净化装置由堵头、压环、净化筒体、密封环、过滤板、干燥筒、下堵头等零件组成。其主要功能是防止携带的砂粒进入冷却盘管和高压泵的液体系统，需对砂粒收集装置中出来的 CO_2 进行净化，除去其中的水和砂粒。

超临界 CO_2 携砂试验装置实物图如图 7.14 所示。

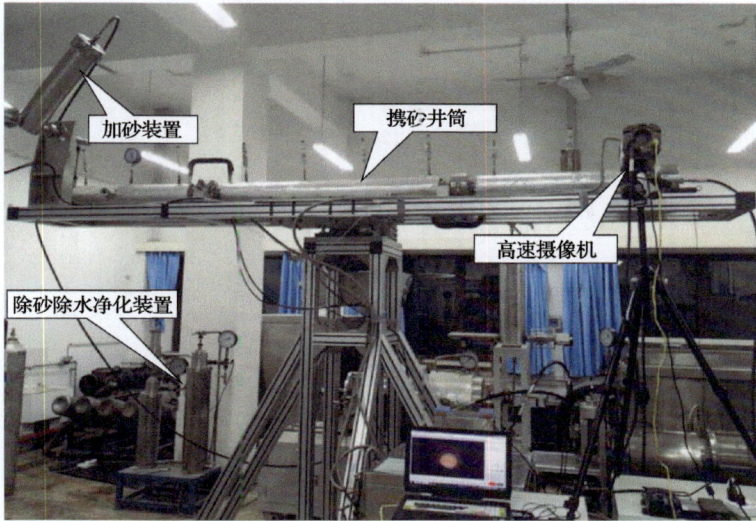

图 7.14 超临界 CO_2 携砂试验装置实物图

二、试验材料与方案

(一)试验流程

水平环空超临界 CO_2 试验具体流程主要分为四个阶段:超临界 CO_2 生成阶段、井筒循环控制阶段、加砂控制阶段、试验测量阶段。

1. 超临界 CO_2 生成阶段

开启 CO_2 气瓶阀门,气态 CO_2 通过管线注入储液罐中,打开制冷设备降低储罐中 CO_2 温度,使其液化。当储罐中液态 CO_2 压力达到 7MPa、温度降到 3℃ 左右时,开启储罐与泵间阀门、泵与缓冲罐间阀门,并开启高压泵将液态 CO_2 泵入缓冲罐中进行加热,当缓冲罐内 CO_2 压力达到 20MPa、温度达到 50℃ 左右时,关停高压泵,打开 2 号 CO_2 气瓶阀门(图 7.15),缓慢打开缓冲罐与井筒间阀门,将缓冲罐中生成的超临界 CO_2 缓慢注入井筒,避免高压造成井筒内管损坏,并观测井筒内部温度压力,待缓冲罐与井筒内压力平衡时,可以开启高压泵对井筒内流体增压,此时,打开循环水浴保温装置,控制井筒内流体温度,最终使井筒内 CO_2 达到超临界态。

2. 井筒循环控制阶段

井筒内 CO_2 达到超临界态后,关闭 CO_2 气瓶阀门,开启井筒出口与储液罐间的节流阀,使系统内部流体达到循环状态,通过控制泵转速调节泵排量,通过控

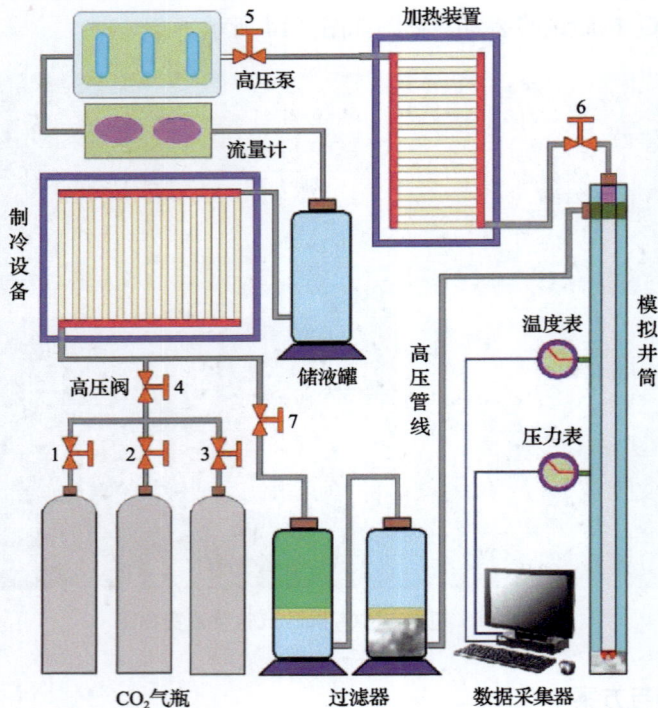

图 7.15　超临界 CO_2 钻井液循环模拟试验装置流程图

制井筒出口回压阀调节井筒内部流体压力，通过控制缓冲罐加热温度和循环水浴温度控制井筒内部流体温度，最终使井筒内部流体循环达到稳定状态。

3. 加砂控制阶段

井筒内部流体循环稳定后，开启加砂电机，通过控制加砂速度调节加砂排量，模拟不同砂比条件。

4. 试验测量阶段

加砂过程中（支撑剂在试验准备时已加入至加砂罐），利用高速摄影手段，通过高压可视窗口观测颗粒的运移状态，观测完毕后，关闭高压泵，停止加砂，关闭缓冲罐与井筒间节流阀、气阀，关闭井筒出口与储液罐之间的阀门，打开颗粒收集装置处放空阀门进行放空，待井筒压力为零后，拆卸装置清理砂粒。

注意事项。

(1)各阀门的开启与关闭要得当，以免造成危险。

(2)压力传感器使用前必须要经过校准，且试验过程中要随时观察各点压力变化情况，如遇异常高压，立即停泵检查。

(3)试验前要仔细检查整个系统的气密性，同时要开窗通风，避免有窒息危险。

(4)试验用 CO_2 中不能含有过多的水,一般质量分数要控制在 0.5%,以免 CO_2 在低温高压下形成水合物堵塞管路,或者形成碳酸腐蚀管道和其他装置。

(5)要求 CO_2 气瓶放置时瓶口朝下,以便使气瓶中的 CO_2 顺利充入储液罐。如在冬季气温较低, CO_2 气瓶中压力也较低, CO_2 气瓶中的 CO_2 很难顺利充入储液罐,此时可以对气瓶进行适当加热,温度一般不高于 35℃。

(二)试验材料

(1)试验用瓶装 CO_2,瓶中压力为 5MPa,以保证 CO_2 顺利充入储液罐。

(2)试验用陶粒支撑剂尺寸主要有 20/40 目、40/70 目。其中 20/40 目支撑剂平均直径为 0.600mm,40/70 目支撑剂平均直径为 0.354mm,支撑剂各参数如表 7.6 所示。

表 7.6　超低密度支撑剂参数

支撑剂直径/目	平均直径/mm	体密度/(kg/m³)	真密度/(kg/m³)	球度	破碎率(52MPa)/%
20/40	0.600	630	1060	0.9	1.02
40/70	0.354	640			

(三)试验方案

1)试验方法

利用高速摄影通过距出口端 0.25m 处可视窗口,观察 60s 内水平环空中支撑剂的轴向运移速度,然后充分加砂循环后从入口端测量砂床平衡高度,计算砂床无因次平衡高度。

利用高速摄像机拍摄前 60s 内水平环空支撑剂运移过程,记录图像,分析每 10s 时支撑剂轴向平均运移速度。如图 7.16 所示,选取 5 个轴向运动的支撑剂(P1～

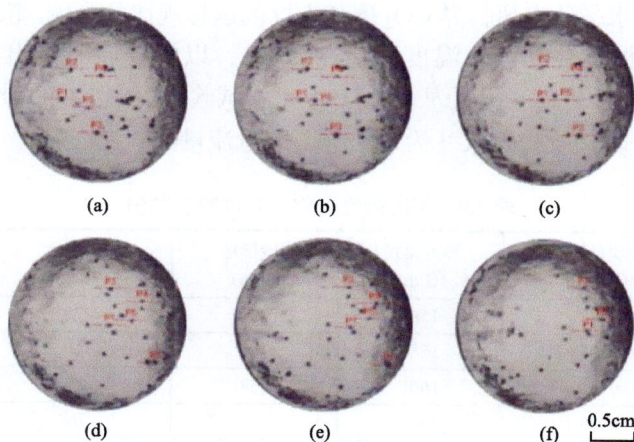

(a)　　　　　(b)　　　　　(c)

(d)　　　　　(e)　　　　　(f)　　0.5cm

图 7.16　支撑剂运移示意图

P5)进行研究分析,图片速率为 120 帧/s,数据采集分析软件可测量得到不同图片处同一颗粒的运移距离,并可根据不同图片时间间隔计算得到该颗粒的轴向运移瞬时速度,分析过程中以 5 个颗粒轴向运移瞬时速度的平均值作为水平环空支撑剂轴向平均运移速度。

2)试验参数

(1)不同质量流量对水平环空超临界 CO_2 携带支撑剂运移规律的影响。试验过程中,使用制冷装置对储液罐进行制冷以控制温度,瓶装液态 CO_2 及循环过程井筒出口流体的补液能够给储液罐提供压力,使储液罐的 CO_2 时刻处于液态,控制储液罐流体压力和温度分别为 7MPa 和 6℃,保持储液罐流体的密度不变。当泵排量变化较大时,对储液罐液态 CO_2 温压影响较大,所以需要控制泵排量稳定。超临界 CO_2 流体循环过程中,保持井筒流体温度稳定在 50℃、井筒流体出口压力 12MPa,对应超临界 CO_2 密度为 584.71kg/m³。试验过程中不同质量流量对应各参数值如表 7.7 所示,其中支撑剂尺寸为 0.6mm,砂比为 9%。

表 7.7　不同质量流量条件下各试验参数值

CO_2 质量流量 /(kg/s)	颗粒质量流量 /(kg/s)	CO_2 排量 /(L/h)	加砂排量 [1] /(L/h)	加砂排量 [2] /(L/h)	泵排量 /(L/h)
0.135	0.0243	834	139	83	547
0.160	0.0288	988	164	98	650
0.178	0.0360	1099	205	122	719
0.223	0.0450	1374	257	153	897
0.268	0.0540	1649	308	183	1081

注:加砂排量 [1] 表示用支撑剂体密度计算得到的排量;加砂排量 [2] 表示用支撑剂视密度计算得到的排量,且砂比用该排量计算,砂比等于加砂排量/混砂液总排量。

(2)砂比对水平环空超临界 CO_2 携带支撑剂运移规律的影响。超临界 CO_2 流体循环过程中,保持井筒流体温度稳定在 50℃,以及井筒流体出口压力稳定在 12MPa,对应超临界 CO_2 密度为 584.71kg/m³。试验过程中不同砂比对应各参数值如表 7.8 所示,其中支撑剂尺寸为 0.6mm,质量流量为 0.26kg/s。

表 7.8　不同砂比条件下各试验参数值

砂比 /%	颗粒质量流量 /(kg/s)	CO_2 排量 /(L/h)	加砂排量 [1] /(L/h)	加砂排量 [2] /(L/h)	泵排量 /(L/h)
7.5	0.0375	1569	214	128	1018
6.5	0.0325	1586	186	110	1018
5.5	0.0275	1601	157	93	1018
4.5	0.0225	1620	129	76	1018
3.5	0.0175	1637	100	59	1018

（3）不同出口压力对水平环空超临界 CO_2 携带支撑剂运移规律的影响。试验控制液态 CO_2 压力为 5MPa，温度为 7℃，对应密度为 886.73kg/m^3。超临界 CO_2 流体循环过程中，保持井筒流体温度稳定在 50℃。试验过程中不同出口压力条件下各试验参数如表 7.9 所示，其中支撑剂尺寸为 0.6mm，砂比为 9%，质量流量为 0.26kg/s。

表 7.9　不同出口压力条件下各试验参数值

出口压力 /MPa	颗粒质量流量 /(kg/s)	CO_2 排量 /(L/h)	加砂排量 1 /(L/h)	加砂排量 2 /(L/h)	泵排量 /(L/h)
16	0.032	997	185	110	812
14	0.033	1071	190	113	812
12	0.040	1231	231	137	812
10	0.061	1873	350	208	812
9	0.083	2526	473	281	812

（4）不同流体温度对水平环空超临界 CO_2 携带支撑剂运移规律的影响。试验控制液态 CO_2 压力为 5MPa，温度为 7℃，对应密度为 886.73kg/m^3。超临界 CO_2 流体循环过程中，保持注入井筒流体温度稳定在 50℃。试验过程中不同流体温度下各边界试验参数值如表 7.10 所示，其中支撑剂尺寸为 0.6mm，砂比为 9%，质量流量为 0.26kg/s。

表 7.10　不同流体温度下各边界试验参数值

流体温度/℃	颗粒质量流量/(kg/s)	CO_2 排量/(L/h)	加砂排量 1/(L/h)	加砂排量 2/(L/h)	泵排量/(L/h)
60	0.054	1657	308	183	812
55	0.047	1427	268	159	812
50	0.039	1231	226	134	812
45	0.036	1095	205	122	812
40	0.032	1003	185	110	812

（5）不同支撑剂直径对水平环空超临界 CO_2 携带支撑剂运移规律的影响。试验用支撑剂视密度为 1060kg/m^3，体密度为 640kg/m^3，支撑剂直径为 0.354mm。重复上述试验步骤，研究该尺寸下质量流量、砂比、出口压力、流体温度对水平环空超临界 CO_2 携带支撑剂的运移规律，其中试验参数部分仅需更改加砂排量 1，不同条件下的加砂排量值如表 7.11 所示。

表 7.11　不同条件下加砂排量(0.354mm)　　　　　　（单位：L/h）

不同砂比下 加砂排量 1	不同质量流量下 加砂排量 1	不同出口压力下 加砂排量 1	不同流体温度下 加砂排量 1
212	137	182	303
183	162	187	263
155	202	227	222
126	253	345	202
98	303	465	182

三、试验结果分析

试验结果分析过程中，定义砂床平衡高度与水平环空外管内径的比值为砂床无因次平衡高度。为了更好地比较分析，将混砂液随时间注入体积量作归一化处理，定义混砂液随时间注入体积量与总时间注入体积量的比值为无因次注入量。初始注入时所测支撑剂轴向运移速度较低，原因可能是试验后混加砂时，前期由于砂床未形成，过流面积较大，初始流体速度较低，支撑剂受重力作用更易沉降碰撞管壁，造成动能损失，支撑剂轴向平均运移速度减小。

（一）运移形态分析

试验过程中，利用高速摄像机在井筒下部高压视窗中进行观察，观测砂床颗粒在超临界 CO_2 中的运移状态、砂床移动倾斜角度以及砂床移动速度。

（1）砂床颗粒在超临界 CO_2 中的运移形态主要分为静止、跃移、悬浮状态，试验过程中通过分析观察，将砂床颗粒在超临界 CO_2 中的运移过程主要分为一层、二层、三层阶段。

三层阶段：砂床颗粒运移形态以静止、跃移、悬浮状态体现，如图 7.17 所示。试验前先在井筒中预置砂床，选用支撑剂直径为 0.6mm，支撑剂密度为 $1060kg/m^3$，控制储液罐中流体压力和温度分别为 7MPa 和 6℃，调节泵排量为 508L/h，井筒出口压力 10MPa，流体温度 45℃，且试验过程中不加砂。

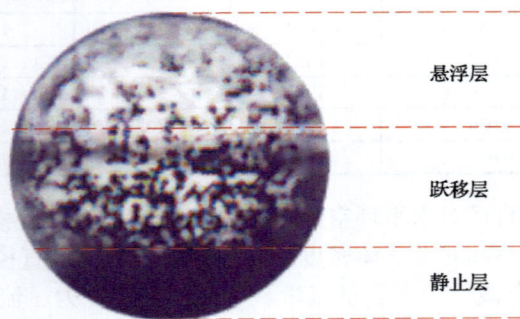

悬浮层

跃移层

静止层

图 7.17　砂床颗粒运移三层阶段

二层阶段：砂床颗粒运移形态以静止、跃移状态体现，如图 7.18 所示。试验前先在井筒中预置砂床，选用支撑剂直径为 0.6mm，支撑剂密度为 $1060kg/m^3$，试验过程中控制储液罐中流体压力和温度分别为 7MPa 和 6℃，调节泵排量为 380L/h，井筒出口压力 10MPa，流体温度 45℃。

一层阶段：砂床颗粒运移形态以静止状态体现，如图 7.19 所示。试验前先在井筒中预置砂床，其中选用支撑剂直径为 0.6mm，支撑剂密度为 $1060kg/m^3$，试验过程中控制储液罐中流体压力和温度分别为 7MPa 和 6℃，调节泵排量为 320L/h，井筒出口压力 10MPa，流体温度 45℃。

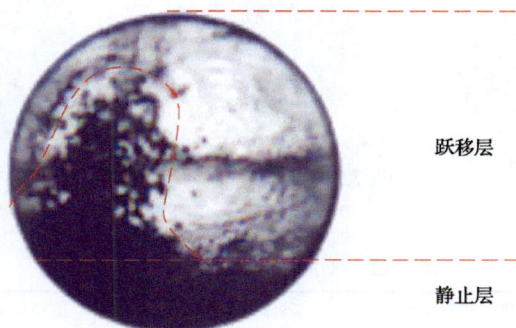

图 7.18　砂床颗粒运移二层阶段

图 7.19　砂床颗粒运移一层阶段

由图 7.17～图 7.19 可知，砂床颗粒在超临界 CO_2 中的运移过程可分为三个阶段：当流体质量流量高时，砂床颗粒运移悬浮、跃移、静止三种状态并存，在超临界 CO_2 流体的作用下，不仅砂床表面颗粒开始启动，砂床内部颗粒也开始启动，颗粒以跃移和悬浮形态为主，部分颗粒跃移距离较大，最终可在流体中悬浮，此时砂床逐渐消失；当流体质量流量值小于一定值后，砂床颗粒运移以跃移和静止两种状态并存，在超临界 CO_2 流体的作用下，砂床表层的颗粒开始启动，砂床颗粒以跃移跳动为主，且颗粒跃移幅度较小，不能在流体中形成悬浮状态，此时砂床高度逐渐减小，砂床颗粒通过跃移离开砂床；当流体质量流量值较低时，砂床高度基本不变，在超临界 CO_2 流体作用下，砂床表面个别较小颗粒发生滚动，很少有颗粒发生跃移，主要呈现静止状态。

（2）试验过程中，砂床向流体流动方向移动，砂床前端呈现一定倾斜角和移动速度，如图 7.20 所示，其中试验选用支撑剂直径为 0.6mm，支撑剂密度为 1060kg/m³，砂比为 9%，试验过程中控制储液罐中流体压力和温度分别为 7MPa 和 6℃，测得各参数如表 7.12 所示。

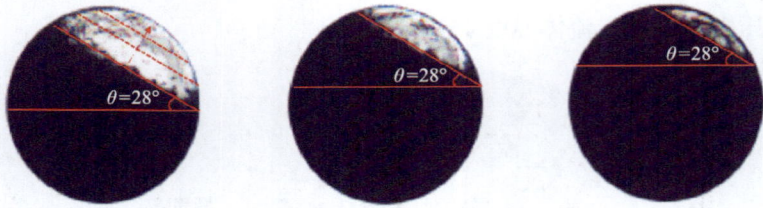

图 7.20　砂床移动示意图

θ-砂床前端倾斜角度

表 7.12　不同排量下砂床移动参数

泵排量/(L/h)	砂床移动倾斜角度/(°)	砂床移动速度/(m/s)	出口压力/MPa	流体温度/℃
508	28.0	0.0032	10	45
380	16.5	0.0024	10	45
320	13.2	0.0015	10	45

　　由表 7.12 可知，试验加砂过程中，砂床铺置移动前端呈现一定倾斜角，当超临界 CO_2 质量流量增加时，砂床前端倾斜角度增大，砂床移动速度增大，但整体砂床前进速度较流体流动速度差距较大。

　　试验现象初步揭示了颗粒在超临界 CO_2 中的运移机理，能够为水平环空超临界 CO_2 携带支撑剂运移规律分析提供参考，后续可对超临界 CO_2 携带砂床颗粒临界启动速度、砂床颗粒微观移动机理进行进一步研究。

(二) 质量流量的影响

　　图 7.21 和图 7.22 分别绘制了 0.6mm 和 0.354mm 支撑剂条件下，支撑剂轴向

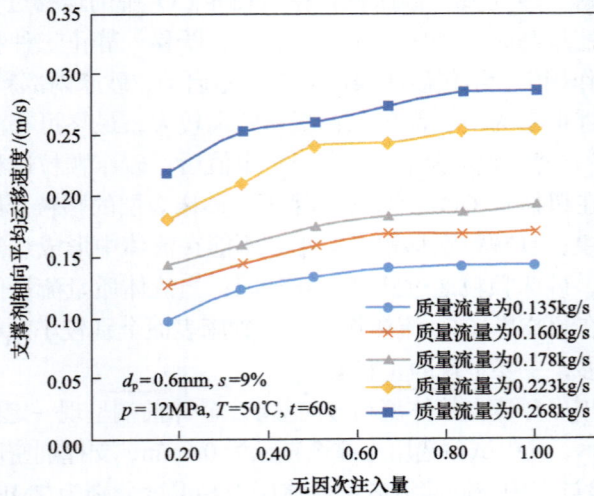

图 7.21　无因次注入量与支撑剂轴向平均运移速度的关系 (0.6mm，不同质量流量)

t-泵注时间；p-出口压力；T-流体温度；d_p-支撑剂直径；s-砂比

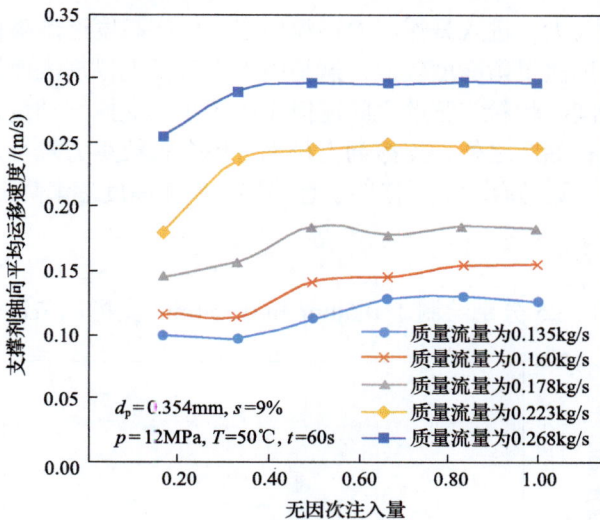

图 7.22　无因次注入量与支撑剂轴向平均运移速度的关系（0.354mm，不同质量流量）

平均运移速度和无因次注入量的关系。由图 7.21 和图 7.22 可知，随着无因次注入量的增加，支撑剂轴向平均运移速度逐渐增大至稳定；随着质量流量的增加，支撑剂轴向平均运移速度增大；支撑剂直径越小，轴向平均运移速度越快达到稳定状态。

图 7.23 绘制了 0.6mm 和 0.354mm 支撑剂条件下，砂床无因次平衡高度和质量流量间的关系。由图 7.23 可知，砂床无因次平衡高度随着质量流量增加呈线性减小趋势，这是由于质量流量增加，流体初始速度增加，支撑剂所获动量增大，砂

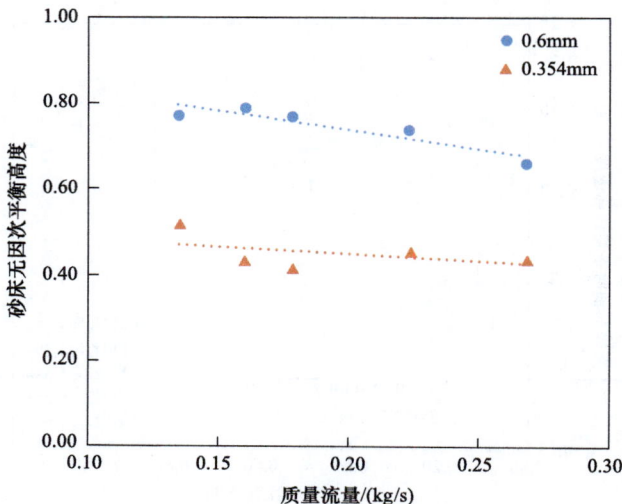

图 7.23　质量流量与砂床无因次平衡高度的关系

床颗粒跃移距离较大，进入悬浮层的颗粒增多，砂床高度逐渐降低。小直径支撑剂形成的砂床无因次平衡高度较低，这是由于小直径支撑剂表面接触面积小，导致颗粒与颗粒之间、颗粒与管壁之间碰撞作用较小，支撑剂动量损失较小，支撑剂运移能力较强；除此之外，支撑剂直径小，单个颗粒重力较小，砂床颗粒在流体黏度的作用下，更易启动至跃移层或悬浮层，砂床高度逐渐降低。

(三) 砂比的影响

图 7.24 和图 7.25 分别绘制了 0.6mm 和 0.354mm 支撑剂条件下，不同砂比支

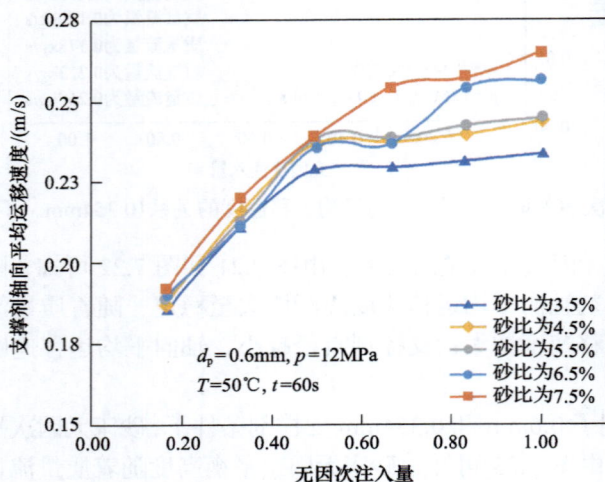

图 7.24　无因次注入量与支撑剂轴向平均运移速度的关系（0.6mm，不同砂比）

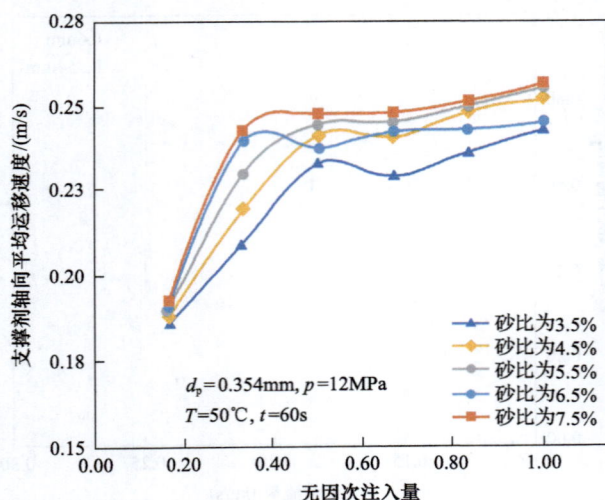

图 7.25　无因次注入量与支撑剂轴向平均运移速度的关系（0.354mm，不同砂比）

撑剂轴向平均运移速度和无因次注入量的关系。由图 7.24 和图 7.25 可知，随着无因次注入量的增加，支撑剂轴向平均运移速度逐渐增大到稳定状态，且随着砂比的增加有略微增大趋势。这是由于砂比增加，环空支撑剂沉积量增大，砂床高度增加，上部过流面积减小，相同质量流量条件下，流体速度增大，支撑剂轴向平均运移速度增大。

图 7.26 绘制了 0.6mm 和 0.354mm 支撑剂条件下，砂床无因次平衡高度和砂比间的关系。由图 7.26 可知，砂床无因次平衡高度随砂比的增加呈线性增加趋势，这是由于砂比增加，环空支撑剂浓度增加，颗粒与颗粒之间、颗粒与管壁之间相互作用力增大，流体携带支撑剂阻力变大，支撑剂容易沉积在环空底部，最终砂床无因次平衡高度增加。小直径支撑剂形成的砂床无因次平衡高度较低，这是由于小直径支撑剂表面接触面积小，颗粒与颗粒之间、颗粒与管壁之间碰撞作用较小，支撑剂动量损失较小，支撑剂运移能力较强；除此之外，支撑剂直径小，对应单个颗粒重力较小，砂床颗粒在流体黏度的作用下，更易启动至跃移层或悬浮层，砂床高度逐渐降低。

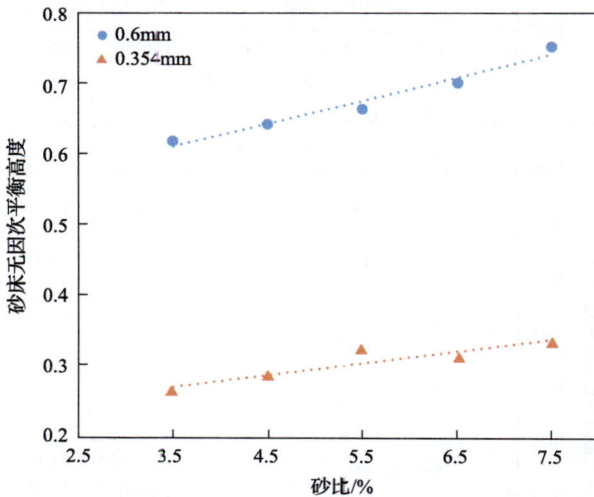

图 7.26　砂比与砂床无因次平衡高度的关系

（四）出口压力的影响

图 7.27 和图 7.28 分别绘制了 0.6mm 和 0.354mm 支撑剂条件下，不同出口压力支撑剂轴向平均运移速度和无因次注入量的关系。由图 7.27 和图 7.28 可知，随着无因次注入量的增加，支撑剂轴向平均运移速度逐渐增大至稳定；支撑剂轴向平均运移速度随着出口压力的增加而减小，且减小比例逐渐降低，这是由于出口压力增加，流体密度增大，环空流速减小，支撑剂动量减小，且高出口压力条件

下，流体密度和黏度对出口压力的敏感性较低，环空流速变化较小，导致支撑剂运移速度变化较小；低出口压力条件下，小直径支撑剂轴向平均运移速度较高，这是由于相同质量流量情况下，出口压力减小，流体速度增大，小直径支撑剂更易被携带至高速稳定状态。

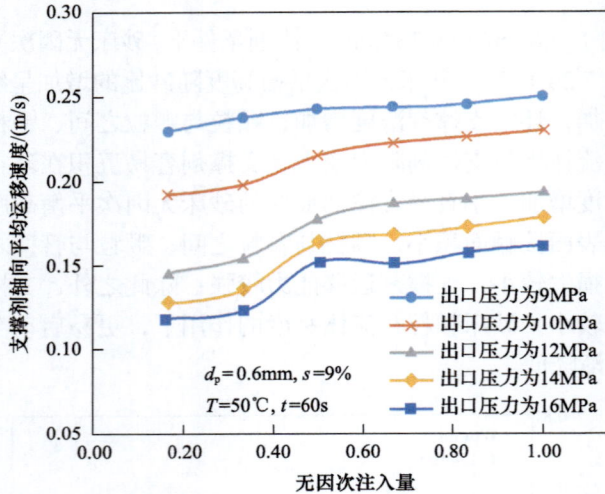

图 7.27　无因次注入量与支撑剂轴向平均运移速度的关系（0.6mm，不同出口压力）

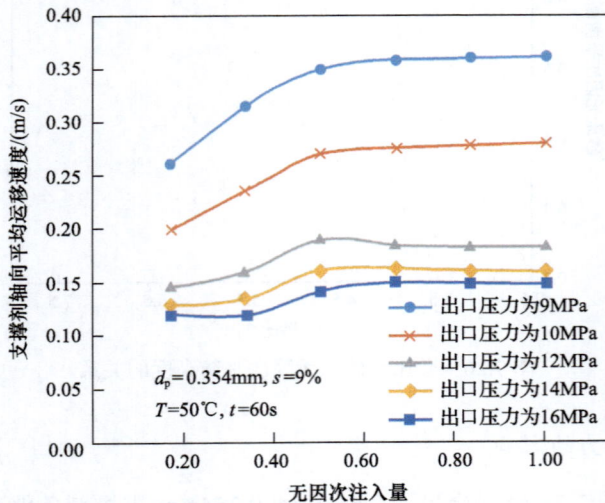

图 7.28　无因次注入量与支撑剂轴向平均运移速度的关系（0.354mm，不同出口压力）

图 7.29 绘制了 0.6mm 和 0.354mm 支撑剂条件下，砂床无因次平衡高度和出口压力的关系。由图 7.29 可知，砂床无因次平衡高度随着出口压力的增加而增加。这是由于相同质量流量条件下，出口压力增加，流体初始速度减小，支撑剂易沉

积在环空底部，最终导致砂床无因次平衡高度增加。

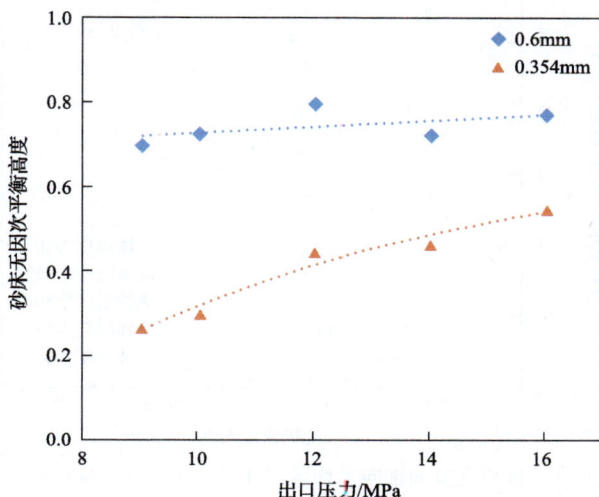

图 7.29　出口压力与砂床无因次平衡高度的关系

(五) 流体温度的影响

图 7.30 和图 7.31 分别绘制了 0.6mm 和 0.354mm 支撑剂条件下，不同流体温度支撑剂轴向平均运移速度和无因次注入量的关系。由图 7.30 和图 7.31 可知，随着无因次注入量的增加，支撑剂轴向平均运移速度逐渐增大；相同质量流量条件下，支撑剂轴向平均运移速度随着流体温度的增加而增大。这是由于流体温度增

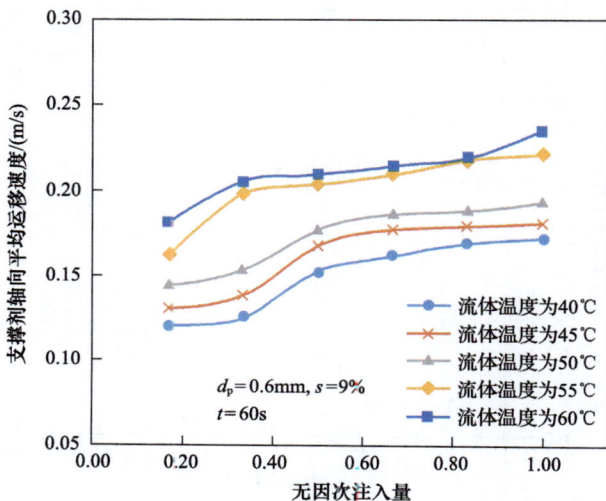

图 7.30　无因次注入量与支撑剂轴向平均运移速度的关系(0.6mm，不同流体温度)

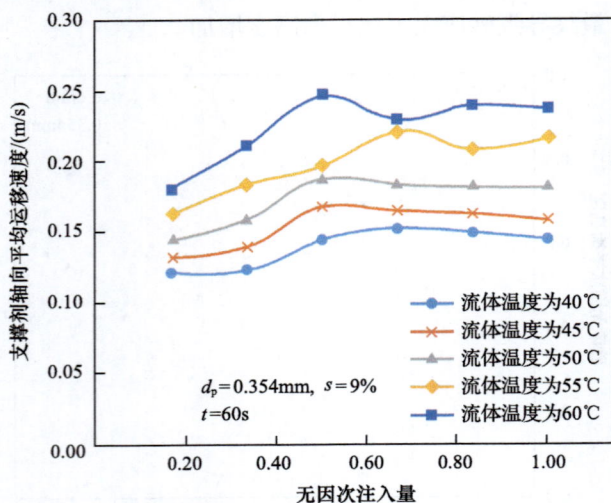

图 7.31　无因次注入量与支撑剂轴向平均运移速度的关系（0.354mm，不同流体温度）

加，相同质量流量条件下，流体密度减小，流体初始速度增大，支撑剂所获动量增大，轴向运移速度增大。

　　图 7.32 绘制了 0.6mm 和 0.354mm 支撑剂条件下，砂床无因次平衡高度和流体温度间的关系。由图 7.32 可知，砂床无因次平衡高度随着流体温度的增加而减小。这是由于相同质量流量条件下，流体温度增加，流体初始速度增大，砂床颗粒容易启动进入跃移层或悬浮层，砂床高度逐渐降低，最终砂床平衡高度降低。

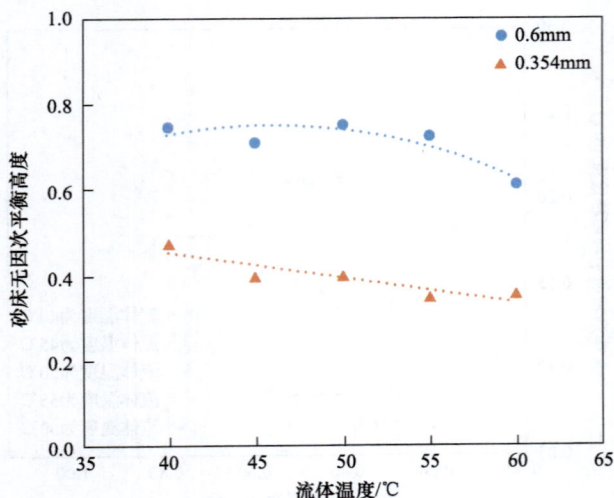

图 7.32　流体温度与砂床无因次平衡高度的关系

参 考 文 献

[1] 汪志明, 张政. 大斜度井两层稳定模型岩屑传输规律研究. 石油钻采工艺, 2003, (4): 8-11.
[2] 汪志明, 张政. 水平井两层稳定岩屑传输规律研究. 石油大学学报(自然科学版), 2004, (4): 63-66.
[3] 汪海阁, 刘希圣. 水平井钻井液携岩机理研究. 钻采工艺, 1996, (2): 10-15.

第八章 超临界 CO_2 缝内携砂规律

储层压裂改造中加砂量是决定压裂井产量的重要因素，一般而言加砂量与改造井的产量具有正相关性。超临界 CO_2 黏度远小于传统压裂液，致使超临界 CO_2 携砂液中的支撑剂在裂缝内容易发生沉降形成砂堤，在加砂过程中易发生砂堵，对形成的复杂裂缝难以实现有效支撑，进而影响最终的压裂改造效果，限制了该技术的大规模推广应用。本章通过对超临界 CO_2 携砂特性进行分析，得到了单一平直裂缝和复杂裂缝内支撑剂运移机理及铺置规律，从而对超临界 CO_2 压裂支撑剂泵注参数设计起到理论指导作用。

第一节 平直裂缝超临界 CO_2 缝内携砂规律

本节考虑支撑剂颗粒之间的相互作用及超临界 CO_2 的物理性质，建立了超临界 CO_2 和支撑剂两相缝内流动的物理和数值模型，基于此，对比分析了超临界 CO_2 与其他水基压裂液携砂规律的异同点，揭示了超临界 CO_2 携砂特性，得到了平直裂缝内支撑剂密度、粒径、携砂液砂比等参数对超临界 CO_2 携砂液运移的影响规律，建立了超临界 CO_2 压裂裂缝内砂床的无因次平衡高度预测模型。

一、平直裂缝携砂模型建立

基于欧拉-欧拉(Eulerian-Eulerian)的多相流模型主要包含流体体积(volume of fluid, VOF)模型、混合模型和欧拉模型。其中混合模型是一种简化的欧拉模型，适用于支撑剂运移和沉降问题，并且混合模型计算量较小，精度高[1,2]。故本节采用混合模型求解超临界 CO_2 和支撑剂两相流动。为了考虑颗粒之间的相互作用，采用了颗粒动力学中固相的质量、动量及颗粒温度的输运方程[3,4]。

(一)基本假设

根据裂缝内支撑剂运移理论研究与实际应用，模拟中做出如下基本假设。

(1)考虑到超临界 CO_2 压裂一般应用在低渗的非常规油藏，故在本节中不考虑超临界 CO_2 的滤失效应。

(2)假设裂缝形状在支撑剂运移过程中保持不变。

(3)假设支撑剂为规则的圆球体，计算过程中质量、尺寸均保持不变。

(4)流体在计算开始前即存在并充满于整个裂缝模型中。

(二)数学模型

1. 计算流体力学方程

式(8.1)～式(8.3)分别给出了携砂液的连续性方程、动量守恒方程及能量守恒方程,其中连续性方程为

$$\frac{\partial}{\partial t}(\rho_m) + \mathrm{div}(\rho_m \boldsymbol{v}_m) = 0 \tag{8.1}$$

式中, ρ_m 为混合物密度, kg/m^3 ; $\boldsymbol{v}_m$ 为混合物的平均速度, m/s。

动量守恒方程为

$$\frac{\partial}{\partial t}(\rho_p \boldsymbol{v}_m) + \mathrm{div}(\rho_m \boldsymbol{v}_m \boldsymbol{v}_m) = -\nabla p + \mathrm{div}\Big[\mu_m(\nabla \boldsymbol{v}_m + \nabla \boldsymbol{v}_m^{\mathrm{T}})\Big]$$
$$+ \rho_m g + \mathrm{div}\left(\sum_{k=1}^{2} \alpha_p \rho_p \boldsymbol{v}_{\mathrm{dr},p} \boldsymbol{v}_{\mathrm{dr},p}\right) \tag{8.2}$$

式中, ρ_p 为 p 相的密度, kg/m^3 ; p 为压力, Pa; g 为重力加速度, m/s^2 ; α_p 为 p 相的体积分数, 无量纲; $\boldsymbol{v}_{\mathrm{dr},p}$ 为第二相 p 的漂移速度, m/s; μ_m 为混合物的黏度, $Pa \cdot s$ 。

能量守恒方程为

$$\frac{\partial}{\partial t}\left(\sum_{p=1}^{2} \alpha_p \rho_p E_p\right) + \mathrm{div}\sum_{p=1}^{2}[\alpha_p \boldsymbol{v}_p(\rho_p E_p + p)] = \mathrm{div}(k_{\mathrm{eff}}\nabla T) \tag{8.3}$$

式中, E_p 为 p 相的能量, J; $\boldsymbol{v}_p$ 为 p 相的速度, m/s; p 为压力, Pa; k_{eff} 为有效导热系数, $W/(m \cdot K)$; T 为温度, K。

根据颗粒流动模型能量理论可知, 固相颗粒温度正比于颗粒随机脉动动能, 其输运方程为

$$\frac{3}{2}\rho_s\left[\frac{\partial}{\partial t}(\alpha_p \Theta_s) + \mathrm{div}(\alpha_p \boldsymbol{v}_p \Theta_s)\right] = \mathrm{div}(\kappa_s \nabla \Theta_s) + \boldsymbol{\tau}_s : \nabla \boldsymbol{v}_s - J_s + \Pi_\Theta \tag{8.4}$$

式中, Θ_s 为颗粒拟温度, m^2/s^2 ; κ_s 为颗粒能量传导系数, $kg/(m \cdot s)$; J_s 为非弹性碰撞导致的能量耗散, $kg/(m \cdot s^3)$; Π_Θ 为因流体黏性阻尼而产生能量耗散, $kg/(m \cdot s^3)$; ρ_s 为固相颗粒密度; $\boldsymbol{\tau}_s$ 为固相颗粒应力应变张量。

2. 本构方程

求解上述控制方程, 需要添加本构方程加以封闭, 其中对于固相与液相之间

的拖曳力计算，在裂缝内往往采用 Gidaspow 模型[5-7]。固液两相间的动量交换系数 β 如下。

当 $\alpha_1 \geqslant 0.8$ 时，

$$\beta = \frac{3}{4} C_D \frac{\rho_1 \alpha_1 \alpha_s |v_1 - v_p|}{d_p} \alpha_1^{-2.65} \tag{8.5}$$

当 $\alpha_1 < 0.8$ 时，

$$\beta = \frac{150 \alpha_s (1 - \alpha_1) \mu_1}{\alpha_1 d_p^2} + \frac{1.75 \rho_1 \alpha_p |v_1 - v_p|}{d_p} \tag{8.6}$$

式中，ρ_1 为液相密度，kg/m^3；α_1 为液相体积分数；α_s 为固相体积分数；v_1 为液相速度；C_D 为固液两相间曳力系数，无量纲；μ_1 为液相的黏度，$Pa \cdot s$。

$$C_D = \begin{cases} \dfrac{24}{Re_p} \left[1 + 0.15(Re_p)^{0.687} \right], & Re_p < 1000 \\ 0.44, & Re_p \geqslant 1000 \end{cases} \tag{8.7}$$

$$Re_p = \frac{\rho_1 d_p \varepsilon_1 |v_s - v_1|}{\mu_1} \tag{8.8}$$

其中，Re_p 为固液两相间滑脱速度定义的雷诺数，无量纲。

当超临界 CO_2 和支撑剂在裂缝内运移时，计算体积加权平均黏度需要求解固相剪切黏度 μ_s，该黏度是由碰撞黏度部分 $\mu_{s,col}$、动能黏度部分 $\mu_{s,kin}$ 及颗粒的摩擦黏度部分 $\mu_{s,fri}$ 组成。由于在超临界 CO_2 压裂中，支撑剂的固相体积分数较低，上述颗粒的摩擦黏度部分可以忽略。

$$\mu_s = \mu_{s,kin} + \mu_{s,col} \tag{8.9}$$

$$\mu_{s,kin} = \frac{10 d_s \rho_s \sqrt{\Theta_s \pi}}{96 \alpha_s g_0 (1 + e)} \left[1 + \frac{4}{5} \alpha_s g_0 (1 + e) \right]^2 \tag{8.10}$$

$$\mu_{s,col} = \frac{4}{5} \alpha_s d_s \rho_s g_0 (1 + e) \left(\frac{\Theta_s}{\pi} \right)^{\frac{1}{2}} \tag{8.11}$$

式中，g_0 为径向分布函数，由式(8.10)计算：

$$g_0 = \frac{s + d_s}{s} \tag{8.12}$$

式中，s 为颗粒之间的距离，m；d_s 为颗粒直径，m。

3. 超临界 CO_2 物理性质方程

CO_2 的密度和黏度是影响其携砂性能的重要因素，考虑 CO_2 黏度和密度易受温度影响[8,9]，基于建立的物理模型，可以采用目前应用广泛、精度较高的 P-R 气体状态方程和 Fenghour 方程分别计算 CO_2 的密度和黏度。然后通过编写 UDF 代码导入 Fluent 中，进而使模拟条件更加符合真实工况。其中 P-R 气体状态方程如下[10]：

$$p = \frac{RT}{V-b} - \frac{a(T)}{V(V+b)+b(V-b)} \tag{8.13}$$

$$a(T) = \alpha(T) \cdot a_c \tag{8.14}$$

式中，p 为压力，Pa；R 为气体常数，J/(mol·K)；V 为气体摩尔体积，m^3/mol。

$$a_c = 0.4275 R^2 T_c^2 / p_c \tag{8.15}$$

$$b = 0.0788 R T_c / p_c \tag{8.16}$$

$$\alpha(T) = [1 + (0.480 + 1.574\omega - 0.1715 w^2)] \times (1 - T_r^{0.5})^2 \tag{8.17}$$

其中，T_r 为对比温度，无量纲；T_c 为临界温度，K；p_c 为临界压力，Pa；T 为温度，K；ω 为偏差因子，无量纲。

此外，由 Fenghour 和 Vesovic 研究结果可知，CO_2 黏度主要由三部分组成，分别为零密度黏度(零密度黏度限)、余量黏度及奇异黏度[11,12]。零密度黏度 $[\mu_0(T)]$ 通常表示理想状态下分子之间相差很远时的黏度基值；而余量黏度 $[\Delta\mu(\rho,T)]$ 则是由于分子受热发生碰撞、挤压带来的黏度增值，通常不能忽略；奇异黏度 $[\Delta\mu_c(T,\rho)]$ 是在临界区域附近产生的波动附加值，一般小于 0.01，通常可以忽略。故 CO_2 黏度公式为

$$\mu(T,\rho) = \mu_0(T) + \Delta\mu(\rho,T) + \Delta\mu_c(T,\rho) \tag{8.18}$$

零密度黏度限公式为

$$\mu_0(T) = \frac{1.00697 T^{1/2}}{G_\mu^*(T^*)} \tag{8.19}$$

式中，

$$G_\mu^*(T^*) = \exp\left(\sum_{i=0}^{4} a_i \ln(T^*)^i\right) \tag{8.20}$$

$$T^* = \frac{kT}{\varepsilon}, \quad \frac{\varepsilon}{k} = 251.196 \qquad (8.21)$$

式中，$\dfrac{\varepsilon}{k}$ 为能量缩放参数。

余量黏度的计算公式为

$$\Delta\mu(\rho,T) = d_{11}\rho + d_{21}\rho^2 + \frac{d_{64}\rho^6}{(T^*)^3} + d_{81}\rho^8 + \frac{d_{82}\rho^8}{T^*} \qquad (8.22)$$

式 (8.20) 和式 (8.22) 计算所需的系数见表 8.1。

表 8.1　CO_2 黏度计算系数

系数	值	系数	值
a_0	0.235156	d_{11}	4.071119×10^{-3}
a_1	-0.491266	d_{21}	7.198037×10^{-5}
a_2	0.05211155	d_{64}	$2.4110972 \times 10^{-17}$
a_3	0.05347906	d_{81}	2.971072×10^{-23}
a_4	-0.01537102	d_{82}	$-1.0627888 \times 10^{-23}$

为了验证通过 UDF 将 P-R 气体状态方程和 Fenghour 方程导入 Fluent 中所求解的密度与黏度方程的准确性，本节设定超临界 CO_2 注入温度和排量为定值，改变裂缝出口压力情况下，利用 Fluent 求解超临界 CO_2 的密度和黏度，并将裂缝中心部位的密度和黏度与文献中的试验值进行对比，对比结果如图 8.1 和图 8.2 所示。

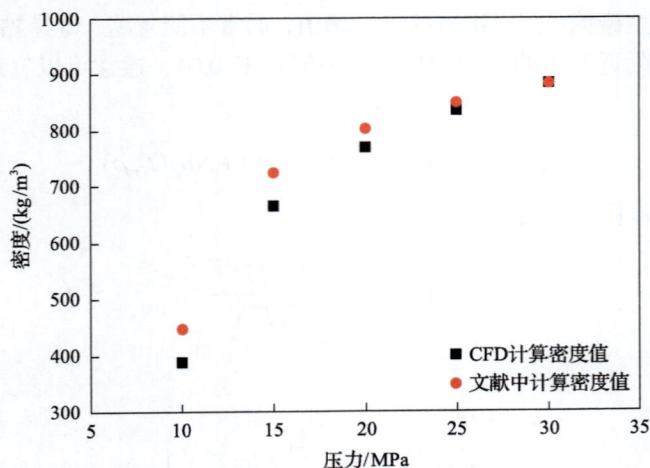

图 8.1　不同压力下 CFD 计算密度值和文献中计算密度值对比

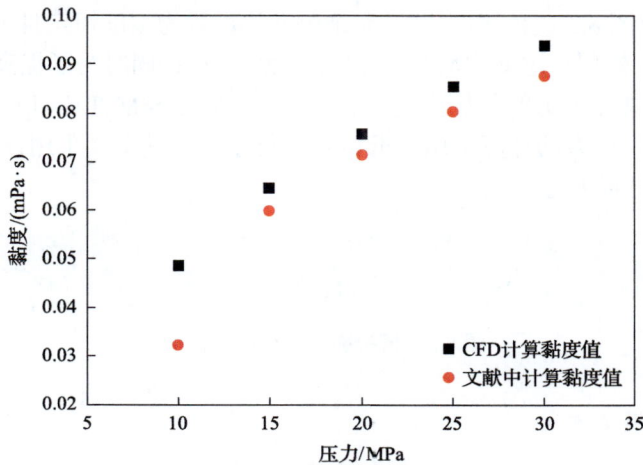

图 8.2　不同压力下 CFD 计算黏度值和文献中计算黏度值对比

　　根据图 8.1 和图 8.2 的对比结果可以发现，随着压力增大，CFD 计算出的超临界 CO_2 的密度和黏度变化趋势和文献中保持一致[12,13]，并且通过计算两者的相对误差（表 8.2）可以发现，对于超临界 CO_2 的密度计算的相对误差，最大为 13.013741%，最小为 0.199660%，而对于黏度计算的相对误差最大为 49.880295%，最小为 5.727628%，因此忽略最大和最小的影响，使用 CFD 计算出的超临界 CO_2 密度和黏度与文献进行对比，其平均的相对误差均小于 7%。故上述物理性质方程可以保证后续计算的准确性。

表 8.2　CFD 计算超临界 CO_2 密度和黏度误差对比

压力 /MPa	CFD 计算密度值 /(kg/m³)	CFD 计算黏度值 /(mPa·s)	文献中计算密度值 /(kg/m³)	文献中计算黏度值 /(mPa·s)	密度计算相对误差/%	黏度计算相对误差/%
10	389.942	0.048831	448.28	0.03258	13.013741	49.880295
15	665.297	0.064667	726.83	0.06011	8.465941	7.581101
20	769.537	0.075849	802.33	0.07174	4.087221	5.727628
25	835.699	0.085367	848.72	0.08039	1.534193	6.191069
30	884.763	0.093986	883	0.08768	−0.199660	7.192062

（三）网格划分

　　考虑超临界 CO_2 压裂裂缝特点，确定采用与文献模型相似的尺寸，模拟裂缝的长、宽、高分别为 $L_f = 3000$mm，$W_f = 10$mm，$H_f = 400$mm（图 8.3）[14-16]。为了提高计算的准确性和收敛速度，网格划分采用结构化划分方式，且网格节点数为 72 万个。在图 8.3 所示右侧裂缝沿缝宽方向开启长、宽分别为 100mm、10mm 的注入口（图 8.3 红色线部分），设置为质量流量入口，而将左侧裂缝缝宽方向整个端面设置为压力出口(图 8.3 蓝色线部分),其余侧面均设置为温度恒定且无滑脱的壁面。使用可实现 k-ε 模型描述支撑剂在裂缝内的紊流流动;同时为了提高计算准确性,设置入口处的湍流强度和水力当量直径。此外,使用 SIMPLE 计算方法求解压力和速度耦合场,压力的计算采用标准格式进行差分,其余均采用计算稳定、求解精度高的一阶迎风差分格式。

　　　　　　　　图 8.3　　模拟裂缝二维网格模型

(四)数值模拟方案

　　为了分析超临界 CO_2 与其他压裂液携砂规律的异同点,本节分别对超临界 CO_2、滑溜水在裂缝内携带支撑剂进行了模拟,模拟时选择相同外部环境条件(基准模拟条件为支撑剂密度 $1540kg/m^3$,粒径 0.25mm,携砂液砂比 0.08,入口质量流量 2kg/s),对比使用不同压裂液携带支撑剂时所形成的砂床形态特征。为了更进一步分析超临界 CO_2 携砂特性,本节还分析了注入温度、注入压力等参数的影响规律。表 8.3 和表 8.4 分别为各流体的物理性质参数和本节的模拟方案。

表 8.3　　不同压裂液物理性质参数矩阵

流体类型	密度/(kg/m³)	黏度/(mPa·s)	压缩系数/MPa⁻¹	导热系数/[W/(m·K)]	比热容/[J/(kg·℃)]	表面张力/(N/m)	扩散系数/(cm²/s)
超临界 CO_2	468	$10^{-1} \sim 10^{-2}$	—	—	—	≈0	10^{-3}
滑溜水	998	1.0	4×10^{-4}	0.60	4.2×10^3	0.07267	10^{-5}

表 8.4　　携砂特性分析数值模拟方案

编号	注入温度/K	注入压力/MPa
基准案例	320	20
1	310、320、340	20
2	320	15、20、25

　　此外,为了探究支撑剂密度、粒径、携砂液砂比等参数对超临界 CO_2 在平直裂缝中携带支撑剂流动规律的影响,参考滑溜水等低黏压裂液的压裂施工参数[17, 18],制定了数值模拟方案(表 8.5)。其中基准的模拟参数为支撑剂密度 $1540kg/m^3$、粒径0.25mm、携砂液砂比 0.3 和入口质量流量 2kg/s[19]。数值模拟了 4 组 20 个方案,对每组模拟结果进行分析时,均取裂缝宽度方向位于中心平面上的数据。

表 8.5　参数影响规律数值模拟方案

组数	支撑剂密度/(kg/m³)	携砂液砂比	粒径/mm	携砂液质量流量/(kg/s)
1	1540,1750,2040,2350,2540	0.3	0.25	2
2	1540	0.08,0.1,0.15,0.2,0.3	0.25	2
3	1540	0.3	0.25,0.3,0.425,0.5,0.85	2
4	1540	0.3	0.25	1.0,1.5,2.0,3.0,4.0

二、缝内携砂特性

为了方便分析不同压裂液携带支撑剂时在缝内所形成砂床形态的差异及超临界 CO_2 的物理性质对于其在缝内携砂规律的影响，本节主要选取了裂缝宽度方向上位于中心平面上的数据。

(一)不同流体介质对比分析

超临界 CO_2 流体的低黏特性在初期压裂造缝时，相比其他常规水基压裂液具有较强的优越性，但是它也限制着超临界 CO_2 向裂缝内携带支撑剂的能力。因此，本节将在相同的外部环境下，对滑溜水、超临界 CO_2 流体的缝内携砂规律进行对比研究。出口设置的回压均为 20MPa，此外，超临界 CO_2 注入温度和环境温度分别为 320K、330K。通过模拟计算得到注入 100s 时，不同压裂液携带支撑剂在裂缝内的分布云图。

由图 8.4 可以看出，在相同的注入压力、入口质量流量等条件下，滑溜水和超

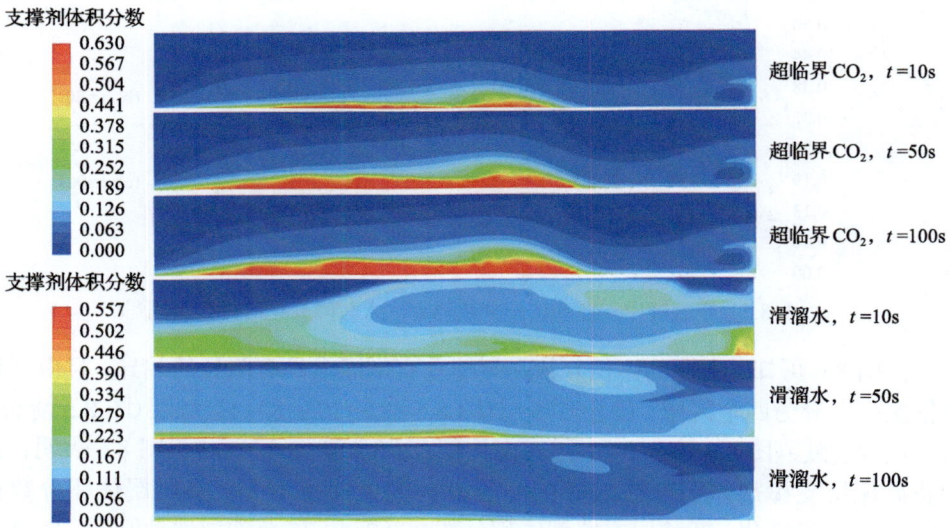

图 8.4　不同注入时间下不同压裂液携带支撑剂在裂缝内分布云图

t-注入时间

临界 CO_2 输送支撑剂初期（10～50s 时），平直裂缝内的铺砂形态是相似的。随着注入时间增加，由超临界 CO_2 携带支撑剂形成的砂床高度是不断增加的；而对于滑溜水，随着注入时间增加，携砂液在裂缝内的流场得以充分发展，进而使支撑剂在裂缝内分布更加均匀，沉降的支撑剂较少。产生此差异的原因是，与滑溜水压裂液相比，超临界 CO_2 的黏度和密度均较低，在裂缝内容易发生沉降形成砂床，并且形成的砂床高度高于滑溜水。这表明超临界 CO_2 在裂缝内的携砂能力要弱于滑溜水等水基压裂液。

图 8.5 表示基准条件下不同时刻裂缝垂直剖面上支撑剂体积分数分布云图。由图 8.5(a) 可知，当超临界 CO_2 和支撑剂注入后，支撑剂由于重力作用在裂缝底部沉降形成砂床。同时由于支撑剂密度较小，加上射流作用，极易被超临界 CO_2 携带到深部裂缝，而在靠近入口位置形成凹陷。图 8.5(b) 显示，随着注入时间增加，裂缝中的砂床会影响携砂液流动速度，导致支撑剂因速度减小而发生沉降，从而在距入口一定距离处形成砂床峰值。图 8.5(c) 表明，砂床峰值的存在致使裂缝中过流截面减小，裂缝中的支撑剂运移速度加快，促使支撑剂向砂床的背部方向堆积和运移，此时砂床高度不发生变化，长度不断向出口延伸。上述即是超临界 CO_2 携带支撑剂在裂缝中沉降和运移的三个阶段，与文献中介绍的滑溜水携带支撑剂在裂缝中运移和铺设的过程大致相同[15]，说明超临界 CO_2 同滑溜水具有相似的携砂规律。

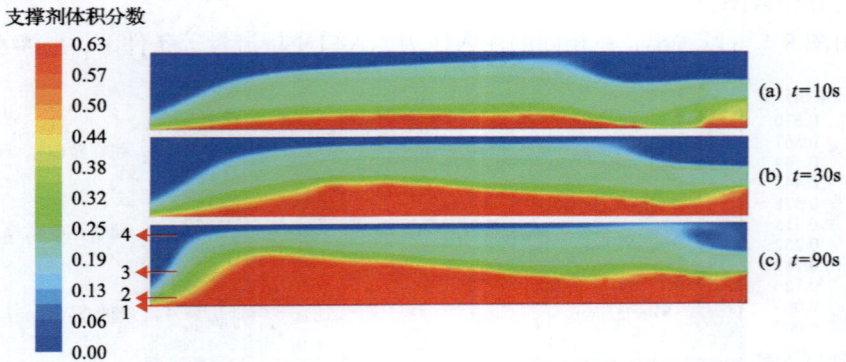

图 8.5 在裂缝中支撑剂体积分数随着注入时间变化的分布云图

由图 8.6 可知，支撑剂体积分数在裂缝垂直剖面上具有明显的差异，且由下到上依次可以分为四个区域：静止砂床层（图 8.5 箭头 1 所示）、接触层（图 8.5 箭头 2 所示）、跃移层（图 8.5 箭头 3 所示）、悬浮层（图 8.5 箭头 4 所示）。图 8.6 表明，在静止砂床层支撑剂体积分数维持在大于 0.6 的值保持不变，接触层体积分数在 0.25～0.6 缓慢变化，跃移层支撑剂体积分数在 0.2～0.25 范围内波动剧烈，而悬浮层支撑剂体积分数则在 0.0～0.2 缓慢变化。此外，在 10～30s，随着注入时间的增加，静止砂床层、接触层以及悬浮层所占的面积比例不断增大，跃移层所占面积比例不断减小。而在 40s 之后，裂缝中各层所占面积比例基本保持不变，即达到了平衡状态。

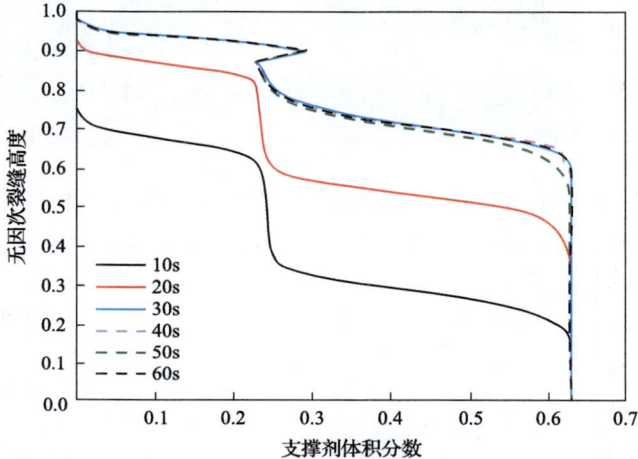

图 8.6　裂缝半长处支撑剂体积分数与无因次裂缝高度的关系

（二）注入温度的影响

超临界 CO_2 流体是可压缩流体，其密度与黏度等物理性质易随环境因素变化而变化，进而影响两相速度及其在缝内铺砂的形态。为此，对在不同注入温度情况下，超临界 CO_2 在缝内携带支撑剂的运移规律进行了模拟研究。本节中，入口的流体温度分别为 310K，320K，340K，出口压力均设置为 20MPa，其他参数均保持不变。通过模拟计算得到了注入 100s 时不同的超临界 CO_2 注入温度条件下，超临界 CO_2 携带支撑剂在裂缝内的分布云图。

由图 8.7 可以看出，随着注入温度的不断增大，超临界 CO_2 携带支撑剂在裂缝内形成的砂床高度是不断增加的，而且由于入口效应，砂床前缘至入口的距离不断减小，尤其当温度增加到 340K 时，支撑剂从注入口处即开始沉降。分析认为，这是由于随着注入温度增加，入口处的超临界 CO_2 的密度和黏度显著下降。从图 8.8 中也可以看出，当注入温度由 310K 增加到 353K 时，超临界 CO_2 的黏度和密度值分别降低了 34% 和 25%。注入温度的增加对于超临界 CO_2 黏度的影响大于对密度的影响，所以，当超临界 CO_2 注入温度增加到 340K 时，由于在入口处附近黏度显著降低，加上密度降低引起支撑剂受到浮力的减小，支撑剂在入口附近即发生沉降，且能够运移到裂缝深处的支撑剂减少。因此，在超临界 CO_2 压裂施工时，需要考虑控制超临界 CO_2 流体的注入温度，从而可以使更多的支撑剂运移到裂缝深处。

支撑剂体积分数

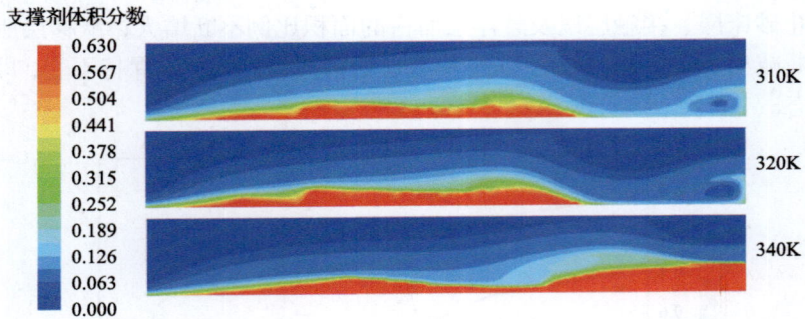

图 8.7　不同注入温度下支撑剂在裂缝内分布云图（注入 100s 时）

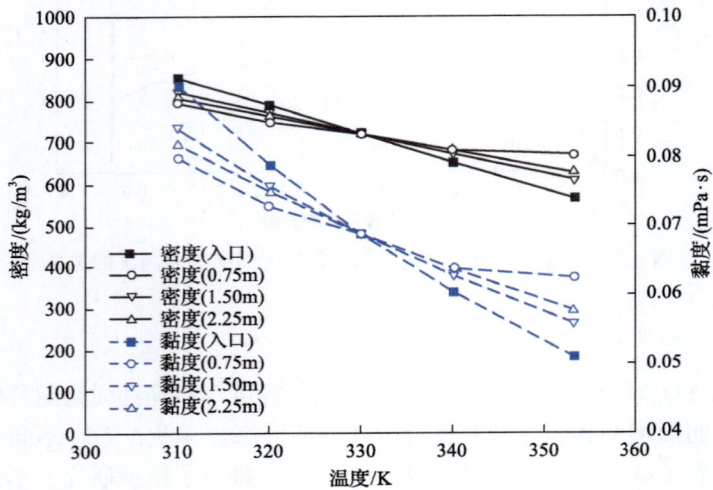

图 8.8　不同注入温度下超临界 CO_2 密度与黏度沿裂缝轴线分布

(三)裂缝出口压力的影响

本节在不同裂缝出口压力情况下，对超临界 CO_2 在裂缝内携带支撑剂的运移规律进行了模拟研究。本节中入口的流体温度均为 320K，裂缝出口压力由 15MPa 增大到 25MPa，其他参数均保持不变。通过数值模拟得到了注入 100s 后在不同的裂缝出口压力条件下，超临界 CO_2 携带支撑剂在裂缝内的分布云图(图 8.9)。

由图 8.9 可以看出，随着出口压力的不断增大，超临界 CO_2 携带支撑剂在裂缝内形成的砂床高度不断减小。结合图 8.10 可以看出，随着出口压力的增加，超临界 CO_2 在裂缝内各处的密度和黏度不断增加。当出口压力为 15MPa 时，超临界 CO_2 的密度和黏度均是最小的，其对支撑剂的浮力也是最小的，故支撑剂在裂缝底部沉降所形成的砂床高度最大，但是随着裂缝出口压力的增大，裂缝底部的砂床高度不断减小；当出口压力增大到 25MPa 时，超临界 CO_2 的黏度和密度最大，相

支撑剂体积分数

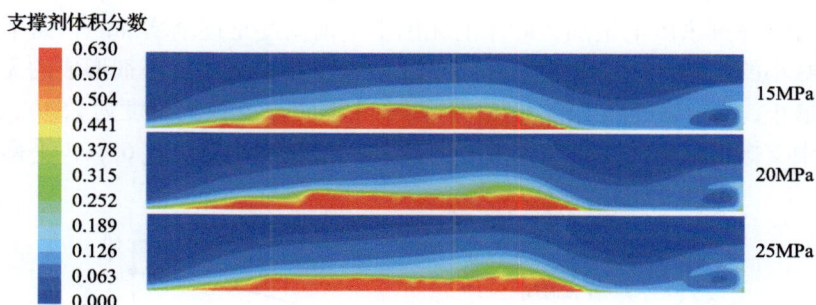

图 8.9　不同裂缝出口压力下支撑剂在裂缝内的分布云图（注入 100s 时）

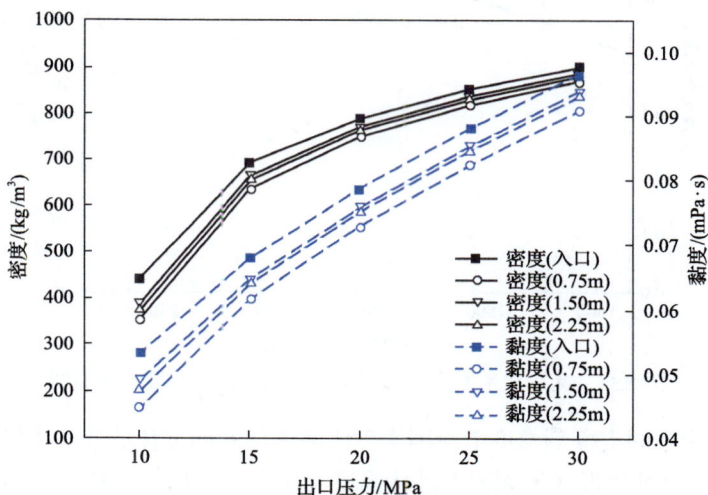

图 8.10　不同裂缝出口压力下超临界 CO_2 密度与黏度沿裂缝轴线分布

对于 15MPa 时的黏度和密度值，其增大幅度分别为 32%和 25%，故出口压力增大对超临界 CO_2 的黏度影响程度要大于对密度的影响程度。因此，在超临界 CO_2 压裂施工时，应当充分考虑出口压力对于超临界 CO_2 在缝内输送支撑剂的影响。

三、平直裂缝携砂关键参数影响规律

为了获得支撑剂在裂缝内的铺设和填充规律，本节选取裂缝半长处的砂床高度和支撑剂体积分数进行分析，并利用无因次平衡高度（平衡高度/裂缝高度）和无因次砂床高度（当前砂床堆积高度/裂缝高度）对影响超临界 CO_2 携带支撑剂性能的参数（包括支撑剂性质、携砂液参数）进行优选。

（一）支撑剂密度的影响

图 8.11 为无因次平衡高度和平衡时间随支撑剂密度变化的曲线。由图 8.11 可

知，随着支撑剂密度的增加，砂床的无因次平衡高度是逐渐增加的，而平衡时间是逐渐减小的。其中支撑剂密度为 $1540kg/m^3$ 时，在裂缝中支撑剂形成的无因次平衡高度最小，约为裂缝高度的 40%，平衡时间是 50s。支撑剂密度为 $2540kg/m^3$ 时，在裂缝中支撑剂形成的无因次平衡高度最大，约为裂缝高度的 65%，平衡时间降为 30s。

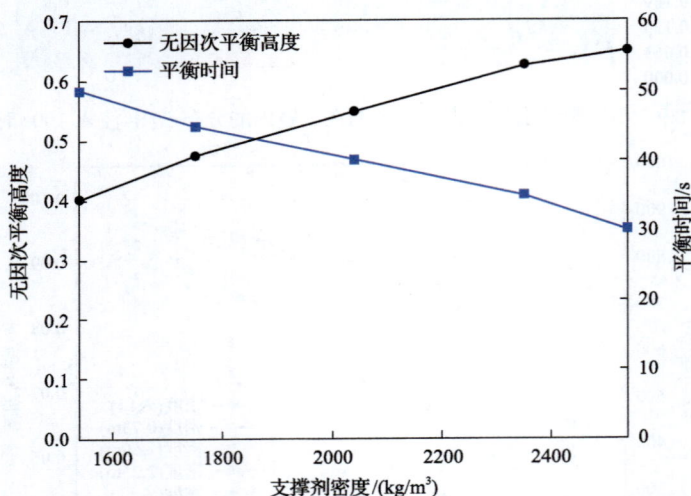

图 8.11　无因次平衡高度和平衡时间随支撑剂密度变化曲线

　　图 8.12 为不同支撑剂密度下无因次砂床高度随时间变化曲线。由图 8.12 可知，不同密度的支撑剂所形成的无因次砂床高度均是先迅速增加，然后逐渐趋向稳定。这是由于当支撑剂和超临界 CO_2 受到射流加速作用时，可以在射流的滞止点附近

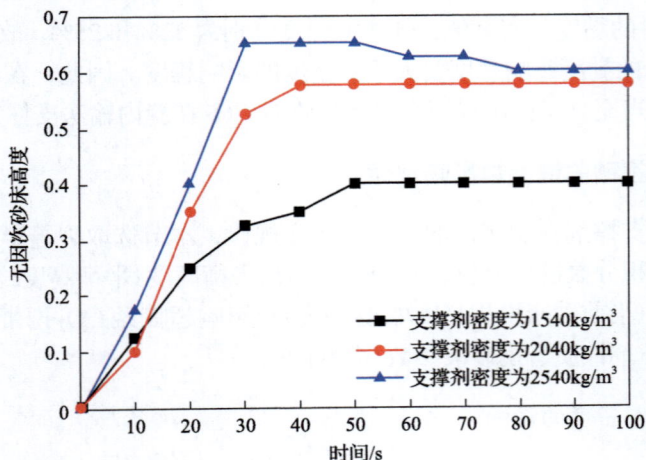

图 8.12　不同支撑剂密度下无因次砂床高度随时间变化

较快沉降。然而随着无因次砂床高度增加，携砂液的流动速度会受到影响，导致支撑剂沉降速度减慢。此外，由于携砂液的过流截面变窄而速度增大，支撑剂易被流化运移到砂床背面。当支撑剂颗粒沉降数目和砂床中支撑剂颗粒被流化数目相等时，即说明砂床堆积达到了动态平衡，无因次砂床高度保持不变，即无因次砂床高度不变。此外，支撑剂密度越大，无因次砂床高度增加越快，反之增加越慢。因此采用低密度支撑剂，有利于其在裂缝中形成更加均匀的砂床剖面，避免发生砂堵。

（二）支撑剂粒径的影响

图 8.13 为无因次平衡高度和平衡时间随支撑剂粒径变化曲线。由图 8.13 可知，随着支撑剂粒径增加，砂床的无因次平衡高度不断增加，而平衡时间逐渐减小。这是由于支撑剂粒径越大，支撑剂颗粒越易受到裂缝壁面的影响，易于发生沉降。支撑剂粒径为 0.50mm 时，砂床的无因次平衡高度最大，约为裂缝高度的57.5%，平衡的时间约为 20s。而支撑剂粒径为 0.25mm 时，砂床的无因次平衡高度最小，约为裂缝高度的 40%，平衡的时间接近 50s。

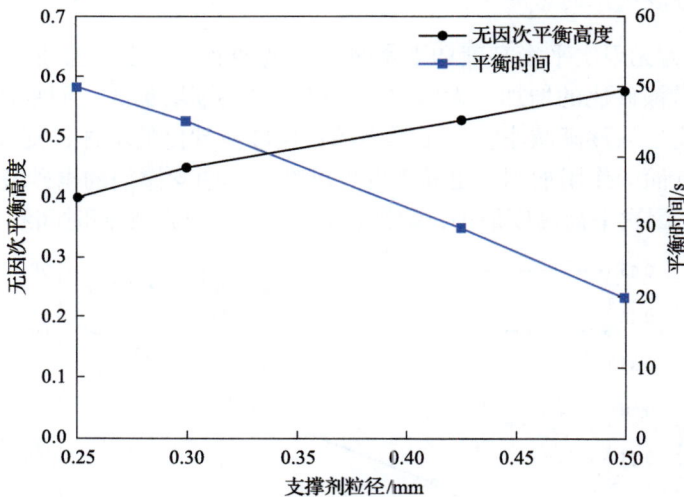

图 8.13　无因次平衡高度和平衡时间随支撑剂粒径变化曲线

图 8.14 为在不同支撑剂粒径条件下无因次砂床高度随时间变化曲线，可知支撑剂粒径不同时，无因次砂床高度随时间变化的趋势均是先迅速增加，之后趋于稳定。其中支撑剂粒径越大，其前期沉降速度越大，无因次砂床高度的变化越快；并且当支撑剂沉降达到平衡状态以后，支撑剂在裂缝中形成的砂床堆积高度也较高。因此，支撑剂粒径越大，越容易发生砂堵，不利于支撑剂在深部裂缝形成有效支撑。故使用超临界 CO_2 加砂压裂，建议选用粒径小于 0.25mm 的支撑剂，更

有利于支撑裂缝。

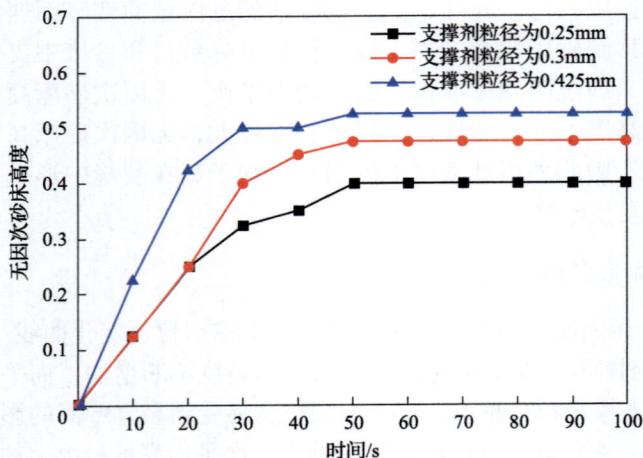

图 8.14 不同支撑剂粒径下无因次砂床高度随时间变化曲线

(三) 携砂液砂比的影响

图 8.15 为无因次平衡高度和平衡时间随携砂液砂比变化曲线。由图 8.15 可知，随着携砂液砂比的增加，无因次平衡高度是逐渐增加的，而平衡时间在低砂比时保持不变之后逐渐减小。这是因为随着携砂液砂比的增加，支撑剂颗粒之间及其与裂缝壁面的作用加剧，更易于发生沉降。其中支撑剂的携砂液砂比为 0.08 时，砂床的无因次平衡高度最小，约为裂缝高度的 10%，平衡时间约为 60s。支撑

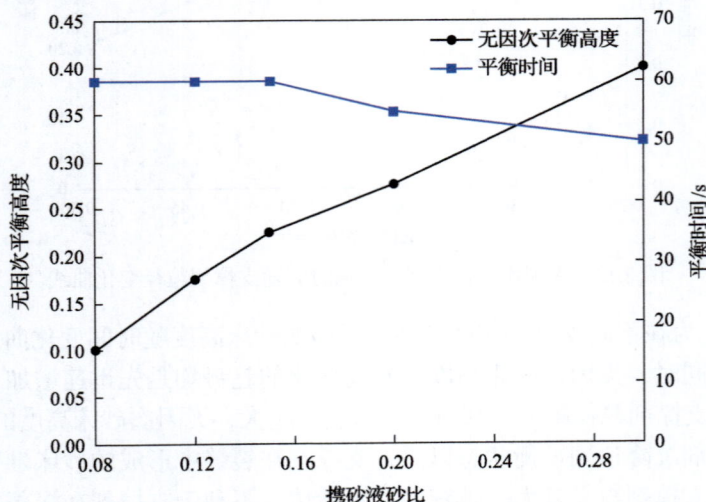

图 8.15 无因次平衡高度和平衡时间随携砂液砂比变化曲线

剂的携砂液砂比为 0.3 时，砂床的无因次平衡高度最大，约为裂缝高度的 40%，平衡时间接近 50s。

图 8.16 为在不同的携砂液砂比条件下无因次砂床高度随时间变化曲线。由图 8.16 可知，不同的携砂液砂比条件下，无因次砂床高度变化趋势先是迅速增加，之后趋于稳定。同时随着携砂液砂比的增加，支撑剂颗粒之间的对流沉降作用加强，平衡时间逐渐减小。此外，在达到平衡状态前，携砂液砂比越大，无因次砂床高度随时间变化曲线斜率越大，支撑剂沉降越快；在达到平衡状态之后，携砂液砂比越大，无因次砂床高度也越大。因此，利用低黏的超临界 CO₂ 进行压裂时，适合采用低砂比(0.08 左右)的携砂液进行携砂。

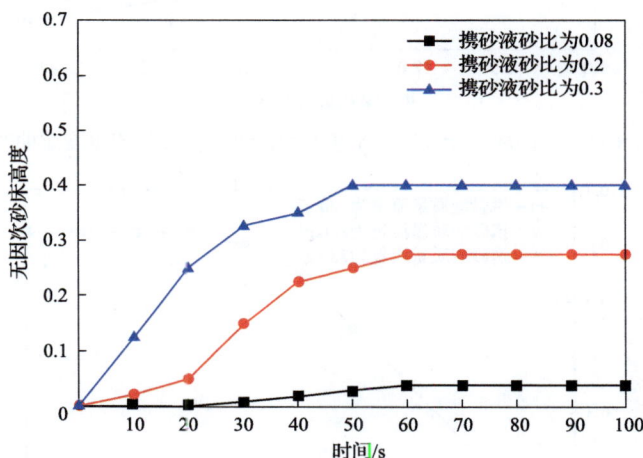

图 8.16 不同携砂液砂比条件下无因次砂床高度随时间变化

(四)携砂液质量流量的影响

图 8.17 为无因次平衡高度和平衡时间随携砂液质量流量变化曲线。由图 8.17 可知，无因次平衡高度和平衡时间随着携砂液质量流量增加均是减小的。这是因为入口质量流量增大，单位时间内注入的支撑剂增多，故砂床堆积达到平衡状态所需的时间会缩短；同时注入的携砂液质量流量越大，注入支撑剂的速度越快，悬浮层和跃移层的面积将变大，而静止砂床层的区域面积会变小。图 8.17 中携砂液质量流量为 1.0kg/s 时，无因次平衡高度最大，约为裂缝高度的 60%，平衡时间接近 70s；而携砂液质量流量为 4.0kg/s 时，无因次平衡高度最小，约为裂缝高度的 5%，平衡时间接近 10s。

图 8.18 为在不同携砂液质量流量条件下无因次砂床高度随时间变化的曲线，可知随着时间的增加，无因次砂床高度变化趋势是先增加之后趋于稳定。

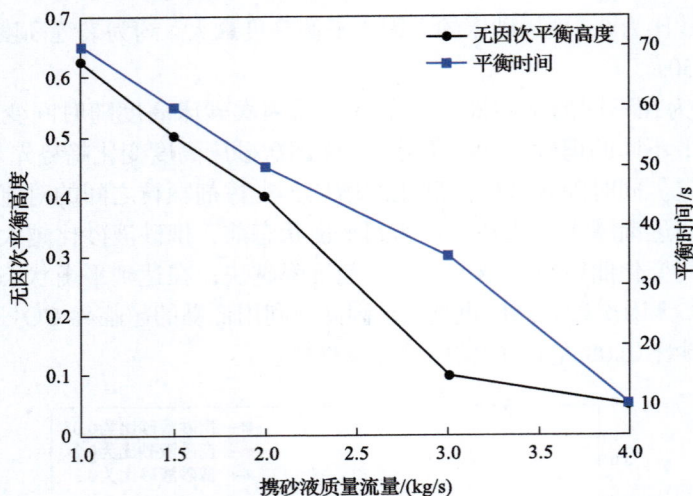

图 8.17　无因次平衡高度和平衡时间随携砂液质量流量变化曲线

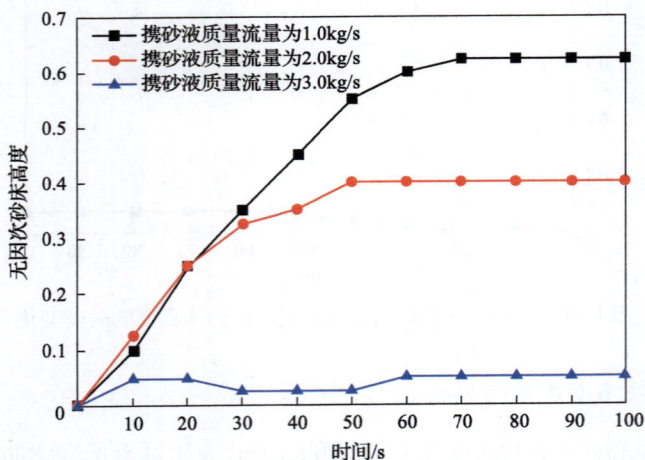

图 8.18　不同携砂液质量流量下无因次砂床高度随时间变化

随着单位时间入口质量流量的增加，单位时间内注入的支撑剂质量会增加，则平衡时间会逐渐减小。同时质量流量越小，达到平衡状态的时间越长，平衡高度越大，形成砂堵的风险越大。因此，在实际的超临界 CO_2 压裂作业中，应根据裂缝特点，选择合理的携砂液质量流量，避免发生砂堵。

四、无因次平衡高度预测模型

由上述模拟研究可知，超临界 CO_2 携带支撑剂在平直裂缝内的运移规律与支撑剂的性质（如支撑剂密度、支撑剂粒径）、流体的性质（如密度、黏度）及边界条件(携砂液质量流量、携砂液砂比)等参数相关联。并且前面已经得出超临界 CO_2 在裂缝内携带支撑剂的过程中，砂床无因次平衡高度与上述单一因素的关系曲线，但是对于能反映上述控制因素耦合效应对无因次平衡高度的影响鲜有研究。因此，基于前面的数值模拟数据，本节利用无因次量纲分析和回归分析的方法建立超临界 CO_2 压裂裂缝内砂床无因次平衡高度预测模型。由于砂床无因次平衡高度预测模型是基于数值模拟的前提假设，在模型推导前，需要假设超临界 CO_2 裂缝内携带支撑剂不受滤失影响，且裂缝宽度、高度等尺寸不随时间变化。

控制超临界 CO_2 裂缝内携带支撑剂运移规律的参数主要有平直裂缝的缝宽(w)、缝高(H)、缝长(L)；支撑剂的密度(ρ_s)、粒径(d_s)；超临界 CO_2 的密度(ρ_c)、黏度(μ_c)；边界条件如注入速度(v_e)、入口砂比(α_{in})、重力加速度(g)。因此，平直裂缝中支撑剂铺设的砂床无因次平衡高度(h_e)可以表示为如下形式：

$$h_e = f(w, \rho_s, d_s, \rho_c, \mu_c, v_c, \alpha_{in}, g) \tag{8.23}$$

根据无量纲分析方法(π 定理)，式(8.23)可以由超临界 CO_2 密度(ρ_c)、注入速度(v_c)和支撑剂直径(d_s)三个基本变量进行无量纲化处理，则无因次平衡高度的关系式为

$$\frac{h_e}{w} = f\left(\frac{d_s}{w}, \frac{\rho_s}{\rho_c}, \frac{\rho_c v_c d_s}{\mu_c}, \alpha_{in}, \frac{v_c^2}{g d_s}\right) \tag{8.24}$$

式中，d_s/w 为支撑剂直径与缝宽的比值，无量纲；ρ_s/ρ_c 为支撑剂和流体密度的比值，无量纲；$\rho_c v_c d_s/\mu_c$ 为雷诺数(Re，惯性力和黏滞力的比值，无量纲)；$v_c^2/(g d_s)$ 为弗劳德数(Fr，惯性力和重力的比值，无量纲)。

此外，考虑阿基米德数(Ar)更能反映重力沉降效应，故可以将弗劳德数变换成阿基米德数：

$$Ar = \frac{(\rho_s - \rho_c)\rho_c d_s^3 g}{\mu_c} = \frac{(\rho-1)Re^2}{Fr} \tag{8.25}$$

故式(8.24)可以改写为

$$\frac{h_e}{w} = f\left(\frac{d_s}{w}, \rho, Re, \alpha_{in}, Ar\right) \tag{8.26}$$

式中，ρ 为无因次密度。

数值模拟假设支撑剂直径和缝宽不变，则 d_s/w，ρ 均为定值，故式(8.26)可以简化为

$$\frac{h_e}{w} = f(Re, \alpha_{in}, Ar) \tag{8.27}$$

由式(8.27)可知，无因次平衡高度与其他三个无因次的自变量(Re, α_{in}, Ar)呈

一定的函数关系。为了确定它们之间的函数关系,需要基于数值模拟计算的结果,计算得出上述无因次变量与无因次平衡高度的数量关系(表 8.6)。

表 8.6 无因次变量与无因次平衡高度关系表

阿基米德数(Ar)	入口砂比(α_{in})	雷诺数(Re)	无因次平衡高度
0.150825425	0.3	4818.91	16
0.189445325	0.3	4556.851	19
0.242777569	0.3	4238.545	22
0.299787899	0.3	3944.044	25
0.334729714	0.3	3782.946	26
0.150825425	0.08	7081.353	4
0.150825425	0.1	6814.731	7
0.150825425	0.15	6212.537	9
0.150825425	0.2	5688.05	11
0.150825425	0.3	4818.91	16
0.150825425	0.3	2409.455	25
0.150825425	0.3	3614.183	20
0.150825425	0.3	4818.91	16
0.150825425	0.3	7228.365	4
0.150825425	0.3	9637.82	2

通过对表 8.6 的数据进行处理,可以得到如图 8.19～图 8.21 所示的无因次平衡高度和其他三个无因次变量的关系曲线。如图 8.19 所示,无因次平衡高度随着

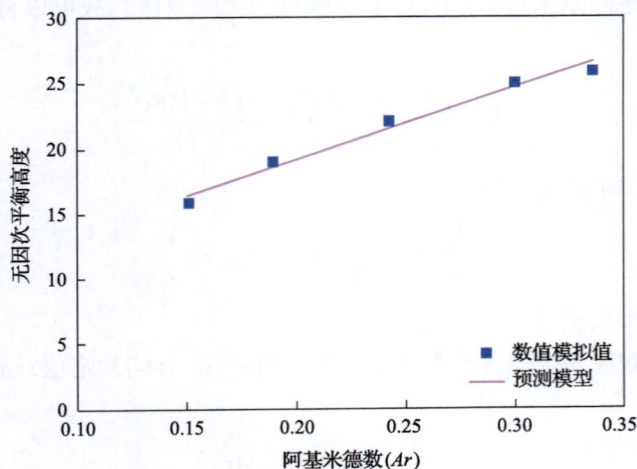

图 8.19 无因次平衡高度和阿基米德数关系曲线

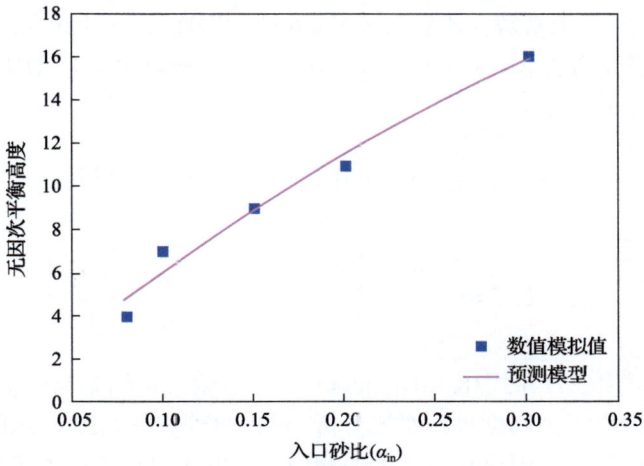

图 8.20 无因次平衡高度和入口砂比关系曲线

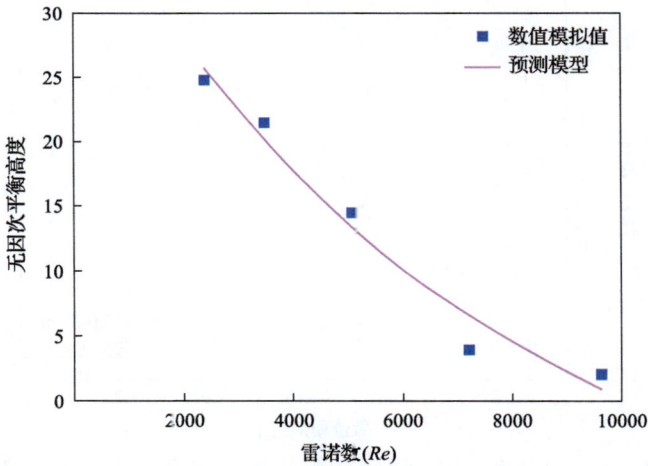

图 8.21 无因次平衡高度和雷诺数关系曲线

阿基米德数的增加而增加,且通过拟合可知两者之间的关系是线性关系,无因次平衡高度与阿基米德数之间的关系可用线性函数拟合。

如图 8.20 所示,随着入口砂比的增加,无因次平衡高度逐渐增加。通过拟合可以发现该两者之间的关系符合非线性递增。此外,如图 8.21 所示,无因次平衡高度是随着雷诺数的增大单调递减的,通过拟合可知,这两者的关系近似呈现幂函数变化。因此,依据上述无因次平衡高度与其他三个无因次自变量的物理意义和拟合公式关系,可以得到如下结构关系式:

$$\frac{h_e}{w} = d e^{e \cdot Re}(1 + aAr)(1 + b\alpha_{in})^c \tag{8.28}$$

式中, a, b, c, d, e 均为常数, 其是基于表 8.6 的数据通过 Matlab 进行回归分析计算确定, 且最终其系数为 a=15, b=0.3, c=0.01, d=42.5, e= −0.0005。故无因次平衡高度预测模型最终形式如下:

$$\frac{h_e}{w} = 42.5e^{-0.0005Re}(1+15Ar)(1+0.3\alpha_{in})^{0.01} \tag{8.29}$$

$$h_e = 42.5we^{\left(-0.0005\frac{\rho_c v_c d_s}{\mu_c}\right)}\left[1+\frac{15(\rho_s-\rho_c)\rho_c d_s^3 g}{\mu_c}\right] \tag{8.30}$$

为了验证式(8.29)和式(8.30)的准确性, 将数值模拟结果与由上述预测模型计算所得到的无因次平衡高度进行对比分析, 可以得到如图 8.22 所示的误差分析图, 由图可知, 上述砂床无因次平衡高度预测模型能够满足计算的准确性。

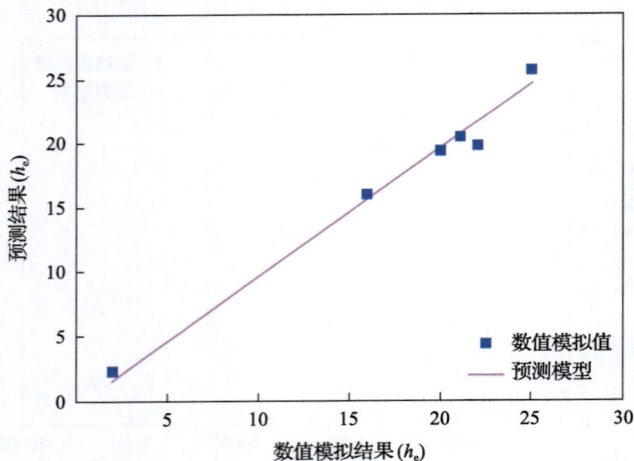

图 8.22　数值模拟和预测模型计算所得无因次平衡高度对比曲线

第二节　复杂裂缝超临界 CO₂ 携砂规律

相对于常规的水力压裂, 超临界 CO₂ 压裂更容易在主裂缝的基础上产生分支裂缝。针对超临界 CO₂ 压裂裂缝内携砂方面的研究, 极少看到将裂缝的几何形态考虑在内的报道。支撑剂在复杂裂缝中运移和填充的效果直接影响到对页岩气藏压裂增产改造的效率。本节研究了超临界 CO₂ 在不同形状的复杂裂缝中携带支撑剂运移规律, 并进一步分析了支撑剂密度、粒径、砂比及裂缝相交角度等参数对于超临界 CO₂ 在 T 形和交叉形裂缝中携带支撑剂运移规律的影响, 揭示超临界 CO₂ 携带支撑剂进入次级裂缝的条件和可行性。

一、复杂裂缝携砂模型建立

(一)物理模型

大量的超临界 CO_2 压裂室内试验研究结果表明，低黏的超临界 CO_2 压裂时易形成缝网。这是由于在页岩气藏中存在着大量的微裂缝，当使用超临界 CO_2 压裂时，超临界 CO_2 由于黏度和表面张力较低的特性，易于进入岩石微裂隙中，降低其压裂起裂压力，沿着微裂缝形成复杂的裂缝网络。此外，在超临界 CO_2 压裂产生裂缝缝网过程中，会出现压裂裂缝和天然裂缝(NF)相互作用的情况 (图 8.23)[20]。

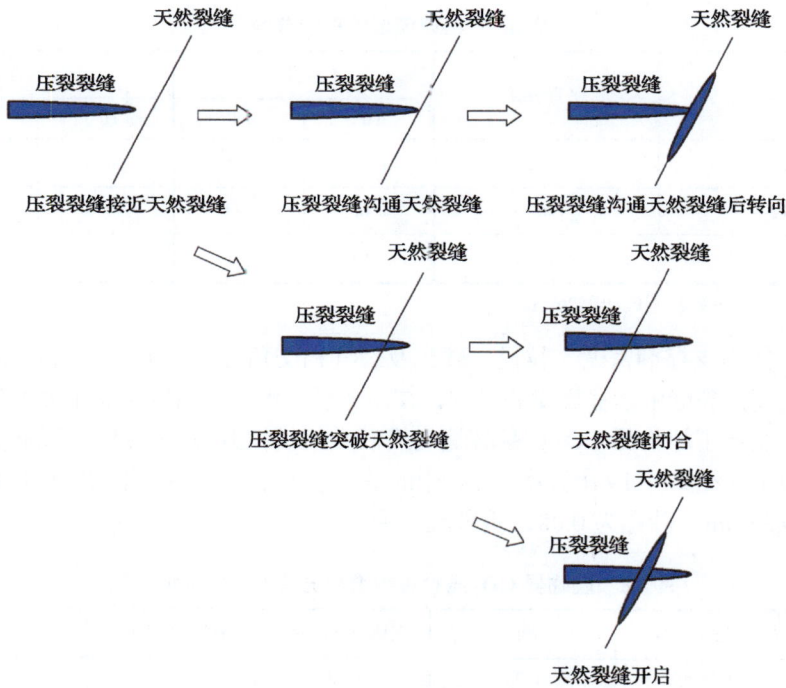

图 8.23　压裂裂缝和天然裂缝相互作用的模式

为了方便研究超临界 CO_2 携带支撑剂在复杂裂缝中的运移规律，本节将复杂的裂缝网络简化成前人研究常用的平板模型[21]。鉴于超临界 CO_2 现场试验鲜有报道，所以可供参考的超临界 CO_2 压裂裂缝尺寸较少。本节基于滑溜水压裂裂缝尺寸，考虑数值模拟时间成本和相似准则，最终决定采用如图 8.24 所示的平直、T形、交叉形裂缝进行模拟，这三种形状的裂缝模拟尺寸参数如表 8.7 所示，其中选择平直裂缝作为控制变量组，与其他的两种裂缝模型进行对比。T形和交叉形裂缝的入口均是压裂裂缝的入口(如图 8.24 中蓝色线所示),其他侧部端面设置为边界条件相同的出口。

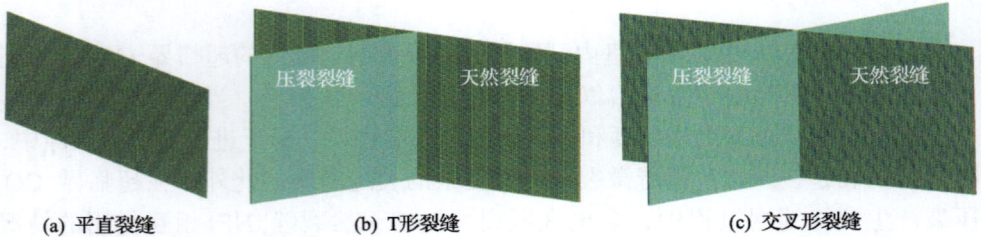

(a) 平直裂缝　　　(b) T 形裂缝　　　(c) 交叉形裂缝

图 8.24　不同形状的裂缝模型

表 8.7　物理模型的形状参数　　　　　　(单位:mm)

物理参数	平直裂缝	T 形裂缝		交叉形裂缝	
		HF	NF	HF	NF
长度	3000	1500	3000	3000	3000
高度	1000	1000	1000	1000	1000
宽度	10	10	10	10	10

注:HF 为水力裂缝;NF 为天然裂缝。

为了探究支撑剂密度、粒径、砂比及裂缝相交角度等参数对超临界 CO_2 携带支撑剂在复杂裂缝中运移规律的影响,在参考滑溜水等低黏压裂液相关参数的基础上[17,18],制定了超临界 CO_2 压裂裂缝内携砂数值模拟方案(表 8.8)。以此为基础,数值模拟了 5 组共计 19 个方案。方案中的基准模拟条件:支撑剂密度为 1540kg/m³,粒径为 0.25mm,砂比为 0.08,质量流量为 2kg/s。

表 8.8　超临界 CO_2 压裂裂缝携带支撑剂数值模拟方案

组数	支撑剂密度/(kg/m³)	砂比	支撑剂直径/mm	质量流量/(kg/s)	裂缝相交角度/(°)
1	1540,1750,2040,2350	0.08	0.25	2	90
2	1540	0.02,0.04,0.08,0.10	0.25	2	90
3	1540	0.08	0.25,0.3,0.425,0.5	2	90
4	1540	0.08	0.25	1.5,2,3,4	90
5	1540	0.08	0.25	2	45,60,90

(二)数值模型的建立

1. 计算流体力学方程

在欧拉颗粒模型(Eulerian-granular model, EGM)中,式(8.31)~式(8.35)分别

给出了连续性方程、动量守恒方程及能量守恒方程，其中连续性方程为

$$\frac{\partial}{\partial t}(\alpha_q \rho_q) + \nabla \cdot (\alpha_q \rho_q \boldsymbol{v}_q) = 0, \quad \sum_1^N \alpha_q = 1.0 \tag{8.31}$$

式中，q 为液相1和固相s的标记；α_q 为 q 相的体积分数，无量纲；$\boldsymbol{v}_q$ 为 q 相的速度矢量，m/s；ρ_q 为 q 相的密度，kg/m³。

液相的动量守恒方程为

$$\frac{\partial}{\partial t}(\alpha_1 \rho_1 \boldsymbol{v}_1) + \text{div}(\alpha_1 \rho_1 \boldsymbol{v}_1 \boldsymbol{v}_1) = -\alpha_1 \nabla P + \text{div}\,\boldsymbol{\tau}_1 + \alpha_1 \rho_1 \boldsymbol{g} + K_{sl}(\boldsymbol{v}_s - \boldsymbol{v}_1) \tag{8.32}$$

固相的动量守恒方程为

$$\frac{\partial}{\partial t}(\alpha_s \rho_s \boldsymbol{v}_s) + \text{div}(\alpha_s \rho_s \boldsymbol{v}_s \boldsymbol{v}_s) = -\alpha_s \nabla P + \text{div}\,\boldsymbol{\tau}_s + \alpha_s \rho_s \boldsymbol{g} + K_{sl}(\boldsymbol{v}_s - \boldsymbol{v}_1) \tag{8.33}$$

$$\boldsymbol{\tau}_s = \alpha_s \mu_s(\text{div}\,\boldsymbol{v}_s + \text{div}\,\boldsymbol{v}_s^T) + \alpha_s\left(\lambda_s - \frac{2}{3}\mu_s\right)\text{div}\,\boldsymbol{v}_s \boldsymbol{I} \tag{8.34}$$

式(8.32)～式(8.34)中，$\boldsymbol{g}$ 为重力加速度矢量，m/s；μ_s 为剪切黏度，Pa·s；λ_s 为体积黏度，Pa·s；P 为液相和固相共用的压力，Pa；K_{sl} 为固相和液相的动量交换系数，kg/(m³·s)；$\boldsymbol{I}$ 为单位张量。

能量守恒方程为

$$\frac{\partial}{\partial t}\left(\sum_{q=1}^2 \alpha_q \rho_q E_q\right) + \text{div}\sum_{q=1}^2 (\alpha_q \boldsymbol{v}_q(\rho_q E_q + P) = \text{div}(k_{\text{eff}}\nabla T) \tag{8.35}$$

式中，E_q 为 q 相的能量，J；k_{eff} 为有效导热系数，W/(m·K)；T 为温度，K。

目前在计算流体软件中，有许多用来描述流体对固体颗粒的黏性力的曳力方程，如 Gidaspow 模型、Wen Yun 模型、Syamlal-Obrien 模型等[1]。Kong 采用了 Gidaspow 模型模拟得到了支撑剂在裂缝中的运移规律，根据 Fluent 理论手册，该模型无论是对于稀释的混合体系还是高浓度的混合体系均具有相同的形式，但是当液相体积分数 $\alpha_1 < 0.8$ 时，固相和液相的动量交换系数为[21]

$$K_{sl} = \frac{150\alpha_1(1-\alpha_1)\mu_1}{\alpha_1 d_s^2} + \frac{1.75\alpha_1\alpha_s}{d_s}|\boldsymbol{v}_s - \boldsymbol{v}_1| \tag{8.36}$$

2. 颗粒流方程

当超临界 CO₂ 和支撑剂在裂缝内运移时，计算体积加权平均黏度需要计算固

相剪切黏度 μ_s。根据颗粒动理学理论[1]，固相剪切黏度 μ_s 是由碰撞黏度部分 $\mu_{s,col}$、动能黏度部分 $\mu_{s,kin}$ 及颗粒的摩擦黏度部分 $\mu_{s,fri}$ 组成。这三项能够满足从低浓度到高浓度的混合物体系的计算。考虑到现场常使用的超临界 CO_2 压裂液中支撑剂浓度较低，因此在计算固相剪切黏度时，常把颗粒的摩擦部分忽略，只考虑前两项。同时，体积黏度和颗粒粒径的径向分布函数 g_0 采用 Lun 模型进行计算。固相压力 p_s 的计算是根据稠密气体动力学理论，其主要由动量和碰撞两部分产生的压力组成。上述闭合方程如下[1]：

$$\mu_s = \mu_{s,kin} + \mu_{s,col}$$

$$\mu_{s,kin} = \frac{10 d_s \rho_s \sqrt{\Theta_s \pi}}{96 \alpha_s g_0 (1+e)} \left[1 + \frac{4}{5} \alpha_s g_0 (1+e) \right]^2$$

$$\mu_{s,col} = \frac{4}{5} \alpha_s d_s \rho_s g_0 (1+e) \left(\frac{\Theta_s}{\pi} \right)^{\frac{1}{2}}$$

$$\lambda_s = \frac{4}{3} \alpha_s d_s \rho_s g_0 (1+e) \left(\frac{\Theta_s}{\pi} \right)^{\frac{1}{2}} \tag{8.37}$$

$$g_0 = \left[1 - \left(\frac{\alpha_s}{\alpha_{s,max}} \right)^{\frac{1}{3}} \right]^{-1} \tag{8.38}$$

$$p_s = \alpha_s \rho_s \Theta_s + 2 \alpha_s^2 \rho_s \Theta_s g_0 (1+e) \tag{8.39}$$

式中，$\alpha_{s,max}$ 为最大固相颗粒体积分数。

根据颗粒流动模型能量理论可知，固相颗粒温度正比于颗粒随机脉动动能，其输运方程如式 (8.43) 所示，上述的固相压力项、剪切黏度项及体积黏度项均是通过该方程计算，同时当使用 CFD 软件求解输运方程时，为了避免出现解的不稳定性，常忽略方程中的对流和扩散项，计算其代数形式的方程。

$$\frac{3}{2} \left[\frac{\partial}{\partial t} (\alpha_s \rho_s \Theta_s) + \mathrm{div}(\alpha_s \rho_s v_s \Theta_s) \right] = (-p_s I + \tau_s) : \nabla v_s - \mathrm{div}(\kappa_s \nabla \Theta_s) - J_s + \Phi \tag{8.40}$$

式中，Θ_s 为颗粒拟温度，K；κ_s 为颗粒能量传导系数，$W/(m \cdot K)$；J_s 为非弹性碰撞导致的能量耗散，J；Φ 为相间能量交换，J。

3. 超临界 CO_2 物理性质方程

CO_2 的密度和黏度是影响其携带支撑剂性能的因素，考虑 CO_2 黏度和密度受温度影响，利用真实气体模型计算 CO_2 的密度，同时，基于本章第一节参数分析结果可知，由于使用 Fluent 进行模拟时，注入温度、环境温度是固定的，裂缝内超临界 CO_2 黏度变化幅度较小，故在对本章中复杂裂缝内超临界 CO_2 携带支撑剂运移进行模拟时，将超临界 CO_2 黏度设定为固定值（$T=320K$，$p=20MPa$ 时，黏度为 $0.699mPa·s$）。

4. 边界条件和计算模型

如图 8.24 所示 T 形和交叉形裂缝的入口均是压裂裂缝的入口（图中蓝色线所示），设置为质量流量入口条件；其他侧部端面均设置为压力出口边界条件，剩余的侧面均设置为温度恒定且无滑脱的壁面。与本章第一节的计算模型设置相同，也使用可实现 k-ε 模型描述支撑剂在裂缝内的紊流流动；同时为了提高计算准确性，设置入口处的湍流强度和水力当量直径。此外，使用 SIMPLE 计算方法求解压力和速度耦合场，压力的计算采用标准格式进行差分，其余均采用计算稳定、求解精度高的一阶迎风差分格式。

二、复杂裂缝携砂特性

（一）平直和 T 形裂缝中携砂规律对比

图 8.25 为基准条件下，当注入 100s 时，在平直、T 形裂缝垂直剖面上支撑剂体积分数分布云图。对于平直裂缝，随着超临界 CO_2 和支撑剂的注入，支撑剂由于重力沉降作用在裂缝底部形成砂床。而对于 T 形裂缝，超临界 CO_2 携带支撑剂在左侧水力裂缝中沉降形成的砂床形态与在平直裂缝中大致相似，其中一部分支撑剂被携带到天然裂缝中，且支撑剂均匀对称地分布在水力裂缝和天然裂缝交点的两侧（图中红色的线表示压裂裂缝和天然裂缝相交的位置）。这是由于天然裂缝

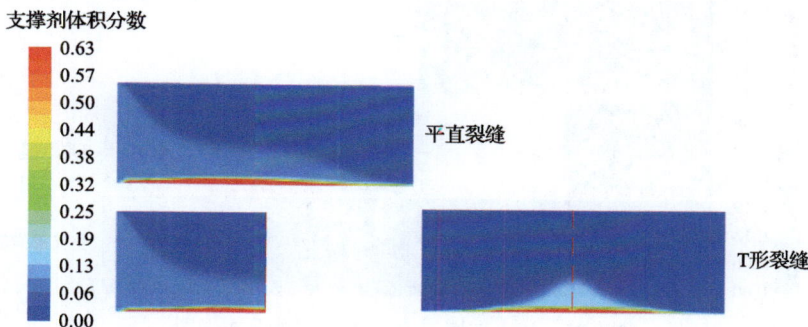

图 8.25　注入支撑剂 100s 后不同裂缝中的分布云图（左侧为压裂裂缝，右侧为天然裂缝）

两端出口的边界条件是相同的。此外，通过对 T 形裂缝中的左侧压裂裂缝与平直裂缝内支撑剂分布云图进行对比，可以看出在 T 形裂缝的裂缝交点以前，支撑剂形成的砂床要略低于平直裂缝，而悬浮区则高于平直裂缝，由此表明有较多的支撑剂进入右侧的天然裂缝中。这是因为当超临界 CO_2 携带支撑剂运移到裂缝交点时，会形成较强的湍流作用，不利于支撑剂在裂缝底部形成砂床，进而使更多的支撑剂进入天然裂缝中。

从图 8.25 中右侧天然裂缝的支撑剂分布云图中可以发现超临界 CO_2 携带支撑剂形成的悬浮区剖面呈对称的山脊状。分析这是由于当超临界 CO_2 携带支撑剂运移抵达裂缝交点之前，支撑剂速度沿着天然裂缝方向为 0；在其进入天然裂缝以后，支撑剂由于与超临界 CO_2 之间存在速度差获得加速度，且支撑剂一直加速到力学平衡状态，故形成的悬浮区剖面先是陡峭后变得趋缓。

(二)T 形和交叉形裂缝携砂规律对比

图 8.26 为基准条件下，当注入支撑剂 100s 时，在 T 形、交叉形裂缝垂直剖面上支撑剂体积分数分布云图。与支撑剂在 T 形裂缝中的分布不同，当超临界 CO_2 携带支撑剂到达裂缝交点时(交点位置如图 8.26 中红线所示)，携砂液即分为三个支流：左侧压裂裂缝的下游及天然裂缝的两侧。在左侧压裂裂缝中，与平直和 T 形裂缝相比，支撑剂沉降形成的砂床较厚，在左侧压裂裂缝的下游支撑剂沉降较少，支撑剂悬浮区域范围较大。这是因为超临界 CO_2 携带支撑剂在到达裂缝交点前，由于受到垂直相交的天然裂缝影响，支撑剂水平方向速度减小，重力使其逐渐沉降，形成较高的砂床。由于此时流经砂床上方的携砂液的速度会增大，当携砂液流经交点进入水力裂缝的下游时，形成较强的湍流作用，故在天然裂缝的下游不易于形成砂床，支撑剂以悬浮的形式存在。

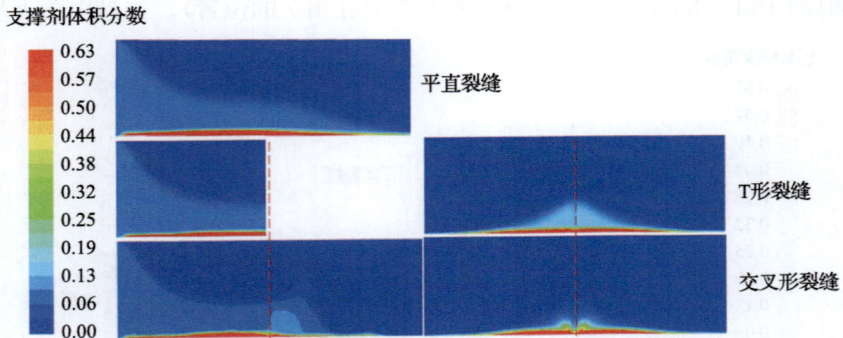

图 8.26　注入支撑剂 100s 时不同的分布云图
左侧为压裂裂缝，右侧为天然裂缝

此外，对比图 8.26 中的交叉形裂缝的分布云图与 T 形裂缝的分布云图，可以发现支撑剂在右侧裂缝中的分布规律与在 T 形裂缝中右侧裂缝的分布规律存在差异，但是整体上均是沿着裂缝交点位置对称分布。由于交点处携砂液速度较高，在此处不利于形成砂床。随着支撑剂进入转向天然裂缝，在交点附近颗粒的水平速度会减小，故会在交叉裂缝两侧沉降形成砂床峰值。

三、复杂裂缝携砂关键参数影响规律

为了获得支撑剂在裂缝内的铺设和填充规律，本节选取 T 形和交叉形裂缝中天然裂缝的无因次铺砂区域高度和无因次裂缝长度的关系进行分析，进而对影响超临界 CO_2 携带支撑剂性能参数进行优选。由前面的分布云图结果可知，支撑剂在天然裂缝中的分布规律是呈对称分布，故以下分析的数据均取自天然裂缝的一翼。

（一）支撑剂密度的影响

图 8.27 为无因次铺砂区域高度和无因次裂缝长度随支撑剂密度的变化曲线（T 形裂缝），由图可知，在 T 形裂缝中，随着超临界 CO_2 携带支撑剂在天然裂缝中运移距离的增加，支撑剂在裂缝中铺置的区域是逐渐下降的，呈近似的线性关系。这是因为随着支撑剂不断向裂缝深处运移，其水平方向的速度不断降低。当无因次裂缝长度处于 0～0.5 时，随着支撑剂密度增加，无因次铺砂区域高度是减小的，这说明支撑剂密度越大，其越难以进入天然裂缝，形成有效支撑；当无因次裂缝长度大于 0.5 时，支撑剂密度对于其在裂缝中铺设的影响不明显，分析这是由于当超临界 CO_2 携带支撑剂运移到一定距离后，流速降低使支撑剂密度不再是影响其

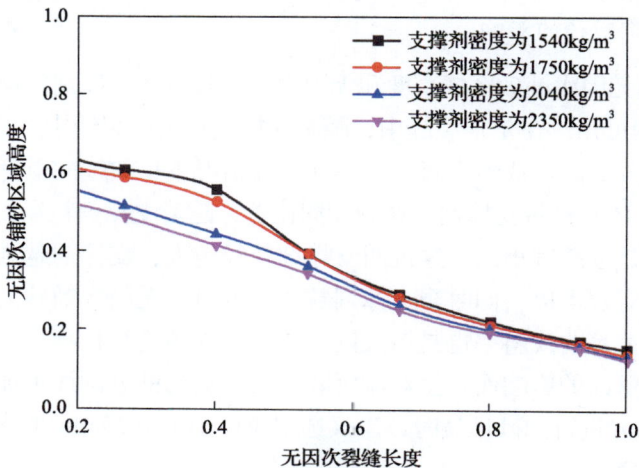

图 8.27　无因次铺砂区域高度和无因次裂缝长度随支撑剂密度变化曲线（T 形裂缝）

铺设差异的主控因素。在进行超临界 CO_2 压裂施工时，建议考虑选用密度较轻的
支撑剂，进而能在裂缝交点附近形成有效支撑。

　　图 8.28 为无因次铺砂区域高度和无因次裂缝长度随支撑剂密度的变化曲线（交
叉形裂缝），由图可知，与 T 形裂缝相似，在交叉形裂缝中，随着超临界 CO_2 携带
支撑剂沿天然裂缝向裂缝出口运移，支撑剂在裂缝中铺置的区域是逐渐下降的。
此外不同密度的支撑剂对于其在天然裂缝中的铺砂区域范围影响不明显。分析这
是因为受垂直相交压裂裂缝下游分流影响，支撑剂沿天然裂缝方向速度显著降低，
抑制着不同密度的支撑剂在天然裂缝中呈现不同的填充规律。

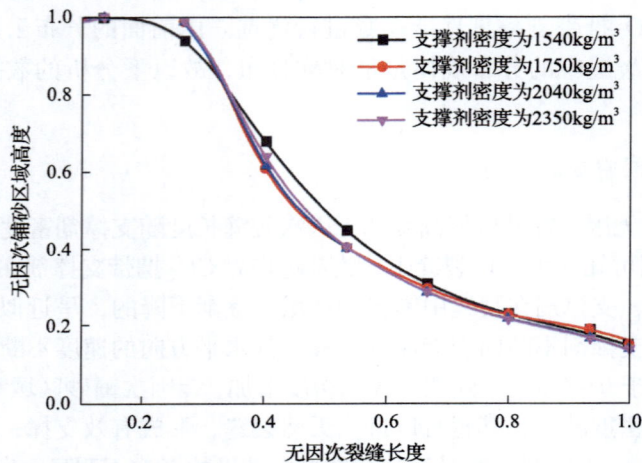

图 8.28　无因次铺砂区域高度和无因次裂缝长度随支撑剂密度变化曲线（交叉形裂缝）

（二）支撑剂粒径的影响

　　图 8.29 为无因次铺砂区域高度和无因次裂缝长度随支撑剂粒径的变化曲线（T
形裂缝），由图可知，在 T 形裂缝中，随着支撑剂在天然裂缝中运移距离的增加，
其在裂缝中铺置的区域逐渐下降，在不同粒径情况下，曲线的下降斜率不同。此
外，当超临界 CO_2 携带支撑剂运移到相同位置，随着支撑剂粒径的增大，无因次
铺砂区域高度是逐渐减小的，这说明支撑剂粒径越大，支撑剂越难以进入天然裂
缝对裂缝进行有效支撑。同时当支撑剂粒径增大时，无因次铺砂区域高度和无因
次裂缝长度的关系曲线斜率也是增大的，这说明支撑剂粒径越大，由于支撑剂越
易于受到裂缝壁面的影响而发生对流沉降，所形成的铺砂剖面更加陡峭。因此，
使用超临界 CO_2 进行加砂压裂时，建议选用粒径小于 0.25mm 的支撑剂将更有利
于支撑天然裂缝。

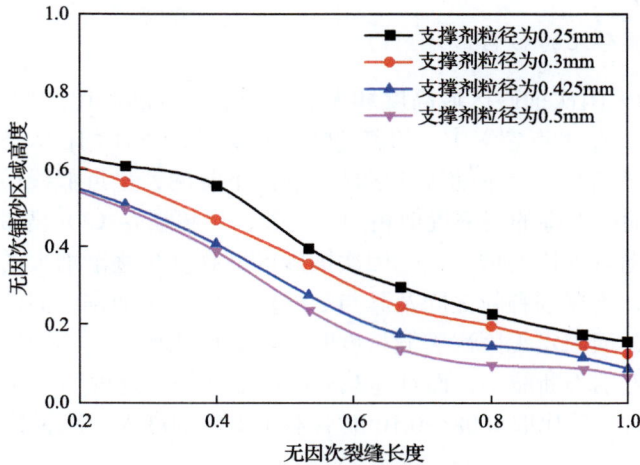

图 8.29　无因次铺砂区域高度和无因次裂缝长度随支撑剂粒径的变化曲线（T 形裂缝）

图 8.30 为无因次铺砂区域的高度和无因次裂缝长度随支撑剂密度的变化曲线（交叉形裂缝），由图可知，在交叉形裂缝中，随着超临界 CO_2 携带支撑剂向天然裂缝的出口运移，支撑剂在裂缝中铺置的区域是逐渐下降的，然而与 T 形裂缝不同，不同粒径情况下曲线递减斜率近似不变。当超临界 CO_2 携带支撑剂运移到同一位置时，无因次铺砂区域高度是随着粒径增大而逐渐减小的。这一规律在选用较大粒径（0.425～0.5mm）的支撑剂时体现得更为明显，反之选用较小粒径（0.25～0.3mm）的支撑剂时差异不明显。但是当超临界 CO_2 携带小粒径支撑剂在天然裂缝中运移时，所形成铺砂区域较大，有助于在天然裂缝中形成有效支撑。

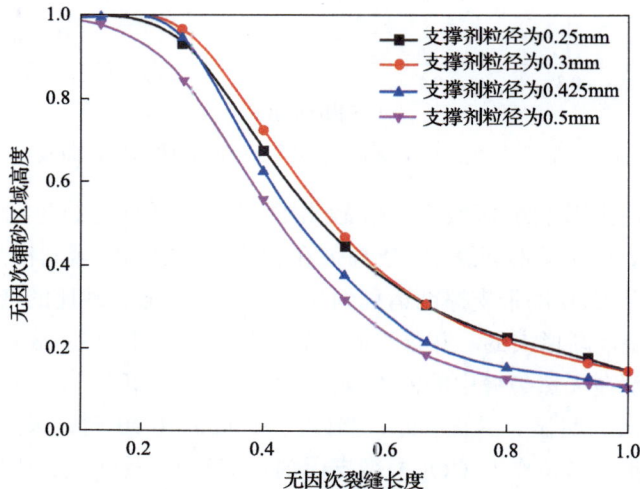

图 8.30　无因次铺砂区域高度和无因次裂缝长度随支撑剂粒径的变化曲线（交叉形裂缝）

(三)携砂液砂比的影响

图 8.31 为无因次铺砂区域高度和无因次裂缝长度随砂比的变化曲线(T 形裂缝),由图可知,在 T 形裂缝中,随着超临界 CO_2 携带支撑剂在天然裂缝中运移距离的增加,支撑剂在裂缝中铺置的区域是逐渐下降的,呈近似线性关系,在不同砂比情况下,曲线下降的斜率近似相同。此外,当超临界 CO_2 携带支撑剂运移到相同位置时,随着砂比的增大,无因次铺砂区域高度是逐渐增大的,这是因为随着砂比的增加,支撑剂颗粒之间及其与裂缝壁面的作用加剧,促使支撑剂易于发生沉降。此外,当固定无因次裂缝长度时,随着砂比增加,不同砂比对应的含砂区高度之间的差别不断减小,而且递减幅度逐渐变缓。这说明当使用超临界 CO_2 进行加砂压裂时,砂比取 0.08~0.10 时有益于支撑剂进入天然裂缝支撑整个 T 形裂缝。

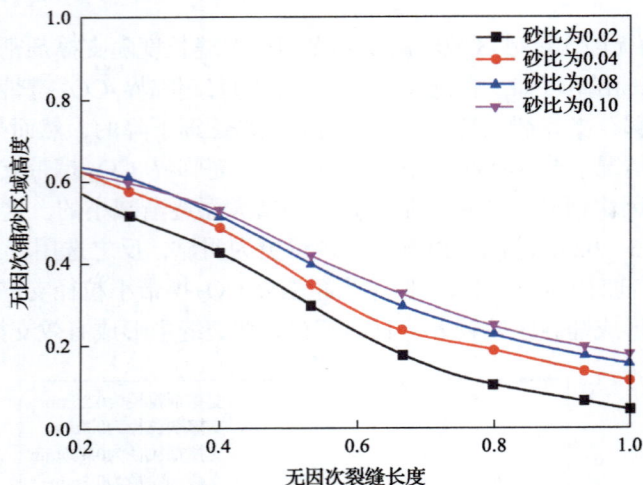

图 8.31　无因次铺砂区域高度和无因次裂缝长度随砂比的变化曲线(T 形裂缝)

图 8.32 为无因次铺砂区域高度和无因次裂缝长度随砂比的变化曲线(交叉形裂缝),由图可知,在交叉形裂缝中,支撑剂在裂缝中铺置的区域同样是逐渐下降的。此外,当超临界 CO_2 携带支撑剂运移到相同的位置,随着砂比的增大,天然裂缝含砂区的范围是逐渐增大的。并且当砂比处于较大值范围时(0.08~0.10),超临界 CO_2 携带支撑剂在天然裂缝中的铺设规律差别不明显,相反当砂比较小时(0.02~0.04),则差别较为明显。尽管如此,当砂比为 0.08~0.10 时,天然裂缝含砂区的范围较大,因此,当超临界 CO_2 携带支撑剂在交叉形裂缝中铺设时,建议采用砂比为 0.08~0.10 的携砂液。

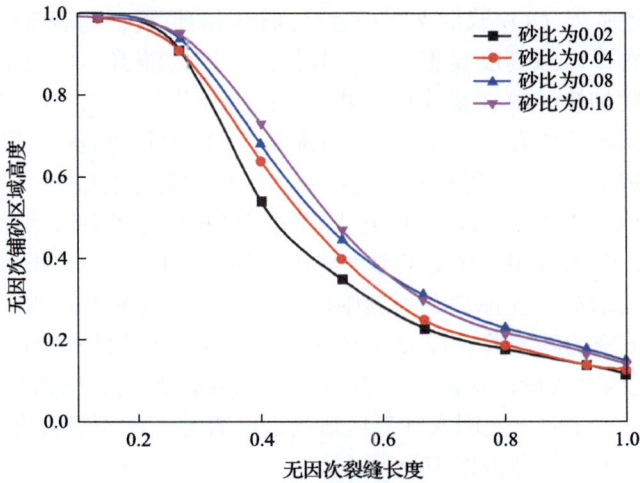

图 8.32　无因次铺砂区域高度和无因次裂缝长度随砂比的变化曲线(交叉形裂缝)

（四）携砂液质量流量的影响

图 8.33 为无因次铺砂区域高度和无因次裂缝长度随携砂液质量流量变化曲线
（T 形裂缝），由图可知，在 T 形裂缝中，不同质量流量情况下，天然裂缝中的无
因次含砂区域高度随着无因次裂缝长度递减的斜率具有较大的差异。其中当质量
流量较大时(3~4kg/s)，含砂区域高度随着超临界 CO₂ 运移距离的增加下降幅度较
大，反之则下降幅度较小。

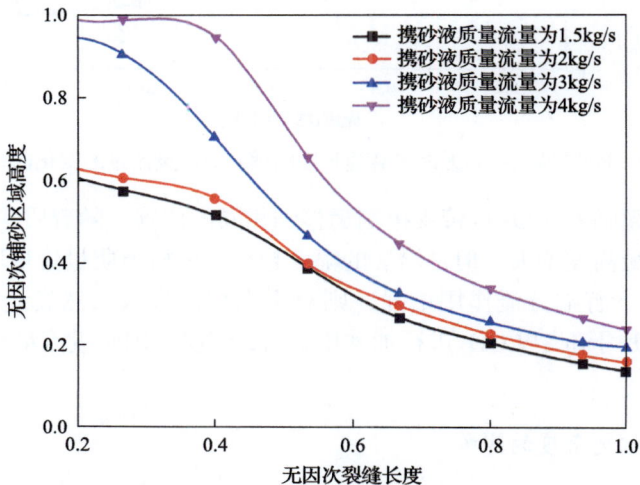

图 8.33　无因次铺砂区域高度和无因次裂缝长度随携砂液质量流量的变化曲线(T 形裂缝)

　　此外，当超临界 CO_2 携带支撑剂运移到相同的位置，随着携砂液质量流量的增大，无因次含砂区域高度显著增大。分析这是因为随着入口质量流量增大，注入支撑剂的速度加快，故在裂缝相交处产生的湍流作用较强，使支撑剂在天然裂缝中的铺设范围显著增大。因此，使用超临界 CO_2 加砂压裂时，建议采用质量流量高于 2kg/s 的携砂液，则更有利于支撑较大区域的天然裂缝。

　　图 8.34 为无因次铺砂区域高度和无因次裂缝长度随携砂液质量流量变化曲线（交叉形裂缝），由图可知，在交叉形裂缝中，随着超临界 CO_2 携带支撑剂在天然裂缝中运移距离增加，支撑剂在裂缝中铺置的区域是逐渐下降的。不同质量流量情况下，曲线下降的斜率差异较大，但与 T 形裂缝不同的是，当质量流量较大时（3～4kg/s），无因次含砂区域高度随着超临界 CO_2 运移距离增加的下降幅度较小，相反当质量流量较小时，无因次含砂区域高度随着无因次裂缝长度下降幅度较大，这是由压裂裂缝下游段分流作用导致的。

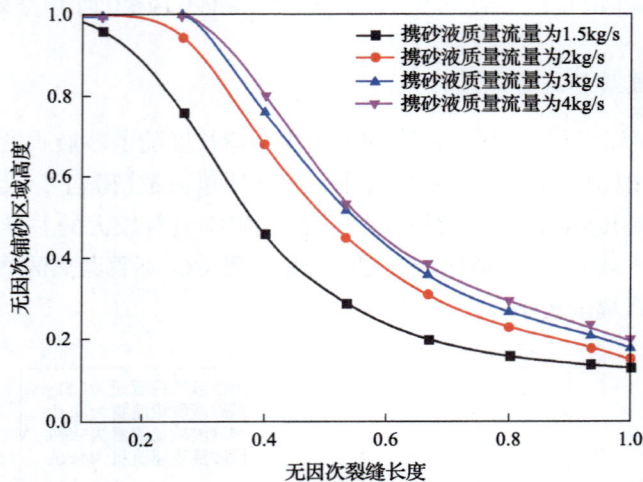

图 8.34　无因次铺砂区域高度和无因次裂缝长度随携砂液质量流量的变化曲线（交叉形裂缝）

　　此外，当超临界 CO_2 携带支撑剂运移到相同的位置，随着质量流量的增大，无因次含砂区域高度增大，但是增加的幅度趋缓。分析当质量流量增加一定值时，由于压裂裂缝下游端分流作用增强，则对于支撑剂进入天然裂缝的铺设和填充不利。因此，使用超临界 CO_2 进行加砂压裂时，建议采用质量流量高于 2kg/s 的携砂液。

（五）裂缝相交角度的影响

　　图 8.35 为无因次铺砂区域高度和无因次裂缝长度随裂缝相交角度变化曲线（交叉形裂缝），由图可知，在交叉形裂缝中，随着超临界 CO_2 携带支撑剂在天然裂缝

中运移距离增加，支撑剂在裂缝中铺置的区域是逐渐下降的。在不同裂缝相交角度的情况下，曲线下降的斜率相似。此外，当超临界 CO_2 携带支撑剂运移到裂缝交叉处时，随着裂缝相交角度增大，分支缝内靠近入口部分的无因次铺砂区域高度是逐渐减小的，说明裂缝相交角度越大，使用超临界 CO_2 进行加砂压裂时，越不利于支撑剂进入天然裂缝形成有效支撑。

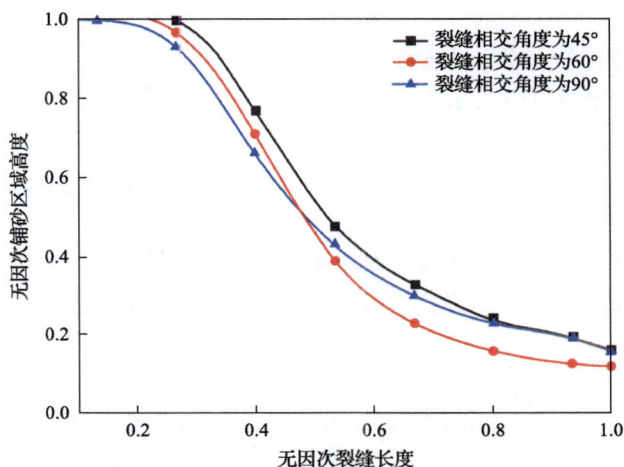

图 8.35　无因次铺砂区域高度和无因次裂缝长度随裂缝相交角度的变化曲线（交叉形裂缝）

第三节　超临界 CO_2 缝内携砂机理

为进一步深入理解超临界 CO_2 压裂中支撑剂颗粒在裂缝内的运移行为，揭示超临界 CO_2 携砂机理，本节采用计算流体力学-离散元法(CFD-DEM)耦合方法对裂缝内超临界 CO_2 携砂液的流动进行模拟。CFD-DEM 耦合方法可以捕捉颗粒相的离散性，反映单个颗粒的运动行为，得到颗粒的速度、轨迹、受力等信息，同时保持计算的可处理性，因此更有利于揭示颗粒的运动特性。

一、数值模型建立

（一）数学模型

在 CFD-DEM 模型中，流体相用欧拉方法的 N-S 方程描述。采用离散元法对支撑剂颗粒进行跟踪，并用牛顿第二定律计算支撑剂颗粒的运动。

超临界 CO_2 流体的质量守恒方程为

$$\frac{\partial}{\partial t}(\alpha_f \rho_f) + \mathrm{div}(\alpha_f \rho_f v_f) = 0 \tag{8.41}$$

式中，α_f 为流体相的体积分数，无量纲；ρ_f 为流体密度，kg/m^3；v_f 为流体速度，m/s，下标 f 代表流体相。

模拟中的体积分数表示了各相所占的空间，因此流体和固相的体积分数必须满足：

$$\alpha_f + \alpha_s = 1 \tag{8.42}$$

式中，α_s 为固相体积分数，无量纲。

流体的动量守恒可以表示为

$$\frac{\partial}{\partial t}(\alpha_f \rho_f v_f) + \mathrm{div}(\alpha_f \rho_f v_f v_f) = -\alpha_f \nabla p_f + \mathrm{div}\,\boldsymbol{\tau}_f + \alpha_f \rho_f \boldsymbol{g} + K_{sf}(v_s - v_f) \tag{8.43}$$

式中，p_f 为流体压力，Pa；$\boldsymbol{g}$ 为重力加速度矢量，m/s^2；K_{sf} 为固相和流体相之间的动量交换系数，s^{-1}；v_s 为固相颗粒速度；$\boldsymbol{\tau}_f$ 为流体相的应力应变张量，可以表示为

$$\boldsymbol{\tau}_f = \alpha_f \mu_f (\mathrm{div}\,v_f + \mathrm{div}\,v_f^T) + \frac{2}{3}\mu_f \alpha_f \,\mathrm{div}\,v_f \boldsymbol{I} \tag{8.44}$$

式中，μ 为流体相的剪切黏度，$Pa \cdot s$；$\boldsymbol{I}$ 为单位张量，无量纲。

模拟中忽略了流体-颗粒、颗粒-颗粒和颗粒-壁面之间的传热。流体流动和裂缝壁面的能量方程分别为

$$\frac{\partial}{\partial t}(\rho_f E) + \mathrm{div}\left[v_f(\rho_f E + p)\right] = \mathrm{div}\left[k_{eff}\,\mathrm{div}\,T_f + (\boldsymbol{\tau}_{eff} \cdot v_f)\right] + S_h \tag{8.45}$$

$$\frac{\partial}{\partial t}(\rho_s h) = \mathrm{div}(k_s \nabla T_{wall}) \tag{8.46}$$

式中，E 为比内能，J/kg；k_{eff} 为流体的有效导热系数，$W/(m \cdot K)$；k_s 为固体壁面的导热系数，$W/(m \cdot K)$；T_f 为流体温度，K；T_{wall} 为裂缝壁面温度，K；S_h 为体积热源，J；$\boldsymbol{\tau}_{eff}$ 为流体的有效应力应变张量。

式 (8.48) 中，E 由式 (8.47) 给出：

$$E = h - \frac{p}{\rho_f} + \frac{v_f^2}{2} \tag{8.47}$$

式中，h 为显焓，J/kg。

支撑剂颗粒在模拟中的运动有平动和转动两种类型。对于每个粒子，需考虑

周围粒子的接触力和粒子自身的重力及流体对粒子的阻力。控制粒子 i 运动的方程可以写成：

$$m_i \frac{\mathrm{d}\boldsymbol{v}_i}{\mathrm{d}t} = \boldsymbol{F}_{f,i} + \boldsymbol{F}_{p,i} + m_i\boldsymbol{g} + \sum_{j=1}^{k_i}(\boldsymbol{F}_{c,ij} + \boldsymbol{F}_{d,ij}) \tag{8.48}$$

$$I_i \frac{\mathrm{d}\boldsymbol{w}_i}{\mathrm{d}t} = \sum_{j=1}^{k_i}\boldsymbol{T}_{ij} \tag{8.49}$$

式中，m_i 为颗粒 i 的质量，kg；I_i 为颗粒 i 的转动惯量，$\mathrm{kg \cdot m^3}$；$\boldsymbol{v}_i$ 和 $\boldsymbol{w}_i$ 为颗粒 i 的平移和旋转速度，m/s；$\boldsymbol{F}_{f,i}$ 为流体曳力，N；$\boldsymbol{F}_{p,i}$ 为压力梯度力，N；$m_i\boldsymbol{g}$ 为重力，N；$\boldsymbol{F}_{c,ij}$ 为颗粒-颗粒、颗粒-壁面之间的接触力，N；$\boldsymbol{F}_{d,ij}$ 为黏性接触阻尼力，N；$\boldsymbol{T}_{ij}$ 为接触点处质点间作用力产生的力矩，$\mathrm{N \cdot m}$，可表示为

$$\boldsymbol{T}_{ij} = \boldsymbol{R}_i \times (\boldsymbol{F}_{c,ij} + \boldsymbol{F}_{d,ij}) \tag{8.50}$$

式中，$\boldsymbol{R}_i$ 为从质心到接触点的向量，其大小等于 R_i，m。

颗粒间的接触力可分为法向力和切向力：

$$\boldsymbol{F}_c = \boldsymbol{F}_{c,n} + \boldsymbol{F}_{c,t} \tag{8.51}$$

式中，$\boldsymbol{F}_c$ 为接触力，N；$\boldsymbol{F}_{c,n}$ 为法向力，N；$\boldsymbol{F}_{c,t}$ 为切向力，N。法向力和切向力都由弹性和非弹性分量组成。

$$\boldsymbol{F}_{c,n} = \frac{4}{3}E_{eq}\sqrt{R_{eq}}\,\delta_{n,ij}^{\frac{3}{2}} \tag{8.52}$$

$$\boldsymbol{F}_{c,t} = -S_t\delta_t \tag{8.53}$$

式中，$\delta_{n,ij}$ 为法向重叠，m；E_{eq} 为等效杨氏模量，Pa；R_{eq} 为等效半径，m；δ_t 为切向重叠量。

$$\frac{1}{E_{eq}} = \frac{1-\nu_i^2}{E_i} + \frac{1-\nu_j^2}{E_j} \tag{8.54}$$

$$\frac{1}{R_{eq}} = \frac{1}{R_i} + \frac{1}{R_j} \tag{8.55}$$

式中，ν_i、E_i、R_i 和 ν_j、E_j、R_j 分别为泊松比（无量纲）、杨氏模量（Pa）及接触的每个球体的半径（m）。

此外，法向和切向阻尼常数 $\eta_{d,n}$ 和 $\eta_{d,t}$ 可以表示为

$$\eta_{\mathrm{d,n/t}} = -2\sqrt{\frac{5}{6}}\beta\sqrt{S_{\mathrm{n}}/S_{\mathrm{t}}m_{\mathrm{eq}}}\,v_{\mathrm{n/t}}^{\overline{\mathrm{rel}}} \tag{8.56}$$

式中，$m_{\mathrm{eq}} = \dfrac{m_i m_j}{m_i + m_j}$ 为当量质量（m_i、m_j 分别为互相接触的球体 i 和球体 j 的质量），kg；$v_{\mathrm{n/t}}^{\overline{\mathrm{rel}}}$ 为相对速度的法向/切向分量，m/s；β 为系数；S_{n} 为法向刚度，N/m；S_{t} 为切向刚度，N/m。

系数 β、法向刚度 S_{n} 和切向刚度 S_{t} 由式（8.57）～式（8.59）给出：

$$\beta = \frac{\ln y}{\sqrt{\ln^2 y + \pi^2}} \tag{8.57}$$

$$S_{\mathrm{n}} = 2E_{\mathrm{eq}}\sqrt{R_{\mathrm{eq}}\delta_{n,ij}} \tag{8.58}$$

$$S_{\mathrm{t}} = 8G_{\mathrm{eq}}\sqrt{R_{\mathrm{eq}}\delta_{n,ij}} \tag{8.59}$$

式中，y 为恢复系数，无量纲；G_{eq} 为等效剪切模量，Pa。

模拟中对滚动摩擦的计算至关重要，可以通过向接触面施加扭矩来解决。

$$\tau_i = -\mu_{\mathrm{r}}\left|\boldsymbol{F}_{\mathrm{c,n}}\right|R_i\boldsymbol{\omega}_i \tag{8.60}$$

式中，μ_{r} 为滚动摩擦系数，无量纲；$\boldsymbol{\omega}_i$ 为粒子在接触点的单位角速度矢量，rad/s。

在相互作用力的作用下，连续流体相与分散颗粒相发生强耦合，其中曳力在动量交换中起着重要作用。模拟中采用 Wen 和 Yu 模型[22]计算固相和流体相之间的动量交换系数 K_{sf}：

$$K_{\mathrm{sf}} = \frac{3}{4}C_{\mathrm{D}}\frac{\alpha_{\mathrm{f}}\alpha_{\mathrm{s}}\rho_{\mathrm{f}}\left|\boldsymbol{v}_{\mathrm{s}} - \boldsymbol{v}_{\mathrm{f}}\right|}{d_{\mathrm{s}}}\alpha_{\mathrm{f}}^{-2.65} \tag{8.61}$$

$$C_{\mathrm{D}} = \frac{24}{\alpha_{\mathrm{f}}Re_{\mathrm{s}}}\left[1 + 0.15\left(\alpha_{\mathrm{f}}Re_{\mathrm{s}}\right)^{0.687}\right] \tag{8.62}$$

$$Re_{\mathrm{s}} = \frac{\rho_{\mathrm{f}}d_{\mathrm{s}}\left|\boldsymbol{v}_{\mathrm{s}} - \boldsymbol{v}_{\mathrm{f}}\right|}{\mu_{\mathrm{f}}} \tag{8.63}$$

式中，$\boldsymbol{v}_{\mathrm{s}}$ 为颗粒速度，m/s；C_{D} 为曳力系数，无量纲；d_{s} 为颗粒直径，m；Re_{s} 为相对雷诺数，无量纲。

(二) 物理模型

由于压裂改造产生的裂缝尺寸较大，计算机计算能力的限制使全尺寸的裂缝模拟无法实现。在以往的裂缝扩展和支撑剂运移的模拟研究中 Khristianovic-Geertsma-de Klerk（KGD）和 Perkins-Kern-Nordgren（PKN）裂缝模型的二维剖面得到了广泛应用，而它们都具有矩形的垂直剖面。因此，本节选择垂直单平面裂缝进行模拟，X, Y, Z 方向上的尺寸分别为 700mm, 100mm, 2mm，如图 8.36 所示。模拟中边界条件设置为速度入口、压力出口。流体和支撑剂注入时的温度与壁面温度相同，模拟中没有考虑流体-地层、流体-颗粒和颗粒-颗粒之间的传热。超临界 CO_2 携砂液在整个入口截面均匀注入，从左至右流入计算区域。模拟设置参数见表 8.9。

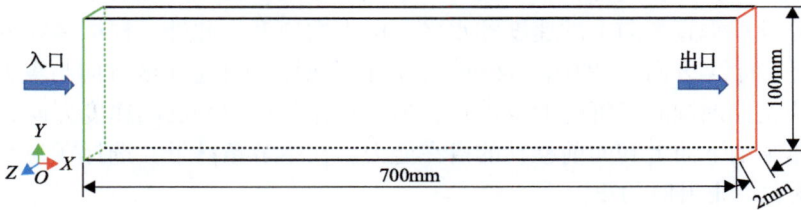

图 8.36　裂缝模型示意图

表 8.9　模拟设置参数

参数	符号	单位	值
支撑剂密度	ρ_s	kg/m³	2650
支撑剂直径	d_s	mm	0.6
注入温度	T	K	358
注入速度	V_{slu}	m/s	0.6
支撑剂浓度	C_0	—	0.03
出口压力	P_{out}	MPa	18
颗粒杨氏模量	E_p	Pa	5×10^6
颗粒泊松比	v_p	—	0.5
壁面杨氏模量	E_w	Pa	3×10^{10}
壁面泊松比	v_w	—	0.3
恢复系数	y	—	0.7
静摩擦系数	μ_j	—	0.5
滚动摩擦系数	μ_r	—	0.01

二、支撑剂输送机理

随着超临界 CO_2 携砂液的连续注入，支撑剂颗粒在重力作用下从携砂液中分离，在裂缝底部形成支撑剂沉降层。通过对支撑剂床层发展过程中支撑剂颗粒运动特征和下落行为的观察，可将颗粒运移机理分为三个阶段进行分析。

（一）支撑剂平铺阶段

如图 8.37 所示，第一阶段从超临界 CO_2 携砂液注入开始，直到在裂缝底部形成一个平坦的沉降砂层。支撑剂进入裂缝时，流体-颗粒、颗粒-颗粒和颗粒-壁面的相互作用会阻碍颗粒沉降。然而，从图 8.37 中可以观察到，支撑剂颗粒很快从携砂液中沉降，并在底部积聚形成一个平坦的砂层。在沉降过程中，粒子的速度有两个分量：垂直方向上的速度和水平方向上的速度。此外，根据颗粒的运动特性，垂直方向（Y 方向）上的速度又可分为两种类型：一种是速度方向与重力方向相同，反映支撑剂倾向于沉降形成砂丘；另一种是与重力相反的速度方向，表示粒子在流体驱动下向上和向前移动的潜在能力。在本节条件下，选择颗粒垂直速度下落时为负，上升时为正。

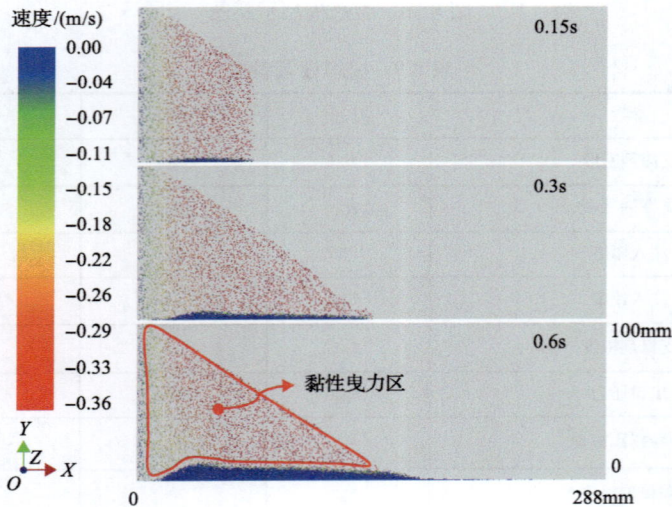

图 8.37　平铺阶段裂缝内支撑剂的运移过程

超临界 CO_2 携砂液注入裂缝后，支撑剂颗粒在黏性曳力作用下随流体向前运移。图 8.37 为该阶段支撑剂颗粒在垂直方向上的速度分量，颜色表示粒子在垂直方向上的速度。为了更准确地观察支撑剂在该阶段的运动，图 8.37 中截取的是有支撑剂堆积的裂缝长度，而没有选择裂缝的全长。从图 8.37 可以看出，支撑剂进入裂缝后，在垂直方向上的速度随着时间的推移而增加，直至其聚集并在底部形成一个平坦的砂层。同时，值得注意的是，在此阶段大部分颗粒在垂直方向上的速度为负，这意味着沉降是颗粒在这一阶段的主要运动方式。此时，裂缝中支撑剂悬浮液覆盖的区域可称为黏性曳力区。在这种情况下，垂直方向上较小的沉降速度意味着颗粒可以悬浮更长的时间，这有利于支撑剂在裂缝中获得更长的输送距离。因此，该阶段支撑剂的运移机制为黏性曳力输送。

(二)支撑剂砂丘发育阶段

随着携砂液的继续注入，在入口附近的平坦沉降砂层表面逐渐形成支撑剂砂丘，并将随着时间的推移而增长。当支撑剂砂丘达到一定高度时，注入的支撑剂不再在砂丘正面堆积，而是越过砂丘在背面沉降，如图 8.38 所示。显然，砂丘的存在会限制裂缝内流体通道的开放面积，导致流体在砂丘前缘的流速随着砂丘的发育而增大。在流体的驱动下，砂丘前缘的一些粒子克服重力向上移动。这些粒子在图 8.38 中以绿色显示。可以观察到绿色粒子分布在一个区域内，可以称之为举升区。流体在这一区域由于流速升高而对支撑剂的驱动作用增强，颗粒在向前移动时倾向于向上运动。

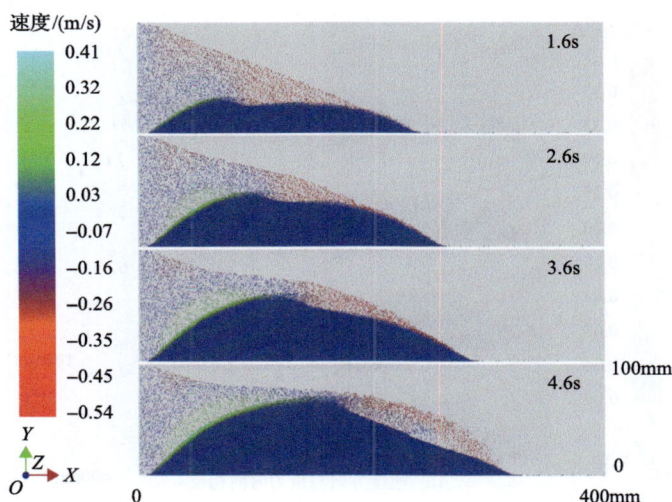

图 8.38　支撑剂颗粒在垂直方向上速度随时间的变化

图 8.39 给出了垂直方向上涉及两种速度类型的颗粒的分布。从图 8.39(a)中可以看出，黏性曳力区随着支撑剂砂丘的生长而减小，这意味着后续注入的支撑剂不容易在入口沉降堆积。同时，从图 8.39(b)可以看出，在该阶段举升区开始出现，并随着黏性曳力区的缩小而扩大。这表明在该阶段流体对支撑剂的驱动效果逐渐增强，在支撑剂的输送中起着越来越重要的作用。举升区的形成还表明，砂丘前部堆积的支撑剂来自在入口下部注入的部分。这是因为举升区覆盖在砂丘的前侧，从入口上部注入的支撑剂不能通过该区域。当上部注入支撑剂颗粒靠近举升区时，将在流体驱动力的作用下向上运动并向裂缝深处运移。因此，在这一阶段，举升

输送是支撑剂运移的主要机制。

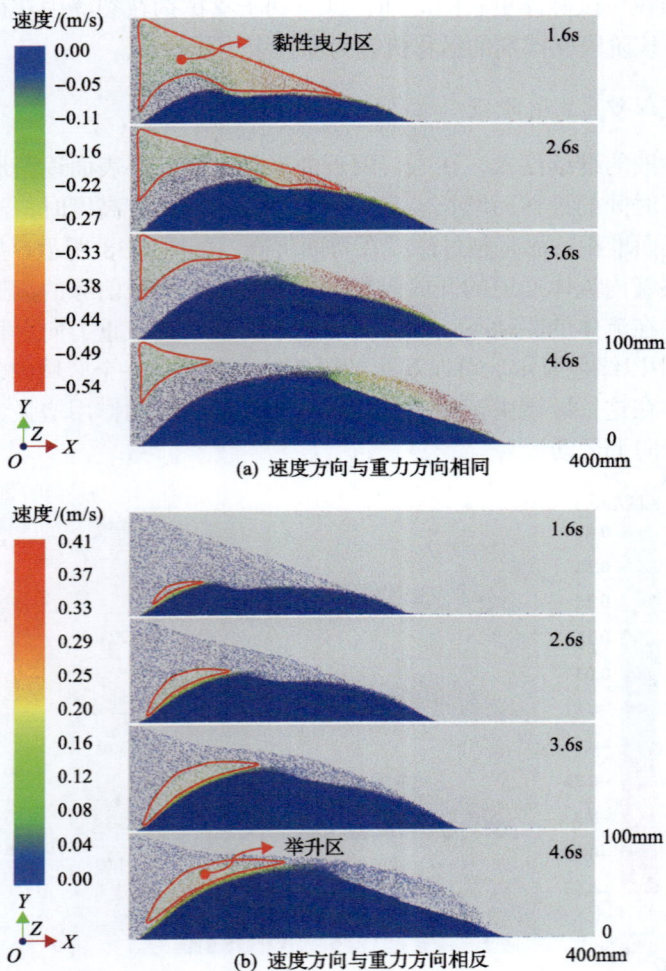

图 8.39　垂直方向上两种速度类型颗粒的分布

(三)砂堤发展阶段

当裂缝顶部与支撑剂砂丘之间的间隙达到临界值时，继续注入的支撑剂会被带到砂丘背面堆积，使砂丘开始向裂缝深处扩散，最终形成砂堤，此时砂堤的高度为平衡高度。这一阶段是裂缝中支撑剂输送过程的主要组成部分。砂堤达到平衡高度后，表面沉降和再悬浮的支撑剂颗粒数量处于动态平衡状态，因此砂堤随着泥浆的不断注入而向裂缝深处延伸，如图 8.40 所示。

图 8.41 是图 8.40 的局部放大部分，从图中可以看出超临界 CO₂ 携砂液在此阶

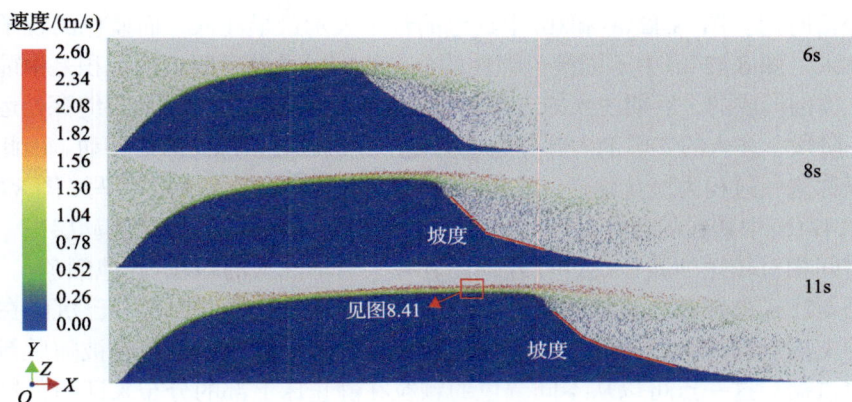

图 8.40　支撑剂砂堤的生长过程

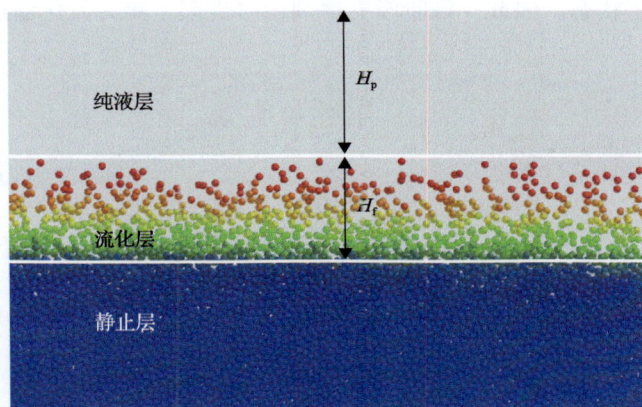

图 8.41　超临界 CO_2 携砂液分层流动特征

H_p-纯液层高度；H_f-流化层高度

段将出现分层流动特征。底部蓝色区域是颗粒速度为零的静止层，它由早期注入的支撑剂沉积形成。在静止层的上方是一个稳定的支撑剂流动层，支撑剂颗粒被高速流体流化，称之为流化层。顶部则是由携砂液的固液分离形成的纯超临界 CO_2 流体流动区。只有当携砂液的速度足够高时，才能对支撑剂施加有效的流体驱动作用，以克服重力的影响，从而获得流化层。流化层中的支撑剂运动到砂堤尾部后，由于流道突然扩大，流体速度急剧降低。此时流体对粒子的驱动力不足以克服重力，导致颗粒沿着砂堤表面向下滑落或从携砂液中沉降，在砂堤尾部出现明显的坡度，如图 8.40 所示。这种斜坡的形状取决于支撑剂的性能参数及流化层的流动。对于同一种支撑剂，如果流化层的速度较高，则颗粒分布较远，坡度较平缓。

图 8.42 给出了裂缝中支撑剂堆积更直观的理解。色条代表支撑剂颗粒在裂缝

中的停留时间。图 8.42(a)和(b)中红色的粒子表示最早注入,而蓝色的粒子表示最新注入。图 8.42(a)中不同颜色颗粒的分布表明,井筒区附近的堆积是由前期注入的支撑剂形成的,后期注入的支撑剂在流化作用下沿砂堤顶部向裂缝深处运移。在这一阶段,注入的支撑剂大部分通过流化层穿过砂堤顶部向深处移动。因此,我们可以称这一过程为流化输送。图 8.42(b)是流化输送过程的局部特写,图 8.42(c)为图 8.42(b)中颗粒的速度云图。从图 8.42(b)可以看出,在流化流动层中,除了停留时间相对较短的颗粒(蓝色)外,还有一些较早注入的颗粒(其他颜色)。这表明,当新注入的颗粒在流体的驱动下沿静止床面向前移动时,部分已沉降在砂堤表面的支撑剂同样会被冲刷再次流化。被冲刷起来的颗粒的位置将被随后新注入的颗粒占据。这一点可以从不同颜色的颗粒在静止床上部的分布来证明,这使得砂堤保持平衡高度不变。需要指出的是,在这个阶段,黏性曳力区和举升区的分布区域达到稳定状态。因此,该阶段支撑剂运移机理主要为流化输送。

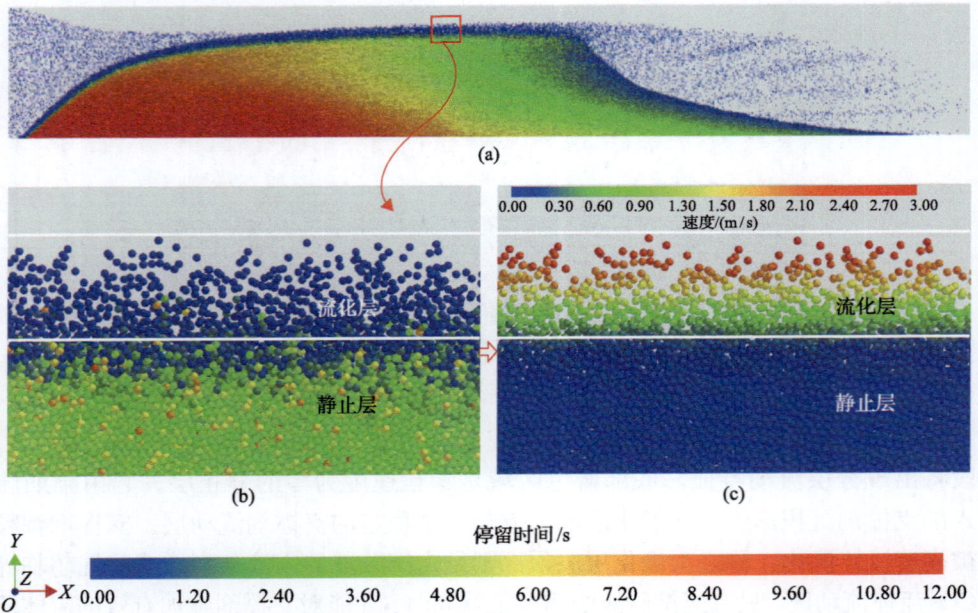

图 8.42　不同时刻注入的支撑剂在裂缝中的分布

参 考 文 献

[1] Fluent A. Ansys fluent theory guide[J]. Ansys Inc., USA, 2011, 15317: 724-746.
[2] 王福军. 计算流体动力学分析. 北京: 清华大学出版社, 2004.
[3] 汪琦. 气固流化床两相流动的 CFD 模型研究和试验验证. 武汉: 华中科技大学, 2012.
[4] 李东耀. 基于 Fluent 软件的流化床的气固两相流模型研究. 重庆: 重庆大学, 2009.

[5] Johnson P C, Jackson R. Frictional-collisional constitutive relations for granular materials, with application to plane shearing. Journal of Fluid Mechanics, 2006, 176(1): 67-93.

[6] Lun C K K, Savage S B, Jeffrey D J, et al. Kinetic theories for granular flow: inelastic particles in Couette flow and slightly inelastic particles in a general flowfield. Journal of Fluid Mechanics, 1984, 140(1): 223-256.

[7] Huilin L, Yurong H, Gidaspow D. Hydrodynamic modelling of binary mixture in a gas bubbling fluidized bed using the kinetic theory of granular flow. Chemical Engineering Science, 2003, 58(7): 1197-1205.

[8] Span R, Wagner W. A new equation of state for carbon dioxide covering the fluid region from the triple-point temperature to 1100K at pressures up to 800MPa. Journal of Physical & Chemical Reference Data, 1996, 25(6): 1509-1596.

[9] Lemmon E W, Jacobsen R T. Viscosity and thermal conductivity equations for nitrogen, oxygen, argon, and air. International Journal of Thermophysics, 2004, 25(1): 21-69.

[10] Peng D Y, Robinson D B. A new two-constant equation of state. Industrial & Engineering Chemistry Research, 1976, 15(1): 59-64.

[11] Wakeham. The transport properties of carbon dioxide. Journal of Physical and Chemical Reference Data, 1990, 19(3): 763-808.

[12] Fenghour A, Wakeham W A, Vesovic V. The viscosity of carbon dioxide. Journal of Physical & Chemical Reference Data, 2009, 27(1): 31-44.

[13] Wang Z, Sun B, Yan L. improved density correlation for supercritical CO_2. Chemical Engineering & Technology, 2015, 38(1): 75-84.

[14] Liu Y, Sharma M M. Effect of fracture width and fluid rheology on proppant settling and retardation: An experimental study. The SPE Annual Technial Conference and Exhibition, Dallas, 2005.

[15] Liu Y. Settling and Hydrodynamic Retardation of Proppants in Hydraulic Fractures. Austin: The University of Texas at Austin, 2006.

[16] 张涛, 郭建春, 刘伟. 清水压裂中支撑剂输送沉降行为的 CFD 模拟. 西南石油大学学报(自然科学版), 2014, 36(1): 74-82.

[17] 温庆志, 高金剑, 刘华, 等. 滑溜水携砂性能动态试验. 石油钻采工艺, 2015, 37(2): 97-100.

[18] 温庆志, 胡蓝霄, 翟恒立, 等. 滑溜水压裂裂缝内砂堤形成规律. 特种油气藏, 2013, 20(3): 137-139.

[19] 李靓. 压裂缝内支撑剂沉降和运移规律试验研究. 成都: 西南石油大学, 2014.

[20] Wen Q, Wang S, Duan X, et al. Experimental investigation of proppant settling in complex hydraulic-natural fracture system in shale reservoirs. Journal of Natural Gas Science and Engineering, 2016, 33: 70-80.

[21] Kong X, Mcandrew J. A computational fluid dynamics study of proppant placement in hydraulic fracture networks. SPE Unconventional Resources Conference, Calgary, 2017.

[22] Wen C Y, Yu Y H. A generalized method for predicting the minimum fluidization velocity. AIChE Journal, 1966, 12(3): 610-612.

第九章　超临界 CO_2 压裂现场应用及存在的问题

延长石油于 2017 年完成超临界 CO_2 混合压裂施工 4 井次，其中直井 2 井次、水平井 2 井次。现场试验结果表明，经超临界 CO_2 压裂后的页岩储层能形成复杂缝网，储层改造效果明显。求产测试结果表明 4 口井均取得了较好的产气量，其中直井压裂放喷返排率平均达到 69%，平均日产气量大于 5.5 万 m^3，并且产出气中 CO_2 浓度与原生页岩气中 CO_2 含量相当。证实超临界 CO_2 压裂页岩气井可以同时实现储层改造、产量提升及 CO_2 地质埋存。本章选取其中一口直井为例对超临界 CO_2 压裂技术的现场施工工艺进行介绍。

第一节　试验井概况

试验区块位于延长石油延安国家级陆相页岩气示范区内，试验井层段为上古生界本溪组，该层段暗色泥页岩厚度大、总有机碳(TOC)含量高，具有较好的勘探开发潜力。通过对地质录井、电测解释及气测结果的综合分析，选择目的层段为本溪组 2456.1～2523.7m，岩性主要为含砂岩薄夹层的泥页岩，泥页岩厚度 51.3m，占地层厚度 76%。页岩层段气测显示较好：全烃基值 3.04%，峰值 32.58%，平均 12%，对比系数 10.7；总体孔隙度 2.2%，泊松比 0.191，弹性模量 45.7GPa。该试验井区块为页岩气层富集的"甜点"，具有良好的试气价值，图 9.1 为试验井综合性质分布图。

该井最初设计为纯超临界 CO_2 干法压裂，但由于施工加砂困难，为了提高加砂量，超临界 CO_2 压裂后又采用常规瓜尔胶压裂液携砂。

第二节　施工方案及步骤

一、压裂方式及要求

(1)该井压裂注入方式为采用 3 1/2in 油管喷射、5 1/2in 套管补液，油套同注方式。

(2)压裂井口选用 KQ65/70 压裂专用井口。

(3)压裂液为液态 CO_2。

(4)支撑剂为超低密度支撑剂。

(5)压裂前期确保连接车辆、管线等设备的密封性，再进行前置液态 CO_2 注入、压裂等相关作业。

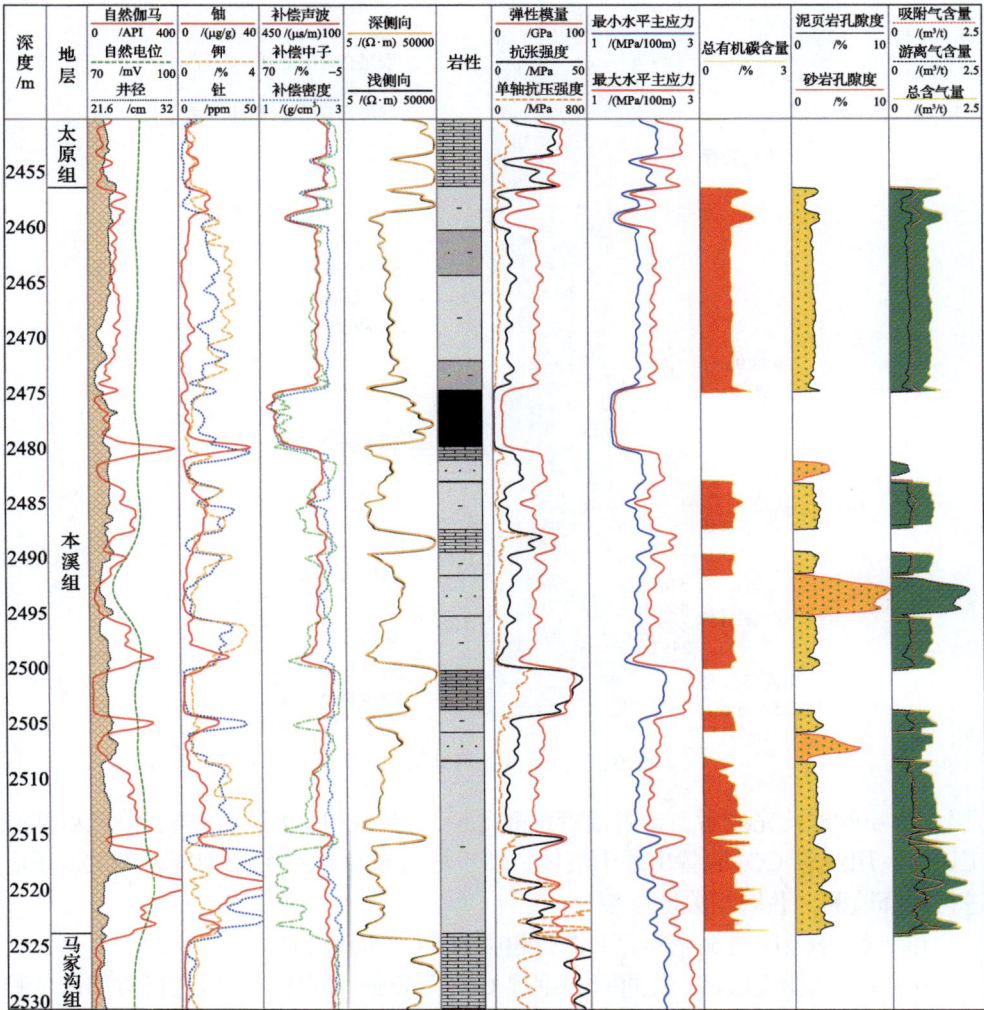

图 9.1　试验井综合性质分布图

二、管柱结构

压裂施工结构管柱自下向上依次为喷枪+温压测试仪+水力锚+扶正器+油管+合金短接+井口，见图9.2。

三、施工工艺

（1）采用水力喷砂射孔、超临界 CO_2 压裂施工，超临界 CO_2 几乎对地层无伤害且汽化后能加快压裂液返排速度，提高压裂液返排率。

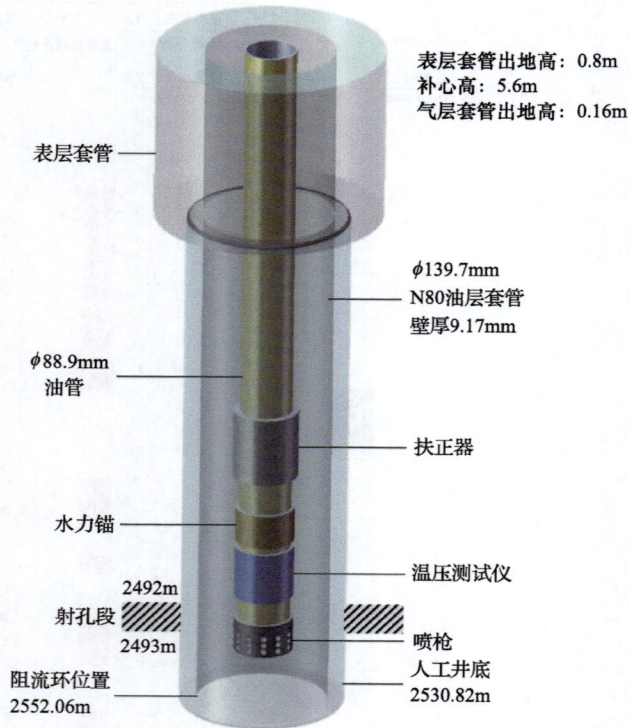

表层套管出地高: 0.8m
补心高: 5.6m
气层套管出地高: 0.16m

表层套管

$\phi 139.7mm$
N80油层套管
壁厚9.17mm

$\phi 88.9mm$
油管

扶正器

水力锚

温压测试仪

射孔段
2492m
2493m

喷枪

阻流环位置
2552.06m

人工井底
2530.82m

图 9.2　试验井井身结构示意图

(2)喷砂射孔完成后，通过油管挤酸 $5m^3$，解除近井地带的污染，降低后期施工压力。用液态 CO_2 驱替出井中液体，然后进行超临界 CO_2 小型压裂测试，压后进行压降监测，获取相关地层参数。

(3)CO_2 小型压测试完成后，进行超临界 CO_2 加砂试验。

(4)加砂试验完成后，先进行超临界 CO_2 压裂施工程序，然后进行常规瓜尔胶压裂施工程序。

(5)主压裂过程采用油套同注的方式，利用低砂比造长缝，提高压裂改造体积。支撑剂主体类型选用低密度陶粒，选择两种粒径支撑剂组合。前置液阶段用 40/70 目陶粒段塞，可以打磨裂缝消除弯曲效应，同时起到充填开启的次生微裂缝的作用，并在一定程度上降低压裂液在储层中的滤失，提高液体效率。主加砂阶段采用 40/70 目和 20/40 目陶粒组合支撑裂缝。

四、压裂施工工具与装备

(一)压裂施工装备

CO_2 储罐 20 台、密闭混砂装置 1 套、增压泵车 2 台、2500 型 CO_2 压裂泵车 6

台、2500 型水力压裂泵车 10 台、混砂车 2 台、砂罐车 4 台、仪表车 2 台。

（二）工具

温压测试仪 2 套、喷砂射孔枪 1 套、水力锚、扶正器。

五、压裂施工主要工序

(1)水力喷砂射孔：连通井筒与地层，建立压裂通道。

(2)变排量小型 CO_2 压裂测试：获得不同工况下 CO_2 压裂沿程管路摩阻。

(3)CO_2 喷射加砂压裂：工艺可行性试验。

(4)前置 CO_2 压裂：增加地层能量，形成缝网。

(5)水力加砂压裂：扩大裂缝改造体积，建立渗流主通道。

(6)排液试气测试：获取产能及地层参数。

(7)温压测试：获取压裂、试气全程压力变化及 CO_2 注入过程中温度变化。

(8)微地震裂缝监测：获取超临界 CO_2 压裂及水力压裂的裂缝扩展情况。

第三节　试验结果分析

试验井累计注入 386m^3 液态 CO_2，入地层净液量 496m^3，加砂量 5.7m^3，地层破裂压力 58.6MPa，施工最高压力 65MPa，停泵压力 38.2MPa。图 9.3 为试验井压裂现场，图 9.4 为试验井压裂施工曲线。

图 9.3　试验井压裂现场

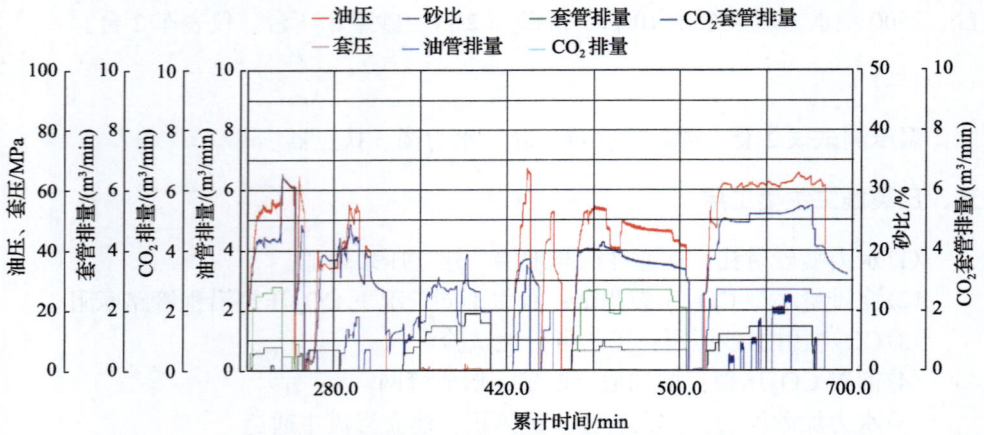

图 9.4　试验井压裂施工曲线

　　图 9.5 为试验井试气情况曲线示意图。试验井压后关井 1h 放喷排液，放喷 40h，井口压力由初始放喷压力 25.2MPa 递减至 4.6MPa，随后压力逐渐增大，产气量明显增大。放喷 72h，停止出液，累计排液量 295m³，压裂液自喷返排率 59.5%，实现了一次喷通。10mm 油嘴求产日产气量 6.95 万 m³，井口油管压力 13.8MPa，套管压力 14MPa，井底流压 18.8MPa。

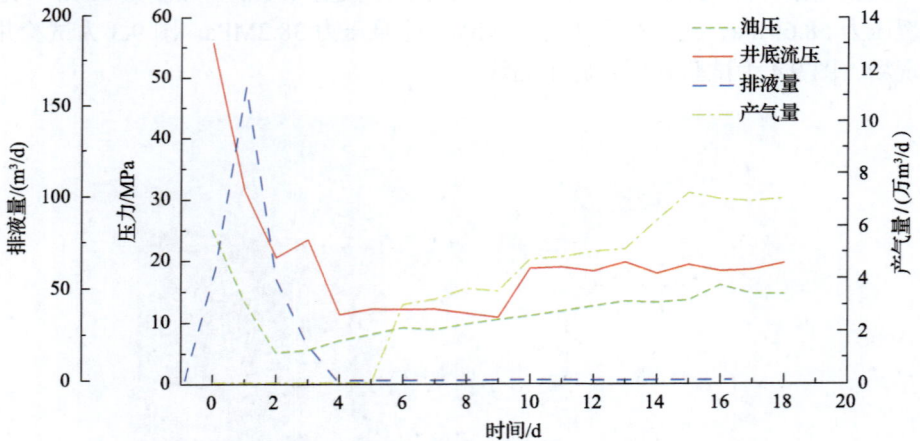

图 9.5　试验井试气情况曲线示意图

　　裂缝监测显示试验井前置 CO_2 压裂阶段裂缝以微裂缝为主(图 9.6)，主要集中在近井筒附近，常规水力压裂阶段裂缝形态以双翼缝为主。经前置 CO_2 压裂和水力加砂压裂双重改造，有效增大了井筒附近缝网复杂程度(图 9.7)，增大泄气面积及渗流通道，实现了超临界 CO_2 增能与体积压裂的协同作用，增大了储层的改造规模。

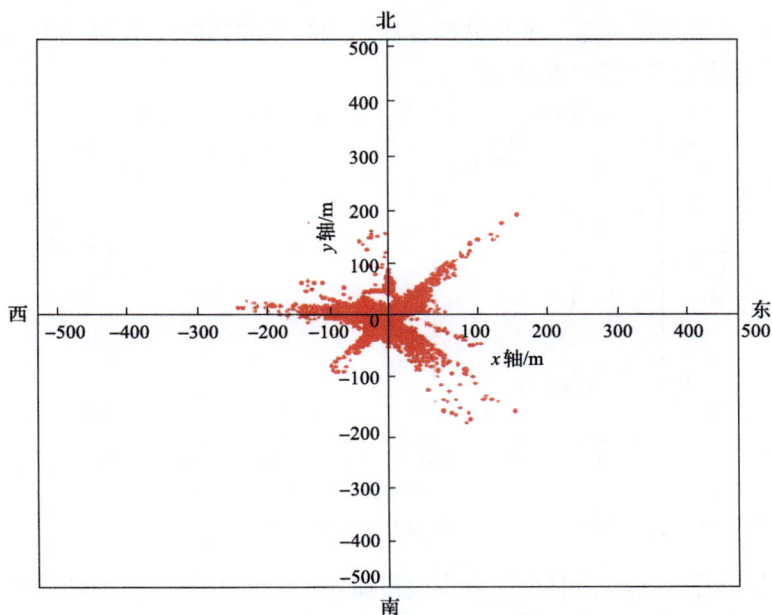

图 9.6　前置 CO_2 压裂阶段裂缝展布图

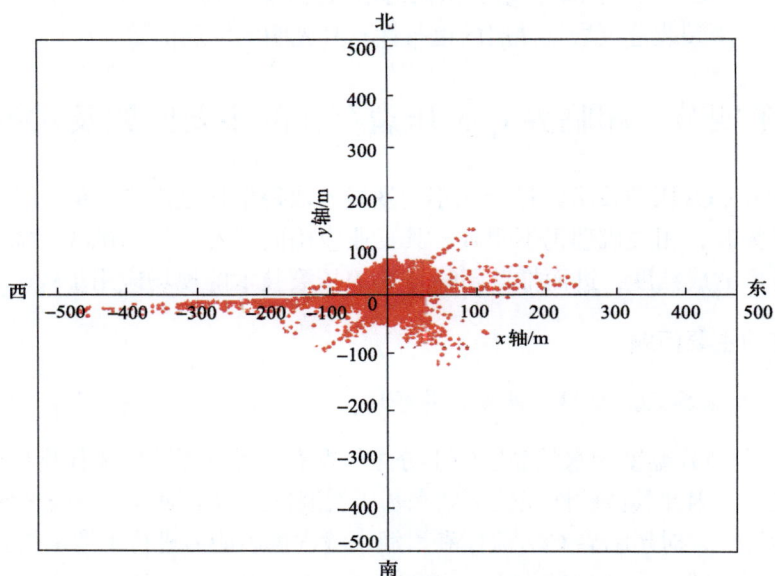

图 9.7　水力加砂阶段裂缝展布图

　　试验井的井底共下入两支存储式电子压力计，用以连续记录油管井底温度及压力。从温压测试结果(图9.8)可以看出前置 CO_2 压裂阶段，油管排量为 $2.7m^3/min$，压裂前期注入的 CO_2 在造缝过程中处于超临界态，后期注入的 CO_2 在储层中能够在短时间内达到超临界态。前置阶段井底压力约为 72MPa，结合地层闭合压力，预测喷嘴+孔眼摩阻约为 25.5MPa。

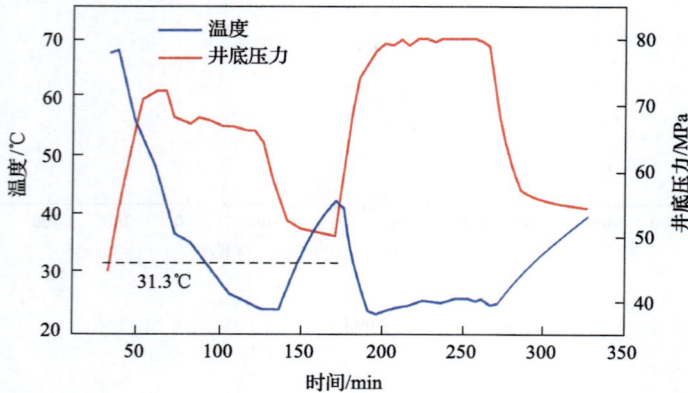

图 9.8　试验井温压测试曲线

现场试验中，虽然没有全过程实现超临界 CO₂ 流体压裂，但均获得了较高的增产效果，与临井相比增产幅度达 40%以上，压裂优势明显，并且返排监测数据表明注入的 CO₂ 实现了部分地质埋存；此外通过关键技术节点的测试，也证明了超临界 CO₂ 压裂改造页岩气储层的可行性及其光明的发展前景。

第四节　超临界 CO₂ 压裂存在的主要问题及对策

超临界 CO₂ 压裂技术经过十几年的发展，取得了长足进步。但一些关键技术问题仍未突破，相关机理仍不明确，其工业应用面临着一系列挑战，需要进一步提高该技术的成熟度，进而推动超临界 CO₂ 压裂技术的现场应用步伐。

一、存在的主要问题

（一）超临界 CO₂ 携砂性能差，易砂堵

超临界 CO₂ 黏度为水的黏度的十分之一左右，黏度是决定流体携砂能力的重要参数之一，因此其携砂性能较常规水基压裂液低。为了深入了解超临界 CO₂ 流体的携砂特性，对超临界 CO₂ 流体和滑溜水缝内携砂能力进行了数值模拟研究。

模拟裂缝的长宽高分别为 $L_f = 3000$mm，$W_f = 10$mm，$H_f = 400$mm，裂缝出口压力为 20MPa，超临界 CO₂ 注入温度和裂缝内温度分别为 320K 和 330K。研究结果表明，滑溜水和超临界 CO₂ 输送支撑剂初期（10～50s 时），裂缝内的铺砂形态是相似的，如图 8.4 所示。随着注入时间增加，超临界 CO₂ 携带支撑剂形成的砂床高度不断增加；而对于滑溜水，随着注入时间增加，携砂液在裂缝内流场充分发

展，支撑剂在裂缝内分布更加均匀，砂床高度较小。其原因是超临界 CO_2 黏度远低于滑溜水黏度，其密度也低于滑溜水密度，导致其在裂缝内携砂能力较差。

超临界 CO_2 缝内携砂现场测试也证实了这一结果。加砂前套管压力稳定在 40MPa 左右，油管压力约为 55MPa，排量约 2.5m³/min。加砂工作开始后，砂比逐渐从 0 提高至 0.04 左右，油管压力从 55MPa 逐渐升高至 65MPa，而套管压力在初始阶段一直稳定在 43MPa 左右，10min 后突然升至 65MPa，与油管压力相当。这些现象表明在加砂初始阶段支撑剂总量较少，未对裂缝通道造成影响，CO_2 能顺畅地进入地层；随着加砂量逐渐增多，由于超临界 CO_2 携砂能力较差，支撑剂逐渐沉积在裂缝入口和井底，最终堵塞裂缝和井筒造成砂堵。

由上述数值模拟和现场试验结果可知，超临界 CO_2 携砂性能较差，需要进一步提升才能进入现场应用。

（二）沿程摩阻大，施工压力高

气态和超临界态 CO_2 都是可压缩性极强的流体，因此为了获得高压超临界 CO_2，必须采用柱塞泵泵注液态 CO_2，而非直接泵送气态或超临界态 CO_2（气体增压泵效率低、排量小，无法满足压裂排量需求），液态 CO_2 随井深增加逐渐被加热至超临界态。在井口注入的 CO_2 温度一般为-10℃左右，其通过油管向井底流动，排量为 2m³/min 时到达 2000m 井底，能够将温度加热到 35℃左右。现场试验井井深 2500m，5 1/2in 套管固井至井口，采用 3 1/2in 油管注入 CO_2，油管底部连接 6 孔 6mm 直径喷嘴的喷射压裂工具，油管排量为 2.7m³/min 时，沿程摩阻压降约 7.5MPa，远高于滑溜水压裂液的沿程摩阻压降 6.2MPa，喷嘴压力损失约为 27MPa，也远高于滑溜水压裂喷嘴摩阻 19.3MPa。由此导致高压泵无法提高到有效排量，地面设备频繁超压。

（三）超临界 CO_2 滤失快，排量要求大

表 9.1 为地层条件下超临界 CO_2 流体与水的黏度对比表，从表中可以看出超临界 CO_2 黏度较低，仅为水的 1/6～1/4。对于流体在多孔介质中的渗流来说，黏度越低越容易流动，因此，超临界 CO_2 在多孔介质中的流动阻力较水小。

表 9.1　地层条件下超临界 CO_2 流体与水的黏度对比

	温度							
	60℃		70℃		80℃		90℃	
压力/MPa	40	60	40	60	40	60	40	60
黏度（超临界 CO_2）/(mPa·s)	0.0893	0.1000	0.0823	0.1023	0.0762	0.0957	0.0708	0.0899
黏度（水）/(mPa·s)	0.4760	0.4813	0.4143	0.4197	0.3650	0.3705	0.3252	0.3306

此外，超临界 CO_2 易扩散，表面张力为零，能够进入任何大于其分子大小的空间中，稍有压力便可流动，而无需克服毛管力。图 9.9 为超临界 CO_2、水和 N_2 在页岩储层中的滤失速度对比图，可以看出，在相同温度和压力条件下，CO_2 的滤失速度约为水的两倍。

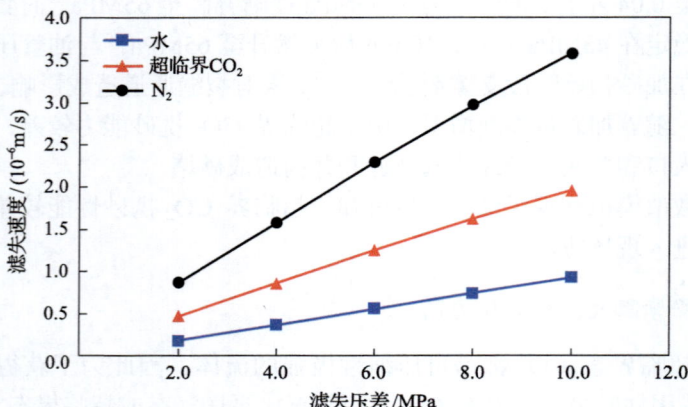

图 9.9　超临界 CO_2、水和 N_2 在页岩储层中的滤失速度对比图

由图 9.9 可知，在相同的注入排量条件下，由于超临界 CO_2 在储层中更容易滤失，超临界 CO_2 压裂井底压力要小于常规水力压裂时的井底压力。因此在超临界 CO_2 压裂过程中，需要更高的注入排量。

二、解决对策

(一)添加增黏剂、加大注入排量、选用超低密度支撑剂

对于水力压裂来讲，纯水的携砂性能较差，因此压裂液中常添加瓜尔胶等增黏剂，以提高其携砂性能。超临界 CO_2 黏度比水低，导致其携砂性能更差，因此提高其携砂性能的直接方案就是添加增黏剂。然而 CO_2 分子是非极性分子，常规聚合物类增黏剂在 CO_2 中的溶解度很低，而且会受到温度和压力变化的影响，增黏效果很有限；含氟增黏剂虽然能有效增黏，但含氟材料成本较高，而且不易降解，对自然环境有污染。因此，添加的增黏剂在保证其效能的情况下，还要考虑环境因素、成本因素，增黏剂不仅不能对环境造成污染，也不能对储层造成污染，否则就失去了超临界 CO_2 压裂的意义。要想实现超临界 CO_2 携带支撑剂进行压裂作业，当前首要任务是研制适合超临界 CO_2 流体的低成本无污染增黏剂。

另外，支撑剂等固相颗粒在流体中的运动状态也受到流体流动的影响，提高流体流动速度可增大对固相颗粒的拖曳力，从而延缓支撑剂在裂缝中沉降。因此，在压裂设备允许的情况下，尽可能提高施工泵排量。

还有，固液两相流中影响固体颗粒沉降速度的重要因素之一是颗粒的密度。一般固相颗粒的密度越低，在流体中的沉降速度越慢，当其密度与流体密度相当时便可悬浮于流体中。目前常见的低密度支撑剂为纳米复合微球、多孔陶瓷微球、高强度坚果壳等，其密度略高于水。因此，需要进一步研制适合于超临界 CO_2 流体的超低密度支撑剂，将其视密度降至 $0.8\sim1.0g/cm^3$。

(二)研制减阻剂及优化管柱组合

如图 9.10 研究结果所示，在相同温度和压力条件下，超临界 CO_2 管流摩阻与清水管流摩阻相当或略小。在常规水力压裂过程中为了降低沿程阻力损失，往往在清水中加入减阻剂(其混合流体常被称为滑溜水)，加入减阻剂后其摩阻压降降低到原来的 60%左右，其减阻原理主要是抑制湍流造成的流体能量损失。因此，对于超临界 CO_2 流体来说，需要加入与之匹配的减阻剂，以降低沿程摩阻。目前针对此类的研究较少，也未见较有效的新型减阻剂研发成功。

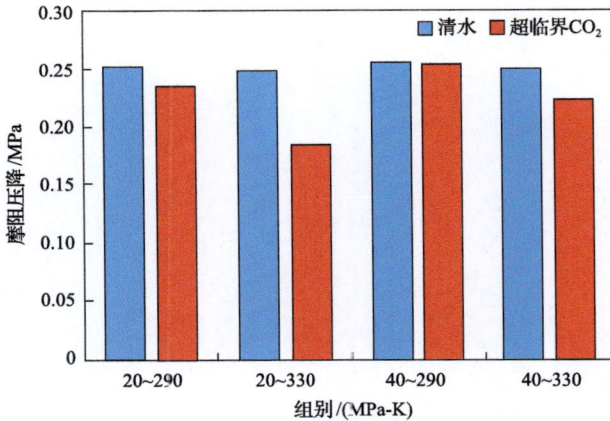

图 9.10　超临界 CO_2 与清水摩阻压降对比(恒定体积流量)

另外，在相同排量下，降低摩阻压降的方法还可以是增大管路尺寸。对于一般的油气井来说 7in 套管固井最为常见，压裂时一般采用 2 7/8～3 1/2in 油管压裂，对于滑溜水等常规压裂液来说完全可以满足要求，然而对于超临界 CO_2 来说其摩阻较大，同时要求大排量作业，导致地面设备超压，无法满足压裂需求。因此，建议计划采用超临界 CO_2 压裂开发的油气田，钻井伊始便进行套管尺寸优化设计，采用钻井和压裂一体化管柱设计方案，尽量采用大尺寸套管固井，以增大流体流动通道，降低摩阻。

(三)提高排量或注入前置液

在进行压裂作业时，必须在高于地层吸收能力的排量下注入压裂液，才能有效压开储层。超临界 CO_2 滤失快,常规排量下很难建立起井筒高压,因此在超临界 CO_2 压裂时必须采用大排量。然而大排量会带来高摩阻,需要采用大尺寸管线降低摩阻,这与上一节降低管路摩阻的措施是相辅相成的。

另外,也可以在超临界 CO_2 压裂前,向储层中注入部分高黏度前置液,将地层孔眼暂时封堵,以降低超临界 CO_2 滤失速度。高黏前置液的选取要以不污染储层为首要目标。

解决上述主要问题,将进一步推动超临界 CO_2 压裂技术的现场应用步伐,促进该技术快速发展。同时,也要积极推进相关辅助问题的解决,如井筒压力和温度预测、水合物防控等问题,以进一步提高该技术的成熟度。未来超临界 CO_2 压裂技术将逐渐从目前的直井单层压裂向水平井多级压裂发展,从传统的油管压裂向连续油管高效拖动压裂发展,逐渐满足页岩气、煤层气、致密砂岩气等非常规油气的规模化开发需求。